"十三五"普通高等学校本科重点规划教材

# 电力系统分析基础

## （第二版）

韦　钢●编
程浩忠●主审

中国电力出版社
CHINA ELECTRIC POWER PRESS

# 内 容 提 要

本书分 3 篇共 10 章。第 1 篇电力系统正常运行分析，介绍电力系统基本概念及本书的主要内容、电力系统等值电路、简单电力系统潮流分布计算、复杂电力系统潮流分布计算、电力系统频率的特性与调整、电力系统电压的特性与调整；第 2 篇电力系统故障分析，介绍同步发电机基本方程及三相短路电磁暂态分析、电力系统三相短路故障实用计算、电力系统不对称故障分析计算；第 3 篇电力系统运行稳定性分析，介绍电力系统同步运行稳定性分析。全书包含了电力系统分析中主要内容的物理概念、基本理论以及工程计算的基本方法，条理清晰，浅显易懂。

本书主要作为普通高等教育电气工程及其自动化专业课程教材，也可作为成人教育、高职高专教育课程教材，同时还可供从事电力工程领域工作的工程技术人员参考。

**图书在版编目（CIP）数据**

电力系统分析基础 / 韦钢编. —2 版. —北京：中国电力出版社，2021.8（2023.6 重印）
"十三五"普通高等学校本科重点规划教材
ISBN 978 - 7 - 5198 - 5403 - 4

Ⅰ.①电… Ⅱ.①韦… Ⅲ.①电力系统－系统分析－高等学校－教材 Ⅳ.①TM711.2

中国版本图书馆 CIP 数据核字（2021）第 033516 号

出版发行：中国电力出版社
地　　址：北京市东城区北京站西街 19 号（邮政编码 100005）
网　　址：http://www.cepp.sgcc.com.cn
责任编辑：乔　莉（010—63412535）
责任校对：黄　蓓　常燕昆
装帧设计：王红柳
责任印制：吴　迪

印　　刷：望都天宇星书刊印刷有限公司
版　　次：2006 年 2 月第一版　2021 年 8 月第二版
印　　次：2023 年 6 月北京第十九次印刷
开　　本：787 毫米×1092 毫米　16 开本
印　　张：24.75
字　　数：524 千字
定　　价：59.00 元

# 前言

《电力系统分析基础》第一版于 2006 年出版发行，2007 年被评为电力行业精品教材，2011 年被评为上海普通高校优秀教材一等奖。2020 年，本书被认定为上海电力大学首届国家级一流本科课程"电力系统分析"配套教材之一。本次修订为第二版。

培养造就一大批创新能力强、适应经济社会发展需要的高素质的各类型工程技术人才是高等教育的主要任务。能源电力是国民经济发展的基础，"电气工程及其自动化"专业是培养电力工业技术人才的主要专业，而"电力系统分析"课程又是本专业的主干课程，覆盖电力系统稳态、暂态分析的多个方面，理论性强，有一定深度。编者依据多年的教学经验编写了此书。

全书分 3 篇共 10 章。第 1 篇电力系统正常运行分析，介绍电力系统基本概念及本书的主要内容、电力系统等值电路、简单电力系统潮流分布计算、复杂电力系统潮流分布计算、电力系统频率的特性与调整、电力系统电压的特性与调整；第 2 篇电力系统故障分析，介绍同步发电机基本方程及三相短路电磁暂态分析、电力系统三相短路故障实用计算、电力系统不对称故障分析计算；第 3 篇电力系统运行稳定性分析，介绍电力系统同步运行稳定性分析。书中"内容概述与框架"引导性地介绍本章的主要内容及背景，用框图的形式呈现了内容的相互关联；全书对传统的内容进行了取舍，精减了某些繁琐的公式推导，力求讲清最基本的物理概念、理论知识、工程计算方法，够用为度，重点突出；在编写过程中，部分知识点从多角度进行了详细论述，注重严格的理论推导以及研究问题的思路和解决问题的方法，力求使学生知道做什么、怎样做；书中还选取了典型例题介绍基本计算方法和解题步骤；每章还配有一定数量的思考题来引导学生领会物理概念，较丰富的习题供学生巩固所学知识。

本书由上海电力大学韦钢教授编写。上海交通大学程浩忠教授担任本书的主审，在此向程浩忠教授以及本书参考文献的所有作者表示衷心的感谢。

限于编者水平，书中难免存在缺点和不妥之处，恳请广大读者批评指正。

编　者
2021 年 5 月

## 第一版 前言

　　为贯彻落实教育部《关于进一步加强高等学校本科教学工作的若干意见》和《教育部关于以就业为导向深化高等职业教育改革的若干意见》的精神，加强教材建设，确保教材质量，中国电力教育协会组织制订了普通高等教育"十一五"教材规划。该规划强调适应不同层次、不同类型院校，满足学科发展和人才培养的需求，坚持专业基础课教材与教学急需的专业教材并重、新编与修订相结合。本书为新编教材。

　　"电力系统分析"作为电气工程及其自动化专业（电力类方向）的主干课程，理论性强，有一定深度。因此本书在内容上作了一定的取舍，合理把握本课程最基本的理论知识，以够用为度，精减了一些繁琐的公式推导。在编写的过程中，注重严格的理论推导以及研究问题的思路和解决问题的方法，力求使学生知道为什么、怎样做。本书对各章节内容的阐述简明，重点突出，对难点进行解释说明。书中选取了大量典型例题及解题步骤，并附有章节小结，归纳本章内容。每章还配有一定数量的思考题来引导学生领会物理概念，又有较丰富的习题供学生巩固所学知识。

　　本书由上海电力学院韦钢教授编写。上海交通大学的程浩忠教授担任本书的主审，并提出了一些宝贵的修改意见。在此向程浩忠教授以及本书所引用参考书目的所有作者表示衷心的感谢。

　　限于编者水平，书中难免存在缺点和不妥之处，恳请广大读者批评指正。

编　者
2006 年 1 月

# 目录

# 目录

# 目录

# 电力系统分析基础

（第二版）

# 第 1 篇
# 电力系统正常运行分析

电力系统是由发、输、变、配、用电设备等按规定的技术和经济要求组成的一个统一系统，其基本任务是安全、可靠、优质、经济地生产、输送与分配电能，满足国民经济和人民生活的需要。

由发电机、变压器、输电线路、用电设备等构成的系统称为主系统（又称一次系统）；为保证主系统安全、稳定、正常运行，需要一系列的测量、监视、控制、继电保护等装置，以及各种辅助设备和系统。由于这些设备接于互感器的二次侧或电气主设备的操作控制接口上，也称为二次系统。本教材主要针对一次系统介绍基本的物理概念和工程分析、计算方法。

电力系统正常运行状态，是指电力系统中有功功率和无功功率电源总的输出能够与总负荷的有功功率和无功功率需求（包括损耗）达到平衡（即供需平衡），电力系统的频率和各母线电压在正常运行的允许范围内，系统中各电气设备均在额定范围内运行，系统内的发电和输变电设备均有足够的备用容量；同时，还应在保证安全的条件下，实现电力系统的经济运行。本篇主要介绍电力系统的基本概念，以及电力系统正常运行情况下的潮流分布计算、频率调整、电压调整、经济运行等基本概念和基本分析计算方法。

电力系统的潮流分布是指在某一稳态的正常运行方式下，电网各节点的电压和支路功率的分布情况。计算潮流的主要目的：①检查电力系统各元件（如变压器、输电线路等）是否过负荷，以及可能出现过负荷时应事先采取哪些预防措施等；②检查电力系统各节点的电压是否满足电压质量的要求，还可以分析机组输出功率和负荷的变化，以及网络结构的变化对系统电压质量和安全经济运行的影响；③有助于正确地选择系统接线方式，合理调整负荷，以保证电力系统安全、可靠地运行；④根据功率分布，可以选择电力系统的电气设备和导线截面积，以及为电力系统继电保护整定计算提供必要的数据等；⑤为电力系统的规划和扩建提供依据；⑥为调压计算、经济运行计算、短路计算和稳定计算提供必要的数据。

电力系统频率是衡量电能质量的重要指标，只有系统有功功率的平衡（即供给和需求的平衡）才能保证频率的稳定。当电力系统的需求（负荷和损耗）变动或供给（电源的出力）变动时，原有的有功功率平衡被打破，将造成频率的变化，电力系统频率控制（调整）的本质是有功功率平衡的控制，也即根据负荷（需求）的变动，通过调整电源输出（调整供给）或控制负荷来达到有功功率的平衡，从而稳定系统频率。由安装在发电机组的调速器来改变功率输出以适应负荷的波动，称为频率的一次调整；频率的二次调整一般只由系统中选定的极少的调频厂发电机组担任，而非调频厂则按预先给定的负荷曲线发电，并进行频率的一次调整，而不参加频率的二次调整。

电压是电力系统电能质量的重要指标。电力系统中用电设备是按照标准的额定电压设计制造。在电力系统运行过程中，随着负荷及运行方式的变化，各节点电压也将随之波动。电力系统的电压水平主要取决于系统无功功率的平衡，当无功功率电源变化或无功功率的需求（负荷和损耗）变化时，电力系统的无功功率平衡被破坏，整个电力系统的电压水平将受到影响。与频率不同（全系统频率统一），电力系统即使在全系统的无功功率平衡条件下，由于电网中的无功功率分配的不合理，也有可能造成某些节点的电压过高或过低。当电压偏离额定值过大时，电力用户设备的性能将受到影响，寿命缩短，危及设备的安全运行，也可能对电力系统本身的运行也有不利影响。因此，保证电压质量是电力系统正常运行控制的基本任务之一。

# 第1章 电力系统基本概念

本章主要介绍电力系统的基本组成、电压等级与额定电压、电网结构与接线、电力负荷、电能质量指标、电力系统中性点运行方式、电力系统的特点、电力系统分析的基本方法，以及本教材的主要对象和内容框架。

# 第1.1节 电 力 系 统

## 1.1.1 电力系统基本组成

发电机将机械能转变为电能，电能经变压器和电力线路输送并分配到用户，在用户处经电动机、电炉、电灯等用电设备又将电能转变为机械能、热能、光能等。由这些生产、变换、输送、分配、消耗电能的电气设备（即发电机、变压器、电力线路及各种用电设备等）联系在一起组成的统一整体就是电力系统，如图1-1所示。

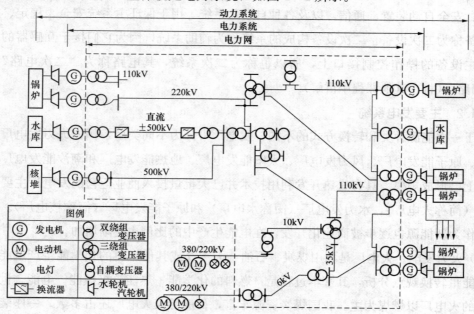

图1-1　动力系统、电力系统和电力网示意图

　　与"电力系统"一词相关的还有"电力网"和"动力系统"。前者是指电力系统中除去发电机和用电设备外的部分；后者是指电力系统和发电厂动力部分的总和。所以，电力网（简称电网）是电力系统的一个组成部分，而电力系统又是动力系统的一个组成部分。

　　为了便于分析和讨论，常用简单电力系统的原理接线图表示，如图1-2所示。

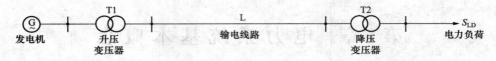

图1-2　简单电力系统原理接线图

　　一个具体的电力系统可以用一些基本参量加以描述。

　　（1）总装机容量：系统中所有发电机组额定有功功率的总和，MW（兆瓦）。

　　（2）年发电量：系统中所有发电机组全年所发电能的总和，MWh（兆瓦时）。

　　（3）最大负荷：规定时间（一天、一月或一年）内电力系统总有功功率负荷的最大值，MW（兆瓦）。

　　（4）年用电量：接在系统上所有用户全年所用电能的总和，MWh（兆瓦时）。

　　（5）额定频率：我国规定的交流电力系统的额定频率为50Hz（赫兹）。

　　（6）最高电压等级：电力系统中最高电压等级电力线路的额定电压，kV（千伏）。

　　发、变、输、配、用电设备等称为电气主设备，主要有发电机、变压器、架空线路、电缆线路、断路器、母线、电动机、照明设备、电热设备等。由主设备构成的系统称为主系统，也称为一次系统，其电路称为"一次电路"，也称为"主电路"。测量、监视、控制、继电保护、安全自动装置、通信，以及各种自动化系统等用于保证主系统安全、稳定、正常运行的设备称为二次设备。二次设备构成的系统称为辅助系统，因为它们接于互感器的二次侧或电气主设备的操作控制接口上，所以也称为二次系统，其电路称为"二次电路"，通称"二次回路"（将在其他课程中讲解）。

### 1.1.2　主要发电系统

　　基于一次能源种类和转换方式的不同，发电厂可分为不同类型，例如火力发电厂、水力发电厂、原子能发电厂、风力发电厂、太阳能发电厂、地热能发电厂和潮汐能发电厂等。目前世界上已形成规模、具有成熟开发利用技术并已大批量投入商业运营的发电厂主要是火力发电厂（简称火电厂）、水力发电厂（简称水电厂）和原子能发电厂（简称核电厂）。风力及太阳能作为新能源也逐步被商业化开发，在电能生产中的比例也逐渐增加。

　　（1）火力发电。火电厂是利用煤炭、石油、天然气或其他燃料的化学能生产电能的发电厂。从能量转换观点分析，其基本过程是：燃料的化学能—热能—机械能—电能。世界上多数国家的火电厂以燃煤为主。我国煤炭资源丰富，目前燃煤火电厂还占多数。一座装机容量为600MW的燃煤火电厂，每昼夜所需燃煤量和除灰量，分别高达1万多吨和几千吨。

（2）水力发电。水电厂是将水能转变为电能。从能量转换的观点分析，其基本过程为：水能—机械能—电能。实现这一能量转变的生产方式，一般是在河流的上游筑坝，提高水位以造成较高的水头，即建造相应的水工设施，以有控制地获取集中的水流。经引水机构将集中的水流引入坝后水电厂内的水轮机，驱动水轮机旋转，水能便被转变机械能，与水轮机直接相连接的发电机将机械能转换成电能，并由电力系统升压分配送入电网。

（3）核能发电。重核分裂和轻核聚合时，都会释放出巨大的能量，这种能量统称为"核能"，即通常所说的原子能。利用重核裂变释放能量发电的核电厂，从能量转换观点分析，其基本过程是：重核裂变能—热能—机械能—电能。由于重核裂变的强辐射特性，已投入运营和在建的核电厂毫无例外地划分为核岛部分和发电部分，用安全防护设施严密分隔开，共同构成核电厂的动力部分。

（4）风力发电。风力发电的动力系统主要是风力发电机。最简单的风力发电机由叶轮和发电机两部分构成，空气流动的动能作用在叶轮上，将动能转换成机械能，从而推动叶轮旋转。如果将叶轮的转轴与发电机的转轴相连，就会带动发电机发出电能。

（5）太阳能发电。太阳能发电的方式主要有通过热过程的"太阳能热发电"和不通过热过程的"光伏发电""光感应发电""光化学发电"及"光生物发电"等。目前，可进行商业化开发的主要是太阳能热发电和太阳能光伏发电两种。

在现代电力工业中，主要采用同步交流发电机。其电枢置于定子上，励磁绕组置于转子上，做成旋转磁极式同步交流发电机。同步交流发电机的转速 $n$（r/min）和系统频率 $f$（Hz）之间有着严格的关系，即

$$n = \frac{60f}{p} \tag{1-1}$$

式中：$p$ 为电机的磁极对数。

根据转子结构型式的不同，分为隐极式和凸极式发电机，前者转子没有显露出来的磁极，后者则有显露的磁极。转子的励磁方式有直流机励磁系统和晶闸管励磁系统。晶闸管励磁系统利用同轴交流励磁机或由同步发电机本身发出的交流电，经晶闸管整流后供给转子励磁绕组。直流机励磁系统有换向问题，故其制造容量受到限制，所以在大容量发电机中均采用晶闸管励磁系统。

### 1.1.3　电能变换与传输

发电机产生的电能向用户输送，输送的电能可以表示为

$$A = Pt = \sqrt{3}UI(\cos\varphi)t \tag{1-2}$$

式中：$P$ 为输送的有功功率，kW；$t$ 为时间，h；$U$ 为输电网电压，kV；$I$ 为导线中的电流，A；$\cos\varphi$ 为功率因数。

电流在导线中流过，将造成电压降落、功率损耗和电能损耗。电压降落与导线中通过的电流成正比，功率损耗和电能损耗与电流的平方成正比。为提高运行的经济性，在输送功率

不变的情况下，提高电压，可以减小电流，从而不仅可以降低电压降落和电能损耗，还可以选择较细的导线，节约了电网的建设投资。当电能输送到负荷中心时，又必须将电压降低，以供各种各样的用户使用。在交流电力系统中，电压的变换（升高或降低）是由电力变压器来实现的。

电力变压器的主要作用除了升高或降低电压之外，还能起到将不同电压等级的电网相联系的作用。变压器是根据电磁感应原理工作的，其结构是两个（或两个以上）彼此绝缘的绕组绕在同一个铁芯上，它们之间有磁的耦合，但没有电的直接联系。当一次绕组接通电源时，一次绕组中就有交流电流流过，并在铁芯中产生交变磁通，其频率和外施电源电压的频率一样。这个交变磁通同时交链一、二次绕组，根据电磁感应定律可知，在一、二次绕组中将产生感应出电动势，二次绕组有了电动势便可向负荷供电，实现了能量传递。一次绕组和二次绕组电动势的频率都等于磁通的交变频率，即一次绕组外施电压的频率。而一、二次绕组感应电动势的大小之比等于一、二次绕组匝数之比。因此，只要改变一次或二次绕组的匝数，便可达到改变输出电压的目的。这就是电力变压器利用电磁感应作用，将一种电压的交流电能变换成频率相同的另一种电压的交流电能的基本原理。

在电力系统中，变压器占据着极其重要的地位，无论是在发电厂或变电站，都可以看到各种型式和不同容量的变压器，如图 1-3 所示。

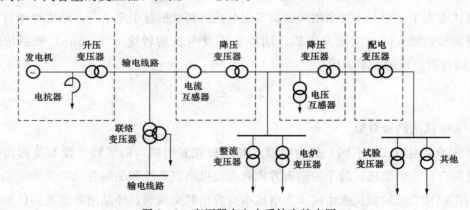

图 1-3　变压器在电力系统中的应用

电能的传输是在输电线路上进行的。输电线路按结构可分为架空线路和电缆线路两类。架空线路是将裸导线架设在杆塔上，电缆线路一般是将电缆敷设在地下（埋在土中或沟道、管道中）或水底。我国的电能传输方式有两类，主要的一类是交流输电方式，另一类是直流输电方式。

### 1.1.4　直流输电

直流输电是将发电厂发出的交流电经过升压后，由换流站（整流装置）变换成直流，通过直流输电线路送到受电端，再经过换流站（逆变装置）变换成交流，供给受电端的交流系统，如图 1-4 所示。需要改变输电方向时，只需让两端换流装置互换工作状态即可。换流设备是直流输电系统的关键部分。早期的换流装置大多采用汞弧阀，自 20 世纪 70 年代以来新建的直流输电工程已普遍应用晶闸管换流元件。

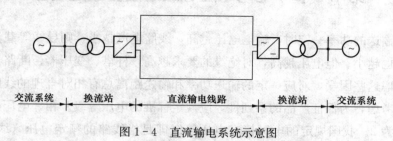

交流系统　　换流站　　　直流输电线路　　　换流站　　交流系统

图 1-4　直流输电系统示意图

与交流输电相比较，直流输电的主要优点有：

（1）造价低。对于架空线路，当线路建设费用相同时，直流输电的功率约为交流输电功率的 1.5 倍；对于电缆线路，直流输电与交流输电功率的比值更大。

（2）运行费用低。在输送功率相等的条件下，直流线路只需要两根导线，交流线路需要三根。直流线路的功率损耗和电能损耗比交流线路约小 1/3。由电晕引起的无线电干扰也比交流线路小得多。

（3）不需串、并联补偿。直流线路在正常运行时，由于电压为恒值不变，导线间没有电容电流，因而也不需并联电抗补偿。由于线路中电流也是恒值不变，也没有电感电流，因而也不需要串联电容补偿。这一显著优点，特别是对于跨越海峡向岛屿供电的输电线路，是非常有利的。另外，直流输电沿线电压的分布比较平稳。

（4）直流输电不存在稳定性问题。由直流线路联系的两端交流系统，不要求同步运行，所以直流输电线路本身不存在稳定性问题，输送功率也不受稳定性限制。如果交、直流并列运行，则有助于提高交流输电的稳定性。

（5）采用直流联络线可以限制互联系统的短路容量。由于直流系统可采用"定电流控制"，用其连接两个交流系统时，短路电流不致因互联而明显增大。

但直流输电存在以下缺点：

（1）换流站造价高。直流线路比交流线路便宜，但直流系统的换流站比交流变电站造价高得多。

（2）换流装置在运行中需要消耗无功功率，并且产生谐波。为了向换流装置提供无功功率和吸收谐波，必须装设无功补偿设备和滤波装置。

（3）高压直流断路器制造较困难。由于直流电流不过零，开断时电弧较难熄灭，因此高压直流断路器的制造较困难。

根据上述特点，直流输电主要的适用范围：①远距离大功率输电；②用海底电缆隔海输电或地下电缆向负荷密度很高的大城市输电；③不同步或不同频率的两个交流系统的互联；④限制短路容量的互联系统。

# 第 1.2 节　电网电压等级与设备额定电压

电力线路输送的功率一定时，输电电压越高，线路电流越小，则导线等载流部分的截面积越小，投资也越小；但电压越高，对绝缘的要求越高，杆塔、变压器、断路器等的投资也越大。综合考虑这些因素，对应一定的输送功率和输送距离总有相对合理的线路电压。但从设备制造角度考虑，为保证产品的系列性，应规定标准的电压等级。相邻电压等级之比不宜过小，一般约为 2。我国规定的电网标准电压等级即是指线路的额定电压（线电压），主要有 0.38、3、6、10、35、（66）、110、（154）、220、330、500、750、1000kV。其中 66、154kV 已被淘汰，而有些电压等级，如 3kV 和 6kV 使用范围很小。

表 1-1 列出了 1kV 以上主要电气设备的额定电压（线电压）。其中用电设备、发电机、变压器的额定电压不一致，它们与线路额定电压之间的关系说明如下：

（1）用电设备额定电压。用电设备额定电压等于接入点的电网的额定电压，也即与线路的额定电压相等。主要有 0.38、3、6、10kV 和 220V，220V 是 0.38kV 电网的相电压。

（2）发电机额定电压。发电机往往接在线路始端，沿线路的电压降落一般 10%，而用电设备的允许电压偏移为 ±5%，为使其末端电压不低于额定值的 95%，发电机的额定电压比接入点电网的额定电压高 5%。

（3）变压器额定电压。升压变压器一次侧与发电机相连，其额定电压应等于发电机的额定电压；降压变压器一次侧接电网（电源），相当于用电设备，其额定电压按用电设备的额定电压来考虑，即与电网额定电压相等。二次侧向负荷供电，即相当于电源，考虑到带负荷时变压器内部有一定的电压降落，所以二次侧的额定电压应高于线路的额定电压。升压变压器二次侧额定电压定为比线路额定电压高 10%（一般可认为其中 5% 为变压器内部漏抗上的压降，另 5% 为线路首端比额定电压升高的数值）；降压变压器二次侧额定电压，有较线路额定电压高 10% 和 5% 两种。对于漏抗较小（$U_k\% < 7$）的小容量变压器或二次侧直接与用电设备相连的厂用变压器，采用后一种（高 5%）。

**表 1-1**　　　　　　　　　　　1kV 以上主要电气设备的额定电压　　　　　　　　　　（kV）

| 用电设备额定电压 | 交流发电机额定电压 | 变压器额定电压 | | 用电设备额定电压 | 交流发电机额定电压 | 变压器额定电压 | |
|---|---|---|---|---|---|---|---|
| | | 一次绕组 | 二次绕组 | | | 一次绕组 | 二次绕组 |
| 3 | 3.15 | 3 及 3.15 | 3.15 及 3.3 | 35 | — | 35 | 38.5 |
| 6 | 6.3 | 6 及 6.3 | 6.3 及 6.6 | (60) | — | (60) | (66) |
| 10 | 10.5 | 10 及 10.5 | 10.5 及 11 | 110 | — | 110 | 121 |
| 13.8 | 13.8 | 13.8 | — | (154) | — | (154) | (169) |
| 15.75 | 15.75 | 15.75 | — | 220 | — | 220 | 242 |
| 18 | 18 | 18 | — | 330 | — | 330 | 363 |
| 20 | 20 | 20 | — | 500 | — | 500 | |

**注**　括号内为已基本淘汰的电压等级。

一般将 330～750kV 称为超高压，1000kV 及以上称为特高压。

各级电压线路输送能力（送电容量和送电距离）的大致范围见表 1-2。

表 1-2　　　　　　　　　　　各级电压线路输送能力

| 额定电压（kV） | 送电容量（MW） | 送电距离（km） | 额定电压（kV） | 送电容量（MW） | 送电距离（km） |
|---|---|---|---|---|---|
| 35 | 2～5 | 20～50 | 220 | 100～300 | 100～300 |
| 60 | 3.5～30 | 30～100 | 330 | 200～1000 | 200～600 |
| 110 | 10～50 | 50～150 | 500 | 1000～1500 | 300～1000 |

电网平均额定电压，通常是指线路首末端所连电气设备额定电压的平均值。目前我国电网的平均额定电压已规范化，对应各电压等级的平均额定电压值见表 1-3。

表 1-3　　　　　　　电网的额定电压及其对应的平均额定电压　　　　　　　　（kV）

| 额定电压 $U_N$（kV） | 3 | 6 | 10 | 15 | 35 | 110 | 220 | 330 | 500 |
|---|---|---|---|---|---|---|---|---|---|
| 平均额定电压 $U_{av}$（kV） | 3.15 | 6.3 | 10.5 | 15.75 | 37 | 115 | 230 | 345 | 525 |

# 第 1.3 节　电网结构与接线

## 1.3.1　电网结构特点

实际的电网比图 1-1 所示的电网要复杂得多。一个大的电网（联合电网）是由许多子电网发展、互联而成，因此分层结构是电网的一大特点。一般电网可划分为一级输电网、二级输电网、高压配电网和低压配电网等层次，如图 1-5 所示。

输电网一般是由电压为 220kV 及以上的主干电力线路组成，它连接大型发电厂、特大容量用户以及相邻子电网。二级输电网的电压一般为 110～220kV，它上接一级输电网，下连高压配电网，是一区域性的网络，连接区域性的发电厂和大用户。配电网是向中等用户和小用户供电的网，6～35kV 的称高压配电网，1kV 以下的称低压配电网。

## 1.3.2　电网接线方式

电网的接线方式大致可分为无备用和有备用两类。无备用接线方式包括单回路的放射式、干线式和链式，如图 1-6 所示；其特点是任何一条线路故障都将造成后接负荷的停电。有备用接线方式包括双回路放射式、干线式、链式，环式和两端供电式，如图 1-7 所示；其特点是一条线路故障仍能保证向所有负荷供电。

无备用接线方式接线简单、经济、运行方便，但供电可靠性差。架空线路的自动重合闸装置在一定程度上能弥补上述缺点。

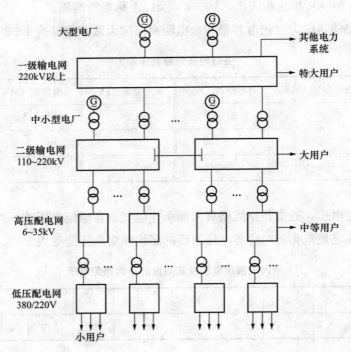

图 1-5　电网结构

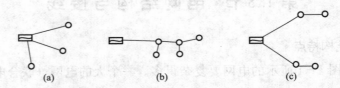

图 1-6　无备用接线方式

（a）放射式；（b）干线式；（c）链式

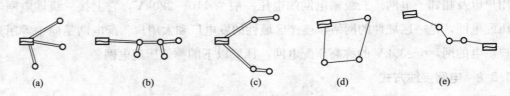

图 1-7　有备用接线方式

（a）双回路放射式；（b）双回路干线式；（c）双回路链式；（d）环式；（e）两端供电式

　　而有备用接线方式供电可靠性高，但投资大，且操作较复杂。其中，环式和两端供电式接线较为常用。

# 第1.4节 电力系统负荷

电力系统负荷是指系统中各种用电设备消耗的功率，大致可以分为异步电动机负荷、电热负荷、整流负荷、照明负荷等。根据行业用电的特点，电力系统负荷可分为工业负荷、农业负荷、交通运输业负荷和人民生活用电负荷等。

## 1.4.1 负荷曲线

电力系统负荷随时间变化的情况常用负荷曲线来描述。所谓负荷曲线，是指电力系统的负荷功率（有功功率或无功功率）随时间变化的关系曲线；按负荷种类分，有有功功率负荷曲线和无功功率负荷曲线；按时间长短分，有日负荷曲线和年负荷曲线等；按计量地点分，有用户负荷曲线、电力线路负荷曲线、变电站负荷曲线、发电厂负荷曲线以及整个系统的负荷曲线等。

### 1. 日负荷曲线

图 1-8（a）所示是电力系统典型的日负荷曲线。为计算方便，实际常把连续变化的曲线绘成阶梯形，如图 1-8（b）所示。

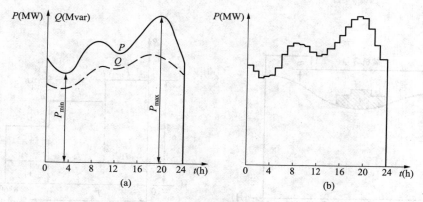

图 1-8　日负荷曲线

（a）典型日负荷曲线；（b）阶梯形日负荷曲线的形式

由于一日之内功率因数是变化的，在低负荷时功率因数相对较低，而在高峰负荷时，功率因数较高，因此无功负荷曲线同有功负荷曲线不完全相似。两种曲线中相应的极值不一定同时出现。通常，无功功率的日负荷曲线比较平缓；有功功率日负荷曲线在 24h 内变化较大，一般在深夜呈现低谷，在上午和傍晚用电高峰时呈现峰值。

日负荷曲线有三个具有代表性特征的数值，分别是最大负荷 $P_{max}$（又称峰荷）、最小负荷 $P_{min}$（又称谷荷）和平均负荷 $P_{av}$。平均负荷 $P_{av}$ 为

$$P_{av} = \frac{W_d}{24} = \frac{1}{24}\int_0^{24} P \, dt \qquad (1-3)$$

式中：$W_d$ 为日耗电量。

为了说明负荷曲线的起伏程度，常引用负荷率 $K_m = P_{av}/P_{max}$ 和最小负荷系数 $\alpha = P_{min}/P_{max}$ 两个参数。

值得注意的是，电力系统中各用户的日最大负荷、日最小负荷一般都不会出现在同一时刻。因此，全系统的最大负荷总是小于各用户最大负荷之和，而全系统的最小负荷总是大于各用户最小负荷之和。

2. 年最大负荷曲线

年最大负荷曲线描述一年内每月最大有功功率负荷变化的情况。它主要用来安排发电设备的检修计划，同时也为发电厂的建设（新建或扩建）进度以及新增发电机组的投产计划提供依据。图 1-9 为电力系统年最大负荷曲线，其中画斜线的面积 $A$ 代表各检修机组的容量和检修时间的乘积之和，$B$ 是系统新装机组总容量。

在电力系统的运行分析中，还经常用到年持续负荷曲线，它是按一年中系统负荷的数值大小及其持续小时数顺序排列而绘制成。例如，在全年 8760h 中，有 $t_1$ 小时负荷值为 $P_1$（即最大值 $P_{max}$），$t_2$ 小时负荷值为 $P_2$，$t_3$ 小时负荷值为 $P_3$，于是可绘出如图 1-10 所示的年持续负荷曲线。在安排发电计划和进行可靠性估算时，常用到这种曲线。

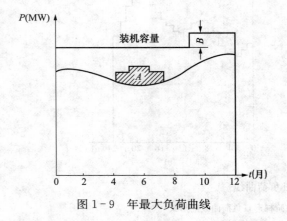
图 1-9　年最大负荷曲线

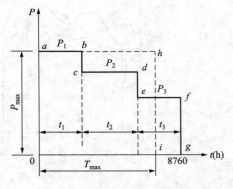
图 1-10　年持续负荷曲线

根据年负荷曲线可以确定系统全年的耗电量为

$$W = \int_0^{8760} P \, dt \qquad (1-4)$$

如果负荷功率始终保持最大值 $P_{max}$，经过 $T_{max}$ 小时后，负荷所消耗的电能恰好等于全年负荷实际消耗的电量，则称 $T_{max}$ 为最大负荷利用小时数，即

$$T_{max} = \frac{W}{P_{max}} = \frac{1}{P_{max}} \int_0^{8760} P \, dt \qquad (1-5)$$

各类用电负荷的 $T_{max}$ 可以通过有关手册查到，见表 1-4。

**表1-4**                 **各类用电负荷的年最大负荷利用小时数**

| 负荷类型 | $T_{max}$（h） | 负荷类型 | $T_{max}$（h） |
|---|---|---|---|
| 户内照明及生活用电 | 2000~3000 | 三班制企业用电 | 6000~7000 |
| 一班制企业用电 | 1500~2200 | 农灌用电 | 1000~1500 |
| 二班制企业用电 | 3000~4500 | | |

### 1.4.2 负荷特性

电力系统负荷取用的功率一般是随系统的运行参数（主要是电压和频率）的变化而变化，反映这种变化规律的曲线或数学表达式称为负荷特性。当频率维持额定值不变时，负荷功率与电压的关系称为负荷的电压静态特性。当负荷端电压维持额定值不变时，负荷功率与频率的关系称为负荷的频率静态特性。所谓"静态"，是指这些关系是在系统处于稳态下确定的。各类用户的负荷特性依其用电设备的组成情况而不同，一般是通过实测确定。图1-11所示为由6kV电压供电的中小工业负荷的静态特性。

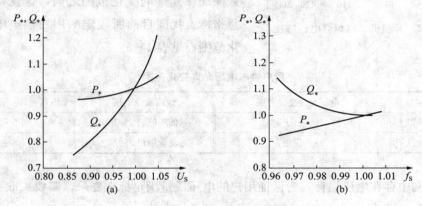

图1-11 6kV中小工业负荷静态特性
（a）电压特性；（b）频率特性

电力系统的负荷特性可以用来分析有功、无功负荷变化对电压、频率的影响，与研究调压、调频的措施有着直接的关系。

## 第1.5节 电能质量指标

衡量电能质量的指标主要是电压、频率和波形。

### 1.5.1 电压

电压质量对各类用电设备的安全经济运行都有直接影响。对电力系统负荷中大量使用的异步电动机而言，它的运行特性对电压的变化是较敏感的。由图1-12曲线可见，当输出功率一定时，端电压下降，定子电流增加很多。这是由于异步电动机的最大转矩是与其端电压的平方成正比的。当电压降低时，电动机转矩将显著减小。故电压下降将使转差增大，从而使定子、转子电流都显著增大。这不仅会直接影响运行效率，还将导致电动机的温度上升，甚至可能烧坏电动机。反之，当电压过高时，对于电动机、变压器类具有励磁铁芯的电气设备而言，铁芯磁密会增大甚至饱和，从而使励磁电流与铁耗都大大增加（过励磁），也会使电动机过热，效率降低；另外，铁芯饱和还会造成电压波形畸变。

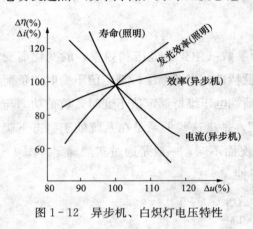

图 1-12 异步机、白炽灯电压特性

对于照明负荷，白炽灯对电压的变化很敏感。当电压降低时，白炽灯的发光效率和光通量都急剧下降；电压上升时，白炽灯的寿命将大为缩短。对于其他各种电力负荷，其特性也都或多或少地随电压的变化而变化。异步电机和白炽灯电压特性如图 1-12 所示。

因此，在电力系统正常运行时，供电电压必须保证在允许的变化范围之内，这就是电压的质量指标。我国目前所规定的用户供电电压允许变化范围，见表 1-5。

表 1-5 用户供电电压允许变化范围

| 线路额定电压 | 电压允许变化范围（%） | 线路额定电压 | 电压允许变化范围（%） |
|---|---|---|---|
| 35kV 及以上 | ±5 | 低压照明 220V | +5～-10 |
| 10kV 及以下 | ±7 | 农业用户 380V | +5～-10 |

由于电网中存在电压损耗，为保证用户的电压质量满足标准要求，需要采取一定的电压调整措施。

### 1.5.2 频率

由同步发电机原理可知，电力系统在稳定运行情况下，频率值取决于所有机组的转速，而转速则主要取决于发电机组的转矩平衡。每一个电力系统都有一个额定频率，即所有发电机组都对应一个额定转速。系统运行频率与系统额定频率之差，称为频率偏移。频率偏移是衡量电能质量的一项重要指标。对于电动机，频率降低将使电动机的转速下降，从而使生产率降低，并影响电动机的使用寿命。反之，频率增高将使电动机的转速上升，增加功率损耗，使经济性降低。频率的偏差对电力系统的许多负荷都将造成经济和质量方面的不利影响。

实际上所有电气传动的旋转设备，其最高效率都是以电力系统频率等于额定值为条件的，因此任何频率偏移都会造成效率的降低。而且频率过高或过低，还会给运行中的电气设备带来各种不同的危害。

我国电力系统采用的额定频率为 50Hz，为保证频率的质量，其允许偏移值见表 1-6。

**表 1-6** 系统频率允许偏移

| 运行情况 | | 允许频率偏移（Hz） | 允许标准时钟误差（s） |
|---|---|---|---|
| 正常运行 | 中小系统 | ±0.5 | 40 |
| | 大系统 | ±0.2 | 30 |
| 事故运行 | 30min 以内 | ±1 | |
| | 15min 以内 | ±1.5 | —— |
| | 绝不允许低于 | —4 | |

### 1.5.3 波形

电力系统电能质量要求供电电压（或电流）的波形应为正弦波，这就首先要求发电机发出符合标准的正弦波电压。其次，在电能输送、分配和使用过程中不应使波形产生畸变。假如系统中的变压器发生铁芯过度饱和或变压器中无三角形接法的绕组时，都可能导致波形的畸变。此外，随着电力系统负荷复杂化的发展趋势，三相负荷不平衡、晶闸管控制的非线性负荷等情况都将造成电网电压（或电流）波形的畸变。

当供电电源的波形畸变成不是标准的正弦波时，可视为电压波形包含着各种高次谐波成分。这些谐波成分的出现，将大大影响电动机的效率和正常运行，还可能使系统产生高次谐波共振而危害设备的安全运行。此外，谐波成分还将影响电子设备的正常工作，造成对通信线的干扰以及其他不良后果。

衡量电力系统电压（或电流）波形畸变的技术指标，是正弦波形的畸变率。各次谐波有效值平方和的平方根与其基波有效值的百分比，称为正弦波形畸变率。电压正弦波形的畸变率计算式为

$$D_V = \frac{100\sqrt{\sum_{n=2}^{\infty}U_n^2}}{U_1} \tag{1-6}$$

1993 年我国颁布了 GB/T 14549—1993《电能质量 公用电网谐波》，规定了谐波电压的限值，见表 1-7。

**表 1-7** 谐波电压限值

| 电网对称电压（kV） | 电压总谐波畸变率（%） | 各次谐波电压含有率（%） | |
|---|---|---|---|
| | | 奇次 | 偶次 |
| 0.38 | 5.0 | 4.0 | 2.0 |
| 6 | 4.0 | 3.2 | 1.6 |
| 10 | 4.0 | 3.2 | 1.6 |
| 35 | 3.0 | 2.4 | 1.2 |
| 66 | 3.0 | 2.4 | 1.2 |
| 110 | 2.0 | 1.6 | 0.8 |

# 第1.6节　电力系统中性点运行方式

电力系统中性点是指星形接线的变压器或发电机的中性点。电力系统中性点的运行方式是一个复杂的系统工程问题，涉及短路电流大小、供电的可靠性、过电压的大小、继电保护与自动装置的配置及动作状态、通信干扰、系统稳定等许多方面的综合技术，故需经合理的技术经济比较后确定。本节仅简要介绍电力系统中性点运行方式的一般概念。

电力系统中性点运行方式可分为两大类：

（1）电力系统的中性点有效接地，即中性点直接接地（常把中性点经小电阻接地也归入此类）。

（2）电力系统的中性点非有效接地，其中包括中性点不接地、中性点经消弧线圈接地、中性点经电阻接地等。

## 1.6.1　各类中性点运行方式的特点

### 1. 中性点不接地系统

中性点不接地系统等值电路和相量图如图1-13所示。在正常运行中，系统中各相对地电压$\dot{U}_\mathrm{a}$、$\dot{U}_\mathrm{b}$和$\dot{U}_\mathrm{c}$是对称的，其大小为相电压。如线路经过完整的换位，三相对地电容相等，都等于$C_0$，则各相对地电容电流对称且平衡（大小相等、相位相差$120°$），即三相电容电流相量和为零，地中没有电容电流通过，中性点对地电压$U_\mathrm{N}=0$。

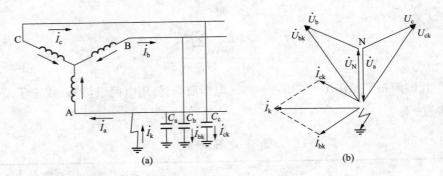

图1-13　中性点不接地系统

（a）等值电路；（b）相量图

当A相接地短路时，故障相对地电压变为零，中性点对地电压值为相电压，未故障两相对地电压值升高为原来的$\sqrt{3}$倍，变为线电压，即

$$\dot{U}_\mathrm{ak}=0,\qquad \dot{U}_\mathrm{N}=-\dot{U}_\mathrm{a} \qquad\qquad (1-7)$$

$$\begin{cases} \dot{U}_{bk} = \dot{U}_N + \dot{U}_b = -\dot{U}_a + \dot{U}_b \\ \dot{U}_{ck} = \dot{U}_N + \dot{U}_c = -\dot{U}_a + \dot{U}_c \\ U_{bk} = U_{ck} = \sqrt{3}U_a \end{cases} \tag{1-8}$$

在 A 相接地短路情况下，A 相电容被短接，流过短路点的电流是 B、C 两相对地电容电流的和，即 $\dot{I}_k = \dot{I}_{bk} + \dot{I}_{ck}$。由 $\dot{U}_{bk}$ 和 $\dot{U}_{ck}$ 产生的 $\dot{I}_{bk}$ 和 $\dot{I}_{ck}$ 分别超前它们 90°，大小为正常运行时各相对地电容电流的 $\sqrt{3}$ 倍。由图 1-13 可知，$\dot{I}_k$ 又为 $\dot{I}_{bk}$ 或 $\dot{I}_{ck}$ 的 $\sqrt{3}$ 倍。因此，短路点接地电流有效值为

$$I_k = \sqrt{3}\sqrt{3}U_{ph}/X_C = 3U_{ph}\omega C_0 \tag{1-9}$$

式中：$U_{ph}$ 为相电压；$C_0$ 为每相对地电容。

由图 1-13 可见，单相接地短路时，线间电压不变，三相用电器工作不受影响，系统可继续供电。但此时应发出信号，工作人员应尽快查清并清除故障。一般允许继续运行时间不超过 2h。

由式（1-9）可知，单相接地短路电流大小与网络电压和相对地电容大小（即线路长度）有关。网络电压等级高、线路长，单相接地短路电流就大；电流大到一定程度，电弧将难以熄灭，形成稳定性电弧或间歇性电弧。稳定性电弧可能烧坏设备或引起两相、三相短路。间歇性电弧可能使电网电容、电感形成振荡回路而产生弧光接地过电压，从而危及电气设备的绝缘，所以都必须尽快解决。

2. 中性点经消弧线圈接地系统

为了解决中性点不接地系统单相接地电流大、电弧不能熄灭的问题，最常用的方法是在中性点装设消弧线圈。消弧线圈是一个有铁芯的电感线圈，其铁芯柱有很多间隙，以避免磁饱和，使消弧线圈有一个稳定的电抗值。中性点经消弧线圈接地系统的等值电路和相量图如图 1-14 所示。正常运行时，中性点电位为零，没有电流流过消弧线圈。当某相（如图示 A

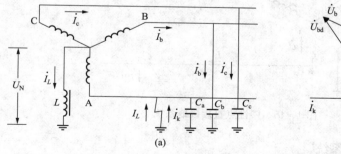
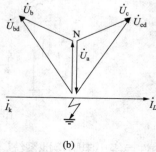

图 1-14 中性点经消弧线圈接地系统

(a) 等值电路；(b) 相量图

相）发生单相接地时，则作用在消弧线圈两端的电压为相电压，此时就有电感电流 $\dot{I}_L$ 通过消弧线圈和接地点。$I_L$ 滞后电压 $90°$，与接地点电容电流 $I_k$ 方向相反，互相补偿、抵消。接地点电流是 $I_k$ 和 $I_L$ 的相量和。因此，如果适当选择消弧线圈的电感，可使接地点的电流变得很小，甚至等于零。这样，接地点电弧就会很快熄灭。

中性点经消弧线圈接地的系统和中性点不接地的系统一样，发生单相接地时，接地相对地电压为零，未故障相对地电压为原来的 $\sqrt{3}$ 倍。

根据消弧线圈的电感电流对接地电容电流补偿程度不同，有三种补偿方式。

（1）全补偿（$I_L = I_k$），接地点电流为零。从消弧观点来看，全补偿最好，但实际上一般并不采用这种补偿方式。因为在正常运行中，很多原因都会造成电网三相电压不对称，当中性点出现一定的电压时，可能引起串联谐振过电压，危及电网的绝缘。

（2）欠补偿（$I_L < I_k$），接地点尚有未补偿的电容性电流。欠补偿方式也较少采用。原因是在检修、事故切除部分线路或系统频率降低等情况下，可能使系统接近或达到全补偿，从而出现串联谐振过电压。

（3）过补偿（$I_L > I_k$），接地点具有多余的电感性电流。过补偿可避免谐振过电压的产生，因此得到广泛应用。过补偿接地点的电感性电流也不能超过规定值，否则电弧不能可靠地熄灭。

### 3. 中性点直接接地系统

防止单相接地故障电弧不能自动熄灭的另一种方法，就是将系统的中性点直接接地，如图 1-15 所示。在这种系统中发生 A 相单相接地时，故障相经过大地形成单相短路回路。由于单相短路电流 $I_k$ 很大，继电保护装置立即动作，将接地相线路切除，不会产生稳定电弧或间歇电弧。同时中性点接地，其零电位不变，非故障相对地电压也不会升高，仍为相电压，因此对电网的绝缘水平要求相对较低。

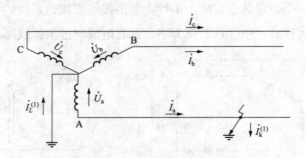

图 1-15　中性点直接接地系统

### 4. 中性点经小电阻接地系统

我国从 20 世纪 80 年代起，在沿海地区一些经济发达城市城网供电中开始用电缆线路来逐步代替架空线路。近年来，这种趋势发展更快，许多城市和大型工业区的中、低压电网都在朝着以电缆供电方式为主的方向转变。

对于电缆供电的中、低压电网，传统的消弧线圈接地方式存在着下列主要缺点与不足。

（1）电缆单位长度的对地电容通常较架空线路大得多，致使电缆线路的电容电流大增，有的地区达到 150A，甚至更高。因此，相应就要求补偿用消弧线圈的容量很大。另外，运行中电容电流的随机性变化范围很大，即使采用自动跟踪调谐的消弧线圈，但在机械寿命、响应时间、调节限位等方面，也难以满足频繁地、适时地大范围调节的需要。

（2）电缆线路为非自恢复性绝缘，发生单相接地多为永久性故障。如采用的消弧线圈运行在单相接地情况下，其非故障相将处在稳态的工频过电压下，持续运行可能超过 2h 以上，其结果不仅会导致绝缘的过早老化，甚至将引起多点接地之类的事故扩大，所以电缆线路在发生单相接地后是不容许继续运行的，必然迅速切断电源，避免事故扩大。这是电缆线路与架空线路的最大不同之处。

（3）消弧线圈接地系统内的过电压倍数较高，可达 4 倍相电压，特别是弧光接地过电压与铁磁谐振过电压，已超过了避雷器容许的承载能力，因此势必对整个电网的绝缘水平要求有所提高。

（4）人身触电不能立即跳闸，甚至因接触电阻大而发不出信号，因而对运行人员的安全不能保证。

为了克服上述缺点，目前对主要由电缆线路所构成的系统，当电容电流超过 10A 时，均建议采用经小电阻接地，其电阻值一般不大于 $10\Omega$。在电力行业标准 DL/T 620—1997《交流电气装置的过电压保护和绝缘配合》中明确规定：6～35kV 主要由电缆线路构成的送配电系统，单相接地故障电容电流较大时，可采用中性点经小电阻接地方式。

图 1-16 所示中性点经小电阻接地系统的基本运行性能接近于上述中性点直接接地方式。当发生单相接地故障时，小电阻流过较大的单相接地（短路）电流，与此同时依靠单相接地的继电保护装置将使出口断路器立即断开并切除故障。这样非故障相的电压一般不会升高，也不致发生前述的内部过电压，因而对

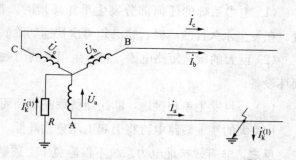

图 1-16　中性点经小电阻接地系统

系统的绝缘水平要求比采用消弧线圈接地方式要低。但是，由于接地电阻值较小，故发生故障时的单相接地（短路）电流值较大。从而对接地电阻元件的材料及其动、热稳定性能提出了较高的要求。目前我国有不少厂家都能生产这种小电阻接地的成套装置，且运行情况良好。

综上所述，中性点经小电阻接地系统应当属于"有效接地系统"或"大电流接地系统"。

### 1.6.2 各类中性点运行方式的优缺点

#### 1. 电气设备和线路的绝缘水平

中性点运行方式对电力系统的过电压与绝缘水平有着很大的影响。在电力系统发展的初期，人们就是首先从过电压与绝缘的角度来考虑中性点接地问题的。电气设备和线路的绝缘水平除与长期最大工作电压有关外，主要取决于各种过电压的大小。对非有效接地的电力系统而言，无论是最大长期工作电压还是遭受的过电压，均较中性点直接接地时要高。研究表明，中性点直接接地电力系统的绝缘水平与不直接接地时相比，大约可降低 20%。

降低绝缘水平的经济意义随设备额定电压的不同而异，在 110kV 以上的高压电网中，变压器等电气设备的造价大约与其绝缘水平成比例地增加。但是，在 3～10kV 的电网中，绝缘费用占总造价的比例较小，采用中性点直接接地方式来降低绝缘水平，其意义并不大。

#### 2. 继电保护工作的可靠性

在中性点不接地或经消弧线圈接地（非有效接地）的电力系统中，单相接地电流往往比正常负荷电流小，因而要实现有选择性的接地保护就比较困难。特别是经消弧线圈接地的电力系统困难还更大一些。而在中性点直接接地的系统中，实现有选择性的接地保护就比较容易，且保护装置结构简单、工作可靠。因此，从继电保护的观点出发，采用中性点直接接地方式更有利。

#### 3. 供电可靠性与故障范围

单相接地是电力系统中最常见的一种故障，中性点直接接地系统在单相接地时将产生很大的单相接地电流，某些情况下甚至比三相短路电流还大，因此它相对于非有效接地的电力系统而言，存在下列缺点。

（1）电力系统的任何部分发生单相接地时，都必须将它切除（即使采用自动重合闸装置，在发生永久性故障时，也必须再次快速切除）。

（2）巨大的接地短路电流，将产生很大的力效应和热效应，可能造成故障范围的扩大和损坏设备。

（3）一旦发生单相接地，断路器就跳闸，从而增大了断路器的维修工作量。

（4）大的接地短路电流将引起电压急剧降低，可能导致系统暂态稳定的破坏。

反之，非有效接地电力系统不仅避免了上述缺点，而且在发生单相接地故障后，还容许电力系统继续工作一段时间。因此，总的说来，从供电可靠性和故障范围的观点来看，非有效接地具有明显的优越性。

#### 4. 对通信和信号系统的干扰

当电力系统正常运行时，只要三相对称，则不管中性点接地方式如何，中性点的位移电压都等于零，各相电流及对地电压数值相等，相位互差 120°。因而它们在线路周围空间各点所形成的电场和磁场均彼此抵消，不会对通信和信号系统产生干扰影响。但是，当电力网发生单相接地时，所出现的单相接地电流将形成强大的干扰源（主要由故障电流中的零序分量）。接地电流越大，干扰越严重。因而，从干扰的角度来看，中性点直接接地的方式干扰最为严重。而非有效接地的电力系统，一般不会产生较严重的干扰问题。

在有的地区或国家，甚至将对通信干扰的问题视为选择中性点接地方式的主要限制条件。

### 1.6.3　各类中性点运行方式的适用范围

根据电压等级的不同，说明各种中性点运行方式的适用范围。

（1）220kV 及以上的电网。对于 220kV 及以上电网，应首先从降低过电压与绝缘水平方面考虑，因为这些对设备价格和整个电网建设的投资影响甚大。而且在这种电网中接地电流具有很大的有功分量，实际上已使消弧线圈不能起到消弧的作用。所以目前世界各国在超高压电网中都无例外地采用中性点直接接地方式。

（2）110～154kV 的电网。对于这样的电压等级，各个国家由于具体的条件和考虑的侧重点不同，所采用的方式是不一样的。有的国家是采用直接接地方式，而有的国家则采用经消弧线圈接地方式。在我国，有的 154kV 电网是经消弧线圈接地的，而 110kV 电网则大部分采用直接接地方式。在一些雷击活动强烈的地区或没有装设避雷线的地区，采用消弧线圈接地可以大大减少雷击跳闸率，从而提高了供电的可靠性。

（3）20～60kV 电网。这种电网一般说来线路长度不大，网络结构不太复杂，电压也不算很高，绝缘水平对电网建设费用和设备投资的影响，不如 110kV 及以上电网那样显著。另外，这种电网一般都不是沿全线装设架空地线，所以通常总是从提高供电可靠性出发，采用经消弧线圈接地或不接地的方式。对大量采用电缆供电的城市电网，则可采用经小电阻接地的方式。

（4）3～10kV 电网。对于这类电网，考虑供电可靠性与故障后果是主要的因素，一般均采用中性点不接地的方式。当电网的接地电流大于 30A 时，则应采用经消弧线圈接地的方式。

（5）1kV 以下的电网。由于这种电网绝缘水平低，保护设备通常只有熔断器，故障范围所带来的影响也不大，可以选择中性点接地方式，也可选择中性点不接地的方式。唯一例外的是对电压为 380/220V 的三相四线制电网，从安全的观点出发，它的中性点是直接接地的，这样可以防止一相接地时出现超过 250V 的危险电压。

## 第 1.7 节　电力系统特点与基本要求

电能生产和传输所固有的特点，决定了电力系统与其他工业相比有着许多不同的特点。

（1）与国民经济各部门和人民生活关系密切。现代工业、农业、交通运输业以及居民生活等都广泛地利用电作为动力、热量、照明等能源。供电的中断或不足，不仅将直接影响生产，造成人民生活紊乱，在某些情况下，甚至会造成极其严重的社会性灾难。例如，1997

年美国纽约电力系统的事故造成大面积停电，停电持续 25h，影响 900 万居民的供电。根据最保守的估计，这次停电带来的直接和间接经济损失约三亿五千万美元。

（2）电能不能储存（整体性与实时性）。尽管人们对电能的储存进行了大量的研究，并在一些储存电能的方式上（如超导储能等）取得了突破性的进展，但仍未能实现经济高效率的大容量电能储存。这就要求生产、输送、消费电能的各个环节形成一个不可分割的整体，且必须保证这一整体中各环节运行的连续性。电力系统在运行时必须保持电源、传输与负荷之间的功率平衡。发电和用电同时进行，使得电力系统的各个环节之间具有十分紧密的相互依赖关系。不论是转换能量的原动机、发电机，还是输送、分配和使用电能的变压器、输配电线路以及用电设备等，只要其中的任何一个元件出现故障，都将影响电力系统的正常运行。

（3）暂态过程非常短暂。由于电是以光速传播的，所以运行情况发生变化所引起的电磁暂态过程或机电暂态过程都是非常迅速的。因此，不论是正常运行时所进行的调整和切换等操作，还是故障时为切除故障或把故障限制在一定范围内以迅速恢复供电所进行的一系列操作，仅依靠人工判断、操作是不能达到满意效果的，甚至是不可能的，必须采用各种自动装置才能迅速而准确地完成各项调整和操作任务。电力系统的这个特点，给运行操作带来了许多复杂问题。

根据上述电力系统的特点，为发挥电力系统的功能和作用，应满足以下基本要求：

（1）满足用户需求（数量和质量要求）。电力系统应有充足的备用容量，能实现快速控制。事故紧急情况下可有选择地切除部分负荷，以保证交通、通信、保安系统、医院等重要负荷的供电和全系统的安全性。监测供电质量的指标主要是全网的频率和各供电点的电压。随着用户对供电质量要求的提高，现在还提出了电压和电流波形、三相不对称度和电压闪变等质量指标。

（2）安全可靠性要求。一个安全可靠的系统应具有经受一定程度的干扰和事故的能力，当出现预计的干扰或事故时，系统凭借自身的能力（合理的备用和网架结构）、继电保护装置和安全自动装置等的作用，以及运行人员的控制操作，仍能保持继续供电；但当事故严重到超出预计时，则可能使系统失去部分供电能力，这时应尽量避免事故扩大和大面积停电，消除事故后果，恢复正常供电。

（3）经济性要求。以最小发电（供电）成本或最小燃料消耗为目标的经济运行，进行并网发电机组间输出功率的合理分配，还需要考虑线损影响；对负荷变化进行相应的开停机，以减少燃料消耗；水、火电混合系统中充分发挥水电能力，有效利用水资源，使发电成本最小等。

（4）环保和生态要求。控制温室气体和有害物质的排放，控制冷却水的温度和速度，防止核辐射污染，减少输电线路的高压电磁场、变压器噪声及其影响等。

# 第1.8节 电力系统分析的基本方法

电力系统分析的基本方法有物理模拟和数学模拟两种，具体步骤如图1-17所示。

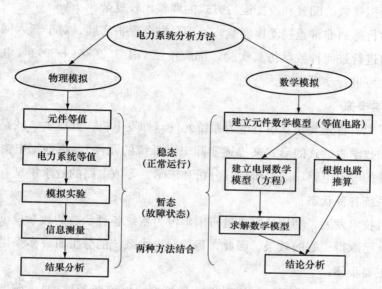

图1-17 电力系统分析基本方法及步骤

## 1.8.1 物理模拟

电力系统的物理模拟，是采用了原有系统相同物理性质且参数标幺值一致的模拟元件，基于相似原理将实际电力系统按一定的模拟比例关系缩小到保留其物理特性的电力系统复制品，即电力系统等值物理模型。通过在该模型上进行的实验研究，达到研究电力系统各种状态的目的。通俗地讲，就是将真实的电力系统缩小到实验室中，是真实电力系统的缩影。

电力系统物理模拟系统主要由模拟发电机、模型变压器、模拟输电线路、模拟负荷和有关调节、控制、测量、保护等模拟装置组成。对于有旋转运动的模拟发电机组、模拟负荷机组，可以模拟电力系统各种实时运行状态，反映电力系统的动态特性，如原动机的动态特性、发电机的励磁特性、负荷随电压频率变化的动态特性等，这些称为电力系统动态模拟（简称动模）。若在模拟系统中没有旋转运动的模拟发电机组、模拟负荷机组，该模拟不反映电力系统动态特性，则称之为电力系统静态模拟（简称静模）。

电力系统动态模拟的主要特点是能够直接观察到各种现象的物理过程，便于获得明确的物理概念，特别是当由于认知上的限制，不能或不完全能用数学方程式表示某些新的问题和物理现象时，利用物理模拟可以探索到现象的本质及其变化的基本规律。物理模拟的实验结果，还可以用来校验电力系统的理论和计算公式，以及所建立的数学方程式和进行各种假设时的合理性，并为理论的简化指出方向，进而使理论得到进一步完善和发展。

动态模拟的另一个显著的特点是可以将新型的继电保护和自动控制装置直接接入动态模拟系统中，进行各种工况运行实验和短路故障实验，以考核装置的各种性能。

动态模拟的缺点是待研究系统的规模不能过大，而且模拟装置的参数调整范围有一定的限制，实验前模拟参数的配置和改变运行方式的调整比较复杂。

电力系统运行部门非常重视动模实验，特别是继电保护实验。对于新入网的继电保护装置，无论其之前进行过何种数字仿真实验，都应按照 GB/T 26864—2011《电力系统继电保护产品动模实验》进行动模实验。

### 1.8.2 数学模拟

对于数学模拟，首先要建立所有电力系统元件（如发电机、变压器、线路、负荷等）的数学模型（即用数学表达式的形式来描述实际电力系统的元件），再根据电力系统的联络方式作出电力系统的等值电路，通过研究（分析和求解）等值电路的数学模型（数学方程）来研究实际电力系统各种状态。

随着计算机技术发展，利用计算机进行求解电力系统各种状态的数学模型（这一过程又称为数字仿真）已取得很好的效果。因此，目前对电力系统的分析研究多采用数学模拟。

数学模拟主要步骤：

（1）建立电力系统数学模型（包括元件数学模型、电网数学模型）。所谓数学模型，是描述实际电力系统状态的方程。实际电力系统是一个很复杂的非线性系统，故各种状态的方程常用非线性代数方程组或非线性微分方程组表示。

（2）求解数学模型。简单的数学模型可以按照电路的基本原理进行推算求解。但实际电力系统非常复杂（元件多、联络复杂、节点数多造成方程数多等），常常只能借助计算机进行求解。计算机求解的过程通常为，寻找求解方法、制定程序流程图、编写程序、计算机计算。

（3）计算结果分析。数学模拟的方法分析计算电力系统，其结果可能收敛到伪解或超越实际电力系统的约束，因此要对实际计算结果进行分析讨论，去伪存真，以满足电力系统实际情况。

### 1.8.3 物理模拟与数学模拟的比较

物理模拟是根据相似原理建立起来的在电力系统物理模型上进行仿真研究的方法，数学模拟是建立在数学方程式基础上的一种对原型系统进行数字仿真研究的方法，它们之间的对比见表 1-8。

表 1-8　　　　　　　　　　　物理模拟与数学模拟的比较

| 比较项目 | 物理模拟 | 数学模拟 |
|---|---|---|
| 模型与理论的关系 | 以实验为基础，检验和推动理论研究 | 以理论为指导，结果依靠理论 |
| 实验研究与前提条件 | 只需物理过程的物理量，不需要数学模型 | 必须确定物理过程的数学模型 |

续表

| 比较项目 | 物理模拟 | 数学模拟 |
|---|---|---|
| 模型物理量 | 与模型系统相同，不改变性质 | 可以与原型系统不同 |
| 物理过程 | 直观、真实 | 不直观 |
| 建模的工作 | 物理模型建立、参数调整 | 数学模型建立、仿真算法设计 |
| 与实际装置相连 | 直接接入 | 不能或者通过功率放大器相连 |
| 模型通用性 | 较差、参数修改较难 | 较强、参数修改容易 |
| 模型的规模 | 规模不能过大 | 规模可以很大 |
| 模型的使用 | 操作复杂、不安全 | 操作简单、安全 |

物理模拟和数学模拟有其各自的优点和缺点，只有将物理模拟系统和数字仿真系统（计算机实现数学模拟）结合起来实现数模综合仿真系统，才能充分发挥物理模拟和数学模拟各自的优势。这也是世界各国电力科学家正在探索研究的内容。

物理模拟主要基于相似的理论来研制仿真模型。由于物理模型考虑了非线性等复杂的不确定因素，因此物理模拟建模过程复杂，参数调整比较困难，移植性、扩展性和兼容性均有一定限制。

数字实时仿真系统采用现代计算机技术、控制技术，结合了大型软件和复杂硬件，具有独特的优点，即建模速度快、经济，参数调整方便，能对大型系统进行仿真。但是数字仿真对于新型的设备和控制策略的仿真和测试往往不尽人意，也难以对实际电力系统需要能力交换的主设备进行模拟实验研究。

# 第 1.9 节　本书主要内容及框架

本书采用数学模拟的方法分析研究电力系统，主要内容包括：①"电力系统正常运行分析"中的潮流、频率、电压的基本概念、分析计算、调整控制等的基本原理和方法；②"电力系统故障分析"中同步发电机的基本方程和三相短路电磁暂态过程、电力系统三相短路的实用计算方法、电力系统不对称故障的分析计算方法；③"电力系统运行稳定性分析"中静态稳定、暂态稳定的基本概念和分析计算方法。

使用本书的先修课程主要有"电路"和"电机学"。

本书内容框架如图 1-18 所示。

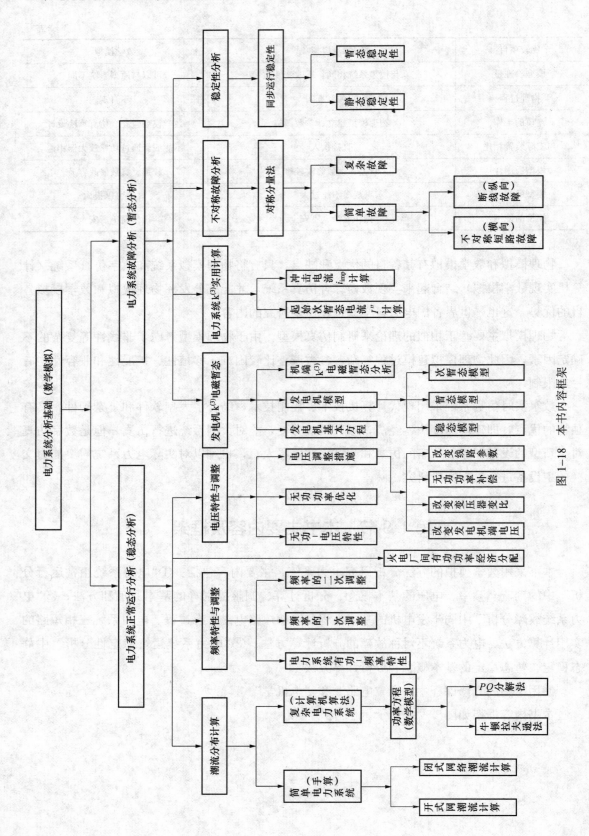

图 1-18　本书内容框架

## ? 思考题与习题

1-1 动力系统、电力系统和电网的基本组成?

1-2 根据发电厂使用一次能源的不同,发电厂主要有哪几种形式?

1-3 电能传输为什么要升高电压?电力变压器的主要作用是什么,主要类别有哪些?

1-4 架空线路与电缆线路各有什么特点?

1-5 直流输电与交流输电比较有什么特点?

1-6 电力系统的结构有何特点?比较有备用和无备用接线形式的主要区别。

1-7 为什么要规定电力系统的电压等级,主要的电压等级有哪些?平均额定电压含义是什么?

1-8 电力系统各元件(设备)的额定电压是如何确定的?

1-9 电力系统的负荷曲线?最大负荷利用小时数 $T_{max}$ 指的是什么?

1-10 简述电力系统的负荷特性(电压特性、频率特性)。

1-11 我国电力系统的中性点接线方式主要有哪些,各有什么特点?各种中性点运行方式的适用情况如何?

1-12 电能质量的三个主要指标是什么,各有怎样的要求?

1-13 我国电力系统中性点运行方式有几类?各有什么特点?

1-14 简述各类中性点运行方式的优缺点。

1-15 简述电力系统的主要特点和基本要求。

1-16 物理模拟、数学模拟研究电力系统各有什么特点?

1-17 试确定图 1-19 所示电力系统中发电机和各变压器的额定电压(图中示出的是电力线路的额定电压)。

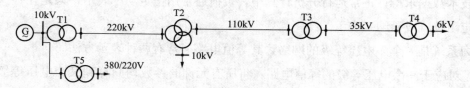

图 1-19  习题 1-17 图

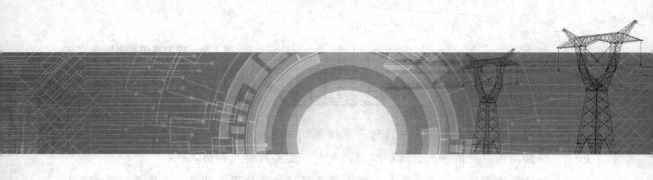

# 第2章 电力系统等值电路

## 第2.1节 内容概述与框架

### 2.1.1 内容概述

利用数学模拟方法分析计算电力系统，不论是根据电路理论的基本关系式来推算电力系统的运行参数（通常指"手算"方法），还是建立电网的数学模型，使用计算机来计算电力系统的运行参数，都必须用"等值电路"来表示电力系统的各个元件及其连接方式。因此，在进行电力系统分析时，首先要研究电力系统中各元件的电气参数和等值电路，以及整个电力系统（具有多个电压等级的系统）的等值电路。

本章介绍电力系统各个元件（设备）的稳态参数和等值电路，重点是电力线路（架空线）和变压器。首先理解输电线路四个参数的基本含义。对于架空线路，要求能根据导线型号、排列布置来求出相应的参数（电阻、电抗、电纳、电导），并绘制 Π 形等值电路；对于变压器，应理解四个参数与铭牌上试验数据的基本关系。要求能根据制造厂家提供的试验数据来求取元件参数，并绘制归算到一侧的 Γ 形等值电路。发电机和电抗器参数主要由制造厂提供的技术数据求得；正常运行分析计算中，负荷通常用恒定功率表示，只是在很少场合下才用恒定阻抗（或导纳）表示。

电力系统是一个多电压等级的网络，其等值电路通常有两种表示方法。

（1）对应于一个电压等级的等值电路：将所有元件的参数均归算到某个电压等级（通常是网络的最高电压等级），而后按照元件的联络方式连接起来得到等值电路。

（2）对应于多个电压等级的等值电路：变压器用 Π 形等值电路表示（即引入理想变压器表示后一、二次侧所有电气量不必归算），将各元件实际构成的等值电路直接连接起来即可。

电力系统的正常运行状态基本上是三相对称的，或者是可以化为三相对称的（如用对称分量法等）。因此，本章的等值电路都是对于一相而言的。另外，由于电力系统在正常运行状态下，其频率偏差都应该在允许的范围之内，故在分析计算中认为系统的频率保持恒定，所以各元件参数均不计其频率特性。

电力系统各元件的参数可以采用有名值表示，也可以采用标幺值表示。在电力系统参数的计算和归算时，若采用电网或元件实际的额定电压进行计算，称为精确计算（正常运行分析计算时）；若采用对应的平均额定电压进行计算，则称为近似计算（故障分析计算时）。

　　电力系统等值电路的制作（参数计算、等值电路），是今后分析计算电力系统的基础，因此应引起学生的高度重视。

### 2.1.2　内容框架（见图2-1）

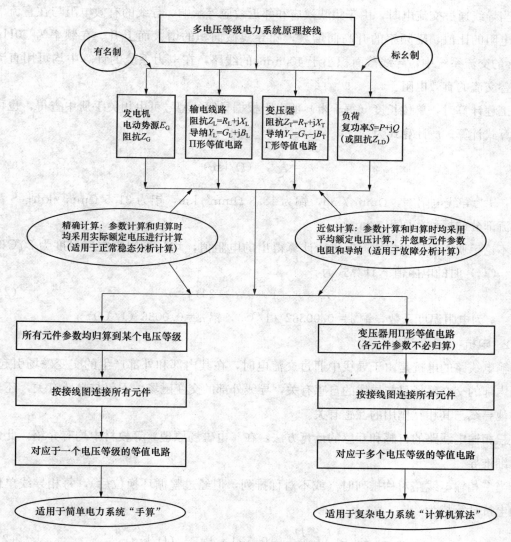

图2-1　本章内容框架

## 第2.2节　输电线路参数及等值电路

　　输电线路的电气参数包括电阻、电感（磁场效应）、电容（电场效应）、电导（电晕效应）。线路的电感以电抗的形式表示，而电容以电纳的形式表示。

输电线路是参数均匀分布的电路，即电阻、电抗、电纳、电导都是沿线均匀分布的。每千米（单位长度）的电阻、电抗、电纳、电导分别用 $r_1$、$x_1$、$b_1$、$g_1$ 表示。

### 2.2.1 架空线路参数

#### 1. 电阻

输电线路每相导线单位长度的电阻与导线的材料和截面积有关。

当导线通过交流电时，由于集肤效应和邻近效应等影响，导线的有效电阻与在直流下的直流电阻的比值，随频率的升高而增大，随导线截面积的增大而上升。在频率为 50Hz 或 60Hz 的交流系统中，导线截面积小于 $400\text{mm}^2$ 的线路，在电力系统的计算中均可用直流电阻代替交流的有效电阻。

工程计算时，单位长度（每千米）的电阻根据导线的型号可由相关手册中查得，也可以按计算式计算。$r_1$ 计算式为

$$r_1 = \frac{\rho}{S} \quad (\Omega/\text{km}) \tag{2-1}$$

式中：$\rho$ 为导线电阻率，$\Omega\text{mm}^2/\text{km}$，铜为 18.8 $\Omega\text{mm}^2/\text{km}$，铝为 31.5 $\Omega\text{mm}^2/\text{km}$；$S$ 为导线载流部分的标称截面积，$\text{mm}^2$。

不论手册查得还是按式（2-1）计算得出的电阻值，均是指周围空气温度为 20℃时的值，$t$（℃）时的电阻值 $r_t$ 计算式为

$$r_t = r_{20}[1 + \alpha(t - 20)] \tag{2-2}$$

式中：$\alpha$ 为电阻温度系数，铜 $\alpha = 0.00382$（1/℃），铝 $\alpha = 0.0036$（1/℃）。

#### 2. 电抗

输电线路的电抗是由于导线中通过交流电时，在其内部和外部产生的交变磁场引起的。导线内部的交变磁场只与导线的自感有关，导线外部的交变磁场，不仅与自感有关，还与周围其他导线与其相互作用的互感有关。

三相输电线路的自感和互感的计算方法，在《电磁场原理》等教材中均有介绍，此处不作详细推导。

当三相输电线路对称排列时（或不对称排列，但经过整循环换位后），每相导线单位长度的电抗计算式为

$$x_1 = \omega\left(4.6\lg\frac{D_\text{m}}{r} + 0.5\mu\right) \times 10^{-4} \quad (\Omega/\text{km}) \tag{2-3}$$

式中：$\omega$ 为角频率，$\omega = 2\pi f$；$D_\text{m}$ 为三相导线重心间的几何均距，cm 或 mm；$r$ 为导线半径，cm 或 mm（$r$ 与 $D_\text{m}$ 单位应相同）；$\mu$ 为导磁材料的相对导磁率，对于有色金属，$\mu = 1$。

如图 2-2 所示，当三相导线间的距离分别为 $D_\text{ab}$、$D_\text{bc}$、$D_\text{ca}$ 时，几何均距为

$$D_\text{m} = \sqrt[3]{D_\text{ab}D_\text{bc}D_\text{ca}}$$

如果将 $f = 50\text{Hz}$（$\omega = 314$）和 $\mu = 1$ 代入式（2-3）可得

图 2 - 2 导线排列排式

(a) 方式 1；(b) 方式 2；(c) 方式 3

$$x_1 = 0.1445\lg\frac{D_m}{r} + 0.0157 \quad (\Omega/\text{km}) \tag{2-4}$$

式中：0.0157 代表每相单位长度的内感抗，是一个常数；$0.1445\lg\dfrac{D_m}{r}$ 代表该相导线的外感抗，和导线间的互感有关。

学生需特别注意下面两种情况下关于电抗的处理或计算。

（1）三相输电线路换位。若三相导线非对称排列时，由于互感的不同，将造成三相导线电抗的不同。为了消除这种不平衡现象，输电线路的各相导线必须进行换位。换位的方法如图 2 - 3 所示。为了达到三相电抗值相等，在全线总长中，换位的次数必须为"3"的倍数，称"整循环换位"。

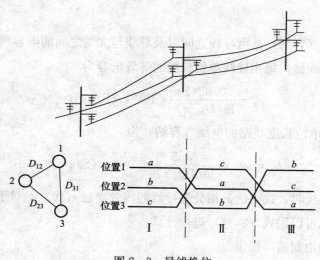

图 2 - 3 导线换位

（2）分裂导线。为了提高线路的输送能力和电晕的临界电压，在 330kV 及以上线路，有时也在 220kV 线路采用分裂导线。此时，线路的每一相不是只用 1 根导线，而是由 2~4 根同截面的导线构成，如图 2 - 4 所示。采用分裂导线大大增加了每相导线的等值半径，因而可以显著地减小线路电抗。

每相具有 $n$ 个分裂导线的线路电抗，其计算式为

$$x_1 = 0.1445\lg\frac{D_\mathrm{m}}{r_\mathrm{e}} + \frac{0.0157}{n} \quad (\Omega/\mathrm{km}) \tag{2-5}$$

式中：$r_\mathrm{e} = \sqrt[n]{rd^{n-1}}$ 为等效半径；$r$ 为单根导线实际半径；$d$ 为分裂导线的几何均距。

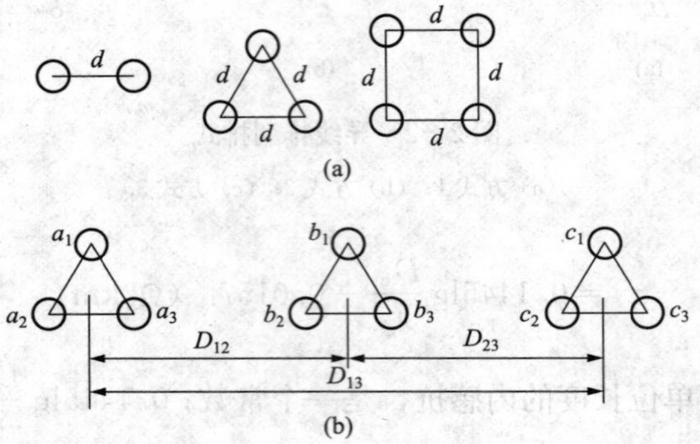

图 2-4 分裂导线的布置

(a) 一相分裂导线的布置；(b) 三相分裂导线的布置

当同一杆塔上布置两回三相线路时，每一回线路仍可用式（2-4）计算电抗。因为两回线路间的互感对于正序的影响不大，可以略去不计。

各种电缆的电抗值由制造厂给出。因为电缆各相的相间距离小，故其电抗值比架空线电抗值小得多。

3. 电纳

电力线路的电纳（容纳）是由导线之间以及导线与大地之间的电容所决定的。经过整循环换位后的三相输电线路，每相导线单位长度的等效电容为

$$c_1 = \frac{0.0242}{\lg(D_\mathrm{m}/r)} \times 10^{-6} \quad (\mathrm{F/km}) \tag{2-6}$$

当频率为 $50\mathrm{Hz}$ 时，单位长度线路的电纳（容纳）为

$$b_1 = \omega c_1 = \frac{7.58}{\lg(D_\mathrm{m}/r)} \times 10^{-6} \quad (\mathrm{S/km}) \tag{2-7}$$

如果采用分裂导线时，式中的 $r$ 用分裂导线的等效半径 $r_\mathrm{e}$ 代之。对于同杆并架的双回线路，每回线的电纳也可以用式（2-7）进行计算。

电缆线路的电纳由制造厂提供。

4. 电导

输电线路的电导是由介质中的有功功率损耗引起的。对于架空输电线路，其主要是电晕损耗。所谓电晕是指架空线路带有高电压时，当导线表面的电场强度超过空气的击穿强度时，导线附近的空气被游离而产生局部放电的现象。

线路开始出现电晕的电压称为临界电压 $U_\mathrm{cr}$。当线路运行电压超过临界电压（$U_\mathrm{L} > U_\mathrm{cr}$）时，若三相输电线路单位长度的电晕损耗为 $\Delta P_\mathrm{g}$，则每相导线单位长度的等效电导为

$$g_1 = \frac{\Delta P_g}{U_L^2} \quad (\text{S/km}) \tag{2-8}$$

实际上，电晕损耗随气候变化等因素影响较大，难以计算，而且其数值相对较小。另外，在输电线路设计时已采取防止电晕的措施，使其在晴朗天气正常运行时几乎不产生电晕。所以，一般计算时可以忽略电导，即 $g_1 = 0$。

### 2.2.2 电缆线路的参数

电缆线路与架空线路在结构上是截然不同的，主要表现在：①三相电缆的三相导线间的距离很近；②导线截面是圆形或扇形；③导线的绝缘介质不是空气，绝缘层外有铝包或铅包，最外层还有钢铠。因此，电缆线路的参数计算较为复杂，但电缆的结构和尺寸是系列化的，这些参数可以通过试验测得，一般可从手册中查取而不需计算。

### 2.2.3 输电线路的等值电路

输电线路的四个参数 $r_1$、$x_1$、$b_1$、$g_1$ 实际上是沿线路均匀分布的。如果将一条输电线路分成无数的小段（单位长度），则在每一小段线路上，每相导线的电阻 $r_1$ 是与电抗 $x_1$ 串联着的，这相导线与中性线之间并联着电导 $g_1$ 和电纳 $b_1$。整条线路可以看成由无数个这样的小段串联而成。

线路传输电能时，$r_1$、$x_1$ 是与线路电流相联系的物理量，用阻抗 $z_1 = r_1 + \mathrm{j}x_1$ 表示，并将其作为串联元件；而 $b_1$、$g_1$ 是与线路电压相联系的物理量，$y_1 = g_1 + \mathrm{j}b_1$ 用导纳表示，并将其作为并联元件。在考虑线路参数分布特点的情况下，线路的一相电路如图 2-5 所示，其中任一微小长度的阻抗为 $z_1\mathrm{d}x$，导纳为 $y_1\mathrm{d}x$。

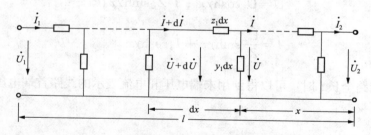

图 2-5 均匀分布参数线路的一相电路图

设距离末端 $x$ 处的电压和电流分别为 $\dot{U} + \mathrm{d}\dot{U}$ 和 $\dot{I} + \mathrm{d}\dot{I}$，则对该微段可列出方程式为

$$\left.\begin{aligned} \mathrm{d}\dot{U} &= \dot{I} z_1 \mathrm{d}x \\ \mathrm{d}\dot{I} &= \dot{U} y_1 \mathrm{d}x \end{aligned}\right\} \quad \text{或} \quad \left.\begin{aligned} \frac{\mathrm{d}\dot{U}}{\mathrm{d}x} &= \dot{I} z_1 \\ \frac{\mathrm{d}\dot{I}}{\mathrm{d}x} &= \dot{U} y_1 \end{aligned}\right\} \tag{2-9}$$

对式（2-9）求导，即

$$\left.\begin{array}{l}\dfrac{\mathrm{d}^2\dot{U}}{\mathrm{d}x^2}=z_1\dfrac{\mathrm{d}\dot{I}}{\mathrm{d}x}=z_1y_1\dot{U}\\[3mm]\dfrac{\mathrm{d}^2\dot{I}}{\mathrm{d}x^2}=y_1\dfrac{\mathrm{d}\dot{U}}{\mathrm{d}x}=z_1y_1\dot{I}\end{array}\right\}\qquad(2-10)$$

解微分方程式（2-10），并代入边界条件，得参数沿线均匀分布的输电线路的输电方程为

$$\left.\begin{array}{l}\dot{U}=\dfrac{\dot{U}_2+\dot{I}_2Z_\mathrm{C}}{2}\mathrm{e}^{\gamma x}+\dfrac{\dot{U}_2-\dot{I}_2Z_\mathrm{C}}{2}\mathrm{e}^{-\gamma x}\\[3mm]\dot{I}=\dfrac{\dot{U}_2/Z_\mathrm{C}+\dot{I}_2}{2}\mathrm{e}^{\gamma x}-\dfrac{\dot{U}_2/Z_\mathrm{C}-\dot{I}_2Z_\mathrm{C}}{2}\mathrm{e}^{-\gamma x}\end{array}\right\}\qquad(2-11)$$

式中：$\dot{U}$、$\dot{I}$ 分别为距线路末端 $x$ 处的电压和电流，kV、kA；$\dot{U}_2$、$\dot{I}_2$ 分别为线路末端的电压和电流，kV、kA；$Z_\mathrm{C}$ 为输电线路的特性阻抗，又称波阻抗，$Z_\mathrm{C}=\sqrt{z_1/y_1}$，Ω；$\gamma$ 为输电线路的传播系数，$\gamma=\sqrt{z_1y_1}$。

当线路末端的电压 $\dot{U}_2$ 和电流 $\dot{I}_2$ 已知时，通过式（2-11）可以计算出沿线任一点电压、电流的大小和相位。

一般在计算输电线路的电压和电流时，常常利用双曲函数来表示输电线路的方程式，将式（2-11）改为双曲函数的形式，可得

$$\left.\begin{array}{l}\dot{U}=\dot{U}_2\cosh\gamma x+\dot{I}_2Z_\mathrm{C}\sinh\gamma x\\[3mm]\dot{I}=\dfrac{\dot{U}_2}{Z_\mathrm{C}}\sinh\gamma x+\dot{I}_2\cosh\gamma x\end{array}\right\}\qquad(2-12)$$

当 $x$ 等于线路全长 $l$ 时，可以得到用末端电压和电流表示的线路首端电压 $\dot{U}_1$ 和电流 $\dot{I}_1$ 的表达式，即

$$\begin{bmatrix}\dot{U}_1\\\dot{I}_1\end{bmatrix}=\begin{bmatrix}\cosh\gamma l & Z_\mathrm{C}\sinh\gamma l\\Z_\mathrm{C}^{-1}\sinh\gamma l & \cosh\gamma l\end{bmatrix}\begin{bmatrix}\dot{U}_2\\\dot{I}_2\end{bmatrix}\qquad(2-13)$$

显然，从线路两端来看，可以将它看作无源二端口网络，其中通用常数 $A$、$B$、$C$、$D$ 分别为

$$A=\cosh\gamma l,\quad B=Z_\mathrm{C}\sinh\gamma l,\quad C=Z_\mathrm{C}^{-1}\sinh\gamma l,\quad D=\cosh\gamma l$$

对于无源二端口网络可以用 Π 形或 T 形等值电路来替代，实质上是考虑了分布参数影响后，用集中参数表示的输电线路等值电路，而这种等值只是对输电线路末端而言的。用这种等值电路显然不能求出输电线路沿线的电压和电流的分布情况。由于 Π 形等值电路应用

较为广泛，下面主要介绍 Π 形等值电路。

### 1. 长距离输电线路

当输电线路的长度超过 300km 以上时应视为长距离线路（通常为 330kV 电压等级以上）。根据以上讨论，线路的 Π 形等值电路如图 2-6 所示。按图中的电路及参数，可得出以下关系

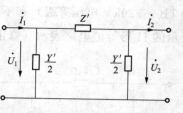

图 2-6 线路的 Π 形等值电路

$$\begin{array}{l} \dot{U}_1 = \left(1 + \dfrac{Z'Y'}{2}\right)\dot{U}_2 + Z'\dot{I}_2 \\[3mm] \dot{I}_1 = Y'\left(1 + \dfrac{Z'Y'}{4}\right)\dot{U}_2 + \left(1 + \dfrac{Z'Y'}{2}\right)\dot{I}_2 \end{array} \right\} \tag{2-14}$$

为了使 Π 形等值电路与输电线路等效，式（2-13）中系数矩阵元素应与输电线路方程式（2-14）的系数矩阵元素相等，故有

$$1 + \frac{Z'Y'}{2} = \cosh\gamma l, \quad Z' = Z_C\sinh\gamma l, \quad Y'\left(1 + \frac{Z'Y'}{4}\right) = \frac{1}{Z_C}\sinh\gamma l$$

由以上任两式可解得

$$\left. \begin{array}{l} Z' = Z_C\sinh\gamma l \\[3mm] Y' = \dfrac{1}{Z_C}\dfrac{2(\cosh\gamma l - 1)}{\sinh\gamma l} \end{array} \right\} \tag{2-15}$$

将式（2-15）改写为

$$Z' = \sqrt{Z/Y}\sinh\sqrt{ZY} = \frac{\sinh\sqrt{ZY}}{\sqrt{ZY}}Z = k_Z Z \tag{2-16}$$

$$Y' = \sqrt{\frac{Y}{Z}}\frac{2(\cosh\sqrt{ZY} - 1)}{\sinh\sqrt{ZY}} = \frac{2(\cosh\sqrt{ZY} - 1)}{\sqrt{ZY}\sinh\sqrt{ZY}}Y = k_Y Z \tag{2-17}$$

式（2-16）和式（2-17）中，$Z = (r_1 + \mathrm{j}x_1)l$，$Y = (g_1 + \mathrm{j}b_1)l$；$k_Z$、$k_Y$ 分别为阻抗和电纳的修正系数，显然有

$$\left. \begin{array}{l} k_Z = \dfrac{\sinh\sqrt{ZY}}{\sqrt{ZY}} \\[4mm] k_Y = \dfrac{2(\cosh\sqrt{ZY} - 1)}{\sqrt{ZY}\sinh\sqrt{ZY}} \end{array} \right\} \tag{2-18}$$

这样，输电线路的等值电路可以用图 2-7 表示。

式（2-16）、式（2-17）说明了在长距离输电线路中，如采用集中参数的等值电路表示线路，则必须考虑它们的分布参数特性，即将全线路的总阻抗 $Z$ 和总导纳 $Y$ 分别乘以修正系数 $k_Z$ 和 $k_Y$，可得到 Π 形等值电路的精确参数。

### 2. 中距离输电线路

中距离输电线路通常是指线路长度在 100km 以上且 300km 以下的架空输电线路（通常

为 110～220kV 电压等级）和不超过 100km 的电缆线路。因此，中距离输电线路可用图 2-8 所示的 Π 形等值电路表示（修正系数 $k_Z$ 和 $k_Y$ 都接近于 1）。

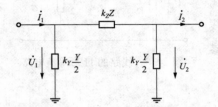

图 2-7　长距离输电线路的
Π 形等值电路

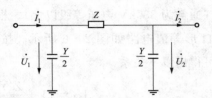

图 2-8　中距离输电线路的
Π 形等值电路

修正系数 $k_Z$ 和 $k_Y$ 近似等于 1，说明在中距离输电线路中，输电线路的分布参数作用影响较小，可以用集中参数直接表示。这种简化相当于将输电线路阻抗的影响集中在一起，而将线路对地电容对称地集中在线路的两端。

### 3. 短距离输电线路

长度较短的输电线路，当电压不高时（通常 35kV 以下），其线路电纳的影响可以不计，即忽略线路的充电现象。在线路短、电压低的情况下，这种简化不会对计算结果产生较大的误差。短距离输电线路的等值电路如图 2-9 所示。

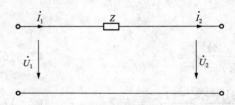

图 2-9　短距离输电线路的等值电路

以上所指的长距离线路、中长距离线路、短距离线路并没有严格的界限，在具体分析计算时应根据研究问题的不同要求来选择。

【例 2-1】有一长度为 100km 的 110kV 输电线路，导线型号为 LGJ-185，导线水平排列，相间距离为 4m，求线路参数及输电线路的等值电路。

**解**：线路单位长度电阻为

$$r_1 = \frac{\rho}{S} = \frac{31.5}{185} = 0.17 (\Omega/\text{km})$$

由手册查得 LGJ-185 的计算直径为 19mm，三相导线的几何均距

$$D_{\text{m}} = \sqrt[3]{D_{\text{ab}} D_{\text{bc}} D_{\text{ca}}} = \sqrt[3]{2 \times 4000^3} = 5040 (\text{mm})$$

线路单位长度电抗为

$$x_1 = 0.1445 \lg \frac{D_{\text{m}}}{r} + 0.0157 = 0.1445 \lg \frac{5040}{0.5 \times 19} + 0.0157 = 0.409 (\Omega/\text{km})$$

线路单位长度电纳为

$$b_1 = \frac{7.58}{\lg \dfrac{D_{\text{m}}}{r}} \times 10^{-6} = \frac{7.58}{\lg \dfrac{5040}{0.5 \times 19}} \times 10^{-6} = 2.78 \times 10^{-6} (\text{S/km})$$

不计电导参数，全线路的集中参数为

$$Z = (r_1 + jx_1)l = 100 \times (0.17 + j0.409) = 17 + j40.9 (\Omega)$$

$$Y = jb_1 l = j2.78 \times 10^{-6} \times 100 = j278 \times 10^{-6} (S)$$

该线路等值电路的修正系数应取 $k_Z = 1$，$k_Y = 1$，则等值电路如图 2 - 10 所示。

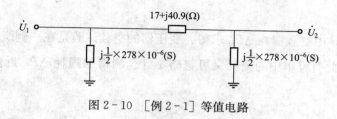

图 2 - 10　［例 2 - 1］等值电路

## 第 2.3 节　变压器参数及等值电路

### 2.3.1　双绕组变压器的参数及等值电路

双绕组变压器有 4 个参数，电阻 $R_T$、电抗 $X_T$、电导 $G_T$、电纳 $B_T$。这 4 个参数可以用变压器铭牌上 4 个表示电气性能的试验数据（短路损耗 $\Delta P_k$，短路电压百分值 $U_k\%$，空载损耗 $\Delta P_0$，空载电流百分值 $I_0\%$）来求取。

**1. 阻抗**

（1）电阻。电阻由短路损耗 $\Delta P_k$ 求取。变压器短路试验时，流过一、二次绕组的功率等于额定功率，故短路电压较低，铁芯损耗 $P_{Fe}$ 可忽略不计，测得的一、二次绕组上的总损耗（也称为铜损耗 $P_{Cu}$），即

$$\Delta P_k = P_{Fe} + P_{Cu} \approx P_{Cu} = 3I_N^2 R_T$$

或

$$\Delta P_k = 3I_N^2 R_T = 3 \left( \frac{S_N}{\sqrt{3} U_N} \right)^2 R_T = \frac{S_N^2}{U_N^2} R_T \qquad (2-19)$$

式中：$\Delta P_k$ 为变压器短路损耗，kW；$S_N$ 为变压器额定容量，MVA；$U_N$ 为变压器额定线电压，kV；$R_T$ 为变压器高低压绕组总电阻，Ω。
则

$$R_T = \frac{\Delta P_k U_N^2}{1000 S_N^2} \quad (\Omega) \qquad (2-20)$$

（2）电抗。电抗由短路电压百分值 $U_k\%$ 求取。对于大型变压器，其阻抗中以电抗为主，变压器电抗和阻抗数值上接近相等，可以认为短路电压降就是电抗电压降，即

$$U_k\% = \frac{\sqrt{3} I_N X_T}{U_N} \times 100$$

则

$$X_T = \frac{(U_k\%)U_N^2}{100S_N} \quad (\Omega) \tag{2-21}$$

式中：$X_T$ 为变压器高、低压绕组总电抗，$\Omega$。

从而变压器阻抗为

$$Z_T = R_T + jX_T \quad (\Omega)$$

### 2. 导纳

（1）电导。电导由空载损耗 $\Delta P_0$ 求得。变压器的空载试验是在一侧绕组上加额定电压而另一侧绕组开路，此时绕组中的损耗又可忽略不计。测得的损耗 $\Delta P_0$ 近似等于电导所表征的铁芯损耗，即

$$\Delta P_0 \approx \Delta P_{Fe} = 3\left(\frac{U_N}{\sqrt{3}}\right)^2 G_T \quad (kW)$$

空载损耗 $\Delta P_0$、额定电压 $U_N$ 和电导 $G_T$ 的单位分别为 kW、kV 和 S（西），则有

$$G_T = \frac{\Delta P_0}{1000U_N^2} \quad (S) \tag{2-22}$$

（2）电纳。电纳由空载电流百分值 $I_0\%$ 求取。变压器空载电流 $I_0$ 包括流经电导的有功分量 $I_g$（涡流）和无功分量 $I_b$（励磁电流）。其中无功分量占很大比例，它和空载电流在数值上近似相等，所以可将 $I_0$ 代替 $I_b$ 求取变压器电纳（S）。

由于

$$I_b = \frac{U_N}{\sqrt{3}}B_T, \qquad I_0\% = \frac{I_0}{I_N} \times 100$$

则

$$B_T = \frac{I_0\%S_N}{100U_N^2} \quad (S) \tag{2-23}$$

因此，变压器导纳为

$$Y_T = G_T - jB_T \quad (S)$$

**注意：** 变压器电纳的符号与线路电纳的符号相反，因为前者为感性而后者为容性。

### 3. 等值电路

双绕组变压器是联络电力系统两个电压等级的元件，根据电机学课程的知识，其归算到一次侧的单相等值电路如图 2-11（a）所示。由于电力变压器的励磁电流 $I_0$ 很小，为了简化计算，在电力系统计算中，常将励磁支路的导纳 $Y_T = G_T - jB_T$ 移到电源侧，如图 2-11（b）所示。其中，$R_T = R_1 + R_2'$，$X_T = X_1 + X_2'$。在图 2-11（a）中，参数上标 "'" 表示为二次侧归算到一次侧的值，有时省略而不标出，如图 2-11（b）所示。

变压器铁芯的有功损耗 $\Delta P_{Fe}$ 和励磁功率 $\Delta Q_f$ 与通过变压器的负载功率大小无关，而与所加的电压及变压器的容量有关。在不考虑电压变化的情况下，变压器的铁芯损耗和励磁功率可以认为是常数，则变压器等值电路中的导纳支路可以用变压器的复数空载功率损耗来代

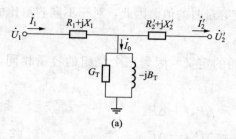 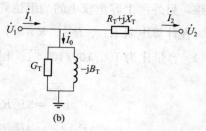

图 2 - 11 双绕组变压器单相等值电路

(a) T 形等值电路；(b) Γ 形等值电路

替，即 $\Delta\widetilde{S}_0 = \Delta P_0 + \mathrm{j}\Delta Q_0 \approx \Delta P_{\mathrm{Fe}} + \mathrm{j}\Delta Q_{\mathrm{f}}$。这样，图 2 - 11 （b）所示形式的等值电路也可以近似地用图 2 - 12 表示。

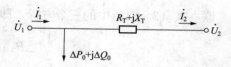

### 2.3.2 三绕组变压器的参数及等值电路

#### 1. 等值电路

图 2 - 12 双绕组变压器等值电路

三绕组变压器的单相等值电路，如图 2 - 13 （a）所示。图中 $R_{\mathrm{T1}}$ 和 $X_{\mathrm{T1}}$ 为一次绕组的电阻和等值电抗；$R_{\mathrm{T2}}$、$X_{\mathrm{T2}}$ 和 $R_{\mathrm{T3}}$、$X_{\mathrm{T3}}$ 分别为归算到一次侧的二、三次侧绕组的电阻和等值电抗；变比 $k_{12} = U_{\mathrm{1N}}/U_{\mathrm{2N}}$，$k_{13} = U_{\mathrm{1N}}/U_{\mathrm{3N}}$，所以图 2 - 13 （a）实际上是参数归算到一次侧的等值电路。在电力系统分析计算中常将励磁支路移到电源侧（一次侧），如图 2 - 13 （b）所示。

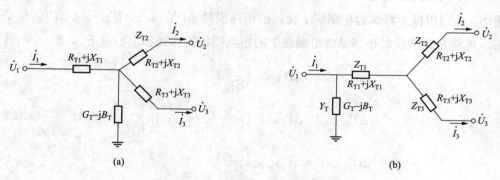

图 2 - 13 三绕组变压器单相等值电路

(a) T 形等值电路；(b) Γ 形等值电路

#### 2. 电阻 $R_{\mathrm{T1}}$、$R_{\mathrm{T2}}$、$R_{\mathrm{T3}}$

我国目前生产的三绕组变压器三个绕组的容量比，按高、中、低压绕组的顺序有 100/100/ 100、100/100/50 和 100/50/100 三种（早期生产现在仍在使用的三绕组变压器还有 100/100/66.7，100/66.7/100 和 100/66.7/66.7 三种），变压器铭牌上的额定容量是指容量最大的一个绕组的容量，也就是高压绕组的容量。

三绕组变压器铭牌上提供的三个短路试验数据 $\Delta P_{\mathrm{k}(1-2)}$、$\Delta P_{\mathrm{k}(2-3)}$、$\Delta P_{\mathrm{k}(3-1)}$ 是在某个绕

组开路，另外两个容量较小的绕组达到其自身额定容量时的值。因此，对于不同容量比的变压器，在计算电阻 $R_{T1}$、$R_{T2}$、$R_{T3}$ 时，要加以注意。

（1）容量比为 100/100/100 时。根据短路损耗的定义，因为三个绕组的容量相同，所以有

$$\left.\begin{aligned}
\Delta P_{k(1-2)} &= 3I_N^2 R_{T1} + 3I_N^2 R_{T2} = \Delta P_{k1} + \Delta P_{k2} \\
\Delta P_{k(2-3)} &= 3I_N^2 R_{T2} + 3I_N^2 R_{T3} = \Delta P_{k2} + \Delta P_{k3} \\
\Delta P_{k(3-1)} &= 3I_N^2 R_{T3} + 3I_N^2 R_{T1} = \Delta P_{k3} + \Delta P_{k1}
\end{aligned}\right\} \tag{2-24}$$

式中：$\Delta P_{k1}$、$\Delta P_{k2}$、$\Delta P_{k3}$ 分别为各绕组的短路损耗。

联立式（2-24）中的三个方程，即可得

$$\left.\begin{aligned}
\Delta P_{k1} &= \frac{1}{2}\left[\Delta P_{k(1-2)} + \Delta P_{k(3-1)} - \Delta P_{k(2-3)}\right] \\
\Delta P_{k2} &= \frac{1}{2}\left[\Delta P_{k(1-2)} + \Delta P_{k(2-3)} - \Delta P_{k(3-1)}\right] \\
\Delta P_{k3} &= \frac{1}{2}\left[\Delta P_{k(2-3)} + \Delta P_{k(3-1)} - \Delta P_{k(1-2)}\right]
\end{aligned}\right\} \tag{2-25}$$

则三绕组变压器的各电阻计算式为

$$R_{Ti} = \frac{\Delta P_{ki} U_{TN}^2}{1000 S_{TN}^2} \qquad (i = 1, 2, 3) \tag{2-26}$$

（2）三个绕组的容量比不同时。假设第三绕组的容量 $S_{3N}$（或第二绕组 $S_{2N}$）不等于额定容量 $S_{1N}$，则根据短路试验在铭牌上提供的短路损耗 $\Delta P'_{k(1-2)}$、$\Delta P'_{k(2-3)}$、$\Delta P'_{k(3-1)}$ 必须进行折算（即将短路试验时小容量绕组满载下的短路损耗折算到额定容量下），即

$$\left.\begin{aligned}
\Delta P_{k(1-2)} &= \Delta P'_{k(1-2)}\left(\frac{S_{1N}}{S_{2N}}\right)^2 \\
\Delta P_{k(2-3)} &= \Delta P'_{k(2-3)}\left(\frac{S_{1N}}{\min\{S_{2N}S_{3N}\}}\right)^2 \\
\Delta P_{k(3-1)} &= \Delta P'_{k(3-1)}\left(\frac{S_{1N}}{S_{3N}}\right)^2
\end{aligned}\right\} \tag{2-27}$$

三个绕组的电阻即可按式（2-25）和式（2-26）计算。

（3）制造厂只给出最大短路损耗时。有的变压器在出厂时只给出一个最大短路损耗 $P_{k\,max}$。$P_{k\,max}$ 是指两个 100% 容量的绕组中流过额定电流时的损耗，另一个 100% 或 50% 容量绕组空载。由这个 $\Delta P_{k\,max}$ 可求得两个 100% 容量绕组的电阻。然后根据"按同一电流密度选择各绕组导线截面积"的变压器设计原则（即认为导线截面积与绕组额定电流或额定容量成正比，导线电阻与导线截面积成反比），可得另一个 100% 容量绕组的电阻（等于已求得的 100% 容量绕组的电阻），或另一个 50% 容量绕组的电阻（等于已求得的 100% 容量绕组电阻的 2 倍）。此时 $R_T$（W）的计算公式如下

$$R_{T(100)} = \frac{\Delta P_{k\max} U_N^2}{2 \times 1000 S_N^2}$$

$$R_{T(50)} = 2R_{T(100)} = \frac{\Delta P_{k\max} U_N^2}{1000 S_N^2}$$

(2-28)

**3. 电抗 $X_{T1}$、 $X_{T2}$、 $X_{T3}$**

三绕组变压器铭牌上提供的三个短路电压百分数 $U_{k(1-2)}\%$ 、$U_{k(2-3)}\%$ 、$U_{k(3-1)}\%$ ，是指一个绕组开路时，另两个绕组短路电压的百分数（制造厂提供的短路电压总是归算到各绕组中通过变压器额定电流时的数值，因此不论三个绕组的容量比怎样，一般铭牌上的数据是已折算为与变压器额定容量对应的值）。因此，若近似地认为电抗上的压降就等于短路电压（忽略相对较小的电阻压降），则

$$U_{k(1-2)}\% = U_{k1}\% + U_{k2}\%$$

$$U_{k(2-3)}\% = U_{k2}\% + U_{k3}\%$$

$$U_{k(3-1)}\% = U_{k3}\% + U_{k1}\%$$

联立以上三个方程，有

$$U_{k1}\% = \frac{1}{2}\left[U_{k(1-2)}\% + U_{k(3-1)}\% - U_{k(2-3)}\%\right]$$

$$U_{k2}\% = \frac{1}{2}\left[U_{k(1-2)}\% + U_{k(2-3)}\% - U_{k(3-1)}\%\right]$$

$$U_{k3}\% = \frac{1}{2}\left[U_{k(2-3)}\% + U_{k(3-1)}\% - U_{k(1-2)}\%\right]$$

(2-29)

三绕组变压器的等值电抗为

$$X_{Ti} = \frac{(U_{ki}\%)U_N^2}{100 S_N} \qquad (i = 1, 2, 3)$$

(2-30)

**注意：**

（1）三绕组变压器等值电抗的相对大小与三个绕组在铁芯外的排列位置有关，主要有两种排列方式，如图 2-14 所示。高压绕组通常排在最外层，原因是绝缘方便，易于分接头调节（电压高而电流小，不易产生电弧）；中压绕组和低压绕组均有可能排在中间层。从电力系统的运行角度而言，按调压要求希望两个主要交换功率的绕组之间的电抗较小，以减小电压损耗。因此，对于升压变压器，一般选择图 2-14（a）的排列方式［升压变压器功率是由低压侧向高、中压侧传送的，低压侧在中间，可使 $X_{T3}$（低压）较小，使电压损耗较小］。对于降压变压器，如果功率主要是从高压向中压传送，则选择图 2-14（b）的排列方式；如果功率主要是从高压向低压传送，则选择图 2-14（a）的排列方式较为适宜。若从限制短路电流的角度出发，则希望电抗大一点较好。若主要是限制降压变压器中压侧的短路电流，则可选择图 2-14（a）的排列方式。若主要是限制低压侧短路电流，则可选择图 2-14（b）的排列方式。

（2）由三绕组变压器电抗计算结果可知，由于互感的去磁作用，排在中间层的绕组电抗

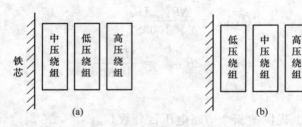

图 2-14　三绕组变压器绕组的排列方式

（a）升压变压器；（b）降压变压器

最小，有时甚至是一个接近于零的负值（在近似计算中常将这个绕组的等值电抗取为零）。

4. 电导 $G_T$ 和电纳 $B_T$

三绕组变压器的电导 $G_T$ 和电纳 $B_T$ 的计算与双绕组变压器相同。

### 2.3.3　自耦变压器的参数及等值电路

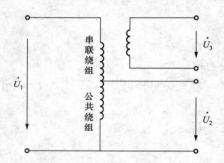

图 2-15　自耦变压器原理接线图

自耦变压器与普通变压器的不同是，其绕组之间不仅有磁耦合联系，而且还有电气的直接联系。图 2-15 所示为具有三个绕组的自耦变压器的原理接线图。高压绕组由串联绕组和公共绕组两部分组成，中压绕组即为公共绕组，它们之间通过公共绕组形成直接电气联系。为防止一次侧故障引起的二次侧过电压，三相自耦变压器的高压绕组和中压绕组一般接成星形（Y形），其中性点直接接地。为防止由变压器铁芯饱和等引起 3 次谐波电动势，自耦变压器通常具有一个接成三角形（△形）并通过磁耦合的低压绕组，其容量约为变压器额定容量的 $30\%\sim50\%$，可用来给低压负荷供电。

由于一部分功率可以通过电的联系直接在高压绕组和中压绕组之间传送，所以自耦变压器与同容量的普通变压器相比，具有消耗材料少、损耗小、费用低的优点；而且高压侧与中压侧的变比越接近 1，其效率越高。因此，目前在我国 220kV 及以上电压等级的电力系统中，广泛采用自耦变压器。

从变压器外部特性来看，自耦变压器与普通三绕组变压器是相同的。因此，自耦变压器的参数计算和等值电路也和普通变压器相同，只是自耦变压器第三绕组的容量小于变压器的额定容量，而且算例试验中的 $\Delta P'_{k(1-3)}$、$\Delta P'_{k(2-3)}$、$U'_{k(1-3)}\%$、$U'_{k(2-3)}\%$ 一般是未经折算的，所以用这些数据进行自耦变压器参数计算时要先进行折算，其折算公式为

$$\left.\begin{aligned} \Delta P_{k(1-3)} &= \Delta P'_{k(1-3)}\left(\frac{S_{TN}}{S_{N3}}\right)^2 \\ \Delta P_{k(2-3)} &= \Delta P'_{k(2-3)}\left(\frac{S_{TN}}{S_{N3}}\right)^2 \end{aligned}\right\} \tag{2-31}$$

$$U_{k(1-3)}\% = U'_{k(1-3)}\%\left(\frac{S_{TN}}{S_{N3}}\right) \Bigg\}$$

$$U_{k(2-3)}\% = U'_{k(2-3)}\%\left(\frac{S_{TN}}{S_{N3}}\right) \Bigg\}$$

$$(2-32)$$

式中：$\Delta P_{k(1-3)}$、$\Delta P_{k(2-3)}$ 及 $U_{k(1-3)}\%$、$U_{k(2-3)}\%$ 分别为折算后的负载损耗和短路电压百分数；$\Delta P'_{k(1-3)}$、$\Delta P'_{k(2-3)}$、$U'_{k(1-3)}\%$、$U'_{k(2-3)}\%$ 分别为折算前的负载损耗和短路电压百分数；$S_{TN}$ 和 $S_{N3}$ 分别为变压器额定容量和第三绕组额定容量。

**【例 2-2】** 已知某三绕组变压器铭牌上的参数有额定容量 120MVA，容量比为 100/100/50，变比为 220/121/10.5kV，$I_0\% = 0.9$，$\Delta P_0 = 123.1$kW，$\Delta P_{k(1-2)} = 660$kW，$\Delta P'_{k(3-1)} = 256$kW，$\Delta P'_{k(2-3)} = 227$kW，$U_{k(1-2)}\% = 24.7$，$U_{k(3-1)}\% = 14.7$，$U_{k(2-3)}\% = 8.8$，试作等值电路。

**解：** 将变压器参数归算到一次侧（即 220kV 侧）。导纳参数为

$$G_T = \frac{\Delta P_0}{1000U_N^2} = \frac{123.1}{1000\times220^2} = 2.5\times10^{-6}(S)$$

$$B_T = \frac{I_0\%S_N}{100U_N^2} = \frac{0.9\times120}{100\times220^2} = 22.3\times10^{-6}(S)$$

则变压器导纳为　　　$Y_T = G_T - jB_T = (2.5 - j22.3)\times10^{-6}(S)$

因为

$$\Delta P_{k1} = \frac{1}{2}\left[\Delta P_{k(1-2)} + \Delta P'_{k(3-1)}\left(\frac{S_{1N}}{S_{3N}}\right)^2 - \Delta P'_{k(2-3)}\left(\frac{S_{1N}}{S_{3N}}\right)^2\right]$$

$$= 0.5\times\left[660 + 256\times\left(\frac{100}{50}\right)^2 - 227\times\left(\frac{100}{50}\right)^2\right] = 338(kW)$$

$$\Delta P_{k2} = \frac{1}{2}\left[\Delta P_{k(1-2)} + \Delta P'_{k(2-3)}\left(\frac{S_{1N}}{S_{3N}}\right)^2 - \Delta P'_{k(3-1)}\left(\frac{S_{1N}}{S_{3N}}\right)^2\right]$$

$$= 0.5\times\left[660 + 227\times\left(\frac{100}{50}\right)^2 - 256\times\left(\frac{100}{50}\right)^2\right] = 272(kW)$$

$$\Delta P_{k3} = \frac{1}{2}\left[\Delta P'_{k(3-1)}\left(\frac{S_{1N}}{S_{3N}}\right)^2 + \Delta P'_{k(2-3)}\left(\frac{S_{1N}}{S_{3N}}\right)^2 - \Delta P_{k(1-2)}\right]$$

$$= 0.5\times\left[256\times\left(\frac{100}{50}\right)^2 + 227\times\left(\frac{100}{50}\right)^2 - 660\right] = 636(kW)$$

则电阻参数为

$$R_{T1} = \frac{\Delta P_{k1}U_N^2}{1000S_N^2} = \frac{388\times220^2}{1000\times120^2} = 1.3(\Omega)$$

$$R_{T2} = \frac{\Delta P_{k2}U_N^2}{1000S_N^2} = \frac{272\times220^2}{1000\times120^2} = 0.91(\Omega)$$

$$R_{T3} = \frac{\Delta P_{k3}U_N^2}{1000S_N^2} = \frac{636\times220^2}{1000\times120^2} = 2.14(\Omega)$$

因为

$$U_{k1}\% = \frac{1}{2}\left[U_{k(1-2)}\% + U_{k(3-1)}\% - U_{k(2-3)}\%\right]$$

$$= 0.5 \times (24.7 + 14.7 - 8.8) = 15.3$$

$$U_{k2}\% = \frac{1}{2}\left[U_{k(1-2)}\% + U_{k(2-3)}\% - U_{k(3-1)}\%\right]$$

$$= 0.5 \times (24.7 + 8.8 - 14.7) = 9.4$$

$$U_{k3}\% = \frac{1}{2}\left[U_{k(3-1)}\% + U_{k(2-3)}\% - U_{k(1-2)}\%\right]$$

$$= 0.5 \times (14.7 + 8.8 - 24.7) = -0.6$$

则电抗参数为

$$X_{T1} = \frac{U_{k1}\% U_N^2}{100 S_N} = \frac{15.3 \times 220^2}{100 \times 120} = 61.71(\Omega)$$

$$X_{T2} = \frac{U_{k2}\% U_N^2}{100 S_N} = \frac{9.4 \times 220^2}{100 \times 120} = 37.91(\Omega)$$

$$X_{T3} = \frac{U_{k3}\% U_N^2}{100 S_N} = \frac{-0.6 \times 220^2}{100 \times 120} = -2.42(\Omega)$$

因此，变压器各相阻抗为

$$Z_{T1} = R_{T1} + jX_{T1} = 1.3 + j61.71(\Omega)$$

$$Z_{T2} = R_{T2} + jX_{T2} = 0.91 + j37.91(\Omega)$$

$$Z_{T3} = R_{T3} + jX_{T3} = 2.14 - j2.42(\Omega)$$

在变压器参数计算时，应根据题目要求，将参数归算到某一侧，计算时 $U_N$ 就应选用该侧的额定电压。

变压器等值电路如图 2-16 所示。

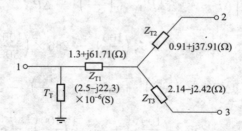

图 2-16 ［例 2-2］变压器等值电路

## 第 2.4 节 发电机与负荷的参数及等值电路

发电机与负荷是电力系统中两个重要元件，它们的数学模型非常复杂（特别是暂态模型）。但由于电力系统稳态运行分析计算时往往以发电机的端点为起点，即不包括发电机元件；而负荷又往往以恒定功率或阻抗表示，只在需要深入研究的场合，才计及负荷的静态电压特性。因此，本节仅介绍最基本的概念和计算公式。

### 2.4.1　发电机参数及等值电路

由于发电机定子绕组的电阻相对于电抗较小，一般可以忽略不计，因此在计算中通常只计及其电抗。制造厂一般给出以发电机额定容量为基准的电抗百分数，其定义用公式表达为

$$X_{\mathrm{G}}\% = \frac{\sqrt{3}\, I_{\mathrm{N}} X_{\mathrm{G}}}{U_{\mathrm{N}}} \times 100\%$$

从而可得发电机电抗有名值为

$$X_{\mathrm{G}} = \frac{X_{\mathrm{G}}\%}{100}\frac{U_{\mathrm{N}}}{\sqrt{3}\, I_{\mathrm{N}}} = \frac{X_{\mathrm{G}}\%}{100}\frac{U_{\mathrm{N}}^2}{S_{\mathrm{N}}} = \frac{X_{\mathrm{G}}\%}{100}\frac{U_{\mathrm{N}}^2 \cos\varphi_{\mathrm{N}}}{P_{\mathrm{N}}} \quad (\Omega) \tag{2-33}$$

式中：$U_{\mathrm{N}}$ 为发电机额定电压，kV；$S_{\mathrm{N}}$ 为发电机额定视在功率，kVA；$P_{\mathrm{N}}$ 为发电机额定有功功率，MW；$\cos\varphi_{\mathrm{N}}$ 为发电机额定功率因数。

发电机的等值电路可用电压源表示也可用电流源表示，如图 2-17（a）、（b）所示。显然这两种等值电路是可以互换的。

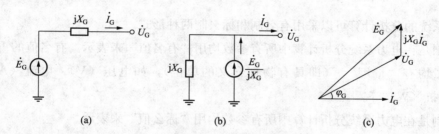

图 2-17　发电机等值电路及相量图

(a) 电压源表示；(b) 电流源表示；(c) 相量图

发电机电动势 $\dot{E}_{\mathrm{G}}$ 计算式为

$$\dot{E}_{\mathrm{G}} = \dot{U}_{\mathrm{G}} + \mathrm{j}X_{\mathrm{G}}\dot{I}_{\mathrm{G}} \tag{2-34}$$

式中：$\dot{E}_{\mathrm{G}}$ 为发电机电动势，kV；$\dot{U}_{\mathrm{G}}$ 为发电机端电压，kV；$\dot{I}_{\mathrm{G}}$ 为发电机定子电流，kA。

其相量关系如图 2-17（c）所示。

在电力系统正常运行分析时，发电机通常用两个变量表示，即发电机电动势 $\dot{E}_{\mathrm{G}}$ 和电抗 $X_{\mathrm{G}}$（忽略电阻），或发出的有功功率 $P_{\mathrm{G}}$ 和无功功率 $Q_{\mathrm{G}}$ 的大小。

### 2.4.2　负荷参数及等值电路

在电力系统的稳态分析计算中，负荷常常用恒定的复功率、阻抗或导纳表示，如图 2-18 所示。

负荷用恒定功率或恒定阻抗表示为

$$\widetilde{S}_{\mathrm{LD}} = \dot{U}_{\mathrm{LD}}\overset{*}{I}_{\mathrm{LD}} = S_{\mathrm{LD}}(\cos\varphi_{\mathrm{LD}} + \mathrm{j}\sin\varphi_{\mathrm{LD}}) = P_{\mathrm{LD}} + \mathrm{j}Q_{\mathrm{LD}} \tag{2-35}$$

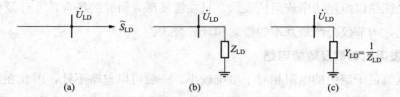

图 2-18 负荷的等值电路

（a）恒定复功率表示；（b）阻抗表示；（c）导纳表示

$$Z_{LD}=\frac{\dot{U}_{LD}}{\dot{I}_{LD}}=\frac{U_{LD}^2}{\overset{*}{S}_{LD}}=\frac{U_{LD}^2}{P_{LD}-jQ_{LD}}=\frac{U_{LD}^2}{S_{LD}^2}P_{LD}+j\frac{U_{LD}^2}{S_{LD}^2}Q_{LD}=R_{LD}+jX_{LD} \qquad (2-36)$$

式中：$\tilde{S}_{LD}$ 为负荷复功率，MVA；$U_{LD}$ 为负荷端点电压，kV；$P_{LD}$、$Q_{LD}$ 分别为负荷有功功率和无功功率，MW、Mvar；$Z_{LD}$、$R_{LD}$、$X_{LD}$ 分别为负荷等值阻抗、电阻、电抗，Ω。

# 第2.5节　有名制和标幺制

电力系统的分析计算可以采用有名制和标幺制两种形式。

有名制是在电力系统分析计算中所有参数均用"有名值"来表示。有名值的重要特征是所有电气量均有"量纲"（即具有物理含义的单位），如电压（V），电流（A）、功率（VA）、阻抗（W）等。

标幺制是在电力系统分析计算中所有参数均用"标幺值"来表示。

## 2.5.1　标幺值的基本概念

标幺值是一种相对值，以标幺值表示的物理量，通常在其符号下角加"∗"，标幺值定义为

$$标幺值=\frac{实际有名值（任意单位）}{基准值（与实际值同单位）} \qquad (2-37)$$

例如，某发电机的端电压 $U_G$ 用有名值表示为 10.5kV，用标幺值表示时必须先选定电压的基准值。如果选电压的基准值 $U_B$＝10.5kV，按式（2-37）计算发电机电压的标幺值 $U_{G*}$ 应为

$$U_{G*}=\frac{U_G}{U_B}=\frac{10.5(kV)}{10.5(kV)}=1.0$$

这就是说，以 10.5kV 作电压基准值时，发电机电压的标幺值等于 1。电压的基准值也可以选别的数值，例如，若选 $U_B$＝10kV，则 $U_{G*}$＝1.05；若选 $U_B$＝1kV，则 $U_{G*}$＝10.5。

由此可见，标幺值是一个没有量纲的数值。对于同一个实际有名值，基准值选得不同，其标幺值也就不同。因此，当一个量用标幺值表示时，还需同时说明其基准值，否则标幺值的意义是不明确的。

### 2.5.2　基准值的选择

电力系统计算中，基准值的选择应注意三点。

（1）基准值的单位应与有名值的单位相同，基准值量的含义应与有名值量的含义相同，如三相的量对应三相量的基准值，单相的量对应单相量的基准值。

（2）基准值之间应满足电路的基本关系。

对于三相系统　$S_B = \sqrt{3} I_B U_B$ , $\qquad U_B = \sqrt{3} I_B Z_B$ , $\qquad Z_B = \dfrac{1}{Y_B}$

对于单相系统　$S_B = U_B I_B$ , $\qquad U_B = I_B Z_B$ , $\qquad Z_B = \dfrac{1}{Y_B}$

为满足电路的基本关系，电力系统中的五个基准值 $S_B$、$I_B$、$U_B$、$Z_B$、$Y_B$ 只有两个是可以任意选取的，通常选择 $S_B$ 和 $U_B$，其他三个可由选取的两个求得，即 $Z_B = \dfrac{U_B^2}{S_B}$，$Y_B = \dfrac{1}{Z_B}$，$I_B = \dfrac{S_B}{\sqrt{3} U_B}$；有功、无功基准值同为 $S_B$，电阻、电抗的基准值同为 $Z_B$，电导、电纳的基准值同为 $Y_B$。

（3）基准值 $S_B$ 和 $U_B$ 原则上是可以任意确定的。但为便于计算，功率的基准值一般可选定电力系统中某一发电厂总容量或系统总容量，也可以取某发电机或变压器的额定容量，而较多的是选定为 100MVA 或 1000MVA 等。线电压的基准值一般是取被选作为基本级的额定电压或该电压级的平均额定电压。

### 2.5.3　不同基准值下的标幺值的换算

对于某个电力系统，在绘制用标幺值表示的等值电路时，各元件的参数必须按统一的基准值进行归算。然而，从手册或产品说明书中查得元件参数的标幺值，一般均是以该元件自身的额定参数为基准值的。由于各元件的额定参数可能不同，因此必须将不同基准值的标幺值参数，换算成统一基准值的标幺值。

在进行换算时，应先将需要换算的元件标幺值参数还原为有名值参数，而后再用统一的基准值计算标幺值。以电抗参数为例

$$X = X_{(N)*} \frac{U_N^2}{S_N} , \qquad X_{(B)*} = X \frac{S_B}{U_B^2} = X_{(N)*} \frac{U_N^2}{S_N} \frac{S_B}{U_B^2} \qquad (2-38)$$

式中：$X_{(N)*}$ 为以该元件的以额定参数为基准值的标幺值；$X_{(B)*}$ 为以 $S_B$、$U_B$ 为基准值的标幺值。

### 2.5.4　采用标幺制的主要优点

（1）三相电路的计算公式与单相电路的计算公式完全相同，线电压的标幺值与相电压的标幺值相等，三相功率的标幺值和单相功率的标幺值相等。

（2）只需确定各电压级的基准值，而后直接在各自的基准值下计算标幺值，不需要进行参数和计算结果的归算。

（3）用标幺值表示后，电力系统的元件参数比较接近，易于进行计算和对结果进行分析比较。

但采用标幺制进行计算，主要缺点是由于标幺值没有量纲，物理含义不清。

# 第2.6节 电力系统等值电路

由于变压器的联络，电力系统总是呈现出多个电压等级的特点，如图 2 - 19（a）所示。如何将各个元件的等值电路（模型）按其接线形式连接起来，形成整个电力系统的等值电路？可以有两种做法：①将所有元件参数都归算到某个电压等级，再按电力系统的联络形式连接起来，得到的等值电路是对应于该电压等级的等值电路；②变压器用 Π 形等值电路表示（因为变压器是联络多电压级的元件，Π 形等值电路可实现两侧完全等值），再按电力系统的联络形式连接起来，即得到对应于多电压等级的等值电路。

## 2.6.1 对应于一个电压等级的等值电路

对于多电压等级的电力系统［见图 2 - 19（a）］，绘制等值电路时，首先必须确定等值电路的基本电压级（通常是取电网中的最高电压级为基本电压级），然后将其他电压等级的元件参数全部归算到这个电压等级，从而得到对应于这个基本电压级的等值电路，如图 2 - 19（b）所示。值得注意的是：除基本电压级的点（b、c）之外，其他点（a、d、e、f、g）的参数均是归算后的数值。

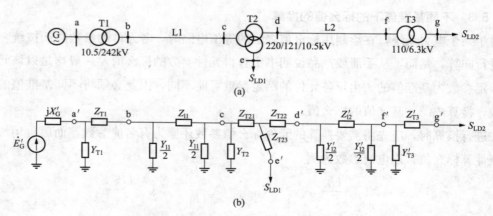

图 2 - 19 某多电压等级电力系统及其等值电路

（a）系统接线图；（b）等值电路

对应于一个电压等级的等值电路通常在"手算"（即根据电路原理推算）时采用。

以下分别介绍利用有名值和标幺值表示的等值电路。

### 1. 有名值表示的等值电路

用有名值表示的等值电路必须将非基本级的元件参数归算到基本级，归算原理、方法与变压器参数的归算基本相同。设某电压级与基本级之间串联有变比为 $k_1, k_2, k_3, \cdots, k_n$ 的 $n$ 台变压器，该电压级中某元件阻抗 $Z$、导纳 $Y$、电压 $U$、电流 $I$ 归算到基本级的计算式分别为

$$\left.\begin{array}{l} Z' = Z(k_1 k_2 \cdots k_n)^2 \\[2mm] Y' = Y \left( \dfrac{1}{k_1} \dfrac{1}{k_2} \cdots \dfrac{1}{k_n} \right)^2 \\[2mm] U' = U(k_1 k_2 \cdots k_n) \\[2mm] I' = I \left( \dfrac{1}{k_1} \dfrac{1}{k_2} \cdots \dfrac{1}{k_n} \right) \end{array}\right\} \qquad (2-39)$$

有功功率、无功功率、复功率的归算值仍为原值不变（不必归算）。

变压器变比的取向为基本级与待归算级电压之比，并按此方法类推。对于图 2-19 所示电力系统，若取基本级为 220kV 电压级时，$k_1 = \dfrac{242}{10.5}$，$k_{21} = \dfrac{220}{121}$，$k_{22} = \dfrac{220}{10.5}$，$k_3 = \dfrac{110}{6.3}$。

用有名值表示的等值电路，计算中电压、电流、功率等也均是用有名值表示。

**【例 2-3】** 如图 2-19（a）所示的电力系统，各元件参数如下：发电机 G，$P_N = 100\text{MW}$，$\cos\varphi_N = 0.875$，$U_N = 10.5\text{kV}$，$X_G\% = 71$；变压器 T1，额定容量 120MVA，10.5/242kV，$\Delta P_k = 1011.5\text{kW}$，$\Delta P_0 = 98.2\text{kW}$，$U_k\% = 14.2$，$I_0\% = 1.26$，Yd11；变压器 T2，参数同［例 2-2］；线路 L1，LGJ－240，长度 200km，$r_1 = 0.132(\Omega/\text{km})$，$x_1 = 0.432(\Omega/\text{km})$，$b_1 = 2.63 \times 10^{-6}(\text{S/km})$；线路 L2，LGJ－185，长度 100km，$r_2 = 0.17(\Omega/\text{km})$，$x_2 = 0.394(\Omega/\text{km})$，$b_2 = 2.77 \times 10^{-6}(\text{S/km})$；变压器 T3，$S_N = 8000\text{kVA}$，110/6.3kV，$\Delta P_k = 62\text{kW}$，$\Delta P_0 = 11.6\text{kW}$，$U_k\% = 10.5$，$I_0\% = 1.1$，Yd11。

试作归算到 220kV 电压级用有名值表示的等值电路。

**解：** 选择 220kV 电压级为基本电压级。

（1）计算各元件参数。

发电机 G $\quad X_G = \dfrac{X_G\%}{100} \dfrac{U_N^2 \cos\varphi_N}{P_N} = \dfrac{71 \times 10.5^2 \times 0.875}{100 \times 100} = 0.685(\Omega)$

$$E_G = U_N + I_N X_G \sin\varphi_N = 10.5 + \dfrac{100 \times 0.685 \times 0.484}{\sqrt{3} \times 10.5 \times 0.875} = 12.85(\text{kV})$$

$$\dot{E}_G = \dot{U}_N + \text{j}\dot{I}_N X_G$$

变压器 T1

$$R_{T1} = \dfrac{\Delta P_k U_N^2}{1000 \times S_N^2} = \dfrac{1011.5 \times 242^2}{1000 \times 120^2} = 4.11(\Omega) \ , \ X_{T1} = \dfrac{U_k\% U_N^2}{100 \times S_N} = \dfrac{14.2 \times 242^2}{100 \times 120} = 69.3(\Omega)$$

$$Z_{T1} = R_{T1} + \text{j}X_{T1} = 4.11 + \text{j}69.3(\Omega)$$

$$G_{T1} = \dfrac{\Delta P_0}{1000 U_N^2} = \dfrac{98.2}{1000 \times 242^2} = 1.68 \times 10^{-6}(\text{S}) \ , \ B_{T1} = \dfrac{I_0\% S_N}{100 U_N^2} = \dfrac{1.26 \times 120}{100 \times 242^2} = 25.8 \times 10^{-6}(\text{S})$$

$$Y_{T1} = G_{T1} - \text{j}B_{T1} = (1.68 - \text{j}25.8) \times 10^{-6}(\text{S})$$

变压器 T2：见〔例 2-2〕的计算结果。

变压器 T3

$$R_{T3} = \frac{\Delta P_k U_N^2}{1000 \times S_N^2} = \frac{62 \times 110^2}{1000 \times 8^2} = 11.72(\Omega) , \quad X_{T3} = \frac{U_k \% U_N^2}{100 S_N} = \frac{10.5 \times 110^2}{100 \times 8} = 158.8(\Omega)$$

$$Z_{T3} = R_{T3} + j X_{T3} = 11.72 + j158.8(\Omega)$$

$$G_{T3} = \frac{\Delta P_0}{1000 U_N^2} = \frac{11.6}{1000 \times 110^2} = 0.96 \times 10^{-6}(S) , \quad B_{T3} = \frac{I_0 \% S_N}{100 U_N^2} = \frac{1.1 \times 8}{100 \times 110^2} = 7.27 \times 10^{-6}(S)$$

$$Y_{T3} = G_{T3} - j B_{T3} = (0.96 - j7.27) \times 10^{-6}(S)$$

线路 L1

$$Z_{L1} = l_1 (r_1 + j x_1) = 200 \times (0.132 + j0.432) = 26.4 + j86.4(\Omega)$$

$$Y_{L1} = l_1 \cdot j b_1 = 200 \times j2.63 \times 10^{-6} = j5.26 \times 10^{-4}(S)$$

线路 L2

$$Z_{L2} = l_2 (r_2 + j x_2) = 100 \times (0.17 + j0.394) = 17 + j39.4(\Omega)$$

$$Y_{L2} = l_2 \cdot j b_2 = 100 \times j2.77 \times 10^{-6} = j2.77 \times 10^{-4}(S)$$

（2）将各元件参数归算到基本级

$$k_1 = 242/10.5 , \qquad k_{21} = 220/121 , \qquad k_{22} = 220/10.5 , \qquad k_3 = 110/6.3$$

发电机 G

$$X'_G = X_G k_1^2 = 0.685 \times \left(\frac{242}{10.5}\right)^2 = 363.9(\Omega) , \quad E'_G = E_G k_1 = 12.58 \times \frac{242}{10.5} = 289.9(kV)$$

变压器 T1：因变压器 T1 参数计算时，$U_N$ 取 242kV（基本电压级），不必归算。

线路 L1：因线路 L1 就是 220kV 基本级的参数，不必归算。

变压器 T2：因变压器 T2 参数计算时，$U_N$ 取 220kV（基本电压级），不必归算。

线路 L2

$$Z'_{L2} = Z_{L2} k_2^2 = (17 + j39.4) \times \left(\frac{220}{121}\right)^2 = 56.2 + j130.25(\Omega)$$

$$Y'_{L2} = Y_{L2}/k^2 = j2.77 \times 10^{-4} \times \left(\frac{121}{220}\right)^2 = j0.84 \times 10^{-4}(S)$$

变压器 T3

$$Z'_{T3} = Z_{T1} k_2^2 = (11.72 + j158.8) \times \left(\frac{220}{121}\right)^2 = 38.74 + j524.96(\Omega)$$

$$Y'_{T3} = Z_{T3}/k_2^2 = (0.96 - j7.27) \times 10^{-6} \times \left(\frac{121}{220}\right)^2 = (0.29 - j2.2) \times 10^{-6}(S)$$

（3）作出用有名值表示的电力系统等值电路，如图 2-19（b）所示。

## 2. 标幺值表示的等值电路

计算用标幺值表示的电力系统等值电路中的参数，可以有两种方法。

（1）选取基本电压级的基准值，将各元件的有名值参数先归算到基本电压级，再除以基本级的基准值。其特点是有统一的基准值，但众多的参数归算较繁。若后续的潮流计算得到的各点电压（或电流）的标幺值，化成有名值时（对应于基本级的有名值），还必须归算回原电压级。

（2）根据基本电压级的基准值，按变压器的实际变比归算，求出对应于各电压级的基准值，然后将未经归算的各电压级元件参数的有名值除以自身电压级的基准值。其特点是，各电压等级的基准值不同，各元件参数不必归算。若后续的潮流计算得到的各点电压（或电流）的标幺值，只要乘以自身电压等级的基准值即可得到结果。

两种方法计算的结果是相同的，实际应用中常采用的是第二种方法。

【例2-4】按照［例2-3］的已知条件，试作用标幺值表示的等值电路。

**解：**（1）按第一种方法作用标幺值表示的等值电路。选取对应于基本级的基准值，取 $S_B = 100\text{MVA}$，$U_{B(220)} = 220\text{kV}$，则将［例2-3］计算得到的有名值参数除以该组基准值即可。具体标幺值的计算过程略。作等值电路如图2-20所示。

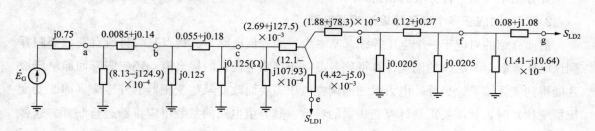

图2-20 用标幺值表示的电力系统等值电路

（2）按第二种方法作用标幺值表示的等值电路。设 220kV 电压级的基准值 $S_B = 100\text{MVA}$，$U_{B(220)} = 220(\text{kV})$，则对应其他电压等级的基准值为

$$U_{B(110)} = 220 \times \frac{121}{220} = 121(\text{kV}), \qquad U_{B(10.5)} = 220 \times \frac{10.5}{242} = 9.55(\text{kV})$$

$$U_{B(6)} = 220 \times \frac{121}{220} \times \frac{6.3}{110} = 6.93(\text{kV})$$

计算各元件标幺值参数

$$X_{G*} = \frac{X_G}{Z_{B(10.5)}} = X_G \frac{S_B}{U_{B(10.5)}^2} = 0.685 \times \frac{100}{9.55^2} = 0.75$$

$$E_{G*} = \frac{E_G}{U_{B(10.5)}} = \frac{12.58}{9.55} = 1.32$$

$$Z_{T1*} = \frac{Z_{T1}}{Z_{B(220)}} = Z_{T1} \frac{S_B}{U_{B(220)}^2} = (4.11 + j69.3) \times \frac{100}{220^2} = 0.0085 + j0.14$$

$$Y_{T1*} = \frac{Y_{T1}}{Y_{B(220)}} = Y_{T1} \frac{U_{B(220)}^2}{S_B} = (1.68 - j25.8) \times 10^{-6} \times \frac{220^2}{100} = (8.13 - j124.9) \times 10^{-4}$$

$$Z_{L1*} = \frac{Z_{L1}}{Z_{B(220)}} = Z_{L1}\frac{S_B}{U_{B(220)}^2} = (26.4 + j86.4) \times \frac{100}{220^2} = 0.055 + j0.18$$

$$Y_{T2*} = \frac{Y_{T2}}{Y_{B(220)}} = Y_{T2}\frac{U_{B(220)}^2}{S_B} = (2.5 - j22.3) \times 10^{-6} \times \frac{220^2}{100} = (12.1 - j107.93) \times 10^{-4}$$

$$Z_{T21*} = \frac{Z_{T21}}{Z_{B(220)}} = Z_{T21}\frac{S_B}{U_{B(220)}^2} = (1.3 + j61.71) \times \frac{100}{220^2} = (2.69 + j127.5) \times 10^{-3}$$

$$Z_{T22*} = \frac{Z_{T22}}{Z_{B(220)}} = Z_{T22}\frac{S_B}{U_{B(220)}^2} = (0.91 + j37.91) \times \frac{100}{220^2} = (1.88 + j78.3) \times 10^{-3}$$

$$Z_{T23*} = \frac{Z_{T23}}{Z_{B(220)}} = Z_{T23}\frac{S_B}{U_{B(220)}^2} = (2.14 - j2.42) \times \frac{100}{220^2} = (4.42 - j5.0) \times 10^{-3}$$

$$Z_{T3*} = \frac{Z_{T3}}{Z_{B(110)}} = Z_{T3}\frac{S_B}{U_{B(110)}^2} = (11.72 + j158.8) \times \frac{100}{121^2} = 0.08 + j1.08$$

$$Y_{T3*} = \frac{Y_{T3}}{Y_{B(110)}} = Y_{T3}\frac{U_{B(110)}^2}{S_B} = (0.96 - j7.27) \times 10^{-6} \times \frac{121^2}{100} = (1.41 - j10.64) \times 10^{-4}$$

计算结果与第一种方法的相同。

### 2.6.2　对应于多个电压等级的等值电路

前面介绍的对应于一个电压等级（基本级）的等值电路，其特点是要将所有参数都归算到该电压等级，若后续的潮流计算得到各点电压（或电流）的标幺值，还应归算回原电压级才能得到实际结果；另外，电力系统因调整电压需要而改变某些变压器的分接头（即改变变压器变比）时，就需要重新计算变压器的参数，其等值电路的参数也应重新进行归算。这样大规模的电力系统分析计算会带来很多不便。

实际较大规模电力系统的分析计算，一般均是采用计算机进行，对应等值电路的导纳矩阵要易于建立和修改。因此，有必要寻找一个能反映变压器不同电压级实际值的等值电路，以使各元件的参数不必归算。以下介绍的变压器Ⅱ形等值电路即具有这样的优点。

#### 1. 变压器Ⅱ形等值电路

（1）双绕组变压器。在变压器等值电路中增添一个反映变比的理想变压器，如图 2-21 所示。所谓理想变压器就是假设无损耗、无漏磁、无励磁电流的变压器。图 2-21（a）中变压器的阻抗 $Z_T = R_T + jX_T$ 是归算到一次侧的数值，$k = \dfrac{U_1}{U_2}$ 是变压器的实际变比，$k_N = \dfrac{U_{1N}}{U_{2N}}$ 是变压器的额定变比。如果参数均是用标幺值表示，则图 2-21（a）中的变比也可用标幺值表示为

$$k_* = \frac{\text{实际变比}}{\text{额定变比}} = \frac{U_1/U_2}{U_{1N}/U_{2N}} \tag{2-40}$$

图 2-21 中的 $\dot{U}_2$ 和 $\dot{I}_2$ 是二次侧的实际电压和电流。

如果将励磁支路另作处理（即只看图 2-21 中的虚线部分），则根据图 2-21（a）等值电路有

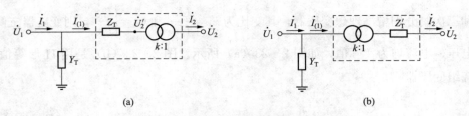

图 2 - 21 带理想变压器的等值电路

(a) 阻抗参数归算到一次侧；(b) 阻抗参数归算到二次侧

$$\left.\begin{aligned}\dot{U}_1 - Z_T \dot{I}_{(1)} &= \dot{U}'_2 = k\dot{U}_2 \\ \dot{I}_{(1)} &= \dot{I}'_2 = \frac{1}{k}\dot{I}_2\end{aligned}\right\} \tag{2-41}$$

由式 (2-41) 解出

$$\left.\begin{aligned}\dot{I}_{(1)} &= \frac{\dot{U}_1}{Z_T} - \frac{k\dot{U}'_2}{Z_T} = \frac{1-k}{Z_T}\dot{U}_1 + \frac{k}{Z_T}(\dot{U}_1 - \dot{U}_2) \\ \dot{I}_2 &= \frac{k\dot{U}_1}{Z_T} - \frac{k^2\dot{U}_2}{Z_T} = \frac{k}{Z_T}(\dot{U}_1 - \dot{U}_2) - \frac{k(k-1)}{Z_T}\dot{U}_2\end{aligned}\right\} \tag{2-42}$$

这样，根据式 (2-42) 可以得出图 2-22 (a) 用阻抗表示的 Π 形等值电路。

若将变压器的阻抗参数归算到二次侧 [见图 2-21 (b) 中的 $Z'_T$]，则也可按上述类似的方法推导，从而得到图 2-22 (b) 所示的 Π 形等值电路。

上述做法是将存在磁耦合的变压器电路 (见图 2-21)，变换成电气上直接相连的等值电路 (见图 2-22)。等值电路中的三个阻抗都与变比 $k$ 有关，Π 形电路的两个并联支路的阻抗符号总是相反的。三个支路阻抗之和恒等于零，即它们构成了谐振三角形。三角形内产生谐振环流，谐振环流在一、二次侧间的阻抗上 (Π 形电路的串联支路) 产生的电压降实现了一、二次侧的电压变换，而谐振电流本身又完成一、二次侧电流变换，从而使等值电路起到了变压器的作用。

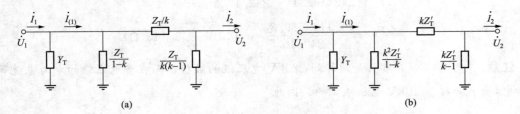

图 2 - 22 双绕组变压器的 Π 形等值电路

(a) 阻抗参数归算到一次侧；(b) 阻抗参数归算到二次侧

(2) 三绕组变压器。设三绕组变压器的二、三次侧的阻抗参数均已归算到一次侧，并在二次侧和三次侧分别增添理想变压器，其变比为 $k_{12}=\dfrac{U_{1N}}{U_{2N}}$ 和 $k_{13}=\dfrac{U_{1N}}{U_{3N}}$，则变压器三侧（3个点）的电压、电流均为实际值，如图 2-23（a）所示。图 2-23（b）是用 Π 形等值电路表示的三绕组变压器。

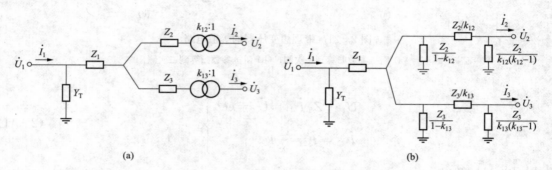

图 2-23　三绕组变压器等值电路

（a）系统接线图；（b）Π 形等值电路

### 2. 对应于多个电压等级的电力系统等值电路

（1）有名值表示。变压器采用 Π 形等值电路等效后，电力系统中与变压器相接各元件的参数就可以不必进行归算而直接相连接即可。

**【例 2-5】** 按图 2-19 所示电力系统接线形式，作出对应多电压等级用有名值表示的电力系统的等值电路。

**解：** 用有名值表示电力系统各元件参数，即为〔例 2-4〕的计算结果，只是不必进行归算。变压器 T1、T2、T3 用 Π 形等值电路表示后，其参数如下

$$k_1=242/10.5,\qquad k_{21}=220/121,\qquad k_{22}=220/10.5,\qquad k_3=110/6.3$$

变压器 T1

$$\frac{Z_{T1}}{k_1}=\frac{(4.11+j69.3)\times 10.5}{242}=0.178+j3.00(\Omega)$$

$$\frac{Z_{T1}}{k_1(k_1-1)}=\frac{4.11+j69.3}{(242/10.5)^2-242/10.5}=0.008+j0.136(\Omega)$$

$$\frac{Z_{T1}}{1-k_1}=\frac{4.11+j69.3}{1-242/10.5}=-0.187-j3.143(\Omega)$$

**注意：**〔例 2-3〕中 $Y_{T1}$ 是归算到 220kV 电压级的数值，而在多电压级的电力系统等值电路中，$Y_{T1}$ 是接在 10kV 电压级侧的，因此

$$Y_{T1(10)}=Y_{T1}k_1^2=(1.68-j25.8)\times 10^{-6}\times\left(\frac{242}{10.5}\right)^2=(8.92-j137.04)\times 10^{-4}(S)$$

变压器 T2

$$\frac{Z_{T22}}{k_{21}}=\frac{(0.91+j37.91)\times 121}{220}=0.5+j20.85(\Omega)$$

$$\frac{Z_{T22}}{k_{21}(k_{21}-1)} = \frac{0.91+j37.91}{(220/121)^2-220/121} = 0.61+j25.48(\Omega)$$

$$\frac{Z_{T22}}{1-k_{21}} = \frac{0.91+j37.91}{1-220/121} = -1.11-j46.33(\Omega)$$

$$\frac{Z_{T23}}{k_{22}} = \frac{(2.14-j2.42)\times10.5}{220} = 0.102-j0.116(\Omega)$$

$$\frac{Z_{T23}}{k_{22}(k_{22}-1)} = \frac{2.14-j2.42}{(220/10.5)^2-220/10.5} = (0.5-j0.58)\times10^{-2}(\Omega)$$

$$\frac{Z_{T23}}{1-k_{22}} = \frac{2.14-j2.42}{1-220/10.5} = -0.107+j0.121(\Omega)$$

变压器 T3

$$\frac{Z_{T3}}{k_3} = \frac{(11.72+j158.8)\times6.3}{110} = 0.67+j9.09(\Omega)$$

$$\frac{Z_{T3}}{k_3(k_3-1)} = \frac{11.72+j158.8}{(110/6.3)^2-110/6.3} = 0.041+j0.55(\Omega)$$

$$\frac{Z_{T3}}{1-k_3} = \frac{11.72+j158.8}{1-110/6.3} = -0.71-j9.69(\Omega)$$

对应多电压等级用有名值表示的电力系统等值电路，如图 2-24 所示。

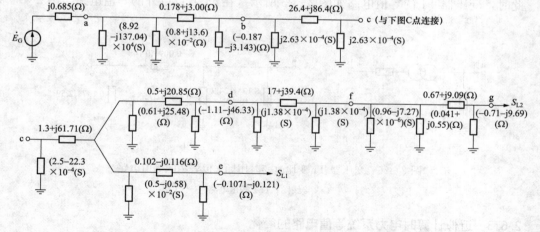

图 2-24 对应于多个电压等级用有名值表示的电力系统等值电路

（2）标幺值表示（变压器为非标准变比）。按照前述的有关内容，用标幺值表示的电力系统等值电路，不论是第一种方法进行参数的归算，还是第二种方法求各电压等级的基准电压，均是采用变压器的额定变比来进行计算。实际上，在电力系统分析计算中总是有某些变压器的实际变比并不等于其额定变比。另外，在运行中的变压器，其变比有时也应根据需要进行调整。如果改变一次变比都要重新对电力系统的元件参数进行归算，那就太麻烦了。而变压器用 Π 形等值电路来表示，可方便地避免因参数重新归算而带来的繁重计算。

在用标幺值表示的电力系统等值电路中，若变压器的等值电路引入具有标幺值变比的理想变压器，则变压器即可用前述的 Π 形等值电路来表示。标幺值变比为实际变比与额定变比的比值，若实际变比即为额定变比，则标幺值变比为 1，即原等值电路不变。这样，当变压器实际变比发生变化时，只需要改变相应支路的阻抗（或导纳），其他元件参数可以不必重新计算。

例如，在 ［例 2 - 5］ 中，若变压器 T1 的变比由原来的 242/10.5 改为 229.9/10.5（即高压侧 242 接 5% 的抽头）时，则只需要对图 2 - 19 的等值电路中的变压器 T1 引入标幺值变比后用 Π 形等值电路表示即可（其他变压器的标幺值变比为 1，可以不画出），因此变压器 T1 的参数为

$$k_{1*} = \frac{229/10.5}{242/10.5} = 0.946$$

$$\frac{Z_{T1*}}{k_{1*}} = \frac{0.0085 + j0.14}{0.946} = 0.009 + j0.148$$

$$\frac{Z_{T1*}}{k_{1*}(k_{1*} - 1)} = \frac{0.0085 + j0.14}{0.946 \times (0.946 - 1)} = -0.166 - j2.75$$

$$\frac{Z_{T1*}}{1 - k_{1*}} = \frac{0.0085 + j0.14}{1 - 0.946} = 0.157 + j2.59$$

此时，变压器 T1 的等值电路如图 2 - 25 所示（在 a、b 点以外的等值电路与图 2 - 20 相同）。

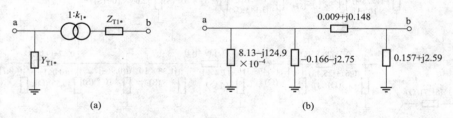

图 2 - 25　变压器 T1 变比改变时用标幺值表示的等值电路

(a) 接线图；(b) 等值电路

### 2.6.3　近似计算时电力系统等值电路的简化

上述电力系统等值电路，不论是采用有名制还是标幺制，在参数计算或电压级的归算时，均是采用元件的实际额定电压和变压器的额定变比，这种计算通常称为精确计算。在电力系统的正常（稳态）分析计算时，制作等值电路大多采用这种精确计算方式。但在电力系统的故障分析计算时，在满足工程对计算精度要求的前提下，允许对各元件的参数计算及等值电路作某些简化，即所谓的"近似"计算。主要简化如下：

（1）在元件参数的计算和归算（所用变压器的变比）、标幺制的基准值选取等时，所用到的电压均采用其对应电压等级的平均额定电压来进行计算。

（2）忽略各元件阻抗参数中的电阻，以及对地的导纳支路。电力系统元件只用电抗表示。

电网的平均额定电压，通常是指线路首末端所连电气设备额定电压的平均值。对应各电压等级的平均额定电压值见表 1-3。

所有电压均采用平均额定电压进行计算后，就简化了多电压等级电力系统等值电路中参数的多级归算，从而使计算工作量大为减少。

**【例 2-6】** 按照［例 2-3］的已知条件，采用近似计算。试绘制：（1）用有名值表示的电力系统等值电路；（2）用标幺值表示的电力系统等值电路。

**解：**（1）绘制用有名值表示的电力系统等值电路。取基本电压级为 220kV（对应的平均额定电压为 230kV）。

发电机 G

$$X'_G = X_G k_1^2 = \frac{71 \times 10.5^2 \times 0.875}{100 \times 100} \times \left(\frac{230}{10.5}\right)^2 = 328.7(\Omega)$$

$$E'_G = E_G k_1 = \left(10.5 + \frac{100 \times 0.685 \times 0.484}{\sqrt{3} \times 10.5 \times 0.875}\right) \times \frac{230}{10.5} = 275.6(\text{kV})$$

变压器 T1

$$X_{T1} = \frac{U_k \% U_{av}^2}{100 S_N} = \frac{14.2 \times 230^2}{100 \times 120} = 62.6(\Omega)$$

变压器 T2

$$X_{T21} = \frac{U_{k1} \% U_{av}^2}{100 S_N} = \frac{15.3 \times 230^2}{100 \times 120} = 67.45(\Omega)$$

$$X_{T22} = \frac{U_{k2} \% U_{av}^2}{100 S_N} = \frac{9.4 \times 230^2}{100 \times 120} = 41.44(\Omega)$$

$$X_{T23} = \frac{U_{k3} \% U_{av}^2}{100 S_N} = \frac{-0.6 \times 230^2}{100 \times 120} = -2.65(\Omega)$$

变压器 T3

$$X'_{T3} = X'_{T3} k_{T21}^2 = \frac{10.5 \times 115^2}{100 \times 8} \times \left(\frac{230}{115}\right)^2 = 694.3(\Omega)$$

线路 L1

$$X_{L1} = x_1 l_1 = 200 \times 0.432 = 86.4(\Omega)$$

线路 L2

$$X_{L2} = x_2 l_2 k_{21}^2 = 100 \times 0.394 \times \left(\frac{230}{115}\right)^2 = 157.6(\Omega)$$

以 220kV 为基本电压等级，近似计算时用有名值表示的电力系统等值电路，如图 2-26 所示。

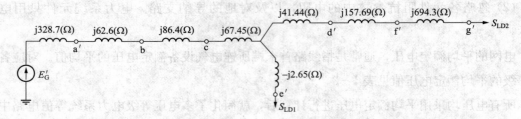

图 2-26　近似计算时用有名值表示的电力系统等值电路

（2）绘制用标幺值表示的电力系统等值电路。取 $S_B=100\text{MVA}$，$U_B=U_{av}$。

发电机 G　　　$X_{G*}=\dfrac{X_G}{Z_B}=\dfrac{71\times10.5^2\times0.875}{100\times100}\times\dfrac{100}{10.5^2}=0.621$

$$E_{G*}=\dfrac{E_G}{U_B}=\dfrac{12.58}{10.5}=1.2$$

变压器 T1

$$X_{T1*}=\dfrac{X_{T1}}{Z_B}=\dfrac{U_k\%U_{av}^2}{100S_N}\dfrac{S_B}{U_{av}^2}=\dfrac{14.2\times100}{100\times120}=0.118$$

变压器 T2

$$X_{T21*}=\dfrac{X_{T21}}{Z_B}=\dfrac{U_{k1}\%U_{av}^2}{100S_N}\dfrac{S_B}{U_{av}^2}=\dfrac{15.3\times100}{100\times120}=0.128$$

$$X_{T22*}=\dfrac{X_{T22}}{Z_B}=\dfrac{9.4\times100}{100\times120}=0.078$$

$$X_{T23*}=\dfrac{X_{T23}}{Z_B}=\dfrac{-0.6\times100}{100\times120}=-0.005$$

变压器 T3

$$X_{T3*}=\dfrac{X_{T3}}{Z_B}=\dfrac{U_k\%U_{av}^2}{100S_N}\times\dfrac{S_B}{U_{av}}=\dfrac{10.5\times100}{100\times8}=1.31$$

线路 L1

$$X_{L1*}=\dfrac{X_{L1}}{Z_B}=86.4\times\dfrac{100}{230^2}=0.16$$

线路 L2

$$X_{L2*}=\dfrac{X_{L2}}{Z_B}=39.4\times\dfrac{100}{115^2}=0.298$$

因此，近似计算时用标幺值表示的电力系统等值电路，如图 2-27 所示。

以上介绍了两种表示形式的电力系统等值电路，即对应于一个电压等级的等值电路和对应于多个电压等级的等值电路。通常，对于简单电力系统，利用"手工"（根据电路基本原理）进行分析计算时，宜采用对应于一个电压等级的等值电路；而对于复杂电力系统，利用计算机算法进行分析计算时，宜采用对应于多个电压等级的等值电路。

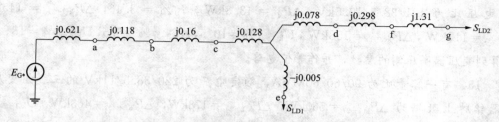

图 2-27　近似计算时用标幺值表示的电力系统等值电路

### 思考题与习题

**2-1**　架空输电线路的电阻、电抗、电纳和电导的含义是什么？怎样计算？影响电抗、电纳参数的主要因素是什么？

**2-2**　架空线路为什么要进行换位？采用分裂导线有什么好处？

**2-3**　电力线路等值电路的型式有哪些？

**2-4**　简述变压器四个参数（电阻、电抗、电导、电纳）的含义。

**2-5**　简述变压器的短路试验和空载试验。如何使用这两个试验得到的数据计算变压器等值电路中的参数？

**2-6**　发电机电抗百分值 $X_G\%$ 的含义是什么？

**2-7**　电力系统负荷有几种表示方式，它们之间有什么关系？

**2-8**　对应于一个电压等级的电力系统等值电路与对应于多个电压等级的电力系统等值电路各有什么特征，主要区别是什么？

**2-9**　电力系统采用标幺值进行计算，有什么好处？基准值如何选取？

**2-10**　在电力系统等值电路的参数计算中，何谓精确计算，何谓近似计算？它们分别用在什么场合？

**2-11**　某三相单回输电线路，采用 LGJJ-300 型导线，已知导线的相间距离为 $D=6\text{m}$，查手册，该型号导线的计算外径为 25.68mm。试求：（1）三相导线水平布置且完全换位时，每千米线路的电抗值和电纳值；（2）三相导线按等边三角形布置时，每千米线路的电抗值和电纳值。

**2-12**　一回 500kV 架空线路，每相三分裂，由根距 40cm 的 LGJJ-400 导线组成。三相导线水平排列，线间距离 12m。计算此线路每千米的线路参数。若线路长 50km，求其参数及等值电路。

**2-13**　一台 SEL1-31500/35 型双绕组三相变压器，额定变比为 35/11kV，$\Delta P_0=30\text{kW}$，$I_0\%=1.2$，$\Delta P_k=177.2\text{kW}$，$U_k\%=8$。求变压器归算到低压侧参数的有名值，并作等值电路。

**2-14**　某 SFSL1-20000/110 型三相三绕组变压器，其铭牌数据为：容量比 100/100/

100，电压比为 121/38.5/10.5kV，$\Delta P_0 = 43.3kW$，$I_0\% = 3.46$，$\Delta P_{k(1-2)} = 145kW$，$\Delta P_{k(2-3)} = 117kW$，$\Delta P_{k(3-1)} = 158kW$，$U_{k(1-2)}\% = 10.5$，$U_{k(2-3)}\% = 6.5$，$U_{k(3-1)}\% = 18$。试计算归算到变压器高压侧的参数，并作等值电路。

2-15　有一容量比为 90/60/60MVA，额定电压为 220/38.5/11kV 的三绕组变压器。变压器铭牌上数据为 $\Delta P'_{k(1-2)} = 560kW$，$\Delta P'_{k(2-3)} = 178kW$，$\Delta P'_{k(3-1)} = 463kW$，$U_{k(1-2)}\% = 13.15$，$U_{k(2-3)}\% = 5.7$，$U_{k(3-1)}\% = 20.4$，$\Delta P_0 = 187kW$，$I_0\% = 0.856$。试求归算到 35kV 侧的变压器参数，并作等值电路。

2-16　SFL1-20000/110 型压降变压器，电压 $110 \pm 2 \times 2.5\%/11kV$，空载损耗 $\Delta P_0 = 22kW$，空载电流百分数 $I_0\% = 0.8$，短路损耗 $\Delta P_0 = 135kW$，短路电压百分数 $U_k\% = 10.5$。试求：（1）变压器归算到高压侧的参数及等值电路；（2）用 Ⅱ 形等值电路表示，计算各参数。

2-17　QSFPSL2-90000/220 型三绕组自耦变压器，额定电压为 220/121/38.5kV，容量比为 100/100/50，实测空载及短路实验数据为：$\Delta P_{k(1-2)} = 333kW$，$\Delta P'_{k(1-3)} = 265kW$，$\Delta P'_{k(2-3)} = 277kW$，$\Delta P_0 = 59kW$，$U'_{k(1-2)}\% = 9.09$，$U'_{k(1-3)}\% = 16.45$，$U'_{k(2-3)}\% = 10.75$，$I_0\% = 0.332$，试求变压器的参数及等值电路（用励磁损耗表示）。

2-18　接线如图 2-28 所示，各元件的额定参数在图中标出（标幺值参数均是以自身额定值为基准）。试分别用精确计算和近似计算两种方法计算发电机 G 到受端系统各元件的标幺值电抗 $[取 S_B = 220MVA，U_{B(220)} = 209kV]$。

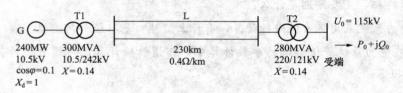

图 2-28　题 2-18 图

2-19　电力系统如图 2-29 所示。试用分别用精确计算和近似计算作该系统的等值电路（单位长度线路电抗 $x = 0.4\Omega/km$）。

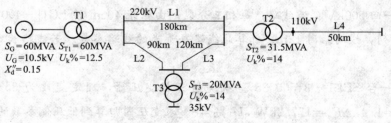

图 2-29　题 2-19 图

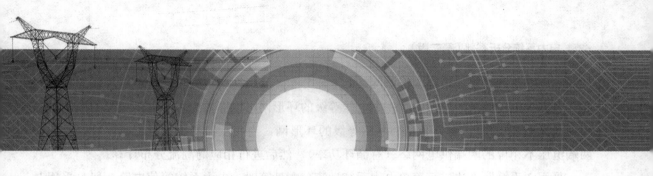

# 第3章 简单电力系统潮流分布计算

## 第3.1节 内容概述与框架

### 3.1.1 内容概述

电力系统潮流分布计算，是指电力系统在正常（稳态）运行方式下，电力网络各节点的电压和功率分布的计算。早期计算机技术还未成熟以前，电力系统的潮流分布一般是采用物理模拟的方法（交流计算台、直流计算台等）通过试验求得，或采用数学模拟的"手算"方法（根据电路的基本理论推算）近似求得。随着电子计算机技术的进步，电力系统潮流分布的计算几乎已普遍采用计算机来进行，通过求解描述电力系统状态的数学模型（一般是非线性的代数方程组），而得到较精确的解。在本科教学上，常常将潮流计算分为针对简单电力系统的"手算"方法和针对复杂电力系统的计算机算法两种。

简单电力系统通常是指节点数较少的开式网络（辐射形）和闭式网络（两端供电或环网）。潮流计算最基本的要素是电力网络中阻抗参数的功率损耗和电压降落的计算、导纳参数功率损耗的计算。"手算"方法是根据电路基本理论来推算潮流分布，易于加深物理概念的理解；另外，在采用计算机算法进行计算之前，也往往还需要用"手算"方法求得一些等效支路的数据；因此，它是潮流分布计算知识点的基础。本章主要介绍简单电力系统潮流计算的"手算"方法。

开式网络潮流分布的计算有两类问题：一类是已知同一点的电压和功率，根据等值电路逐级推算功率损耗和电压降落；另一类是已知不同点的电压和功率，可以采用逐步逼近的"迭代法"计算较为精确的解（这种方法迭代逼近的次数多，工作量比较大），但工程计算中，一般采用简化计算方法（分两步进行，首先假设全网络各点均为额定电压，由已知功率处开始逐级推算各元件的功率损耗，求得网络各点的功率分布；然后从已知电压处逐级计算各元件阻抗的电压降落，求得各节点的电压，经过一个往返的运算即可求得该网络的潮流分布）进行计算。

闭式网络可以分为两端供电网络和环形网络两类。两端供电网络潮流分布的计算，首先是计算初步功率分布，寻找功率分点（有功功率分点和无功功率分点可能不在同一点），而后在无功功率分点处将原网络分开成两个辐射形网络，再根据两个辐射形网络来进行功率损耗和电压降落的计算，最终求得原网络的潮流分布。环形网络可分为一个电压等级的环形网和具有多个电压等级的环形网。一个电压等级的环形网可以等效为两端电压相等的两端供电网络（无循环功率），而具有多个电压等级的环形网，当变压器变比不匹配时，可以等效为两端电压不相等的两端供电网络（有循环功率），然后进行相应的潮流分布计算。

采用"手算"方法进行简单电力系统潮流分布计算时，电力系统等值电路一般是采用对应于一个电压等级的等值电路。

### 3.1.2 内容框架（见图 3-1）

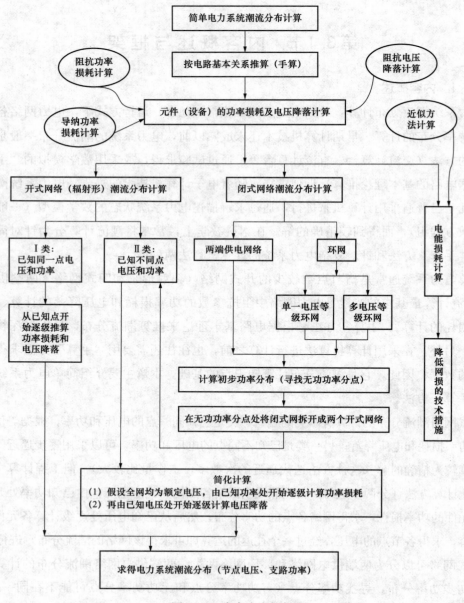

图 3-1 本章内容框架

## 第 3.2 节　电网功率损耗及电压降落计算

电能是通过电网进行传输的，网络中的输电线路和变压器都会产生功率损耗和电压降落。有功功率损耗由发电厂供给，这就要增加发电设备的容量及能源消耗；无功功率损耗将影响电力系统无功功率的平衡，若无功电源不足，则需要增加特殊的无功功率电源进行补偿，所以电网的功率损耗直接影响电力系统的建设和运行费用。电压是电能质量重要的指标，而电压降落将直接关系到整个系统和用户的电压质量。

### 3.2.1　电网的功率表示方法

在电力系统的潮流分布计算中，功率是一个重要的变量。用恰当的形式表示它，将给计算带来很大方便。设已知系统中一条线路某一个端点的相电压相量为 $\dot{U}_{ph}$ 和电流相量为 $\dot{I}$（三相交流电力系统常用星形等值电路来模拟，相电流等于线电流），则该点的单相复功率 $\widetilde{S}_{ph}$ 可以表示为

$$\widetilde{S}_{ph}=\dot{U}_{ph}\overset{*}{I}$$

当相电压相量及电流相量分别以 $\dot{U}_{ph}=U_{ph}e^{j\alpha}$，$\dot{I}=Ie^{j\beta}$ 表示，电流共轭相量以 $\overset{*}{I}=Ie^{-j\beta}$ 表示时，单相复功率又可写为

$$\widetilde{S}_{ph}=U_{ph}Ie^{j\varphi}$$

式中：$\varphi$ 是相电压相量与电流相量的相位差，$\varphi=\alpha-\beta$。

将 $\widetilde{S}_{ph}$ 分解成实部和虚部表示为

$$\widetilde{S}_{ph}=U_{ph}I\cos\varphi+jU_{ph}I\sin\varphi=P_{ph}+jQ_{ph} \tag{3-1}$$

三相功率为单相功率的 3 倍，即

$$3\widetilde{S}_{ph}=3U_{ph}I\cos\varphi+j3U_{ph}I\sin\varphi$$

则三相复功率 $\widetilde{S}$ 表达式为

$$\begin{aligned}\widetilde{S}&=\frac{3U}{\sqrt{3}}I\cos\varphi+j3\frac{U}{\sqrt{3}}I\sin\varphi\\&=\sqrt{3}UI\cos\varphi+j\sqrt{3}UI\sin\varphi\\&=P+jQ\end{aligned} \tag{3-2}$$

式中：$U$ 为三相系统的线电压；$P$、$Q$ 分别表示三相有功功率和无功功率，$P=\sqrt{3}UI\cos\varphi$，$Q=\sqrt{3}UI\sin\varphi$。$Q$ 为正值时，代表感性的无功功率；$Q$ 为负值时，代表容性的无功功率。因此，在电力系统等值电路中任意一点（$i$）的复功率都可以表示成该点线电压相量值与该点电流的共轭值的乘积（即 $\widetilde{S}_i=\dot{U}_i\overset{*}{I}_i$）。

电力系统中任何一点电压、功率、电流，只要已知其中的两个值，即可求得第三个值。

电力系统的潮流分布，一般是用各节点的电压和功率表示，这是因为工程上已知的负荷通常均是以功率给出的。如若潮流分布改用电流来表示，则需要依据负荷点的电压进行相应的换算，计算量大，因此不采用电流来表示潮流分布。

### 3.2.2 电力线路的功率损耗和电压降落

对称运行的三相交流电力系统一般是用星形连接的单相等值电路来模拟（即第 2 章介绍的等值电路）。因此，在等值电路中的分析计算可以用单相功率和相电压来进行，也可以用三相功率和线电压来进行。在电力系统的潮流分布计算中，习惯上是直接用三相功率和线电压来进行计算，所以本章以后的计算若没有特别说明时，功率即是指三相功率，电压则是指线电压。

图 3-2 表示一段电力线路及其 Ⅱ 形等值电路。根据图 3-2（b）可知两端有四个变量（首端电流和电压、末端电流和电压）。由电路的基本理论可知，已知两个变量而求另两个变量时，都免不了要进行复数运算（通常变量是功率和电压）。"手算"方法主要可以分为两类问题：一类是已知同一点的功率和电压，求未知点的功率和电压；另一类是已知不同点的功率和电压，求未知的功率和电压。

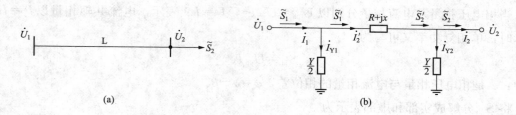

图 3-2 电力线路及等值电路

（a）线路图；（b）等值电路图

#### 1. 已知末端功率和电压求首端功率和电压

（1）功率损耗计算。设末端电压为 $\dot{U}_2$，末端功率为 $\widetilde{S}_2 = P_2 + jQ_2$，则末端导纳支路的功率为

$$\Delta \widetilde{S}_{Y2} = \left(\frac{Y}{2}\dot{U}_2\right)^* \dot{U}_2 = \frac{\overset{*}{Y}}{2}\overset{*}{U}_2\dot{U}_2 = \frac{1}{2}(G-jB)U_2^2 = \frac{1}{2}GU_2^2 - \frac{1}{2}jBU_2^2 = \Delta P_{Y2} - j\Delta Q_{Y2}$$

$$(3-3)$$

阻抗支路末端的功率 $\widetilde{S}_2'$ 为

$$\widetilde{S}_2' = \widetilde{S}_2 + \Delta \widetilde{S}_{Y2} = (P_2+jQ_2) + (\Delta P_{Y2} - j\Delta Q_{Y2}) = (P_2+\Delta P_{Y2}) + j(Q_2-\Delta Q_{Y2}) = P_2'+jQ_2'$$

阻抗支路中损耗的功率 $\Delta \widetilde{S}_Z$ 为

$$\Delta \widetilde{S}_Z = \left(\frac{S_2'}{U_2}\right)^2 Z = \frac{P_2'^2+Q_2'^2}{U_2^2}(R+jX) = \frac{P_2'^2+Q_2'^2}{U_2^2}R + j\frac{P_2'^2+Q_2'^2}{U_2^2}X = \Delta P_Z + j\Delta Q_Z \quad (3-4)$$

阻抗支路始端的功率 $\widetilde{S}'_1$ 为

$$\widetilde{S}'_1=\widetilde{S}'_2+\Delta\widetilde{S}_Z=(P'_2+jQ'_2)+(\Delta P_Z+j\Delta Q_Z)=(P'_2+\Delta P_Z)+j(Q'_2+\Delta Q_Z)=P'_1+jQ'_1$$

始端导纳支路的功率 $\Delta\widetilde{S}_{Y1}$ 为

$$\Delta\widetilde{S}_{Y1}=\left(\frac{Y}{2}\dot{U}_1\right)^*\dot{U}_1=\frac{Y}{2}^*\overset{*}{\dot{U}}_1\dot{U}_1=\frac{1}{2}(G-jB)U_1^2=\frac{1}{2}GU_1^2-\frac{1}{2}jBU_1^2=\Delta P_{Y1}-j\Delta Q_{Y1}$$

$$(3-5)$$

始端功率 $\widetilde{S}_1$ 为

$$\widetilde{S}_1=\widetilde{S}'_1+\Delta\widetilde{S}_{Y1}=(P'_1+jQ'_1)+(\Delta P_{Y1}-j\Delta Q_{Y1})=(P'_1+\Delta P_{Y1})+j(Q'_1-\Delta Q_{Y1})=P_1+jQ_1$$

由输电线路导纳支路的功率损耗 $\Delta\widetilde{S}_{Y1}$、$\Delta\widetilde{S}_{Y2}$ 的计算式（3-3）及式（3-5）可知，无功功率损耗为负值，即线路损耗容性的无功功率可视为向电网供给感性的无功功率。

上述为电力线路功率计算的全部内容。但在实际计算时，始端导纳支路功率 $\Delta\widetilde{S}_{Y1}$ 和始端功率 $\widetilde{S}_1$ 都必须在求得始端电压 $U_1$ 后方能求取。

（2）电压降落计算。输电线路的电压降落（即阻抗上的压降）是指线路两端电压的相量差（$d\dot{U}_2=\dot{U}_1-\dot{U}_2$）。由图 3-2 的等值电路（$\dot{U}_2=U_2\angle0°$）有

$$\dot{U}_1=\dot{U}_2+\dot{I}_ZZ=\dot{U}_2+\left(\frac{\widetilde{S}'_2}{\dot{U}_2}\right)^*Z$$

$$=\dot{U}_2+\frac{P'_2-jQ'_2}{U_2^*}(R+jX)$$

$$=U_2+\frac{P'_2R+Q'_2X}{U_2}+j\frac{P'_2X-Q'_2R}{U_2}$$

则

$$\dot{U}_1=U_2+\Delta U_2+j\delta U_2=U_1\angle\delta_1 \tag{3-6}$$

其中

$$\left.\begin{array}{l}\Delta U_2=\dfrac{P'_2R+Q'_2X}{U_2}\\[3mm]\delta U_2=\dfrac{P'_2X-Q'_2R}{U_2}\end{array}\right\} \tag{3-7}$$

式中：$\Delta U_2$ 为电压降落的纵向分量；$\delta U_2$ 为电压降落的横向分量。

因此

$$\left.\begin{array}{l}U_1=\sqrt{(U_2+\Delta U_2)^2+(\delta U_2)^2}\\[3mm]\delta_1=\tan^{-1}\dfrac{\delta U_2}{U_2+\Delta U_2}\end{array}\right\} \tag{3-8}$$

作出电压降落的相量图，如图 3-3 所示。

由于 $U_2+\Delta U_2\gg\delta U_2$，在工程计算中，有时为了简化计算，也可以按式（3-9）计算，一般仍有足够的准确度。

$$\dot{U}_1\approx U_2+\Delta U_2+\frac{(\delta U_2)^2}{2U_2} \tag{3-9}$$

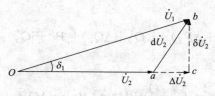

图 3-3　电压降落相量图

当 $\delta_1$ 角较小时，进一步的简化计算可以按式（3-10）进行，即可近似地认为电压损耗就等于电压降落的纵分量。

$$U_1 \approx U_2 + \Delta U_2 \qquad (3-10)$$

**注意：** 当 $\widetilde{S}_2 = P_2 + jQ_2$（即为感性负荷）时，$\Delta U_2 > 0$，也就是说，首端电压将高于末端电压（$U_1 > U_2$）；但是，当 $\widetilde{S}_2 = P_2 - jQ_2$（即为容性负荷）或线路空载时，只有充电功率的情况下，由于 $X \gg R$，因此有可能出现 $\Delta U_2 < 0$ 的情况，即首端电压将低于末端电压（$U_1 < U_2$）。

由图 3-3 还可以看出，阻抗两端电压的大小主要取决于电压降落的纵分量（$\Delta U$），而两端电压的相位差主要取决于电压降落的横分量（$\delta U$）。

2. 已知首端功率和电压求末端功率和电压

如果已知输电线路首端电压 $U_1$ 和首端功率 $\widetilde{S}_1$，则可以采用类似于前述的方法，从首端开始推算末端的电压以及计算功率损耗。这个内容要求读者自己实践，并作相量图。应注意，此时

$$\dot{U}_2 = \dot{U}_1 - d\dot{U}_1, \quad \widetilde{S}_2 = \widetilde{S}_1 - \Delta\widetilde{S}_{Y1} - \Delta\widetilde{S}_Z - \Delta\widetilde{S}_{Y2}$$

3. 已知不同点的功率和电压求未知点的功率和电压

如果已知不同点的功率和电压（如已知 $\widetilde{S}_2$、$U_1$ 或 $\widetilde{S}_1$、$U_2$），要求未知点的功率和电压（即计算功率损耗和电压降落），则难以如前所述按电路原理直接推导计算，只能列写方程求解。若节点数多（高次方程）则难以求解，只能采用逐步逼近的近似计算方法（此内容将在后面讲解）。

4. 传输功率与电压的关系

对于 110kV 以上的高压输电网，因各元件的电抗远大于电阻，可以写出（用 $P$、$Q$ 表示传输的负荷功率，用 $\delta_{12}$ 表示两端电压相角差）

$$\dot{U}_1 = U_2 + \Delta U + j\delta U = U_2 + \frac{PR + QX}{U_2} + j\frac{PX - QR}{U_2} \qquad (3-11)$$

又

$$\dot{U}_1 = U_1 \cos\delta_{12} + jU_1 \sin\delta_{12} \qquad (3-12)$$

当计及 $R \ll X$ 时，式（3-11）和式（3-12）可简化得

$$U_1 \cos\delta_{12} + jU_1 \sin\delta_{12} \approx U_2 + \frac{QX}{U_2} + j\frac{PX}{U_2}$$

即

$$U_1 \cos\delta_{12} = U_2 + \frac{QX}{U_2}, \qquad U_1 \sin\delta_{12} = \frac{PX}{U_2}$$

则

$$P = \frac{U_1 U_2}{X} \sin\delta_{12} \qquad (3-13)$$

$$Q = \frac{U_2}{X}(U_1 \cos\delta_{12} - U_2) \tag{3-14}$$

可见，输电线路传输的有功功率和线路两端电压相角差有关，而传输的无功功率主要与两端电压数之差有关（因为一般线路 $\delta_{12}$ 较小，可视式中 $\cos\delta_{12} \approx 1$）。这是高压输电网所具有的极重要的运行特性。

5. 线路电压的相关名词

求得线路两端电压，就可计算某些标志电压质量的指标，如电压降落、电压损耗、电压偏移、电压调整等。

（1）电压降落。线路阻抗中电压降落是指线路始末两端电压的相量差 $\dot{U}_1 - \dot{U}_2$ 或 $d\dot{U}$。电压降落是相量，有两个分量 $\Delta\dot{U}$ 和 $\delta\dot{U}$，分别称电压降落的纵分量和横分量。

（2）电压损耗。电压损耗是指线路始末两端电压的数值差，常以百分值表示，即

$$电压损耗(\%) = \frac{U_1 - U_2}{U_N} \times 100\% \tag{3-15}$$

式中：$U_N$ 为线路额定电压。

结合式（3-10）可见，电压损耗近似等于电压降落的纵分量。

（3）电压偏移。电压偏移是指线路始端或末端电压与线路额定电压的数值差，也常以百分值表示，即

$$始端电压偏移(\%) = \frac{U_1 - U_N}{U_N} \times 100\% \tag{3-16}$$

$$末端电压偏移(\%) = \frac{U_2 - U_N}{U_N} \times 100\% \tag{3-17}$$

（4）电压调整。电压调整是指线路末端空载与负载时的电压的数值差，也常以百分值表示，即

$$电压调整(\%) = \frac{U_{20} - U_2}{U_{20}} \times 100\% \tag{3-18}$$

式中：$U_{20}$ 为线路末端空载时的电压。

可见，电压降落和电压损耗均是指线路两端节点的量，而电压偏移和电压调整则是指某节点的量。

求得线路两端功率，就可计算某些标志经济性能的指标，如输电效率。所谓输电效率是指线路末端输出有功功率与线路始端输入有功功率的比值，常以百分值表示，即

$$输电效率(\%) = \frac{P_2}{P_1} \times 100\% \tag{3-19}$$

输电效率小于 $100\%$，因线路始端有功功率 $P_1$ 大于末端有功功率 $P_2$。虽然 $P_1$ 大于 $P_2$，但线路始端输入的无功功率 $Q_1$ 却未必大于末端输出的无功功率 $Q_2$。因线路对地电纳吸取容性无功功率，即发出感性无功功率。线路轻载时，电纳中发出的感性无功功率

可能大于电抗中消耗的感性无功功率，因此线路末端无功功率 $Q_2$ 可能大于线路始端输入的无功功率 $Q_1$。

### 3.2.3 变压器的功率损耗和电压降落

#### 1. 功率损耗

变压器功率损耗的计算通常有两种方法。

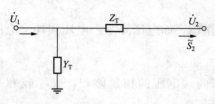

图 3-4 双绕组变压器等值电路

（1）根据变压器的等值电路和给定的电压和负荷功率直接求得。如图 3-4 所示的双绕组变压器等值电路，若已知末端电压 $U_2$ 和功率 $\tilde{S}_2$（或已知首端电压 $U_1$ 和功率 $\tilde{S}_1$），即可按式（3-3）～式（3-5）的有关公式计算阻抗 $Z_T$ 和导纳 $Y_T$ 上的功率损耗。对于三绕组变压器也可以按相应的等值电路求其功率损耗。

（2）直接由制造厂提供的铭牌数据求得。对于双绕组变压器

$$\Delta P_T = \frac{\Delta P_k U_N^2 S^2}{1000 U_2^2 S_N^2} + \frac{\Delta P_0 U_1^2}{1000 U_N^2} \tag{3-20}$$

式（3-20）中前项是阻抗支路的有功功率损耗，后项是励磁支路的有功功率损耗。

$$\Delta Q_T = \frac{U_k\% U_N^2 S^2}{100 U_2^2 S_N} + \frac{I_0\% U_1^2 S_N}{100 U_N^2} \tag{3-21}$$

式（3-21）中前项是阻抗支路的无功功率损耗，后项是励磁支路的无功功率损耗。

实际计算时，一般近似地认为 $U_1 \approx U_N$，$U_2 \approx U_N$，因而式（3-20）和式（3-21）可简化为

$$\left.\begin{aligned}\Delta P_T &= \frac{\Delta P_k}{1000}\left(\frac{S}{S_N}\right)^2 + \frac{\Delta P_0}{1000} \\[2mm] \Delta Q_T &= \frac{U_k\% S_N}{100}\left(\frac{S}{S_N}\right)^2 + \frac{I_0\%}{100} S_N\end{aligned}\right\} \tag{3-22}$$

式中：$S$ 为双绕组变压器运行时的负荷视在功率。

若 $\Delta P_k$、$\Delta P_0$ 的单位为 kW，则按式（3-22）计算，$\Delta P_T$ 的单位为 MW，$\Delta Q_T$ 的单位为 Mvar。

对于三绕组变压器，同理可得

$$\left.\begin{aligned}\Delta P_T &= \frac{\Delta P_{k1}}{1000}\left(\frac{S_1}{S_N}\right)^2 + \frac{\Delta P_{k2}}{1000}\left(\frac{S_2}{S_N}\right)^2 + \frac{\Delta P_{k3}}{1000}\left(\frac{S_3}{S_N}\right)^2 + \frac{\Delta P_0}{1000} \\[2mm] \Delta Q_T &= \frac{U_{k1}\% S_N}{100}\left(\frac{S_1}{S_N}\right)^2 + \frac{U_{k2}\% S_N}{100}\left(\frac{S_2}{S_N}\right)^2 + \frac{U_{k3}\% S_N}{100}\left(\frac{S_3}{S_N}\right)^2 + \frac{I_0\%}{100} S_N\end{aligned}\right\} \tag{3-23}$$

式中：$\Delta P_{k1}$、$\Delta P_{k2}$、$\Delta P_{k3}$ 分别为折算到额定容量 $S_N$ 的三个绕组等值短路损耗；$U_{k1}\%$、

$U_{k2}\%$、$U_{k3}\%$ 分别为折算到额定容量 $S_N$ 的三个绕组的短路电压百分值；$S_1$、$S_2$、$S_3$ 分别为三个绕组实际运行时的视在功率。

在电力系统潮流分布计算时，通常是按第一种方法来计算变压器的功率损耗；若仅仅需要计算变压器的功率损耗，则采用第二种方法来计算可能比较方便。

**注意**：变压器励磁支路的无功功率损耗与线路导纳支路的无功功率损耗的符号相反，即变压器励磁支路消耗感性的无功功率。

2. 电压降落

按照变压器的等值电路图 3-4，并根据式（3-6）～式（3-8）即可计算双绕组变压器阻抗上的电压降落。同样，三绕组变压器的电压降落可以通过三绕组变压器的等值电路求得。

【例 3-1】某额定电压为 220kV 的输电线路，如图 3-5（a）所示。线路末端接有负荷 $\widetilde{S}_B = 40+j30\text{MVA}$。已知线路首端电压 $U_A = 224\text{kV}$，线路参数：$R = 16.9\,\Omega$，$X = 83.1\,\Omega$，$B = 5.79\times10^{-4}\text{S}$。试计算：（1）正常运行情况下，线路末端的电压；（2）当线路末端的断路器 QF 跳开时，线路末端的电压。

**解**：作该线路的等值电路如图 3-5（b）所示。

（1）计算功率分布（功率损耗计算时，近似认为末端电压为额定电压）。

1）正常运行时

$$\widetilde{S}_B' = \widetilde{S}_B + \frac{\overset{*}{Y}_L}{2}U_N^2 = 40+j30+j\frac{1}{2}\times(-5.79\times10^{-4})\times220^2 = 40+j16(\text{MVA})$$

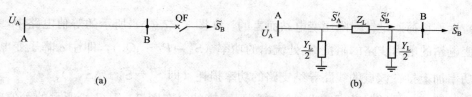

(a)　　　　　　　　　　　　　　(b)

图 3-5　[例 3-1] 线路及等值电路

(a) 线路图；(b) 等值电路图

$$\Delta\widetilde{S}_{ZL} = \frac{40^2+16^2}{220^2}\times16.9+j\frac{40^2+16^2}{220^2}\times83.1 = 0.65+j3.18(\text{MVA})$$

$$\widetilde{S}_A' = (40+j16)+(0.65+j3.18) = 40.65+j19.18(\text{MVA})$$

2）QF 断开后功率分布

$$\widetilde{S}_B' = \frac{\overset{*}{Y}_L}{2}U_N^2 = -j\frac{1}{2}\times5.79\times10^{-4}\times220^2 = -j14(\text{Mvar})$$

$$\Delta\widetilde{S}_{ZL} = \frac{14^2}{220^2}\times16.9+j\frac{14^2}{220^2}\times83.1 = 0.0685+j0.337(\text{MVA})$$

$$\widetilde{S}'_A = -j14 + (0.068\,5 + j0.337) = 0.068\,5 - j13.66(MVA)$$

（2）计算电压。

1）正常运行时

$$\dot{U}_B = 224 - \left( \frac{40.65 \times 16.9 + 19.18 \times 83.1}{224} + j\frac{40.65 \times 83.1 - 19.18 \times 16.9}{224} \right)$$

$$= 213.8 - j13.7 \approx 213.8(kV)$$

2）QF 跳开时

$$\dot{U}_B = 224 - \left[ \frac{0.068\,5 \times 16.9 - 13.66 \times 83.1}{224} + j\frac{0.068\,5 \times 83.1 - (-13.66) \times 16.9}{224} \right]$$

$$= 229.07 - j1.05 \approx 229.07(kV)$$

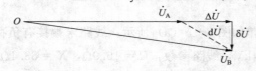

图 3-6　线路空载时电压相量图

若以线路首端电压作参考相量，电压相量图如图 3-6 所示。计算结果可见，当输电线路空载时，线路末端电压将高于首端电压。

# 第 3.3 节　开式（辐射形）网络潮流分布计算

辐射形网络通常包括图 1-6 以及图 1-7（a）、（b）、（c）所示的接线形式。本节以图 3-7（a）所示简单电力系统为例来说明辐射形网络的潮流分布计算。

在电力系统潮流分布计算时，常用到"运算负荷"与"运算功率"的名词，下面简要加以说明。

（1）运算负荷，是针对降压变电站而言的，在图 3-7（b）所示的等值电路中，是指连接降压变电站的电力线路的阻抗 $Z_L$ 处流出的功率（$\widetilde{S}'_3 = P'_3 + jQ'_3$），即注入降压变电站高压母线的功率加上接在该点的线路导纳支路的功率损耗（即 $\widetilde{S}'_3 = \widetilde{S}_3 + \Delta\widetilde{S}_{YL2}$）。

（2）运算功率是针对升压变电站（电源）而言的，在图 3-7（b）所示的等值电路中，是指流入电力线路阻抗的功率（$\widetilde{S}'_2 = P'_2 + jQ'_2$），即由升压变压器高压侧流出的功率减去接在该点的线路导纳支路的功率损耗（即 $\widetilde{S}'_2 = \widetilde{S}_2 - \Delta\widetilde{S}_{YL1}$）。

辐射形网络潮流分布的计算，根据已知条件的不同，通常有两种类型的问题。

1. 已知同一点的电压和功率计算全网的潮流

这类问题计算比较简单。例如，图 3-7（b）所示等值电路中，当已知末端的负荷 $\widetilde{S}_4$ 和电压 $U_4$ 而计算各节点的功率和电压时，可利用功率损耗和电压降落的计算式（3-3）～式（3-8），由末端向首端逐级推算出各点的功率和电压（逐级加上功率损耗和电压降落）。

当已知首端的功率 $\widetilde{S}_1$ 和电压 $U_1$ 而计算末端的功率和电压时，计算过程相似，区别仅是由首端开始向末端逐步推算（逐级减去功率损耗和电压降落）。

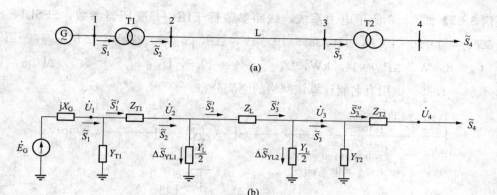

图 3-7 简单电力系统接线及其等值电路

(a) 系统接线图；(b) 等值电路

**注意：** 按图 3-7（b）所示等值电路求得的电压 $U_1$、$U_2$、$U_3$、$U_4$ 均是对应于等值电路基本级的数值，因此计算的结果还应分别归算到实际电压等级。

2. 已知不同点的电压和功率计算全网的潮流

在图 3-7（b）所示等值电路中，当已知首端的电压 $U_1$ 和末端的功率 $\tilde{S}_4$ 而计算各点电压和功率分布时，可以采用逐步逼近的"迭代法"反复推算，最终获得同时满足两个限制条件的结果。推算的步骤大致是：先运用假设的末端电压 $U_4^{(0)}$（假设时略低于等值电路对应的额定电压）和给定的末端功率 $\tilde{S}_4$，按前述第（1）类问题的计算方法，由末端（4 点）向首端逐级推算，求得首端电压 $U_1^{(1)}$ 和功率 $\tilde{S}_1^{(1)}$；再运用给定的首端电压 $U_1$ 和求得的首端功率 $\tilde{S}_1^{(1)}$，由首端开始向末端逐级推算，求得末端电压 $U_4^{(1)}$ 和功率 $\tilde{S}_4^{(1)}$；然后再运用求得的末端电压 $U_4^{(1)}$ 和给定的末端功率 $\tilde{S}_4$ 再一次由末端向首端逐级推算，又一次求得首端电压 $U_1^{(2)}$ 和功率 $\tilde{S}_1^{(2)}$。依此类推，直至求得的首端电压和末端功率与已知的电压和功率相差在允许范围之内。这种反复迭代的计算采用计算机来实现是较为方便的。

工程实际中，辐射形网络潮流分布计算多是属于这一类的问题。若按前述的"迭代法"用手工进行计算，则工作量较大。因此，常采用以下的简化计算。分两步进行：

1）首先假设全网络各点均为额定电压（即 $U_1=U_2=U_3=U_4=U_N$），由已知功率处（4点）用 $U_N$ 和 $\tilde{S}_4$，逐级推算各元件参数的功率损耗（此时仅计算功率损耗而不考虑电压变化），求得网络各点的功率分布。

2）再由已知电压处（节点 1），用已知的实际电压 $U_1$ 和求得的首端功率 $\tilde{S}_1$，逐级计算各元件阻抗的电压降落，从而确定各节点的电压（此时不计算功率损耗）。这样经过一个往返的运算，即求得该网络的潮流分布。

上述简化计算方法基本能够满足工程计算对精度的要求。后面的例题或习题，如遇这类问题，通常均采用这种简化计算，下面通过例题进行具体说明。

**【例3-2】** 图3-8所示电力系统，线路参数标于图中。变压器参数：SFSL1-8000/110，8000/4000/8000kVA，110/38.5/10.5kV，$\Delta P'_{k(\text{I}-\text{II})}=27\text{kW}$，$\Delta P'_{k(\text{II}-\text{III})}=19\text{kW}$，$\Delta P_{k(\text{III}-\text{I})}=89\text{kW}$，$\Delta P_0=14.2\text{kW}$，$U_{k(\text{I}-\text{II})}\%=10.5$，$U_{k(\text{II}-\text{III})}\%=6.5$，$\Delta U_{k(\text{III}-\text{I})}\%=17.5$，$I_0\%=1.26$。试用有名制计算该网络的潮流分布。

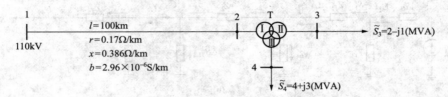

图3-8 ［例3-2］电力系统

**解：** （1）取110kV为基本电压级。计算各元件参数，作等值电路。

线路参数计算

$$Z_L=l(r+jx)=100\times(0.17+j0.386)=17+j38.6(\Omega)$$

$$Y_L=jB=j100\times2.96\times10^{-6}=j2.96\times10^{-4}(\text{S})$$

变压器参数计算

$$Y_T=G_T-jB_T=\frac{\Delta P_0}{1000U_N^2}-j\frac{I_0\%S_N}{100U_N^2}=\frac{14.2}{1000\times110^2}-j\frac{1.26\times8}{100\times110^2}=(1.17-j8.3)\times10^{-6}(\text{S})$$

$$\Delta P_{k(\text{I}-\text{II})}=\Delta P'_{k(\text{I}-\text{II})}\left(\frac{S_N}{S_{N2}}\right)^2=27\times\left(\frac{8}{4}\right)^2=108(\text{kW})$$

$$\Delta P_{k(\text{II}-\text{III})}=\Delta P'_{k(\text{II}-\text{III})}\left(\frac{S_N}{S_{N2}}\right)^2=19\times\left(\frac{8}{4}\right)^2=76(\text{kW})$$

$$\Delta P_{k1}=\frac{1}{2}\left[\Delta P_{k(\text{I}-\text{II})}+\Delta P_{k(\text{I}-\text{III})}-\Delta P_{k(\text{II}-\text{III})}\right]=\frac{1}{2}\times(108+89-76)=60.5(\text{kW})$$

$$\Delta P_{k2}=\frac{1}{2}\left[\Delta P_{k(\text{I}-\text{II})}+\Delta P_{k(\text{II}-\text{III})}-\Delta P_{k(\text{I}-\text{III})}\right]=\frac{1}{2}\times(108+76-89)=47.5(\text{kW})$$

$$\Delta P_{k3}=\frac{1}{2}\left[\Delta P_{k(\text{I}-\text{III})}+\Delta P_{k(\text{II}-\text{III})}-\Delta P_{k(\text{I}-\text{II})}\right]=\frac{1}{2}\times(89+76-108)=28.5(\text{kW})$$

$$U_{k1}\%=\frac{1}{2}\left[U_{k(\text{I}-\text{II})}\%+U_{k(\text{I}-\text{III})}\%-U_{k(\text{II}-\text{III})}\%\right]=\frac{1}{2}\times(10.5+17.5-6.5)=10.75$$

$$U_{k2}\%=\frac{1}{2}\left[U_{k(\text{II}-\text{III})}\%+U_{k(\text{I}-\text{II})}\%-U_{k(\text{I}-\text{III})}\%\right]=\frac{1}{2}\times(6.5+10.5-17.5)=-0.25$$

$$U_{k3}\%=\frac{1}{2}\left[U_{k(\text{I}-\text{III})}\%+U_{k(\text{II}-\text{III})}\%-U_{k(\text{I}-\text{II})}\%\right]=\frac{1}{2}\times(17.5+6.5-10.5)=6.75$$

$$Z_{T1}=R_{T1}+jX_{T1}=\frac{\Delta P_{k1}U_N^2}{1000S_N^2}+j\frac{U_{k1}\%U_N^2}{100S_N}=\frac{60.5\times110^2}{1000\times8^2}+j\frac{10.75\times110^2}{100\times8}=11.44+j162.6(\Omega)$$

$$Z_{T2}=R_{T2}+jX_{T2}=\frac{\Delta P_{k2}U_N^2}{1000S_N^2}+j\frac{U_{k2}\%U_N^2}{100S_N}=\frac{47.5\times110^2}{1000\times8^2}+j\frac{-0.25\times110^2}{100\times8}=8.98-j3.78(\Omega)$$

$$Z_{T3}=R_{T3}+jX_{T3}=\frac{\Delta P_{k3}U_N^2}{1000S_N^2}+j\frac{U_{k3}\% \ U_N^2}{100S_N}=\frac{28.5\times110^2}{1000\times8^2}+j\frac{6.75\times110^2}{100\times8}=5.39+j102.1(\Omega)$$

作等值电路如图 3 - 9 所示。

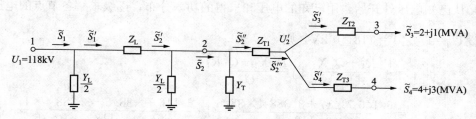

图 3 - 9  电力系统的等值电路

根据已知条件可知，该题属于辐射形网络潮流分布计算的第 2 类问题（已知不同点的电压和功率）。因此，采用简化计算方法进行计算。

（2）假设全网各点均为额定电压 $U_1=U_2=U_3=U_4=U_N=110$（kV），从已知功率处开始计算网络功率分布，则

$$\Delta\tilde{S}_{ZT2}=\left(\frac{\tilde{S}_3}{U_3}\right)^2 Z_{T2}=\frac{2^2+1^2}{110^2}\times8.98+j\frac{2^2+1^2}{110^2}\times(-3.78)=0.003\ 7-j0.001\ 6(MVA)$$

$$\tilde{S}_3'=\tilde{S}_3+\Delta\tilde{S}_{ZT2}=2+j1+0.003\ 7-j0.001\ 6=2.003\ 7+j0.998\ 4(MVA)$$

$$\Delta\tilde{S}_{ZT3}=\left(\frac{\tilde{S}_4}{U_4}\right)^2 Z_{T3}=\frac{4^2+3^2}{110^2}\times5.39+j\frac{4^2+3^2}{110^2}\times102.1=0.011+j0.21(MVA)$$

$$\tilde{S}_4'=\tilde{S}_4+\Delta\tilde{S}_{ZT3}=4+j3+0.011-j0.21=4.011+j3.21(MVA)$$

$$\tilde{S}_2'''=\tilde{S}_3'+\tilde{S}_4'=2.003\ 7+j0.998\ 4+4.011+j3.21=6.014\ 7+j4.208\ 4(MVA)$$

$$\Delta\tilde{S}_{ZT1}=\left(\frac{\tilde{S}_2'''}{U_2'}\right)^2 Z_{T1}=\frac{6.014\ 7^2+4.208\ 4^2}{110^2}\times11.44+j\frac{6.014\ 7^2+4.208\ 4^2}{110^2}\times162.6$$

$$=0.051+j0.72(MVA)$$

$$\tilde{S}_2''=\tilde{S}_2'''+\Delta\tilde{S}_{ZT1}=6.014\ 7+j4.208\ 4+0.051+j0.72=6.065\ 7+j4.928\ 4(MVA)$$

$$\Delta\tilde{S}_{YT}=\overset{*}{Y}_T U_2^2=G_T U_2^2+jB_T U_2^2=(1.17\times110^2+j8.3\times110^2)\times10^{-6}=0.014+j0.1(MVA)$$

$$\tilde{S}_2=\tilde{S}_2''+\Delta\tilde{S}_{YT}=6.065\ 7+j4.928\ 4+0.014+j0.1=6.079\ 7+j5.028\ 4(MVA)$$

$$\Delta\tilde{S}_{ML2}=\frac{1}{2}\overset{*}{Y}_L U_2^2=-j\frac{1}{2}B_L U_2^2=-j\frac{1}{2}\times2.96\times10^{-4}\times110^2=-j1.79(MVA)$$

$$\tilde{S}_2'=\tilde{S}_2+\Delta\tilde{S}_{YL2}=6.079\ 7+j5.028\ 4-j1.79=6.079\ 7+j3.238\ 4(MVA)$$

$$\Delta\tilde{S}_{ZL}=\left(\frac{\tilde{S}_2'}{U_2}\right)^2 Z_L=\frac{6.079\ 7^2+3.238\ 4^2}{110^2}\times17+j\frac{6.079\ 7^2+3.238\ 4^2}{110^2}\times38.6$$

$$=0.067+j0.15(MVA)$$

$$\tilde{S}_1'=\tilde{S}_2'+\Delta\tilde{S}_{ZL}=6.079\ 7+j3.238\ 4+0.067+j0.15=6.146\ 7+j3.388\ 4(MVA)$$

$$\Delta \tilde{S}_{YL} = \frac{1}{2} \overset{*}{Y_L} U_1^2 = -j\frac{1}{2} B_L U_1^2 = -\frac{1}{2} \times 2.96 \times 10^{-4} \times 110^2 = -j1.79 \text{(MVA)}$$

$$\tilde{S}_1 = \tilde{S}_1' + \Delta \tilde{S}_{YL} = 6.146\ 7 + j3.388\ 4 - j1.79 = 6.146\ 7 + j1.598\ 4 \text{(MVA)}$$

(3) 从已知电压处开始，用已知的电压和求得的功率分布，逐级求解各节点的电压。

假设 $\dot{U}_1 = U_1 \angle 0° = 118 \angle 0° \text{kV}$，则

$$\begin{aligned} \mathrm{d}\dot{U}_1 &= \frac{P_1' R_1 + Q_1' X_1}{U_1} + j\frac{P_1' X_1 - Q_1' R_1}{U_1} \\ &= \frac{6.146\ 7 \times 17 + 3.388\ 4 \times 38.6}{118} + j\frac{6.146\ 7 \times 38.6 - 3.388\ 4 \times 17}{118} \\ &= 1.99 + j1.52 \text{(kV)} \end{aligned}$$

$$\dot{U}_2 = \dot{U}_1 - \mathrm{d}\dot{U}_1 = 118 - 1.99 - j1.52 = 116.02 \angle -0.75° \text{(kV)}$$

重新假设 $\dot{U}_2 = U_2 \angle 0° = 116.02 \angle 0° \text{kV}$，则

$$\begin{aligned} \mathrm{d}\dot{U}_{T1} &= \frac{P_2'' R_{T1} + Q_2'' X_{T1}}{U_2} + j\frac{P_2'' X_T - Q_2'' R_{T1}}{U_2} \\ &= \frac{6.065\ 7 \times 11.44 + 4.928\ 4 \times 162.6}{116.02} + j\frac{6.065\ 7 \times 162.6 - 4.928\ 4 \times 11.44}{116.02} \\ &= 7.51 + j8.015 \text{(kV)} \end{aligned}$$

$$\dot{U}_2' = \dot{U}_2 - \mathrm{d}\dot{U}_{T1} = 116.02 - 7.51 - j8.015 = 108.81 \angle -4.22° \text{(kV)}$$

重新假设 $\dot{U}_2' = U_2 \angle 0° = 108.81 \angle 0° \text{(kV)}$，则

$$\begin{aligned} \mathrm{d}\dot{U}_{T2} &= \frac{P_3' R_{T2} + Q_3' X_{T2}}{U_2'} + j\frac{P_3' X_{T2} - Q_3' R_{T2}}{U_2'} \\ &= \frac{2.003\ 7 \times 8.98 - 1.066 \times 3.78}{108.81} + j\frac{2.003\ 7 \times (-3.78) - 1.066 \times 8.98}{108.81} \\ &= 0.13 - j0.15 \text{(kV)} \end{aligned}$$

$$\dot{U}_3 = \dot{U}_2 - \mathrm{d}\dot{U}_{T2} = 108.81 - 0.13 + j0.15 \approx 108.68 \angle 0° \text{(kV)}$$

节点 3 电压以 $\dot{U}_1$ 作为基准值时

$$\dot{U}_3 = 108.68 \angle (-0.75° - 4.22° - 0°) = 108.68 \angle -4.97° \text{(kV)}$$

$$\begin{aligned} \mathrm{d}\dot{U}_{T3} &= \frac{P_4' R_{T3} + Q_4' X_{T3}}{U_2'} + j\frac{P_4' X_{T3} - Q_4' R_{T3}}{U_2'} \\ &= \frac{4.011 \times 5.39 + 3.21 \times 102.1}{108.81} + j\frac{4.011 \times 102.1 - 3.21 \times 5.39}{108.81} \\ &= 3.21 + j3.61 \text{(kV)} \end{aligned}$$

$$\dot{U}_4 = \dot{U}_2' - \mathrm{d}\dot{U}_{T3} = 108.81 - 3.21 - j3.61 = 105.66 \angle -1.96° \text{(kV)}$$

节点 4 电压以 $\dot{U}_1$ 作为基准时

$$\dot{U}_4 = 105.66 \angle (-0.75° - 4.22° - 1.96°) = 105.66 \angle -6.93° \text{ (kV)}$$

（4）将各点电压归算回实际电压级。

母线 1 的实际电压为

$$\dot{U}_1 = 118 \angle 0° \text{ (kV)}$$

母线 2 的实际电压为

$$\dot{U}_2 = 116.02 \angle -0.75° \text{ (kV)}$$

母线 3 的实际电压为

$$\dot{U}_3 = 108.68 \angle -4.97° \times \frac{38.5}{110} = 38.038 \angle -4.97° \text{ (kV)}$$

母线 4 的实际电压为

$$\dot{U}_4 = 105.66 \angle -6.93° \times \frac{10.5}{110} = 10.09 \angle -6.93° \text{ (kV)}$$

（5）作电力系统潮流分布图，如图 3-10 所示。

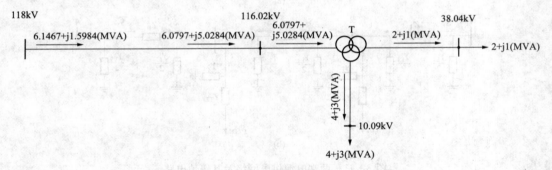

图 3-10　系统潮流分布

## 第 3.4 节　闭式网络潮流分布的计算

闭式网络是指任何一个节点的负荷都可以从两个或两个以上方向供电的电网。如果任何一个节点的负荷都只从两个方向供电，则称作简单闭式网络。简单闭式网络又可以分为两端供电网络和环形网络两类。本节主要介绍简单闭式网络的潮流分布计算。

对于闭式网络，采用"手算"方法直接计算潮流分布是比较困难的。因此，在工程计算中，通常都是采用近似的计算方法。首先在不计电压降落、不计功率损耗的条件下，计算网络的初步功率分布，寻找功率分点；随后在功率分点处将闭式网络分开（当有功功率分点与无功功率分点不同时，一般选择无功功率分点，因为无功功率分点通常电压较低），使之成为两个辐射形网络，然后便可按第 3.3 节介绍的辐射形网络潮流分布计算方法进行计算，最终求得闭式网络潮流分布。以下分别介绍两端电源供电网络和环形网络的潮流分布计算方法。

### 3.4.1 两端电源供电网络潮流分布的计算

图 3-11（a）所示为简单的两端电源供电网络，其等值电路如图 3-11（b）所示。首先计算节点 2 的运算负荷

$$\tilde{S}_2 = \tilde{S}_{LD1} + \Delta\tilde{S}_{ZT1} + \Delta\tilde{S}_{YT1} + \Delta\tilde{S}_{YL1} + \Delta\tilde{S}_{YL2} \tag{3-24}$$

式中：$\Delta\tilde{S}_{ZT1} + \Delta\tilde{S}_{YT1}$ 为变压器 T1 的功率损耗；$\Delta\tilde{S}_{YL1}$、$\Delta\tilde{S}_{YL2}$ 分别为接在节点 2 的导纳支路 $\dfrac{Y_{L2}}{2}$ 和 $\dfrac{Y_{L2}}{2}$ 上的功率损耗。

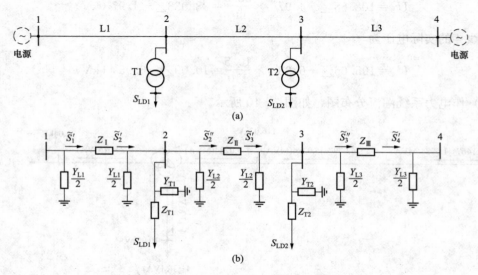

图 3-11 两端电源供电网络及其等值电路

(a) 供电网络；(b) 等值电路

同理，可求得节点 3 的运算负荷

$$\tilde{S}_3 = \tilde{S}_{LD2} + \Delta\tilde{S}_{ZT2} + \Delta\tilde{S}_{YT2} + \Delta\tilde{S}_{YL2} + \Delta\tilde{S}_{YL3} \tag{3-25}$$

式中：$\Delta\tilde{S}_{ZT2} + \Delta\tilde{S}_{YT2}$ 为变压器 T2 的功率损耗；$\Delta\tilde{S}_{YL2}$、$\Delta\tilde{S}_{YL3}$ 分别为接在节点 3 的导纳支路 $\dfrac{Y_{L2}}{2}$ 和 $\dfrac{Y_{L3}}{2}$ 上的功率损耗。

将接在节点 1 和节点 4 的导纳支路 $\dfrac{Y_{L1}}{2}$ 和 $\dfrac{Y_{L3}}{2}$ 暂不考虑（因为 $\dfrac{Y_{L1}}{2}$、$\dfrac{Y_{L3}}{2}$ 上的功率损耗不影响网络内部的功率分布），即可得到图 3-12 所示的等值电路。

#### 1. 计算初步功率分布，寻找功率分点

所谓初步功率分布，是指不计阻抗上功率损耗的功率分布，即图 3-12 中的 $\tilde{S}_{\mathrm{I}}$、$\tilde{S}_{\mathrm{II}}$、

$\tilde{S}_{\text{III}}$。计算初步功率分布的目的主要是为了寻找功率分点。闭式网络的功率分点是指两端电源流入，某负荷节点的实际功率均为正值时，称该负荷节点为功率分点。闭式网络的有功功率分点常用"▼"表示，无功功率分点常用"▽"表示（有功功率分点和无功功率分点可能在同一点，也可能不在同一点），而寻找功率分点的目的是为了确定电压最低点。一般情况下无功功率分点常为电压最低点，因此，实际上计算初步功率分布主要是为了寻找无功功率分点。

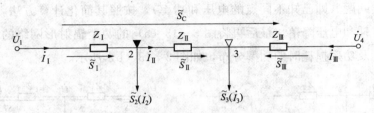

图 3-12　两端电源供电网络化简后等值电路

根据图 3-12 所示的电流、功率的正方向，有

$$\mathrm{d}\dot{U} = \dot{U}_1 - \dot{U}_4 = \dot{I}_{\text{I}} Z_{\text{I}} + \dot{I}_{\text{II}} Z_{\text{II}} - \dot{I}_{\text{III}} Z_{\text{III}}$$

则

$$\mathrm{d}\dot{U} = \dot{I}_{\text{I}} Z_{\text{I}} + (\dot{I}_{\text{I}} - \dot{I}_2) Z_{\text{II}} - (\dot{I}_3 - \dot{I}_{\text{I}} + \dot{I}_2) Z_{\text{III}} \tag{3-26}$$

若近似地认为各点电压均为额定电压 $U_{\text{N}}$（也即不计阻抗上功率损耗），应用复功率的定义，有 $\dot{I} = \dfrac{\overset{*}{\tilde{S}}}{\overset{*}{U}_{\text{N}}}$，则式（3-26）可以用功率表示为

$$\overset{*}{U}_{\text{N}} \mathrm{d}\dot{U} = \overset{*}{\tilde{S}}_1 Z_{\text{I}} + (\overset{*}{\tilde{S}}_1 - \overset{*}{\tilde{S}}_2) Z_{\text{II}} - (\overset{*}{\tilde{S}}_3 - \overset{*}{\tilde{S}}_1 + \overset{*}{\tilde{S}}_2) Z_{\text{III}} \tag{3-27}$$

整理式（3-27）可得

$$\left. \begin{aligned} \tilde{S}_{\text{I}} &= \frac{\tilde{S}_3 \overset{*}{Z}_{\text{III}} + \tilde{S}_2 (\overset{*}{Z}_{\text{II}} + \overset{*}{Z}_{\text{III}})}{\overset{*}{Z}_{\text{I}} + \overset{*}{Z}_{\text{II}} + \overset{*}{Z}_{\text{III}}} + \frac{\dot{U}_{\text{N}} \mathrm{d}\overset{*}{U}}{\overset{*}{Z}_{\text{I}} + \overset{*}{Z}_{\text{II}} + \overset{*}{Z}_{\text{III}}} = \tilde{S}_{\text{ILD}} + \tilde{S}_{\text{c}} \\ \tilde{S}_{\text{III}} &= \frac{\tilde{S}_2 \overset{*}{Z}_{\text{I}} + \tilde{S}_3 (\overset{*}{Z}_{\text{I}} + \overset{*}{Z}_{\text{II}})}{\overset{*}{Z}_{\text{I}} + \overset{*}{Z}_{\text{II}} + \overset{*}{Z}_{\text{III}}} - \frac{\dot{U}_{\text{N}} \mathrm{d}\overset{*}{U}}{\overset{*}{Z}_{\text{I}} + \overset{*}{Z}_{\text{II}} + \overset{*}{Z}_{\text{III}}} = \tilde{S}_{\text{IIILD}} - \tilde{S}_{\text{c}} \\ \tilde{S}_{\text{II}} &= \tilde{S}_1 - \tilde{S}_2 = \tilde{S}_{\text{IILD}} + \tilde{S}_{\text{c}} \end{aligned} \right\} \tag{3-28}$$

由式（3-28）可见，初步功率分布 $\tilde{S}_{\text{I}}$、$\tilde{S}_{\text{II}}$、$\tilde{S}_{\text{III}}$ 实际上是由两部分构成的。第一部分 $\tilde{S}_{\text{ILD}}$、$\tilde{S}_{\text{IILD}}$、$\tilde{S}_{\text{IIILD}}$ 是在两端电压相等时（幅值与相位均相等）的初步功率分布，其值按与阻抗的共轭值成反比例分配；第二部分 $\tilde{S}_{\text{c}}$ 是因为两端电压不等（幅值或相位）而产生的循环功率。循环功率的正方向与 $\mathrm{d}\dot{U}$ 的取向相对应，取 $\mathrm{d}\dot{U} = \dot{U}_1 - \dot{U}_4$，则循环功率 $\tilde{S}_{\text{c}}$ 由节点 1 流向节点 4。

假设此时求得的初步功率分布为 $\tilde{S}_1=P_{\rm I}+{\rm j}Q_{\rm I}$，$\tilde{S}_{\rm II}=P_{\rm II}+{\rm j}Q_{\rm II}$，$\tilde{S}_{\rm III}=P_{\rm III}+{\rm j}Q_{\rm III}$，可知节点 2 是有功功率分点，而节点 3 是无功功率分点（已表示在图 3 - 12 中）。

**2. 计算网络的功率损耗和电压降落**

在无功功率分点处（节点 3）将网络解开，使之成为两个辐射形的网络，如图 3 - 13 （a）所示。功率分点处的负荷 $S_3$ 也可以分成 $\tilde{S}_{\rm II}$ 和 $\tilde{S}_{\rm III}$ 两部分，分别接在两个辐射形网络的终端。由图 3 - 13 可知，在 $U_1$ 和 $U_4$ 已知条件下，它们属于 3.3 节介绍的辐射形网络潮流分布计算的第 2 类问题（即已知不同点的电压和功率），按照其简化计算方法就可以计算各阻抗元件的功率损耗和电压降落。最后再将图 3 - 13 （a）的两个辐射形网络的终端连在一起，便得到原网络计及功率损耗时的功率分布，如图 3 - 13 （b）所示。

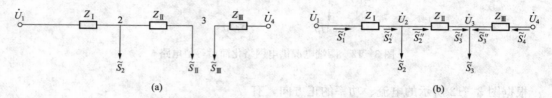

图 3 - 13 简化网络的分离及潮流分布

（a）解开网络；（b）连接网络

若需要还可以按照图 3 - 11 （b）的等值电路，进一步还原求得原网络各点的功率分布。

### 3.4.2 环形网络潮流分布的计算

环形网络可以分为两类，一类是单一电压等级的环形网络，另一类是含有多个电压等级的环形网络。

**1. 单一电压等级的环形网络潮流分布的计算**

在整个环形回路中没有串接变压器的环形网络，称为单一电压等级的环形网络。图 3 - 14 （a）、（b）为某环形网络的接线图及其等值电路。母线 1 为电源升压变电站的高压母线，可以计算其运算功率为

$$\tilde{S}_1=\tilde{S}_{\rm G}-\Delta\tilde{S}_{\rm YT1}-\Delta\tilde{S}_{\rm ZT1}-\Delta\tilde{S}_{\rm YL1}-\Delta\tilde{S}_{\rm YL3}$$

式中：$\Delta\tilde{S}_{\rm YT1}+\Delta\tilde{S}_{\rm ZT1}$ 为变压器 T1 的功率损耗；$\Delta\tilde{S}_{\rm YL1}$、$\Delta\tilde{S}_{\rm YL3}$ 分别为接在节点 1 的线路导纳支路 $\dfrac{Y_{\rm L1}}{2}$ 和 $\dfrac{Y_{\rm L3}}{2}$ 上的功率损耗。

母线 2 为降压变电站的高压母线，可以计算其运算负荷为

$$\tilde{S}_2=\tilde{S}_{\rm LD1}+\Delta\tilde{S}_{\rm ZT2}+\Delta\tilde{S}_{\rm YT2}+\Delta\tilde{S}_{\rm YL1}+\Delta\tilde{S}_{\rm YL2}$$

式中：$\Delta S_{\rm ZT2}+\Delta S_{\rm YT2}$ 为变压器 T2 的功率损耗；$\Delta\tilde{S}_{\rm YL1}$、$\Delta\tilde{S}_{\rm YL2}$ 分别为接在节点 2 的线路导纳支路 $\dfrac{Y_{\rm L1}}{2}$ 和 $\dfrac{Y_{\rm L2}}{2}$ 上的功率损耗。

同理，可求得降压变电站高压母线 3 的运算负荷为

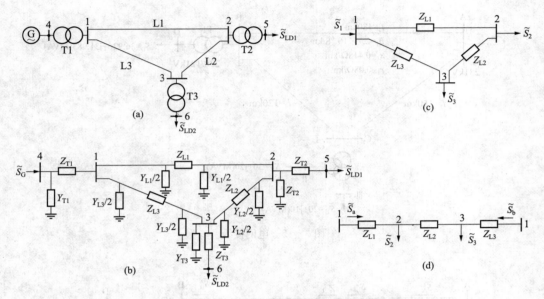

图 3 - 14　单一电压等级环形网络

（a）网络接线图；（b）等值电路；（c）简化等值电路；（d）两端供电网的等值电路

$$\widetilde{S}_3 = \widetilde{S}_{LD2} + \Delta \widetilde{S}_{ZT3} + \Delta \widetilde{S}_{YT3} + \Delta \widetilde{S}_{YL2} + \Delta \widetilde{S}_{YL3}$$

式中：$\Delta \widetilde{S}_{ZT3} + \Delta \widetilde{S}_{YT3}$ 为变压器 T3 的功率损耗；$\Delta \widetilde{S}_{YL2}$、$\Delta \widetilde{S}_{YL3}$ 分别为接在节点 3 的线路导纳支路 $\dfrac{Y_{L2}}{2}$ 和 $\dfrac{Y_{L3}}{2}$ 上的功率损耗。

这样，图 3 - 14（b）的等值电路就可以用图 3 - 14（c）的简化等值电路来表示。单一电压等级的环形网络，只需在已知电压端（如节点 1）将其拆开，如图 3 - 14（d）所示，即可等效成两端电压相同的两端供电网络。它的潮流分布计算前面已作论述。这时，由于两端电压的幅值和相位均完全相同（$dU = 0$），所以循环功率 $S_c$ 也等于零。

当求得图 3 - 14（d）等值电路的功率分布后，再逐级还原即可求得图 3 - 14（b）等值电路中的功率分布。最后再进行各阻抗上电压损耗的计算，从而求得各母线的电压。

**【例 3 - 3】** 如图 3 - 15 所示电网，负荷以及线路参数已在图中表示出，变压器 T1 归算到 110kV 侧的阻抗参数为 $Z_{T1} = 11.67 + j19.36\Omega$（励磁支路略去不计）。变压器 T2 参数为 $S_N = 60\text{MVA}$，220/69/46kV，容量比为 100/100/66.7%，$I_0\% = 1.11$，$\Delta P_0 = 97.8\text{kW}$，$\Delta P_{k(I-II)} = 385\text{kW}$，$\Delta P'_{k(II-III)} = 133\text{kW}$，$\Delta P'_{k(III-D)} = 197\text{kW}$，$U_{k(I-II)}\% = 15.1$，$U_{k(II-III)}\% = 6.85$，$U_{k(III-D)}\% = 23.9$。试求该网络的潮流分布。

**解：**（1）作等值电路，如图 3 - 16 所示。

（2）参数计算（用标幺制计算，＊符号省略）。

假设：$S_B = 100\text{MVA}$，$U_{B(220)} = 220\text{kV}$，取基本电压级 220kV，则

$$U_{B(110)} = 220 \times \frac{121}{220} = 121 \text{(kV)}$$

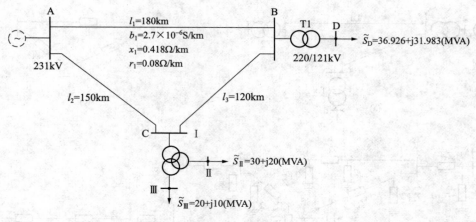

图 3-15　电网接线

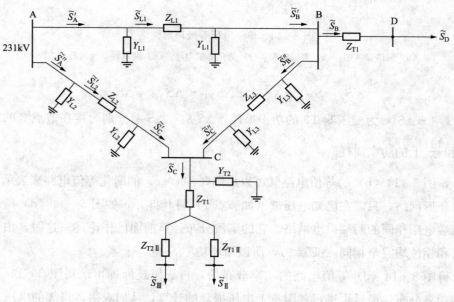

图 3-16　[例 3-3] 等值电路

$$Z_{L1} = (r_1 + jx_1)l_1 \frac{S_B}{U_{B(220)}^2} = (0.08 + j0.418) \times 180 \times \frac{100}{220^2} = 0.03 + j0.155$$

$$Y_{L1} = j\frac{1}{2}l_1 b_1 \frac{U_{B(220)}^2}{S_B} = j\frac{1}{2} \times 180 \times 2.7 \times 10^{-6} \times \frac{220^2}{100} = j0.117\,6$$

$$Z_{L2} = (0.08 + j0.418) \times 150 \times \frac{100}{220^2} = 0.024\,8 + j0.13$$

$$Y_{L2} = j\frac{1}{2} \times 150 \times 2.7 \times 10^{-6} \times \frac{220^2}{100} = j0.098$$

$$Z_{L3} = (0.08 + j0.418) \times 120 \times \frac{100}{220^2} = 0.019\,8 + j0.103\,6$$

$$Y_{L3} = j\frac{1}{2} \times 120 \times 2.7 \times 10^{-6} \times \frac{220^2}{100} = j0.078\ 4$$

$$Z_{T1} = (11.67 + j19.36) \times \frac{100}{121^2} = 0.08 + j0.13$$

计算变压器 T2 的参数应先进行容量归算，然后再求各绕组的短路损耗，以便计算各参数。

$$\Delta P_{k(\text{III}-\text{I})} = \Delta P'_{k(\text{III}-\text{I})} \times \left(\frac{3}{2}\right)^2 = 197 \times \frac{9}{4} = 443.25\ (\text{kW})$$

$$\Delta P_{k(\text{II}-\text{III})} = \Delta P'_{k(\text{II}-\text{III})} \times \left(\frac{3}{2}\right)^2 = 133 \times \frac{9}{4} = 299.25\ (\text{kW})$$

$$\Delta P_{k1} = \frac{1}{2}\left[\Delta P_{k(\text{I}-\text{II})} + \Delta P_{k(\text{III}-\text{I})} - \Delta P_{k(\text{II}-\text{III})}\right] = \frac{1}{2} \times (385 + 443.25 - 299.25) = 264.5\ (\text{kW})$$

同理可得

$$\Delta P_{k2} = 120.5\ (\text{kW}), \quad \Delta P_{k3} = 178.75\ (\text{kW})$$

各绕组短路电压

$$U_{k1}\% = \frac{1}{2}\left[U_{k(\text{I}-\text{II})}\% + U_{k(\text{III}-\text{I})}\% - U_{k(\text{II}-\text{III})}\%\right] = \frac{1}{2} \times (15.1 + 23.9 - 6.85) = 16.1$$

同理可得

$$U_{k2}\% = -0.975, \quad U_{k3}\% = 7.825$$

变压器 T2 电阻

$$R_{\text{T2I}} = \frac{\Delta P_{k1} U_N^2 S_B}{1000 S_N^2 U_{B(220)}^2} = \frac{264.5 \times 220^2 \times 100}{1000 \times 60^2 \times 220^2} = 0.007\ 3$$

同理可得

$$R_{\text{T2II}} = 0.003\ 3, \quad R_{\text{T2III}} = 0.005$$

变压器 T2 电抗

$$X_{\text{T2I}} = \frac{U_{k2}\% U_N^2 S_B}{100 S_N U_{B(220)}^2} = \frac{16.1 \times 220^2 \times 100}{100 \times 60 \times 220^2} = 0.27$$

同理可得

$$X_{\text{T2II}} = -0.016, \quad X_{\text{T2III}} = 0.13$$

因此

$$Z_{\text{T2I}} = 0.007\ 3 + j0.27, \quad Z_{\text{T2II}} = 0.003\ 3 - j0.016, \quad Z_{\text{T2III}} = 0.005 + j0.13$$

$$Y_{T2} = G_{T2} - jB_{T2} = \frac{\Delta P_0 U_{B(220)}^2}{1000 U_N^2 S_B} - j\frac{I_0\% S_N U_{B(220)}^2}{100 U_N^2 S_B} = (9.78 - j66.6) \times 10^{-4}$$

(3) 计算 B 点、C 点的运算负荷（$\widetilde{S}_1$、$\widetilde{S}_2$）。根据图 3 - 17 可得

$$\tilde{S}_1 = \tilde{S}_D + \Delta\tilde{S}_{ZT1} + \Delta\tilde{S}_{YL1} + \Delta\tilde{S}_{YL2}$$

$$= P_D + jQ_D + \frac{P_D^2 + Q_D^2}{U_N^2}(R_{T1} + jX_{T1}) + \overset{*}{Y}_{L1}U_N^2 + \overset{*}{Y}_{L3}U_N^2$$

$$= 0.369\ 26 + j0.319\ 83 + 0.02 + j0.031 - j0.117\ 6 - j0.078\ 4$$

$$= 0.389\ 26 + j0.154\ 83$$

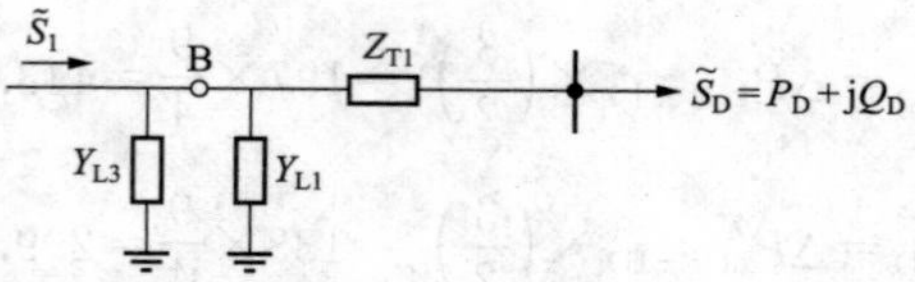

图 3-17  计算 $\tilde{S}_1$ 等值电路

根据图 3-18 有

$$\Delta\tilde{S}_{ZT2\,II} = \frac{P_{II}^2 + Q_{II}^2}{U_N^2}(R_{T2\,II} + jX_{T2\,II}) = 0.000\ 429 - j0.002\ 08$$

$$\tilde{S}'_{II} = \tilde{S}_{II} + \Delta\tilde{S}_{ZT2\,II} = 0.300\ 429 + j0.197\ 92$$

同理，根据图 3-18 可得

$$\Delta\tilde{S}_{ZT2\,III} = 0.000\ 25 + j0.006\ 5$$

$$\tilde{S}'_{III} = \tilde{S}_{III} + \Delta\tilde{S}_{ZT2\,III} = 0.200\ 25 + j0.106\ 5$$

$$\Delta\tilde{S}_{ZT2I} = \frac{(P'_{II} + P'_{III})^2 + (Q'_{II} + Q'_{III})^2}{U_N^2}(R_{T2I} + jX_{T2I})$$

$$= 0.002\ 5 + j0.092\ 7$$

$$\Delta\tilde{S}_{YT2} = \overset{*}{Y}_{T2}U_N^2 = 0.000\ 978 + j0.006\ 66$$

$$\Delta\tilde{S}_{YL2} = \overset{*}{Y}_{L2}U_N^2 = -j0.098$$

$$\Delta\tilde{S}_{YL3} = \overset{*}{Y}_{L3}U_N^2 = -j0.078\ 4$$

$$\tilde{S}_2 = \tilde{S}'_{II} + \tilde{S}'_{III} + \Delta\tilde{S}_{ZT2I} + \Delta\tilde{S}_{YT2} + \Delta\tilde{S}_{YL2} + \Delta\tilde{S}_{YL3}$$

$$= 0.504 + j0.227\ 4$$

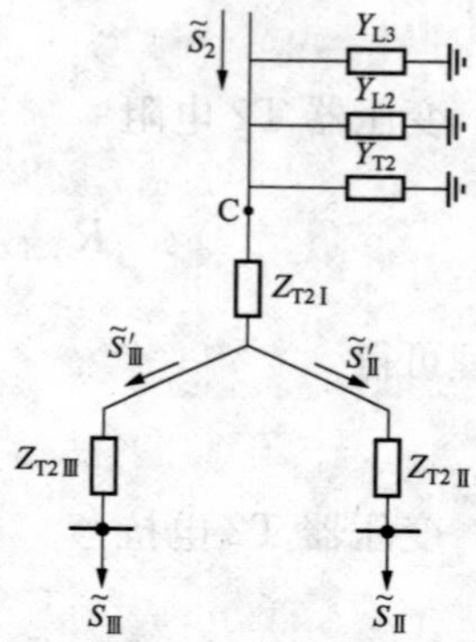

图 3-18  计算 $\tilde{S}_2$ 等值电路

（4）计算环形网络的初步功率分布，寻找功率分点。将图 3-16 的等值电路用运算负荷表示后，即可得到图 3-19 所示的环形网络。

图 3-19 中，A 点的导纳 $Y$ 为 $Y = Y_{L1} // Y_{L2}$，因为该导纳的功率损耗不影响环网内阻抗元件的功率损耗，故暂且不计。

计算环网内初步功率分布。可以在母线 A 处将环网拆开，得到图 3-20 的等值电路。

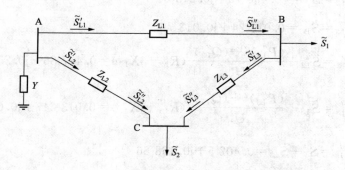

图 3-19　用运算负荷表示的环形网络

$$\widetilde{S}_{A'B}=\frac{\widetilde{S}_1(\overset{*}{Z}_{L3}+\overset{*}{Z}_{L3})+\widetilde{S}_2\overset{*}{Z}_{L2}}{\overset{*}{Z}_{L1}+\overset{*}{Z}_{L2}+\overset{*}{Z}_{L3}}$$

$$=\frac{(0.389\ 26+j0.154\ 83)\times(0.019\ 8-j0.103\ 6+0.024\ 8-j0.13)+(0.504+j0.227\ 4)\times(0.024\ 8-j0.13)}{0.03-j0.155+0.024\ 8-j0.13+0.019\ 8-j0.103\ 6}$$

$$=0.436\ 4\angle 22.73°=0.402\ 5+j0.168\ 62$$

$$\widetilde{S}_{BC}=\widetilde{S}_{A'B}-\widetilde{S}_1=0.013\ 24+j0.013\ 79$$

$$\widetilde{S}_{A'C}=\widetilde{S}_2-\widetilde{S}_{BC}=0.490\ 76+j0.213\ 61$$

由以上计算结果可见，有功功率、无功功率分点均在 C 点。

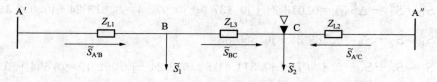

图 3-20　计算环网初步功率分布等值电路

（5）计算环网内阻抗元件的功率损耗。将图 3-20 在无功功率分点（C 点）拆开，分为两个辐射形网络 ［见图 3-21（a）、（b）］，它们都是属于辐射形网络潮流分布计算的第 2 种类型。

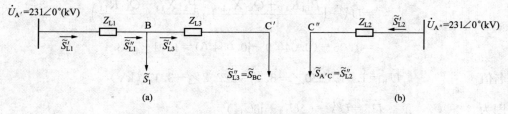

图 3-21　计算环网阻抗上的功率损耗等值电路

$$\widetilde{S}''_{L2}=\widetilde{S}_{A''C}=0.490\ 76+j0.213\ 6$$

$$\widetilde{S}''_{L3}=\widetilde{S}_{BC}=0.013\ 24+j0.013\ 79$$

$$\widetilde{S}'_{L2}=\widetilde{S}''_{L2}+\frac{(P''_{L2})^2+(Q''_{L2})^2}{U_N^2}(R_{L2}+jX_{L2})=0.497\ 86+j0.250\ 86$$

$$\widetilde{S}'_{L3}=\widetilde{S}''_{L3}+\frac{(P''_{L3})^2+(Q''_{L3})^2}{U_N^2}(R_{L3}+jX_{L3})=0.013\ 247+j0.013\ 83$$

$$\widetilde{S}''_{L1}=\widetilde{S}_1+\widetilde{S}_{L3}=0.402\ 5+j0.168\ 66$$

$$\widetilde{S}'_{L1}=\widetilde{S}''_{L1}+\frac{(P''_{L1})^2+(Q''_{L1})^2}{U_N^2}(R_{L1}+jX_{L1})=0.408\ 2+j0.198\ 18$$

将线路的导纳支路还原，计算全网络的功率分布

$$\widetilde{S}'_A=\widetilde{S}'_{L1}+\Delta\widetilde{S}_{YL1}=0.408\ 2+j0.198\ 18-j0.117\ 6=0.408\ 2+j0.080\ 58$$

$$\widetilde{S}'_B=\widetilde{S}''_{L1}-\Delta\widetilde{S}_{YL1}=0.402\ 5+j0.168\ 66+j0.117\ 6=0.402\ 5+j0.286\ 26$$

$$\widetilde{S}''_A=\widetilde{S}'_{L2}+\Delta\widetilde{S}_{YL2}=0.497\ 86+j0.250\ 86-j0.098=0.497\ 86+j0.152\ 86$$

$$\widetilde{S}'_C=\widetilde{S}'_{L2}+\Delta\widetilde{S}_{YL2}=0.490\ 76+j0.213\ 61+j0.098=0.490\ 76+j0.311\ 61$$

$$\widetilde{S}''_B=\widetilde{S}'_{L3}+\Delta\widetilde{S}_{YL3}=0.013\ 247+j0.138\ 3-j0.078\ 4=0.013\ 247+j0.064\ 57$$

$$\widetilde{S}''_C=\widetilde{S}''_{L3}-\Delta\widetilde{S}_{YL3}=0.013\ 24+j0.137\ 9+j0.078\ 4=0.013\ 24+j0.092\ 19$$

$$\widetilde{S}_B=\widetilde{S}'_B-\widetilde{S}''_B=0.389\ 25+j0.350\ 83$$

$$\widetilde{S}_C=\widetilde{S}'_C+\widetilde{S}''_C=0.490\ 76+j0.311\ 61+0.013\ 24+j0.092\ 19=0.504+j0.403\ 8$$

将以上标幺值表示的功率分布，乘以基准功率 $S_B=100\text{MVA}$，即可得到有名值表示的功率分布。

（6）计算各母线电压。假设，$\dot{U}_A=\dot{U}'_A=\dot{U}''_A=231\angle0°$（kV），得

$$\dot{U}_B=\dot{U}'_A-(\Delta U_{L1}+j\delta U_{L1})$$

$$=\dot{U}'_A-\left(\frac{P'_{L1}R_{L1}+Q'_{L1}X_{L1}}{U'_A}+j\frac{P'_{L1}X_{L1}-Q'_{L1}R_{L1}}{U'_A}\right)$$

$$=1.05-(0.040\ 9+j0.054\ 6)=1.01\angle-3.1°$$

则有名值 $\qquad\dot{U}_B=1.01\times220\angle-3.1°=222.2\angle-3.1°$（kV）

因为 $\qquad\dot{U}_C=\dot{U}''_A-(\Delta U_{L2}+j\delta U_{L2})$

$$=\dot{U}''_A-\left(\frac{P'_{L2}R_{L2}+Q'_{L2}X_{L2}}{U''_A}+j\frac{P'_{L2}X_{L2}-Q'_{L2}R_{L2}}{U''_A}\right)$$

$$=1.05-(0.042\ 8+j0.055\ 7)=1.009\angle-3.17°$$

则有名值　　　　　　$\dot{U}_C = 1.009 \times 220 \angle -3.17° = 221.98 \angle -3.17°\text{(kV)}$

重新假设 $\dot{U}_B = 1.01 \angle 0°$（即以 $\dot{U}_B$ 为基准相量，求 $\dot{U}_D$），有

$$\dot{U}_D = \dot{U}_B - (\Delta U_{T1} + j\delta U_{T1})$$

$$= \dot{U}_B - \left( \frac{P_B R_{T1} + Q_B X_{T1}}{U_B} + j \frac{P_B X_{T1} - Q_B R_{T1}}{U_B} \right)$$

$$= 1.01 - (0.076 + j0.022\ 3) = 0.934 \angle -1.368°$$

则有名值　　　　　　$\dot{U}_D = 0.934 \times 121 \angle -1.368° = 113 \angle -1.368°\ \text{(kV)}$

仍以 $\dot{U}_A = 1.05 \angle 0°$ 为基准，则 $\dot{U}_D = 113 \angle (-3.1° - 1.368°) = 113 \angle -4.468°\ \text{(kV)}$

同理，可以求得三绕组变压器中、低压侧的电压（略）。作各点电压的相量图，如图 3 - 22 所示。

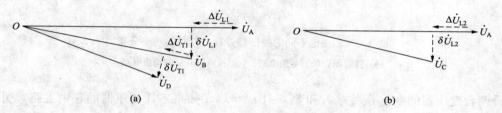

图 3 - 22　各节点电压相量图

（7）作网络的潮流分布图。将计算得到的各点电压和各处的功率（MVA）在原电力系统图中标出，如图 3 - 23 所示。

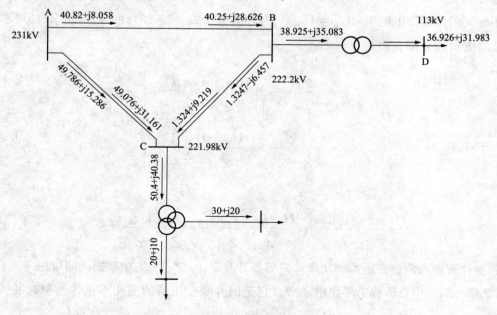

图 3 - 23　潮流分布图

### 2. 含多个电压等级的环形网络潮流分布的计算

串接一个以上变压器的环形网络，称为含多个电压等级的环形网络。下面以两台变比不同的升压变压器并列运行为例［见图 3 - 24（a）］，来说明含有两个电压等级的环形网络潮流分布的计算。

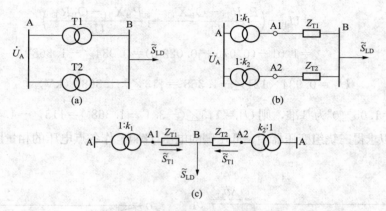

图 3 - 24　变比不同的变压器并联运行时的功率分布

（a）接线图；（b）等值电路；（c）A 点拆开后的等值电路

设两台变压器的变化分别为 $k_1$ 和 $k_2$，且 $k_1 \neq k_2$。如果不计变压器的导纳支路，引入理想变压器后即可得到如图 3 - 24（b）所示的等值电路。$Z_{T1}$ 和 $Z_{T2}$ 是归算到高压侧（即图中 B 侧）的变压器阻抗值。

如果已知变压器 A 侧的电压为 $U_A$，则 $U_{A1} = k_1 U_A$，$U_{A2} = k_2 U_A$。将图 3 - 24（b）的等值电路在 A 点拆开，就可以得到图 3 - 24（c）所示的等值电路。它实际上是等效成供电点电压不相同的两端供电网络（$U_{A1} \neq U_{A2}$）。利用类似于式（3 - 28）的计算公式，即可求得两台变压器的负荷分配

$$
\left.
\begin{aligned}
\widetilde{S}_{T1} &= \frac{\overset{*}{Z}_{T2} \widetilde{S}_{LD}}{\overset{*}{Z}_{T1} + \overset{*}{Z}_{T2}} + \frac{(\overset{*}{U}_{A1} - \overset{*}{U}_{A2}) U_{NB}}{\overset{*}{Z}_{T1} + \overset{*}{Z}_{T2}} \\
\widetilde{S}_{T2} &= \frac{\overset{*}{Z}_{T1} \widetilde{S}_{LD}}{\overset{*}{Z}_{T1} + \overset{*}{Z}_{T2}} - \frac{(\overset{*}{U}_{A1} - \overset{*}{U}_{A2}) U_{NB}}{\overset{*}{Z}_{T1} + \overset{*}{Z}_{T2}}
\end{aligned}
\right\}
\tag{3 - 29}
$$

其中

$$
\frac{(\overset{*}{U}_{A1} - \overset{*}{U}_{A2}) U_{NB}}{\overset{*}{Z}_{T1} + \overset{*}{Z}_{T2}} = \frac{\overset{*}{U}_A (k_1 - k_2) U_{NB}}{\overset{*}{Z}_{T1} + \overset{*}{Z}_{T2}} = \frac{\overset{*}{\Delta E} U_{NB}}{\overset{*}{Z}_{T1} + \overset{*}{Z}_{T2}} = \widetilde{S}_c
\tag{3 - 30}
$$

若要计算送入两台变压器的功率，只需要计及 $Z_{T1}$、$Z_{T2}$ 上的功率损耗即可。

式（3 - 30）中 $\Delta E$ 称为环路电动势。它是因并联变压器的变比不相等而引起的。循环功率 $\widetilde{S}_c$ 是由环路电动势产生的，因此其方向与环路电动势的作用方向一致。由于 $\Delta \dot{E} =$

$\dot{U}_{A1}-U_{A2}$，所以循环功率 $\widetilde{S}_c$ 的正方向确定为由 A1 端流向 A2 端。如果变压器变比相等时，$\Delta E=0$，循环功率不存在。

式（3-29）说明，变比不同的变压器并列运行时，其负荷分配是由变压器变比相等且供给实际负荷时的功率分布与不计负荷仅因变比不同而引起的循环功率叠加而成的。循环功率的大小与所带负荷的大小无关。

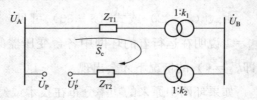

图 3-25 计算环路电动势的等值电路

若参数是归算到 A 侧的数值（已知 $U_A$），则可以在图 3-25 所示的等值电路中确定 $\Delta E$。选择一个开口，$\Delta\dot{E}$ 计算式为

$$\Delta\dot{E}=\dot{U}'_P-\dot{U}_P=\frac{\dot{U}_A k_1}{k_2}-\dot{U}_A=\dot{U}_A\left(\frac{k_1}{k_2}-1\right) \qquad (3-31)$$

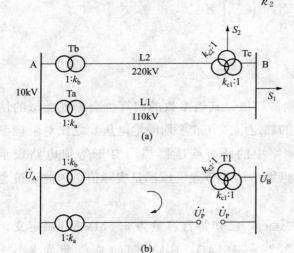

图 3-26 含三个电压等级的环网

(a) 接线图；(b) 等值电路

对于有多个电压等级的环形电网，环路电动势和循环功率确定方法如下：首先作出等值电路并进行参数归算（变压器的励磁功率和线路的电容都略去不计）。然后，选定环路电动势的作用方向，按所有负荷都切除的情况下，将环网的某一处断开，断口的电压即等于环路电动势（循环功率取为沿环路电动势的方向）。必须注意，参数归算到哪一电压级，断口就应取在该电压级。

现以图 3-26 (a) 所示的含三个电压等级的环网为例进行计算。各变压器的变比分别为 $k_a=121/10.5$，$k_b=242/10.5$，$k_{c1}=220/121$ 和 $k_{c2}=220/11$。选定 110kV 作为归算参数的电压级，取顺时针方向为环路电动势的作用方向。在 110kV 线路中任设一断口 [见图 3-26 (b)]，以确定环路电动势 $\Delta\dot{E}$。

若电压 $\dot{U}_B$ 已知，则

$$\Delta\dot{E}=\dot{U}_P-\dot{U}_{P'}=\dot{U}_B\left(1-\frac{k_{c1}k_a}{k_b}\right)=\dot{U}_B(1-k_\Sigma) \qquad (3-32)$$

若电压 $\dot{U}_A$ 已知，则

$$\Delta\dot{E}=\dot{U}_P-\dot{U}_{P'}=\dot{U}_A\left(\frac{k_b}{k_{c1}}-k_a\right)=\dot{U}_A k_a\left(\frac{1}{k_\Sigma}-1\right) \qquad (3-33)$$

环路电动势确定后，循环功率沿环路电动势方向按式（3-34）计算，即

$$\widetilde{S}_c \approx \frac{\Delta \dot{E} U_N}{\overset{*}{Z}_\Sigma} \tag{3-34}$$

式中：$Z_\Sigma$ 为环网的总阻抗；$U_N$ 为对应于 $Z_\Sigma$ 所在电压级的额定电压。

由式（3-32）或式（3-33）可见，若 $k_\Sigma = 1$，则 $\Delta E = 0$，循环功率也就不存在。$k_\Sigma = 1$ 说明在运行着的环网中各台变压器的变比是相匹配的。循环功率只是在变比不匹配（即 $k_\Sigma \neq 1$）的情况下才会出现。

如果环网中原来的功率分布在技术或经济上不太合理，则可以通过调整变压器的变比，使之产生某一指定方向的循环功率来改善功率分布。

另外，应注意因归算方向不同而引起的参数归算值不同的问题。例如，将图 3-26（a）中 220kV 的线路 L2 的阻抗 $Z_{L2}$ 归算到 110kV 侧，若沿逆时针方向归算，可得

$$Z'_{L2} = \left(\frac{k_a}{k_b}\right)^2 Z_{L2} = \left(\frac{121}{242}\right)^2 Z_{L2}$$

若沿顺时针方向进行归算，则得

$$Z'_{L2} = \left(\frac{1}{k_{c1}}\right)^2 Z_{L2} \Big| = \left(\frac{121}{220}\right)^2 Z_{L2}$$

可见，沿不同的方向归算，将得到不同的数值。其他参数的归算也会出现类似的情况。在简化计算中，通常是采用各级电网的额定电压（或平均额定电压）之比对阻抗参数进行近似归算。若需精确计算，可将网络中的所有变压器都用 $\Pi$ 形等值电路表示（即用多电压等级的等值电路表示），这时网络中的各节点电压都是实际值，因此阻抗也就不存在上述归算的问题了。

**【例 3-4】** 两台型号相同的变压器并联运行，已知每台容量为 5.6MVA，额定变比为 35/10.5，归算到 35kV 侧的阻抗为 $2.22 + j16.4\Omega$，10kV 侧的总负荷为 $8.5 + j5.27$MVA，高压侧电压为 35kV。不计变压器内部损耗，试完成：（1）两台变压器变比相同时，计算各变压器输出的有功功率和低压侧电压；（2）变压器 T1 工作在 $+2.5\%$ 抽头，变压器 T2 工作在 $0\%$ 抽头时，计算各变压器输出的有功功率；请考虑此时变压器运行有什么问题？

**解：**（1）两台变压器型号相同，它们的变比相等时，两变压器平分功率，即每台输出功率为总负荷的一半，$4.25 + j2.635$（MVA）。此时每台变压器的功率损耗为

$$\Delta \widetilde{S}_T = \frac{P^2 + Q^2}{U^2}(R + jX) = \frac{4.25^2 + 2.635^2}{35^2} \times (2.22 + j16.4) = 0.045 + j0.335(\text{MVA})$$

每台变压器的始端功率为（忽略空载损耗）

$$\widetilde{S}'_T = 4.25 + j2.635 + 0.045 + j0.335 = 4.295 + j2.97(\text{MVA})$$

电压降落

$$\Delta U_1 = \frac{P'_T R + Q'_T X}{U} = \frac{4.295 \times 2.22 + 2.97 \times 16.4}{35} = 1.664(\text{kV})$$

$$\delta U_1 = \frac{P'_T X - Q'_T R}{U} = \frac{4.295 \times 16.4 - 2.97 \times 2.22}{35} = 1.824 (\text{kV})$$

低压侧电压

$$U'_2 = \sqrt{(U_1 - \Delta U_1)^2 + (\delta U_1)^2} = \sqrt{(35 - 1.664)^2 + 1.824^2} = 33.39 (\text{kV})$$

或

$$U'_2 \approx U_1 - \Delta U_1 = 33.34 (\text{kV})$$

则

$$U_2 = 33.39 \times \frac{10.5}{35} = 10.02 (\text{kV})$$

（2）当两台变压器变比不等时，会产生循环功率（设由 T1 流向 T2 为正，见图 3-27）

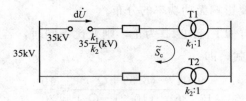

图 3-27　循环功率

$$\widetilde{S}_c = \frac{U_N d \overset{*}{\dot{U}}}{\sum \overset{*}{Z}} = \frac{35 \times 35 \times (1 - 1.025)}{2 \times (2.22 - j16.4)} = -0.248 - j1.834$$

此时 T1 输出功率为

$$\widetilde{S}_{LD1} = \widetilde{S}_{T1} + \widetilde{S}_c = 4.25 + j2.635 - 0.248 - j1.834 = 4.0 + j0.8 (\text{MVA})$$

T2 输出功率为

$$\widetilde{S}_{LD2} = \widetilde{S}_{T2} - \widetilde{S}_c = 4.25 + j2.635 + 0.248 + j1.834 = 4.5 + j4.47 (\text{MVA})$$

T1 负载率为

$$\frac{\sqrt{4.0^2 + 0.8^2}}{5.6} = 0.729 (\text{不满载})$$

T2 负载率为

$$\frac{\sqrt{4.5^2 + 4.47^2}}{5.6} = 1.132 (\text{过载})$$

可见，两台变压器功率分配不合理。

【例 3-5】两台型号不同的变压器并联运行，变压器的额定容量及归算到 35kV 侧的阻抗分别为 $\widetilde{S}_{TN1} = 10\text{MVA}$，$Z_{T1} = 0.8 + j9\Omega$；$\widetilde{S}_{TN2} = 20\text{MVA}$，$Z_{T2} = 0.4 + j6\Omega$。负荷 $\widetilde{S}_{LD} = 22.4 + j16.8\text{MVA}$，不计变压器损耗，试完成：（1）两变压器变比相同且为额定变比 $k_{TN} = 35/11$ 时，求各变压器的输出视在功率；（2）两变压器均有 $\pm 4 \times 2.5\%$ 的分接头，分析两变压器分接头不同对有功和无功分布的影响；（3）如何调整两变压器分接头，才能使变压器间功率分配合理。

**解：**（1）基本功率分布即为变比相同时的输出功率，此时变压器 T1 的输出功率为

$$\widetilde{S}_{T1} = \frac{\widetilde{S}_{LD}\overset{*}{Z}_{T2}}{\overset{*}{Z}_{T1} + \overset{*}{Z}_{T2}} = \frac{(22.4 + j16.8) \times (0.4 - j6)}{0.8 - j9 + 0.4 - j6} = 9.04 + j6.59 (\text{MVA})$$

对应视在功率

$$|\tilde{S}_{T1}|=11.189(\text{MVA})$$

同理

$$\tilde{S}_{T2}=13.36+j10.21(\text{MVA})$$

对应视在功率

$$|\tilde{S}_{T2}|=16.81\text{MVA}$$

故变压器 T1 过载，变压器 T2 只用了约 3/4 的容量。

（2）当两变压器变比不同时，将产生循环功率，由于两变压器电阻均远小于电抗，故两变压器分接头的不同，主要影响无功功率的分布。

（3）设循环功率为 $Q_c$，T1 流向 T2 为正，则变比不同时，若欲使两变压器功率按容量成正比分配，则 $Q_c$ 满足下式，即

$$\frac{9.04^2+(6.59+Q_c)^2}{13.36^2+(10.21-Q_c)^2}=\frac{10^2}{20^2}$$

解此式得 $Q_c=-3.47$（Mvar）或 $-20.847$（Mvar）

由循环功率公式 $Q_c=\dfrac{35\times10\times(k_2-k_1)}{-j9-j6}$ 可得

$$k_2-k_1=\frac{jQ_c\times(-15j)}{350}=\begin{cases}-0.148 & （当~Q_c=-3.47~时）\\ -0.893 & （当~Q_c=-20.8~时）\end{cases}$$

两变压器相差的挡数为

$$\frac{k_2-k_1}{0.025\times\dfrac{35}{11}}=\begin{cases}-1.867 & （当~Q_c=-3.47~时）\\ -11.232 & （当~Q_c=-20.8~时）\end{cases}$$

当 $Q_c=-3.47\text{Mvar}$ 时，两变压器分接头相差接近 2 挡。选差两挡的分接头，可得较均衡的功率分布。

校核：取 $k_2=1.05\times\dfrac{35}{11}$，$k_1=\dfrac{35}{11}$，由于

$$\tilde{S}_c=\frac{35\times10(k_2-k_1)}{\overset{*}{Z}_{T1}+\overset{*}{Z}_{T2}}=\frac{350\times(1.05-1)\times\dfrac{35}{11}}{1.2-j15}=-0.295-j3.69(\text{MVA})$$

此时 T1、T2 输出功率为

$$\tilde{S}_{T1}=9.04+j6.59-0.295-j3.69=8.74+j2.9(\text{MVA})$$

$$\tilde{S}_{T2}=13.36+j10.21+0.295+j3.69=13.66+j13.89(\text{MVA})$$

$$|\tilde{S}_{T1}|=9.215\text{MVA}~,~~|\tilde{S}_{T2}|=19.5\text{MVA}$$

负荷分配大体均衡，变压器 T1 负载率为 $\dfrac{|\tilde{S}_{T1}|}{S_{N1}}=\dfrac{9.215}{10}=0.921$；变压器 T2 负载率为

$$\frac{|\tilde{S}_{T2}|}{S_{N2}} = \frac{19.481}{20} = 0.974 。$$

## 第 3.5 节　电力系统潮流调整控制的基本概念

### 3.5.1　潮流调整控制的必要性

前述的电力系统潮流分布主要取决于网络元件的参数、网络的结构（接线）、负荷功率的大小和接入位置，这种未加任何控制的功率分布，一般称为功率的自然分布。

如图 3-28 所示单一电源的简单环网。若该网络线路为同截面的均一网络（所有线段单位长度的参数完全相等），则线段中初步功率按长度分布为

$$\tilde{S}_a = \tilde{S}_{A1} = \frac{\tilde{S}_1(l_{12}+l_{A2})+\tilde{S}_2 l_{A2}}{l_{A1}+l_{12}+l_{A2}} \qquad (3-35)$$

$$\tilde{S}_a' = \tilde{S}_{A2} = \frac{\tilde{S}_1 l_{A1}+\tilde{S}_2(l_{A1}+l_{12})}{l_{A1}+l_{12}+l_{A2}} \qquad (3-36)$$

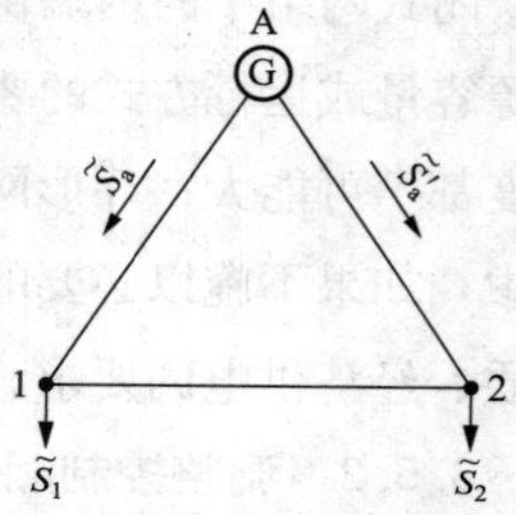

图 3-28　单一电源的简单环网

若线段 A-1 远长于线段 A-2，节点 1 的负荷远小于节点 2 的负荷，则流经 A-2 线段的功率将会很大，有可能导致该线路过载，危及供电安全；再则，重载情况下，电压损耗大，负荷点电压可能偏低，而影响电压质量。

若该网络为非均一网络，则初步功率分布为

$$\tilde{S}_a = \frac{\tilde{S}_1(\overset{*}{Z}_{12}+\overset{*}{Z}_{A2})+\tilde{S}_2 \overset{*}{Z}_{A2}}{\overset{*}{Z}_{A1}+\overset{*}{Z}_{12}+\overset{*}{Z}_{A2}}, \qquad \tilde{S}_a' = \frac{\tilde{S}_1 \overset{*}{Z}_{A1}+\tilde{S}_2(\overset{*}{Z}_{A1}+\overset{*}{Z}_{12})}{\overset{*}{Z}_{A1}+\overset{*}{Z}_{12}+\overset{*}{Z}_{A2}}$$

这时全网络的功率损耗为

$$\Delta P_\Sigma = \frac{P_a^2+Q_a^2}{U_N^2}R_{A1} + \frac{(P_a-P_1)^2+(Q_a-Q_1)^2}{U_N^2}R_{12} + \frac{(P_a-P_1-P_2)^2+(Q_a-Q_1-Q_2)^2}{U_N^2}R_{A2}$$

欲降低网损，则需求出使有功功率损耗为最小的功率分布规则。可取 $\Delta P_\Sigma$ 对 $P_a$ 和 $Q_a$ 的一阶偏导数，并令其等于零，即

$$\left.\begin{aligned}
\frac{\partial \Delta P_\Sigma}{\partial P_a} &= \frac{2P_a}{U_N^2}R_{A1} + \frac{2(P_a-P_1)}{U_N^2}R_{12} + \frac{2(P_a-P_1-P_2)}{U_N^2}R_{A2} = 0 \\
\frac{\partial \Delta P_\Sigma}{\partial Q_a} &= \frac{2Q_a}{U_N^2}R_{A1} + \frac{2(Q_a-Q_1)}{U_N^2}R_{12} + \frac{2(Q_a-Q_1-Q_2)}{U_N^2}R_{A2} = 0
\end{aligned}\right\} \qquad (3-37)$$

这样求得的 $P_a$ 和 $Q_a$ 分别用 $P_{a,opt}$ 和 $Q_{a,opt}$ 表示，意为最佳值，因为它对应 $\Delta P_\Sigma$ 最小时的功率分布。分别解式（3-37）中的两式，可得

$$P_{a,opt} = \frac{P_1(R_{12}+R_{A2})+P_2 R_{A2}}{R_{A1}+R_{12}+R_{A2}}, \qquad Q_{a,opt} = \frac{Q_1(R_{12}+R_{A2})+Q_2 R_{A2}}{R_{A1}+R_{12}+R_{A2}}$$

从而

$$\widetilde{S}_{a,\mathrm{opt}} = \frac{\widetilde{S}_1(R_{12}+R_{A2})+\widetilde{S}_2 R_{A2}}{R_{A1}+R_{12}+R_{A2}}, \qquad \widetilde{S}'_{a,\mathrm{opt}} = \frac{\widetilde{S}_1 R_{A1}+\widetilde{S}_2(R_{A1}+R_{12})}{R_{A1}+R_{12}+R_{A2}}$$

由此可见，网络中有功功率损耗最小时的功率分布是按线段电阻分布，而不是按线段阻抗分布。一般网络均为非均一网络，故其功率的自然分布使功率损耗增大，从而网损增加，直接影响系统运行的经济性。

功率在环网中与电阻成反比的分布（功率损耗为最小），称为功率的经济分布。只有在每段线路的比值 $R/X$ 都相等的单一网络中（也称均一网络），功率的自然分布才与经济分布相同。

潮流分布计算表明：开式网络中的潮流完全取决于负荷点的功率，是不可控且无法控制的；闭式网络中的两端供电网络，可借调整电源功率或电压控制潮流的分布，但电源功率受电源容量或运行方式的要求有一定限制，其电压的调整范围又要服从电压质量的要求，调整幅度都不可能大；环形网络中功率按阻抗分布，其自然状态潮流也是不可控的。所以，在系统中，如果不施以必要的调整控制手段，任其功率按自然分布，就可能满足不了系统安全、优质、经济供电的要求。为此，提出了控制潮流的问题。

### 3.5.2　调整控制潮流的基本方式

根据输电线路传输功率的基本方程式 $P=U_1 U_2 \sin(\delta_1-\delta_2)/X_L$ 可知，调整输电线路两端电压的模值、电压的相角、线路阻抗等就可达到调控输电线路潮流的目的。因此，调控的基本方式有并联补偿、移相调节、串联补偿三种。在未提出"柔性交流输电技术"前，理论上有以下几种措施。

（1）串联电容。由机械式开关操作的电容器组串联在阻抗相对过大的线段上，以容抗抵偿线路的感抗，增强网络的均一性，起到转移重载线段上流通的功率的作用使其不发生过载，并能降低网损。但控制潮流而改变串联电容器的容抗需频繁投切电容器组，必然给相应的开关设备带来机械损耗，致使需要经常维修，甚至可能引发事故。所以，采用串联电容控制潮流的方法并未推广。

（2）串联电抗。将电抗器串联在重载线段上，起到限流的作用，避免该线段过载。这种方法为系统运行稳定性和电压质量的要求所不容许，未曾采用。

（3）并联补偿。在输电线路的受端装设并联电容器或调相机，在超高压线路上并联电抗器等，主要起到调整系统无功潮流的作用，从而可达到调整线路电压的目的。这种方式也能满足系统稳定性的要求。

（4）串联加压器。这是一种移相调节的方式。在环形网络中通过串联一可调的加压器来产生可调附加电动势，从而形成强制循环功率，使强制循环功率与自然分布功率相叠加，以达到所要求的潮流分布。

设环网中自然分布功率为 $\widetilde{S}_n$，由串联加压器作用产生的强制循环功率为 $\widetilde{S}_{fc}$，二者叠加使功率为最佳分布，即

$$\widetilde{S}_{\mathrm{opt}} = \widetilde{S}_n + \widetilde{S}_{fc} \tag{3-38}$$

为产生这一强制循环功率，在网络中串入的附加电动势 $\dot{E}_c$，由 $\tilde{S}_{fc} = U_N \overset{*}{\dot{E}}_c / \overset{*}{Z}_\Sigma$ 可求得，即

$$\dot{E}_c = \tilde{S}_{fc} \overset{*}{Z}_\Sigma / U_N = (\overset{*}{\dot{S}}_{opt} - \overset{*}{\dot{S}}_n) Z_\Sigma / U_N = E_{cx} + j E_{cy} \tag{3-39}$$

式中：$E_{cx}$、$E_{cy}$ 为附加电动势 $\dot{E}_c$ 的两个分量，$E_{cx}$ 的相位与线路相电压一致称纵向附加电动势，$E_{cy}$ 的相位与线路相电压相差 90° 称横向附加电动势；$Z_\Sigma$ 为环网中各线段复阻抗之和；$U_N$ 为加压器所在电网的额定电压。

# 第 3.6 节　电网电能损耗及降低网损的技术措施

在电网运行的过程中，随着负荷的不断变化，系统运行方式也常发生变化，从而通过网络元件的电流（功率）也相应地不断变化。因此，按照某一个电流（功率）值计算的有功功率损耗是针对该运行状态的瞬时值。瞬时功率损耗值并不能说明电网运行的经济性，必须以一段时间内网络损耗的电量来衡量，通常用一年（8760h）内总的电能损耗（即年电能损耗）来表示。

### 3.6.1　电网的电能损耗

在给定的时间内（通常以年作为计算时间），系统中所有发电厂的总发电量与厂用电量之差，称为供电量。所有送电、变电和配电环节损耗电量的总和，称为电网的电能损耗（即供电量与所有负荷用电量之差）。在同一时间内，电网的电能损耗占供电量之比的百分值，称为电网的损耗率，简称网损率或线损率，即

$$\text{网损率}(\%) = \frac{\text{电网的电能损耗}}{\text{供电量}} \times 100\% \tag{3-40}$$

网损率是国家下达给电力系统的一项重要经济指标，也是衡量供电企业管理水平的一项主要标志。

在电网元件的功率消耗和能量损耗中，有一部分与元件通过的电流（或功率）的平方成正比，如变压器绕组和线路导线中的损耗；另一部分则与施加给元件的电压有关，如变压器铁芯损耗，电缆和电容器绝缘介质的损耗。

（1）变压器电能损耗的计算

$$\Delta A_T = \Delta P_0 T + 3 \int_0^T I^2 R_T \, dt \tag{3-41}$$

式（3-41）右端的第一项计算比较简单，第二项的计算较为困难。

（2）线路中电能损耗的计算。输电线路中的电能损耗精确计算是比较困难的，一般采用近似计算的方法。近似计算方法有许多种，下面简要介绍一种"最大负荷损耗时间法"。

假设线路向一个集中负荷供电，在时间 $T$ 内线路的电能损耗为

$$\Delta A_{\mathrm{L}} = \int_0^T \Delta P_{\mathrm{L}}\mathrm{d}t = \int_0^T \frac{S^2}{U^2}R\mathrm{d}t \qquad (3-42)$$

如果已知负荷曲线和功率因数，就可以作出电流（或视在功率）的变化曲线，并利用式（3-42）计算在时间 $T$ 内的电能损耗，但是这种算法很繁琐。实际上，在计算电能损耗时，负荷曲线本身就是预估的，不能确知每一时刻的功率因数，特别是在电网的设计阶段，所能得到的数据就更为粗略。因此，在工程实际中常采用一种简化的方法，即最大负荷损耗时间法来计算能量损耗。

如果线路中输送的功率一直保持为最大负荷功率 $S_{\max}$，在 $\tau$ 内的能量损耗恰等于线路全年的实际电能损耗，则称 $\tau$ 为最大负荷损耗时间，因此有

$$\Delta A = \int_0^{8760} \frac{S^2}{U^2}R\mathrm{d}t = \frac{S_{\max}^2}{U^2}R\tau = \Delta P_{\max}\tau \qquad (3-43)$$

若认为电压接近于恒定，则

$$\tau = \frac{\int_0^{8760} S^2\mathrm{d}t}{S_{\max}^2} \qquad (3-44)$$

由式（3-44）可见，最大负荷损耗时间 $\tau$ 与用视在功率表示的负荷曲线有关。在一定的功率因数下视在功率与有功功率成正比，而有功功率负荷持续曲线的形状在某种程度上可由最大负荷的利用小时数 $T_{\max}$ 反映出来。可以设想，对于给定的功率因数，$\tau$ 同 $T_{\max}$ 之间将存在一定的关系。通过对一些典型负荷曲线的分析，得到 $\tau$ 和 $T_{\max}$ 的关系列于表 3-1。

表 3-1　　　　　最大负荷损耗小时数 $\tau$ 与最大负荷的利用小时数 $T_{\max}$ 的关系

| $T_{\max}$(h) | $\tau$(h) | | | | |
| --- | --- | --- | --- | --- | --- |
| | $\cos\varphi=0.80$ | $\cos\varphi=0.85$ | $\cos\varphi=0.90$ | $\cos\varphi=0.95$ | $\cos\varphi=1.00$ |
| 2000 | 1500 | 1200 | 1000 | 800 | 700 |
| 2500 | 1700 | 1500 | 1250 | 1100 | 950 |
| 3000 | 2000 | 1800 | 1600 | 1400 | 1250 |
| 3500 | 2350 | 2150 | 2000 | 1800 | 1600 |
| 4000 | 2750 | 2600 | 2400 | 2200 | 2000 |
| 4500 | 3150 | 3000 | 2900 | 2700 | 2500 |
| 5000 | 3600 | 3500 | 3400 | 3200 | 3000 |
| 5500 | 4100 | 4000 | 3950 | 3750 | 3600 |
| 6000 | 4650 | 4600 | 4500 | 4350 | 4200 |
| 6500 | 5250 | 5200 | 5100 | 5000 | 4850 |
| 7000 | 5950 | 5900 | 5800 | 5700 | 5600 |
| 7500 | 6650 | 6600 | 6550 | 6500 | 6400 |
| 8000 | 7400 | — | 7350 | — | 7250 |

在不知道负荷曲线的情况下，根据最大负荷利用小时数 $T_{\max}$ 和功率因数，即可从表 3-1 中找出 $\tau$ 值，用以计算全年的电能损耗。

**【例 3-6】** 图 3-29 所示输电系统，变电站低压母线上的最大负荷为 40MW，$\cos\varphi =$ 0.8，$T_{\max} =$ 4500h，试求线路及变压器中全年的电能损耗。线路和变压器的参数如下：线路（每回），$r_1 = 0.17\Omega/\text{km}$，$x_1 = 0.409\Omega/\text{km}$，$b_1 = 2.82\times 10^{-6}\,\text{S/km}$；变压器（每台），$\Delta P_0 = 86\text{kW}$，$\Delta P_s = 200\text{kW}$，$I_0\% = 2.7$，$U_k\% = 10.5$

**解：** 最大负荷时变压器的绕组功率损耗

$$\Delta\tilde{S}_T = \Delta P_T + jQ_T = 2\left(\Delta P_k + j\frac{U_k\%}{100}S_N\right)\left(\frac{S}{2S_N}\right)^2$$

$$= 2\times\left(200 + j\frac{10.5}{100}\times 31\,500\right)\times\left(\frac{40/0.8}{2\times 31.5}\right)^2$$

$$= 252 + j4166\ (\text{kVA})$$

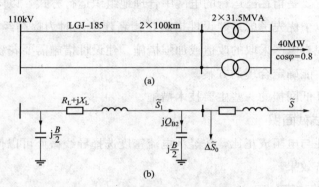

图 3-29 输电系统及其等值电路

(a) 接线图；(b) 等值电路

变压器的铁芯功率损耗

$$\Delta\tilde{S}_0 = 2\left(\Delta P_0 + j\frac{I_0\%}{100}S_N\right) = 2\times\left(86 + j\frac{2.7}{100}\times 31\,500\right)$$

$$= 172 + j1701(\text{kVA})$$

线路末端充电功率

$$Q_{B2} = -2\frac{b_1 l}{2}U^2 = -2.82\times 10^{-6}\times 100\times 100^2 = -3.412(\text{Mvar})$$

等值电路中用以计算线路损失的功率

$$\tilde{S}_1 = \tilde{S} + \Delta\tilde{S}_T + \Delta\tilde{S}_0 + jQ_{B2}$$

$$= 40 + j30 + 0.252 + j4.166 + 0.172 + j1.701 - j3.412$$

$$= 40.424 + j32.455(\text{MVA})$$

线路上的有功功率损失

$$\Delta P_L = \frac{S_1^2}{U^2}R_L = \frac{40.424^2 + 32.455^2}{110^2}\times\frac{1}{2}\times 0.17\times 100 = 1.888(\text{MW})$$

已知 $T_{\max} = 4500\text{h}$ 和 $\cos\varphi = 0.8$，从表 3-1 中查得 $\tau = 3150\text{h}$，假定变压器全年投入运

行，则变压器中全年能量损耗

$$\Delta A_T = 2\Delta P_0 \times 8760 + \Delta P_T \times 3150$$
$$= 172 \times 8760 + 252 \times 3150 = 2\ 300\ 520 (kWh)$$

线路中全年能量损耗

$$\Delta A_L = \Delta P_L \times 3150 = 1888 \times 3150 = 5\ 946\ 885 (kWh)$$

输电系统全年的总能量损耗

$$\Delta A_T + \Delta A_L = 2\ 300\ 520 + 5\ 946\ 885 = 8\ 247\ 405 (kWh)$$

### 3.6.2 降低网损的主要技术措施

为了降低网损，可以采用各种技术措施。这些措施大体分为运行性措施和建设性措施两大类。运行性措施主要是指在已运行的电网中合理地组织运行方式，以降低网损。这类措施不需要增加投资，应予优先考虑。建设性措施是指新建电网时为提高经济性而采用的措施，以及为降低网损对现有电网采取的改造或加强措施。建设性措施需要花费投资，因此要进行技术经济分析后，才能确定合理的方案。

以下具体介绍降低网损的一些主要技术措施。

#### 1. 合理选择导线截面积

线路的电能损耗与电阻成正比，按经济电流密度选择导线截面可以使网损下降，使线路运行具有最好的经济效果。

#### 2. 改善网络中的功率分布

（1）提高用户的功率因数，减少线路输送的无功功率。线路的功率损耗与功率因数平方成反比，如果提高用户的功率因数，线路中的功率损耗可明显降低。例如，当功率因数由 0.7 提高到 0.9 时，线路上的功率损耗可减少 39.5%。为了提高用户的功率因数，要求用户选择电动机的容量应尽量接近它所带动机械负荷的功率；采用同步电动机代替异步电动机等，都可以降低电网的无功负荷。

（2）增设无功功率补偿装置。无功功率在网络中传送会产生有功功率损耗，在网络中适当地点装设无功补偿装置，实现无功功率的就地平衡，以减少线路上输送的无功功率，从而降低网损。

（3）在闭式网络中实行功率的经济分布。由闭式网络潮流分布的计算可见，闭式网络中功率是与阻抗成反比分布的。因此，欲使网络的功率损耗最小，应使功率与电阻成反比分布，通常称这种功率分布为经济分布。为了实现功率的经济分布，可采取将闭式网络在适当地点开环运行，以使功率分布接近经济分布；在闭式网络中进行串联电容补偿；在环网中增设调压变压器，使之产生能改变功率分布的循环功率，等等。

#### 3. 合理组织电网的运行方式

（1）适当地提高电网的运行电压水平。变压器的铁损在额定电压附近大致与电压平方成正比。当网络电压水平提高后，若能相应调整变压器的分接头，则铁损将接近不变。而线路的导线和变压器绕组中的功率损耗则与电压平方成反比，因为这部分损耗在总网损中所占比重较大，所以当电压水平提高后，总的网损将有所下降。

（2）实现变压器的经济运行。一座变电站中装有几台变压器并列运行时，根据负荷的变化及时改变投入运行的变压器台数，可以减少功率损耗。

（3）调整用户的负荷曲线。通过减小负荷曲线中高峰负荷和低谷负荷的差值，可以降低电能损耗。

（4）合理安排检修。在部分设备停电检修情况下，网络的功率损耗和电能损耗比正常时大。加强检修的计划性，缩短检修时间以及实行带电检修等，都可以降低设备检修情况下的网损。

### 4. 对原有电网实行技术改造

随着工业生产用电和城市生活用电的快速增长，负荷密度明显增加，不仅电能损耗增加，而且电能质量下降。对原有配电网实行升压改造，例如，6kV 电网升压改造为 10kV 电网，10kV 和 35kV 分别升至 35kV 和 110kV 电网，能使电能损耗显著下降。因为当导线电阻和负荷功率不变，线路上的功率损耗与电压平方成反比，若电压提高为原来的 3 倍，则损耗降低为原来的 1/9。

### ? 思考题与习题

3-1 输电线路和变压器的功率损耗如何计算？它们在导纳支路上损耗的无功功率有什么不同？

3-2 输电线路和变压器阻抗元件上的电压降落如何计算？电压降落的大小和相位主要由什么决定？什么情况下会出现线路末端电压高于首端电压的情况？

3-3 电压降落、电压损耗、电压偏移、电压调整分别是如何定义的？

3-4 运算功率和运算负荷指的是什么？如何计算升压变电站的运算功率和降压变电站的运算负荷？

3-5 辐射形网络潮流分布的计算可以分为哪两种类型？分别怎样进行计算？

3-6 简单闭式网络主要有哪几种形式？其潮流分布计算的主要步骤怎样？

3-7 简述闭式网络功率的自然分布、功率的经济分布。

3-8 闭式网络计算初步功率分布的目的是什么？循环功率的含义是什么，如何计算？

3-9 系统接线如图 3-30 所示，电力线路长 80km，额定电压 110kV，$r_1 = 0.27\Omega/km$，$x_1 = 0.412\Omega/km$，$b_1 = 2.76 \times 10^{-6} S/km$，变压器 SF-20000/110，变比 110/38.5kV，$\Delta P_k = 163kW$，$\Delta P_0 = 60kW$，$U_k\% = 10.5$，$I_0\% = 3$。已知变压器低压侧负荷 15+j11.25（MVA），正常运行时要求电压 36kV，试求电源处母线应有的电压和功率。

3-10 某 220kV 输电线路，长 200km，$r_1 = 0.108\Omega/km$，$x_1 = 0.42 \Omega/km$，$b_1 = 2.66 \times 10^{-6} S/km$，线路空载运行，末端电压为 205kV，试求线路始端电压。

3-11 某变电站装设一台三绕组变压器，额定电压为 110/38.5/6.6kV，其等值电路

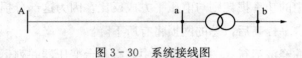

图 3-30 系统接线图

（参数归算到高压侧）和所供负荷如图 3-31 所示。当实际变比为 110/38.5/6.6kV 时，低压母线电压为 6kV，试计算高、中压侧的实际电压。

3-12 开式电网的接线如图 3-32 所示，电源 A 电压为 116kV，双回线路供电，线路长 80km，$r_1 = 0.21\Omega/km$，$x_1 = 0.409\Omega/km$，$b_1 = 2.74 \times 10^{-6}$ S/km，变电站 a 装有两台同型号双绕组变压器，每台容量为 31 500kVA，$\Delta P_k = 198kW$，$\Delta P_0 = 31kW$，$U_k\% = 10.5$，$I_0\% = 2.8$，变电站低压侧负荷 50MW，$\cos\varphi = 0.9$。试求：（1）变电站运算负荷；（2）变电站高压侧母线电压。

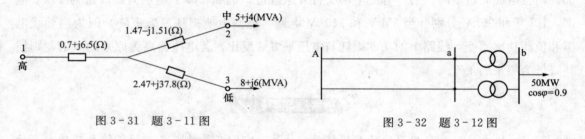

图 3-31 题 3-11 图

图 3-32 题 3-12 图

3-13 两个电压等级的开式电网如图 3-33 所示，变压器容量 31.5MVA，变比 110/11kV，运行抽头电压 -5%，$P_k = 190kW$，$P_0 = 31kW$，$u_k\% = 10.5$，$I_0\% = 2.8$。线路 L1 长 80km，$r_1 = 0.21\Omega/km$，$x_1 = 0.409\Omega/km$，$b_1 = 2.74 \times 10^{-6}$ S/km；线路 L2 长 5km，$r_1 = 0.33\Omega/km$，$x_1 = 0.334\Omega/km$，无功补偿容量 6Mvar。当线路 L2 末端电压为 9.75kV，末段负荷 5+j3MVA，试求线路 L1 始端电压。

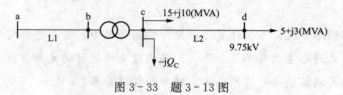

图 3-33 题 3-13 图

3-14 系统接线如图 3-34 所示，发电厂 A 装有两台额定容量 12MW、额定功率因数 0.8 的发电机，发电机满载运行，它们除供应发电机电压负荷 10+j8（MVA）外，其余通过两台 SF-10000/110 型变压器输入网络，变压器变比为 121/10.5kV。变电站 I 装设两台 SF-15000/110 型变压器，变比为 115.5/11kV，$\Delta P_k = 133kW$，$\Delta P_0 = 50kW$，$U_k\% = 10.5$，$I_0\% = 3.5$；变电站 II 装设两台 SF-10000/110 型变压器，变比为 110/11kV，$\Delta P_k = 97.5kW$，$\Delta P_0 = 38.5kW$，$U_k\% = 10.5$，$I_0\% = 3.5$；输电线 LGJ-70，$r_1 = 0.45\Omega/km$，$x_1 = 0.433\Omega/km$，$b_1 = 2.62 \times 10^{-6}$ S/km；变电站负荷示于图 3-34 中。设图中与等值系统

连接处母线电压为 116kV。试求：（1）变电站Ⅰ、Ⅱ 的运算负荷，发电厂 A 的运算功率；（2）变电站Ⅰ、Ⅱ，发电厂 A 高压母线电压；（3）变电站Ⅰ、Ⅱ，发电厂 A 低压母线电压。

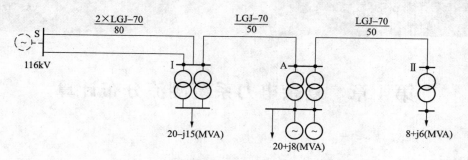

图 3-34　题 3-14 图

3-15　如图 3-35 所示电力系统，各段线路导纳均不计，负荷功率为 $S_{LDB} = 25 + j18$（MVA），$S_{LDD} = 30 + j20$（MVA）。已知变压器 SFT-40000/110，$\Delta P_k = 200kW$，$\Delta P_0 = 42kW$，$U_k\% = 10.5$，$I_0\% = 0.7$，变比 110/11。线路 AC 段 $l = 50km$，$r_1 = 0.27\Omega/km$，$x_1 = 0.42\Omega/km$；线路 BC 段 $l = 50km$，$r_1 = 0.45\Omega/km$，$x_1 = 0.41\Omega/km$；线路 AB 段 $l = 40km$，$r_1 = 0.27\Omega/km$，$x_1 = 0.42\Omega/km$。当 B 点的运行电压为 108kV 时，试求：（1）网络的功率分布和功率损耗；（2）A、B、D 点电压。

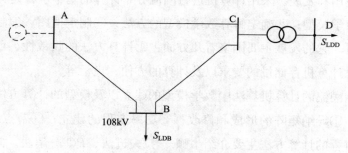

图 3-35　题 3-15 图

3-16　变比为 $k_1 = 110/11$ 和 $k_2 = 115.5/11$ 的两台变压器并联运行，每台变压器归算到低压侧的电抗均为 $100\Omega$，其电阻和导纳均忽略不计。已知低压母线电压为 10kV，负荷功率为 $16 + j12$（MVA），试求变压器高压侧电压。

3-17　某 35kV 变电站有两台变压器并联运行。变压器 T1 为 $S_N = 8MVA$，$\Delta P_k = 24kW$，$U_k\% = 7.5$；变压器 T2 为 $S_N = 2MVA$，$\Delta P_k = 24kW$，$U_k\% = 6.4$；忽略两台变压器的励磁支路，变压器低压侧总负荷功率 $S_{LD} = 8.5 + j5.3$（MVA）。试求：（1）当两台变压器变比相等时，每台变压器通过的功率各是多少？（2）当变压器 T1 变比为 34.125/11，变压器 T2 变比为 35/11 时，每台变压器通过的功率各是多少？

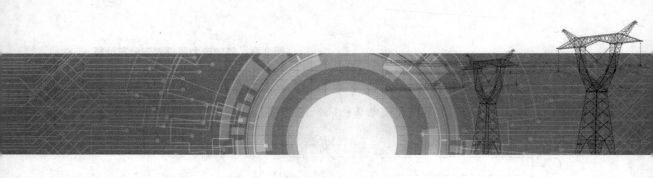

# 第4章　复杂电力系统潮流分布计算

## 第4.1节　内容概述与框架

### 4.1.1　内容概述

复杂电力系统是一个多电源、多节点、接线复杂（含许多辐射形、环形），包括大量母线、支路的庞大系统。对这样的系统进行潮流分析时，采用手算方法已不适用，随着计算机技术的发展，计算机算法已逐渐成为分析计算复杂系统潮流分布的主要方法。

电力系统潮流计算机算法是进行电力系统分析、控制的一项基础性的重要工作，正在得到越来越广泛的应用和发展。采用计算机进行潮流分布计算的基本步骤是：①建立描述电力系统运行状态的数学模型；②确定解算数学模型的方法；③制定框图，编制计算程序；④对计算结果进行分析。它的发展主要围绕着几方面：①计算方法的收敛性、可靠性；②计算速度的快速性；③对计算机存储量的要求以及计算的方便、灵活等。

本章主要介绍潮流的计算机算法中数学模型的建立以及模型的计算方法两方面。建立数学模型主要包含：①导纳矩阵的形成和修改；②功率方程的建立；③节点分类与约束条件。求解非线性代数方程的计算方法主要介绍牛顿—拉夫逊法、$PQ$ 分解法。此时，电力系统的等值电路，一般是采用对应多个电压等级的等值电路（即变压器用 Ⅱ 形等值电路表示），这有利于导纳矩阵的形成和修改。

潮流计算的数学模型是以节点电压方程为基础，推导出相应的功率方程。当电力系统中必需的已知条件给定以后，潮流分布取决于网络的结构，而网络结构在功率方程中的反映即是节点导纳矩阵（或节点阻抗矩阵）。功率方程实质是非线性代数方程组，必须采用数值求解的方法进行计算，再按照约束条件进行校验。教材在首先讨论了电力系统节点的分类以及潮流计算结果的约束条件后，具体介绍了常用于潮流计算的主要方法，即牛顿—拉夫逊法，以及在其基础上衍生的 $PQ$ 分解法。牛顿—拉夫逊法求解过程实质是将非线性的代数方程组线性化后反复求解修正方程式的过程。

按照功率方程中电压量的表示方法的不同，牛顿—拉夫逊法又分成直角坐标形式和极坐标形式两种。直角坐标形式计算简单；极坐标形式含有三角函数运算，需要占用一定的计算时间,但它的方程个数少于直角坐标形式。这两种形式目前在我国都有采用。从解题速度看,$PQ$ 分解法最快,牛顿—拉夫逊法次之。从迭代次数来看,牛顿—拉夫逊法最少,$PQ$ 分解法次之。从对初值的要求来看,牛顿—拉夫逊法及 $PQ$ 分解法都要有较好的初值。除此以外,$PQ$ 分解法还需满足其简化的条件。

牛顿—拉夫逊法是本科学习的基础,其迭代方程的系数矩阵——雅可比矩阵是一个非奇异方阵,矩阵元素与节点电压有关,故每次迭代时都要重新计算,它与导纳矩阵具有相似的结构(也是高度稀疏的矩阵)。因此,每一次迭代计算雅可比矩阵占据了牛顿—拉夫逊法计算潮流的主要工作量(时间)。

### 4.1.2 内容框架(见图4-1)

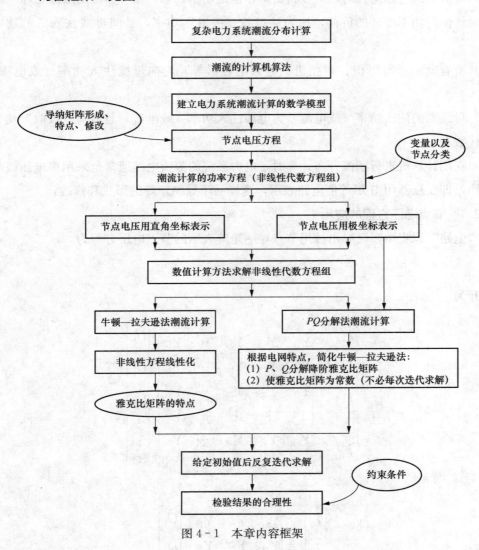

图4-1 本章内容框架

## 第4.2节　电力网络的数学模型

电力网络的数学模型是指将电力网络的有关参数和变量及其相互关系归纳起来所组成的，可以反映网络中各电气量关系的数学方程式组。不难想见，符合这种要求的方程式组有节点电压方程、回路电流方程、割集电压方程等，但在电力系统分析计算中广泛采用的是节点电压方程。为了方便分析，采用以下处理：

（1）所有参数（功率、电压、电流、阻抗或导纳）都以标幺值表示；

（2）电力系统稳态运行时，可以将负荷作恒定功率处理，也可作恒定阻抗处理；

（3）作恒定功率处理的负荷，均为从母线"吸取"功率，是向母线注入负的功率（或电流）；

（4）所有电源（发电机、调相机、电力电容器等）均向母线注入功率（或电流），取正号；

（5）母线总的注入功率（或电流）为电源注入功率（或电流）与负荷"吸取"功率（或电流）代数和；

（6）在用计算机进行潮流分布计算时，电力系统的等值电路通常是采用多电压级表示的等值电路，即变压器用 Ⅱ 形等值电路表示，这样易于导纳矩阵的形成和修改。

### 4.2.1　节点电压方程的应用

在"电路"课程中，已导出过用节点导纳矩阵表示的节点电压方程为

$$[\dot{I}_n] = [Y_n][\dot{U}_n] \tag{4-1}$$

它可展开为

$$\begin{bmatrix} \dot{I}_1 \\ \dot{I}_2 \\ \dot{I}_3 \\ \vdots \\ \dot{I}_n \end{bmatrix} = \begin{bmatrix} Y_{11} & Y_{12} & Y_{33} & \cdots & Y_{1n} \\ Y_{21} & Y_{22} & Y_{23} & \cdots & Y_{2n} \\ Y_{31} & Y_{32} & Y_{33} & \cdots & Y_{3n} \\ \vdots & \vdots & \vdots & \ddots & \vdots \\ Y_{n1} & Y_{n2} & Y_{n3} & \cdots & Y_{nn} \end{bmatrix} \begin{bmatrix} \dot{U}_1 \\ \dot{U}_2 \\ \dot{U}_3 \\ \vdots \\ \dot{U}_n \end{bmatrix} \tag{4-2}$$

结合图 4-2 则为

$$\begin{bmatrix} \dot{I}_1 \\ \dot{I}_2 \\ 0 \end{bmatrix} = \begin{bmatrix} Y_{11} & Y_{12} & Y_{13} \\ Y_{21} & Y_{22} & Y_{23} \\ Y_{31} & Y_{32} & Y_{33} \end{bmatrix} \begin{bmatrix} \dot{U}_1 \\ \dot{U}_2 \\ \dot{U}_3 \end{bmatrix}$$

这些方程式中，$[I_n]$ 是一个节点注入电流的列向量。在电力系统计算中，节点注入的电流可理解为该节点电源电流与负荷电流之和，并规定电源流向网络的注入电流为正。因此，仅有负荷的负荷节点电流为负值。某些仅起联络作用的联络节点，如图 4-2 (a) 中节点 3，注入电流为零。$[U_n]$ 是一个节点电压的列向量。网络中有接地支路时，节点电压通常就指该节点对地电压，这是因为大地通常作参考节点。网络中没有接地支路时，各节点电压可指各节点与某一个被选定作为参考节点之间的电压差。本书未特别说明都以大地作参考节点，并规定其编号为零。$[Y_n]$ 是一个 $n \times n$ 阶节点导纳矩阵，其阶数等于网络中除参考节点外的节点数。例如，图 4-2 (a) 中，$n=3$。

节点导纳矩阵的对角元素 $Y_{ii}(i=1,2,3,\cdots,n)$ 称自导纳。由式 (4-2) 可见，自导纳在数值上就等于在节点施加单位电压，且其他节点全部接地时，经节点注入网络的电流。因此，它也可以定义为

$$Y_{ii}=(\dot{I}_i/\dot{U}_i)_{(\dot{U}_j=0,\,j\neq1)} \tag{4-3}$$

以图 4-2 (b) 所示网络为例，取 $i=2$，在节点 2 接电压源 $\dot{U}_2$，节点 1、3 的电压源接地，按上述定义，可得

$$Y_{22}=(\dot{I}_2/\dot{U}_2)_{(\dot{U}_1=\dot{U}_3=0)}$$

从而，$Y_{22}=y_{20}+y_{21}+y_{23}$。由此又可见，节点 $i$ 的自导纳 $Y_{ii}$ 数值上就等于与该节点直接连接的所有支路导纳的总和。

节点导纳矩阵的非对角元素 $Y_{ij}(i=1,2,3,\cdots,n;\,j=1,2,3,\cdots,n;\,i\neq j)$ 称互导纳。而由式 (4-2) 可见，互导纳 $Y_{ij}$ 在数值上就等于在节点 $i$ 施加单位电压，且其他节点全部接地时，经节点 $j$ 注入网络的电流。因此，它也可以定义为

$$Y_{ij}=(\dot{I}_j/\dot{U}_i)_{(\dot{U}_j=0,\,j\neq i)} \tag{4-4}$$

仍以图 4-2 (b) 所示网络为例，仍取 $i=2$，在节点 2 接电压源 $\dot{U}_2$，节点 1、3 的电压源接地，按如上定义，可得

$$Y_{21}=(\dot{I}_1/\dot{U}_2)_{(\dot{U}_1=\dot{U}_3=0)},\qquad Y_{23}=(\dot{I}_3/\dot{U}_2)_{(\dot{U}_1=\dot{U}_3=0)}$$

从而，$Y_{21}=-y_{21}=-y_{12}$，$Y_{23}=-y_{23}=-y_{32}$。由此又可见，节点 $i$、$j$ 之间的互导纳 $Y_{ij}$ 数值上就等于连接节点 $i$、$j$ 支路导纳的负值。显然，$Y_{ij}$ 恒等于 $Y_{ji}$。而且，如节点 $i$、$j$ 之间没有直接联系，则互导纳为零（不计两支路之间相邻线路的互感），$Y_{ij}=Y_{ji}=0$。

互导纳的这些性质决定了节点导纳矩阵是一个对称的稀疏矩阵。由于电网的每个节点所连接的支路数总有一定的限度（一般小于 4），随着节点的增加，每行、每列将有越来越多的零元素，即导纳矩阵的稀疏度越来越大。

1. 节点导纳矩阵的形成

根据定义直接求取节点导纳矩阵，仅需注意以下几点：

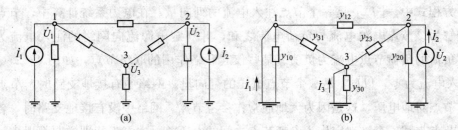

图 4 - 2　电力系统的等值网络图

（a）运用节点电压法表示；（b）节点导纳矩阵中自导纳和互导纳的确定

（1）节点导纳矩阵是方阵，其阶数就等于网络中除参考节点外的节点数 $n$。如前所述，这参考节点一般取大地，编号为零。

（2）节点导纳矩阵是稀疏矩阵，其各行非零非对角元素就等于与该行相对应节点所连接的不接地支路数。如图 4 - 2（b）中，与节点 2 对应的第二行非零非对角元素为 2。

（3）节点导纳矩阵的对角元素等于该节点所连接导纳的总和。如图 4 - 2（b）中，与节点 2 对应的对角元素 $Y_{22}=y_{20}+y_{21}+y_{23}$。

（4）节点导纳矩阵的非对角元素等于连接节点 $i$、$j$ 支路导纳的负值。如图 4 - 2（b）中，$Y_{21}=-y_{21}$，$Y_{23}=-y_{23}$。

（5）节点导纳矩阵一般是对称矩阵，这是网络的互易特性所决定的。因此，一般只求取这个矩阵的上三角或下三角部分。

（6）网络中的变压器用 $\Pi$ 形等值电路（第 2 章中已介绍）表示。

根据互导纳的物理意义可知 $Y_{ij}=-y_{ij}$，即 $Y_{ij}=Y_{ji}$；特别地，当节点 $i$、$j$ 之间无直接支路相连时，$Y_{ij}=Y_{ji}=0$。在复杂电网中，这种情况较多，因此矩阵中出现大量的零元素，节点导纳矩阵成为稀疏矩阵。一般来说，$|Y_{ii}|>|Y_{ij}|$，即对角元素的绝对值大于非对角元素的绝对值，这使节点导纳矩阵成为具有对角线优势的矩阵。因此，节点导纳矩阵是一个对称、稀疏且具有对角线优势的方阵。

**2. 节点导纳矩阵的修改**

在电力系统中，接线方式或运行状态等均会发生变化，从而使网络接线改变。比如，一台变压器支路的投入或切除，均会使与之相连的节点的自导纳或互导纳发生变化，而网络中其他部分的结构并没改变，因此不必重新形成节点导纳矩阵，而只需对原有的矩阵作必要的修改即可。现针对几种典型的接线变化说明具体的修改方法。

（1）从原有网络的节点 $i$ 引出一条导纳为 $Y_{ij}$ 的支路，$j$ 为新增的节点，如图 4 - 3（a）所示。由于新增加了一个节点，所以节点导纳矩阵增加一阶，矩阵作如下修改：

1）原有节点 $i$ 的自导纳 $Y_{ii}$ 的增量 $\Delta Y_{ii}=y_{ij}$；

2）新增节点 $j$ 的自导纳 $Y_{jj}=y_{ij}$；

3）新增的非对角元 $Y_{ij}=Y_{ji}=-y_{ij}$；其他新增的非对角元均为零。

（2）在原有网络的节点 $i$ 与 $j$ 之间增加一条导纳为 $y_{ij}$ 的支路，如图 4 - 3 （b） 所示，则与 $i$、$j$ 有关的元素应作如下修改：

1）节点 $i$、$j$ 的自导纳增量 $\Delta Y_{ii} = \Delta Y_{jj} = y_{ij}$；

2）节点 $i$ 与 $j$ 之间的互导纳增量 $\Delta Y_{ij} = \Delta Y_{ji} = -y_{ij}$。

（3）在网络的原有节点 $i$、$j$ 之间切除一条导纳为 $y_{ij}$ 的支路，如图 4 - 3 （c） 所示，其相当于在 $i$、$j$ 之间增加一条导纳为 $-y_{ij}$ 的支路，因此与 $i$、$j$ 有关的元素应作如下修改：

1）节点 $i$、$j$ 的自导纳增量 $\Delta Y_{ii} = \Delta Y_{jj} = -y_{ij}$；

2）节点 $i$ 与 $j$ 之间的互导纳增量 $\Delta Y_{ij} = \Delta Y_{ji} = y_{ij}$。

（4）原有网络节点 $i$、$j$ 之间的导纳由 $y_{ij}$ 改变为 $y'_{ij}$，相当于在节点 $i$、$j$ 之间切除一条导纳为 $y_{ij}$ 的支路，再增加一条导纳为 $y_{ij}{'}$ 的支路，如图 4 - 3 （d） 所示，则与 $i$、$j$ 有关的元素应作如下修改：

1）节点 $i$、$j$ 的自导纳增量 $\Delta Y_{ii} = \Delta Y_{jj} = y'_{ij} - y_{ij}$；

2）节点 $i$ 与 $j$ 之间的互导纳增量 $\Delta Y_{ij} = \Delta Y_{ji} = y_{ij} - y'_{ij}$。

（5）原有网络节点 $i$、$j$ 之间变压器的变比由 $k_*$ 变为 $k'_*$，即相当于切除一台变比为 $k_*$ 的变压器，再投入一台变比为 $k'_*$ 的变压器，$k_* = (U_I / U_{II}) / (U_{IB} / U_{IIB})$，如图 4 - 3 （e） 变压器 Ⅱ 形等值电路，图中 $y_T$ 为与变压器一次侧基准电压对应的变压器导纳标幺值，则与 $i$、$j$ 有关的元素应作如下修改：

1）节点 $i$ 的自导纳增量 $\Delta Y_{ii} = 0$；节点 $j$ 的自导纳增量 $\Delta Y_{jj} = (k'^2_* - k^2_*) y_T$；

2）节点 $i$ 与 $j$ 之间的互导纳增量 $\Delta Y_{ij} = \Delta Y_{ji} = (k_* - k'_*) y_T$。

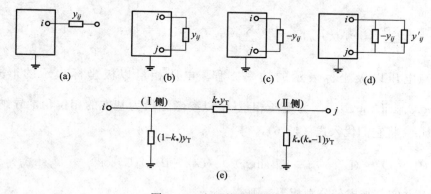

图 4 - 3　电网接线的改变

（a）增加支路和节点；（b）增加支路；（c）切除支路；（d）改变支路参数；（e）改变变压器变比

### 4.2.2　功率方程和变量及节点分类

#### 1. 功率方程

节点电压方程是潮流计算的基础方程式。在电网络理论中，一般是给出电压源（或电流源），为求得网络内电流和电压的分布，只要直接求解网络方程即可。但是，在潮流计算中，在网络的运行状态求出以前，无论是电源的电动势值，还是节点注入的电流，都是无法准确给定的。

设系统中有 $n$ 个节点，根据式（4-2）节点电压方程可得

$$\dot{I}_i = \frac{\overset{*}{S}_i}{\overset{*}{U}_i} = Y_{i1}\dot{U}_1 + Y_{i2}\dot{U}_2 + \cdots + Y_{in}\dot{U}_n = \sum_{j=1}^{n} Y_{ij}\dot{U}_j \qquad (4-5)$$

整理得

$$P_i + jQ_i = \dot{U}_i \sum_{j=1}^{n} \overset{*}{Y}_{ij} \overset{*}{U}_j \qquad (i=1,2,\cdots,n) \qquad (4-6)$$

将上述方程的实部和虚部分开，对每一个节点可得两个实数方程

$$P_i = \mathrm{Re}\left[\dot{U}_i \sum_{j=1}^{n} \overset{*}{Y}_{ij} \overset{*}{U}_j\right] \qquad (i=1,2,3,\cdots,n) \qquad (4-7)$$

$$Q_i = \mathrm{Im}\left[\dot{U}_i \sum_{j=1}^{n} \overset{*}{Y}_{ij} \overset{*}{U}_j\right] \qquad (i=1,2,3,\cdots,n) \qquad (4-8)$$

由于节点电压相量有两种不同的表示形式，因此功率方程也有两种不同的表达式。

（1）节点电压以直角坐标表示的功率方程。电压相量以它在复平面上的实轴和虚轴上的投影表示，即 $\dot{U}_i = e_i + jf_i$。复数导纳表示为 $Y_{ij} = G_{ij} + jB_{ij}$，将其一并代入式（4-6）中，得

$$P_i + jQ_i = (e_i + jf_i)\sum_{j=1}^{n}(G_{ij} - jB_{ij})(e_j - jf_j) \qquad (4-9)$$

展开之后，将实部与虚部分别相等，则

$$\left.\begin{array}{l} P_i = e_i \sum_{j=1}^{n}(G_{ij}e_j - B_{ij}f_j) + f_i \sum_{j=1}^{n}(G_{ij}f_j + B_{ij}e_j) \\[3mm] Q_i = f_i \sum_{j=1}^{n}(G_{ij}e_j - B_{ij}f_j) - e_i \sum_{j=1}^{n}(G_{ij}f_j + B_{ij}e_j) \end{array}\right\} \quad (i=1,2,3,\cdots,n) \quad (4-10)$$

（2）节点电压以极坐标表示的功率方程。电压相量以极坐标表示的形式为 $\dot{U}_i = U_i e^{j\delta_i} = U_i\cos\delta_i + jU_i\sin\delta_i$，$\delta_i$ 为电压相量 $\dot{U}_i$ 以参考相量为基准的相位角，导纳仍表示为 $Y_{ij} = G_{ij} + jB_{ij}$，将它们代入式（4-6），得

$$P_i + jQ_i = (U_i\cos\delta_i + jU_i\sin\delta_i)\sum_{j=1}^{n}(G_{ij} - jB_{ij})(U_j\cos\delta_j - jU_j\sin\delta_j) \qquad (4-11)$$

将其展开并实部与虚部分别相等，则

$$\left.\begin{array}{l} P_i = U_i \sum_{j=1}^{n} U_j(G_{ij}\cos\delta_{ij} + B_{ij}\sin\delta_{ij}) \\[3mm] Q_i = U_i \sum_{j=1}^{n} U_j(G_{ij}\sin\delta_{ij} - B_{ij}\cos\delta_{ij}) \end{array}\right\} \quad (i=1,2,3,\cdots,n) \quad (4-12)$$

式中：$\delta_{ij}$ 为两电压相量与的相位角差，$\delta_{ij} = \delta_i - \delta_j$。

式（4-7）、式（4-8）、式（4-10）和式（4-12）所表示的功率方程皆为实数方程，

这就是电力系统计算潮流的数学模型。

进一步分析可知，潮流计算的这些功率方程是一个多变量的非线性代数方程组，求解非线性代数方程组一般是采用数值计算方法，将在后面介绍。

2. 变量与节点的分类

电力系统稳态运行时，一般地讲，每个节点有 6 个基本变量，即负荷的有功功率 $P_{LD}$ 和无功功率 $Q_{LD}$，发电机的有功功率 $P_G$ 和无功功率 $Q_G$，该节点的母线电压和相位（或电压的实况和虚部）。根据这些变量的性质，可以将系统中的变量分为三类。

（1）不受运行人员控制的变量，称为不可控变量，如母线上的负荷 $P_{LD}$、$Q_{LD}$。不可控变量是由客户的用电情况决定的随机变量，根据运行经验或者负荷预测的方法，事先对负荷进行估计，因此潮流计算中这些变量可作为已知变量来处理。

（2）受运行人员控制的变量，称为可控变量，如各母线上发电机输出功率 $P_G$、$Q_G$。

（3）各母线上电压和相角，这些变量是随系统运行状态的变化而变化的。系统中的各节点电压和相角一经确定，系统的运行状态即被确定，故这些变量又被称之为状态变量。

通过上述分析可知，电力系统运行中每条母线上有 6 个变量 $U$、$\delta$、$P_G$、$Q_G$、$P_{LD}$ 和 $Q_{LD}$。在 $P_{LD}$ 和 $Q_{LD}$ 已知的情况下，可以将母线上的发电机功率 $P_G$、$Q_G$ 和负荷功率 $P_{LD}$、$Q_{LD}$ 合并，得到各母线上的节点功率 $P$（$P=P_G-P_{LD}$）和 $Q$（$Q=Q_G-Q_{LD}$），这样每个节点就只有 4 个变量。显然，在含有 $n$ 个节点的系统中应有 $4n$ 个变量。

对于 $n$ 个节点的网络，在已知电力系统的网络参数后，根据前面功率方程的分析可知总可以得到 $2n$ 个实数方程，其中有 $4n$ 个变量。一般每个节点给定两个已知量，这样通过 $2n$ 个实数方程就可求其余 $2n$ 个未知量。按给出的已知量的不同，电力系统的节点可以分为三类。

（1）PQ 节点。已知节点的有功功率 $P$ 及无功功率 $Q$，待求量是节点电压幅值和相角。电力系统中的大多数发电厂母线和绝大多数变电站母线均属于此类节点。

（2）PV 节点。已知节点的有功功率 $P$ 和电压幅值 $U$，待求量是节点无功功率 $Q$ 和电压相角 $\delta$。这类节点是电力系统中的电压控制节点，不管系统的运行方式如何变化，总要求这些节点的电压维持某一数值。因此，这类节点必须有足够的无功调节容量来保证电压值。PV 节点在系统中为数不多，一般选择有一定无功储备的发电厂和具有可调无功电源设备的变电站作为此类节点。

（3）平衡节点（又称 $V\delta$ 节点）。该节点电压幅值（$U$）和相角（$\delta$）已知，因此将该类节点作为潮流计算时其他电压计算的参考点，亦即基准点或基准母线，因此一个网络只有一个平衡节点。为了计算方便，基准母线的电压相位常取 $0°$。为了满足系统功率平衡，必须选择一个发电厂的有功 $P_G$ 和无功 $Q_G$ 作为未知量，这个节点就是平衡节点。潮流计算中一般选择容量较大的主调频发电厂作为母线平衡节点，但有时为了提高导纳矩阵法潮流程序的收敛性，也可以选择出线最多的发电厂母线作为平衡节点。

经过这样的节点分类后，每个节点都是已知两个变量，求另外两个变量，则可根据 $2n$ 个方程解出 $2n$ 个变量。

电力系统潮流分布计算实质是通过求解非线性功率方程组，计算得到各个节点的电压（幅值和相位，或实部和虚部），求得了各节点的电压后，功率损耗及功率分布即很容易就可以计算得到。由于平衡节点的电压已给定，因此通常只需计算其余 $n-1$ 个节点的电压。后面的分析可知，节点电压用直角坐标系表示时，非线性功率方程组的个数实际上只有 $2(n-1)$ 个；而节点电压方程用极坐标表示时，非线性功率方程组的个数实际上只需要 $n-1+m$ 个（$m$ 为 $PQ$ 节点数）。

3. 约束条件

潮流计算结果代表了功率方程（数学模型）在数学上的一组解答，但这组解答所反映的系统运行状态，在工程上是否具有实际意义还需要进行检验，因为电力系统运行必须满足一定的技术和经济上的要求。这些要求构成了潮流问题中某些变量的约束条件，常用的约束条件有：

（1）所有节点电压必须满足

$$U_{i\min} \leqslant U_i \leqslant U_{i\max} \qquad (i=1,2,\cdots,n) \tag{4-13}$$

这个条件要求各节点电压的幅值应限制在一定的范围之内。从保证电能质量和供电安全的要求来看，电力系统的所有电气设备都必须运行在额定电压附近。对于平衡节点和 $PV$ 节点，其电压幅值必须按上述条件给定。因此，这一约束主要是对 $PQ$ 节点而言。

（2）所有电源节点的有功功率和无功功率必须满足的条件

$$\left.\begin{array}{l} P_{Gi\min} \leqslant P_{Gi} \leqslant P_{Gi\max} \\ Q_{Gi\min} \leqslant Q_{Gi} \leqslant Q_{Gi\max} \end{array}\right\} \tag{4-14}$$

$PQ$ 节点的有功功率和无功功率以及 $PV$ 节点的有功功率，在给定时就必须满足式（4-14）条件。因此，对平衡节点的 $P$ 和 $Q$ 以及 $PV$ 节点的 $Q$ 应按上述条件进行检验。

（3）某些节点之间电压的相位差应满足

$$|\delta_i - \delta_j| < |\delta_i - \delta_j|_{\max} \tag{4-15}$$

为了保证系统运行的稳定性，要求某些输电线路两端的电压相位差不超过一定的数值，这一约束的主要意义就在于此。

因此，潮流计算可以概括为求解一组非线性代数方程组，并使其解答满足一定的约束条件。常用的计算方法是迭代法和牛顿—拉夫逊法。在计算过程中，或得出结果之后用约束条件进行检验，如果不满足，则应修改某些变量的给定值，甚至修改系统的运行方式，重新计算。

【**例 4-1**】电网等值电路参数如图 4-4 所示。试完成：（1）求其节点导纳矩阵；（2）若节点 2、4 间没有理想变压器，修改由（1）形成的节点导纳矩阵。

**解：**设 $p$、$q$ 间有变压器支路如图 4-5 所示，则节点 $p$、$q$ 的自导纳和其间互导纳为

$$Y_{pp}=\frac{1}{kZ}+\frac{k-1}{kZ}=\frac{1}{Z}, \qquad Y_{qq}=\frac{1}{kZ}+\frac{1-k}{k^2Z}=\frac{1}{k^2Z}, \qquad Y_{pq}=Y_{qp}=-\frac{1}{kZ}$$

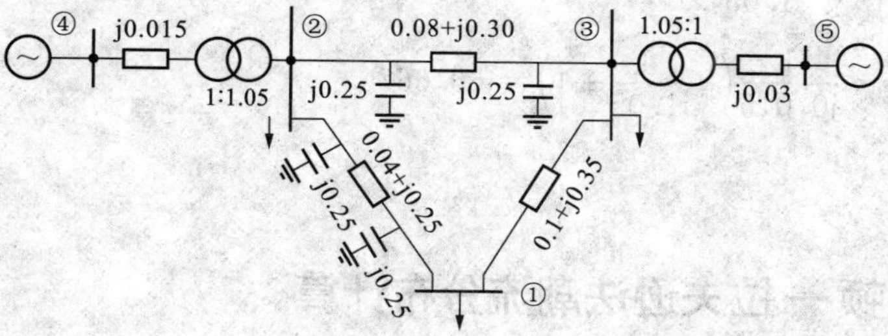

图 4-4　等值电路

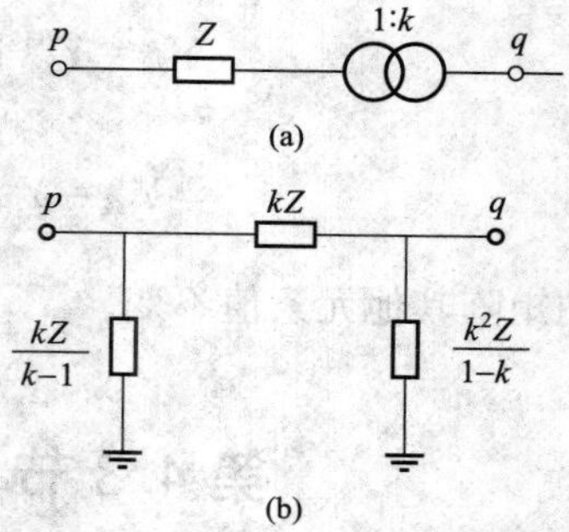

图 4-5　变压器 Ⅱ 形等值电路

（1）根据节点导纳矩阵的定义，可求得节点导纳矩阵各元素，即

$$Y_{11}=y_{10}+y_{12}+y_{13}=\text{j}0.25+\frac{1}{0.04+\text{j}0.25}+\frac{1}{0.1+\text{j}0.35}$$
$$=1.378\ 742-\text{j}6.291\ 665$$

与节点 1 有关的互导纳为

$$Y_{12}=Y_{21}=-y_{12}=-0.624\ 025+\text{j}3.900\ 156$$
$$Y_{31}=Y_{13}=-y_{13}=-0.754\ 717+\text{j}2.641\ 509$$

支路 2-4 为变压器支路，可以求出节点 2 的自导纳为

$$Y_{22}=y_{20}+y_{12}+y_{23}+y_{24}/k^2=\text{j}0.225+\text{j}0.25+0.624\ 025-\text{j}3.900\ 156$$
$$+0.829\ 876-\text{j}3.112\ 033-\text{j}66.666\ 666/1.05^2$$
$$=1.473\ 901-\text{j}66.980\ 821$$

与节点 2 有关的互导纳为

$$Y_{23}=Y_{32}=-0.829\ 876+\text{j}3.112\ 033$$
$$Y_{24}=Y_{42}=-y_{42}/k_{42}=\text{j}63.492\ 064$$

用类似方法可以求出导纳矩阵的其他元素，最后可得到节点导纳矩阵为

$$Y=\begin{bmatrix}
1.378\ 742 & -0.624\ 025 & -0.754\ 717 & 0 & 0 \\
-\text{j}6.291\ 665 & \text{j}3.900\ 156 & \text{j}2.641\ 509 & 0 & 0 \\
-0.624\ 025 & 1.453\ 901 & -0.829\ 876 & 0 & 0 \\
3.900\ 156 & -\text{j}66.980\ 821 & \text{j}3.112\ 033 & \text{j}63.492\ 063 & 0 \\
-0.754\ 717 & -0.829\ 876 & 1.584\ 593 & 0 & 0 \\
\text{j}2.641\ 509 & \text{j}3.112\ 033 & -\text{j}35.737\ 858 & 0 & \text{j}31.746\ 032 \\
0 & \text{j}63.492\ 063 & 0 & -\text{j}66.666\ 667 & 0 \\
0 & 0 & \text{j}31.746\ 032 & 0 & -\text{j}33.333\ 33
\end{bmatrix}$$

（2）当节点 2、4 间无理想变压器（即其 $k=1$）时，导纳矩阵中只需对 $Y_{22}$、$Y_{24}$、$Y_{42}$ 进行修改。设其原值为 $Y'_{22}$、$Y'_{24}$、$Y'_{42}$，有

$$Y_{22} = Y'_{22} + \frac{1}{j0.015}\left(-\frac{1}{1.05^2} + 1\right) = 1.453 - j73.178$$

$$Y_{24} = Y_{42} = Y'_{24} - \frac{1}{j0.015}\left(-\frac{1}{1.05} + 1\right) = j66.667$$

导纳矩阵其他元素值不变。

# 第 4.3 节　牛顿—拉夫逊法潮流分布计算

如前所述，在潮流分布计算中所建立的数学模型（功率方程）实际上是非线性代数方程组。求解这种非线性代数方程组的方法有许多，如雅可比迭代法、高斯—塞德尔法、牛顿—拉夫逊法、$PQ$ 分解法等。其中牛顿—拉夫逊法是比较基础且应用较多的一种方法，以下就简要地介绍这种方法的基本思路以及应用。

### 4.3.1　牛顿—拉夫逊法简介

牛顿—拉夫逊法是求解非线性代数方程有效的迭代计算方法。在牛顿—拉夫逊法的每一次迭代过程中，对非线性方程通过线性化处理逐步近似。先以单变量方程加以说明。

#### 1. 单变量

对于单变量非线性方程

$$F(x) = 0 \tag{4-16}$$

设解的初值为 $x_0$，它与真解的误差为 $\Delta x_0$，则式（4-16）可写成

$$F(x_0 - \Delta x_0) = 0 \tag{4-17}$$

将式（4-17）用泰勒级数展开

$$F(x_0 - \Delta x_0) = F(x_0) - F'(x_0)\Delta x_0 + \frac{F''(x_0)}{2}\Delta x_0{}^2 + \cdots \tag{4-18}$$

如果 $x_0$ 接近真解，则 $\Delta x_0$ 相对来讲是足够小的，所以可以略去所有 $\Delta x_0$ 的高次项，即

$$F(x_0 - \Delta x) \approx F(x_0) - F'(x_0)\Delta x_0 \approx 0 \tag{4-19}$$

可得

$$\Delta x_0 = \frac{F(x_0)}{F'(x_0)} \tag{4-20}$$

将初值 $x_0$ 代入式（4-20）求得修正量 $\Delta x_0$，即可得到解

$$x_1 = x_0 - \Delta x_0 \tag{4-21}$$

图 4-6 中示出了上述关系。可见，$x_1$ 更接近于真解。将 $x_1$ 作为新的初值代入式（4-20），再求出新的修正量。如果两次迭代解的差值小于某一给定的允许误差值 $\varepsilon$，或者说 $\Delta x_k \leqslant \varepsilon$（$k$ 为迭代次数），则可认为 $x_{k+1}$ 是式（4-16）的解。式（4-20）也可以写成一般

的迭代式

$$F(x_k)=J\Delta x_k \tag{4-22}$$

式中
$$J=F'(x_k)$$

从以上分析看出，牛顿—拉夫逊法求解非线性方程的过程，实际上是反复求解修正方程式的过程。因此牛顿—拉夫逊法的收敛性比较好，但要求其初值选择得较为接近精确解。初值选择不当时，可能出现不收敛或收敛到无实际工程意义的解的情况。这种现象可由图 4-7 得到说明：如 $x$ 的初值选择为接近其精确解时，迭代将迅速收敛；反之，选择初值为 $x_0'$ 时，将不收敛。这是采用牛顿—拉夫逊法时需要注意的。

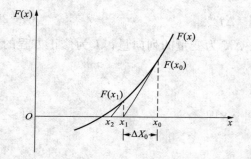

图 4-6　牛顿—拉夫逊法的迭代过程

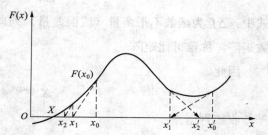

图 4-7　牛顿—拉夫逊法初值选择示意图

## 2. 多变量

对于一组多变量非线性方程组

$$\left. \begin{aligned} y_1 &= f_1(x_1,x_2,\cdots,x_n) \\ y_2 &= f_2(x_1,x_2,\cdots,x_n) \\ &\vdots \\ y_n &= f_n(x_1,x_2,\cdots,x_n) \end{aligned} \right\} \tag{4-23}$$

同样，函数在一组变量近似解 $x_1^{(k)}$，$x_2^{(k)}$，$\cdots$，$x_n^{(k)}$ 附近按泰勒级数展开，略去 $\Delta x_i$ 的高次方与高阶偏导数的乘积项，只取其级数的常数项和一阶偏导数项，则为

$$\left. \begin{aligned} y_1 &= f_1(x_1^{(k)},x_2^{(k)},\cdots,x_n^{(k)})+\frac{\partial f_1}{\partial x_1}\bigg|_k \Delta x_1^{(k)}+\frac{\partial f_1}{\partial x_2}\bigg|_k \Delta x_2^{(k)}+\cdots+\frac{\partial f_1}{\partial x_n}\bigg|_k \Delta x_n^{(k)} \\ y_2 &= f_2(x_1^{(k)},x_2^{(k)},\cdots,x_n^{(k)})+\frac{\partial f_2}{\partial x_1}\bigg|_k \Delta x_1^{(k)}+\frac{\partial f_2}{\partial x_2}\bigg|_k \Delta x_2^{(k)}+\cdots+\frac{\partial f_2}{\partial x_n}\bigg|_k \Delta x_n^{(k)} \\ &\vdots \\ y_n &= f_n(x_1^{(k)},x_2^{(k)},\cdots,x_n^{(k)})+\frac{\partial f_n}{\partial x_1}\bigg|_k \Delta x_1^{(k)}+\frac{\partial f_n}{\partial x_2}\bigg|_k \Delta x_2^{(k)}+\cdots+\frac{\partial f_n}{\partial x_n}\bigg|_k \Delta x_n^{(k)} \end{aligned} \right\} \tag{4-24}$$

式中各偏导数值是以 $x_1^{(k)},x_2^{(k)},\cdots,x_n^{(k)}$ 代入计算所得。这是一组线性化的方程式，即修正方程组。通常以矩阵形式表示

$$\begin{bmatrix} y_1-f_1(x_1^{(k)},x_2^{(k)},\cdots,x_n^{(k)}) \\ y_2-f_2(x_1^{(k)},x_2^{(k)},\cdots,x_n^{(k)}) \\ \vdots \\ y_n-f_n(x_1^{(k)},x_2^{(k)},\cdots,x_n^{(k)}) \end{bmatrix} = \begin{bmatrix} \left.\frac{\partial f_1}{\partial x_1}\right|_k & \left.\frac{\partial f_1}{\partial x_2}\right|_k & \cdots & \left.\frac{\partial f_1}{\partial x_n}\right|_k \\ \left.\frac{\partial f_2}{\partial x_1}\right|_k & \left.\frac{\partial f_2}{\partial x_2}\right|_k & \cdots & \left.\frac{\partial f_2}{\partial x_n}\right|_k \\ \vdots & \vdots & \ddots & \vdots \\ \left.\frac{\partial f_n}{\partial x_1}\right|_k & \left.\frac{\partial f_n}{\partial x_2}\right|_k & \cdots & \left.\frac{\partial f_n}{\partial x_n}\right|_k \end{bmatrix} \begin{bmatrix} \Delta x_1^{(k)} \\ \Delta x_2^{(k)} \\ \vdots \\ \Delta x_n^{(k)} \end{bmatrix} \tag{4-25}$$

式（4-25）可缩写为

$$\Delta \boldsymbol{f}^{(k)} = \boldsymbol{J}^{(k)} \Delta \boldsymbol{X}^{(k)} \tag{4-26}$$

或

$$\Delta \boldsymbol{X}^{(k)} = [\boldsymbol{J}^{(k)}]^{-1} \Delta \boldsymbol{f}^{(k)} \tag{4-27}$$

式中：$\Delta \boldsymbol{f}$ 为函数不平衡量（或误差量）列向量；$\Delta \boldsymbol{X}$ 为变量的列向量；$\boldsymbol{J}$ 为修正方程的系数矩阵，称雅可比矩阵。

因此

$$\boldsymbol{X}^{(k+1)} = \boldsymbol{X}^{(k)} + \Delta \boldsymbol{X}^{(k)} \tag{4-28}$$

收敛判据：

（1）各变量两次近似解差值中的 $i$ 小于给定的允许误差 $\varepsilon_1$，即

$$\max|\Delta x_1^{(k)},\Delta x_2^{(k)},\cdots,\Delta x_n^{(k)}| < \varepsilon_1 \tag{4-29}$$

（2）各函数误差量绝对值中的最大值小于给定的允许误差 $\varepsilon_2$，即

$$\max|\Delta f(x_1^{(k)},x_2^{(k)},\cdots,x_n^{(k)})| < \varepsilon_2 \tag{4-30}$$

### 4.3.2 牛顿—拉夫逊法潮流分布计算

潮流计算的数学模型（功率方程）可以写为

$$\widetilde{S}_i = P_i + jQ_i = \dot{U}_i \overset{*}{\dot{I}}_i = \dot{U}_i \sum_{j=1}^{n} \overset{*}{\dot{Y}}_{ij} \overset{*}{\dot{U}}_j \tag{4-31}$$

也可以写成

$$P_i + jQ_i - \dot{U}_i \sum_{j=1}^{n} \overset{*}{Y}_{ij} \overset{*}{\dot{U}}_j = 0 \tag{4-32}$$

式中，第一部分为给定节点的注入功率，第二部分为由节点电压求得的节点注入功率，它们二者之差就是节点功率的不平衡量。有待解决的就是各节点功率不平衡量都趋于零时（小于允许误差），各节点电压应具有何值。

下面分别介绍节点电压以不同坐标表示时牛顿—拉夫逊法的潮流计算方法。

#### 1. 节点电压以直角坐标表示

节点电压以直角坐标表示，即 $\dot{U}_i = e_i + jf_i$，$e_i$ 为节点电压实部，$f_i$ 为节点电压虚部，功率方程可写成

$$P_i = e_i \sum_{j=1}^{n}(G_{ij}e_j - B_{ij}f_j) + f_i \sum_{j=1}^{n}(G_{ij}f_j + B_{ij}e_j) \tag{4-33}$$

$$Q_i = f_i \sum_{j=1}^{n}(G_{ij}e_j - B_{ij}f_j) - e_i \sum_{j=1}^{n}(G_{ij}f_j + B_{ij}e_j) \tag{4-34}$$

设系统中有 $n$ 个节点：

(1) $PQ$ 节点有 $m$ 个（编号 $1,\cdots,m$）。由于 $PQ$ 节点的 $P_i$ 和 $Q_i$ 均为已知，故根据式（4-33）和式（4-34）可以列出 $2m$ 个进行迭代的功率平衡方程式

$$\left. \begin{aligned} \Delta P_i &= P_i - e_i \sum_{j=1}^{n}(G_{ij}e_j - B_{ij}f_j) - f_i \sum_{j=1}^{n}(G_{ij}f_j + B_{ij}e_j) = 0 \\ \Delta Q_i &= Q_i - f_i \sum_{j=1}^{n}(G_{ij}e_j - B_{ij}f_j) + e_i \sum_{j=1}^{n}(G_{ij}f_j + B_{ij}e_j) = 0 \end{aligned} \right\} \quad (i=1,2,\cdots,m)$$

$$\tag{4-35}$$

此时，$e_1,\cdots,e_m,f_1,\cdots,f_m$ 未知，即 $2m$ 个未知数。

(2) $PV$ 节点有 $n-(m+1)$ 个（编号 $m+1,\cdots,n-1$）。由于 $PV$ 节点的 $P_i$ 为已知，故根据式（4-33）可以列出 $n-(m+1)$ 个进行迭代的有功平衡方程式；同时 $PV$ 节点电压的幅值 $U_i$ 是已知的，故可以写出 $n-(m+1)$ 个节点电压平衡方程式

$$\left. \begin{aligned} \Delta P_i &= P_i - e_i \sum_{j=1}^{n}(G_{ij}e_j - B_{ij}f_j) - f_i \sum_{j=1}^{n}(G_{ij}f_j + B_{ij}e_j) = 0 \\ \Delta U_i^2 &= U_i^2 - (e_i^2 + f_i^2) = 0 \end{aligned} \right\} \quad (i=m+1,\cdots,n-1)$$

$$\tag{4-36}$$

此时 $e_{m+1},\cdots,e_{n-1},f_{m+1},\cdots,f_{n-1}$ 未知，即 $2(n-1-m)$ 个未知数。

(3) 平衡节点 1 个（编号 $n$）。平衡节点电压的实部 $e_n$、虚部 $f_n$ 均为已知，故不参加迭代。

这样当节点电压用直角坐标表示时，即可写出 $2m+2(n-1-m)=2(n-1)$ 个参与迭代的修正方程（非线性代数方程），从而求得 $PQ$ 和 $PV$ 节点的 $2(n-1)$ 个未知数。

将电压的初值（$k=0$ 时的 $e_i$、$f_i$）及误差代入式（4-35）、式（4-36）表示的非线性代数方程，并将其展开成泰勒级数，略去变量 $\Delta e_i$、$\Delta f_i$ 二次方及以上各项，即可列出修正方程式

$$[\Delta W] = [J][\Delta U] \tag{4-37}$$

式中

$$[\Delta W] = [\Delta P_1 \quad \Delta Q_1 \quad \cdots \quad \Delta P_m \quad \Delta Q_m \quad \Delta P_{m+1} \quad \Delta U_{m+1}^2 \quad \cdots \quad \Delta P_{n-1} \quad \Delta U_{n-1}^2]^{\mathrm{T}}$$

$$[\Delta U] = [\Delta e_1 \quad \Delta f_1 \quad \cdots \quad \Delta e_m \quad \Delta f_m \quad \Delta e_{m+1} \quad \Delta f_{m+1} \quad \cdots \quad \Delta e_{n-1} \quad \Delta f_{n-1}]^{\mathrm{T}}$$

$$[J] = \begin{bmatrix} \dfrac{\partial \Delta P_1}{\partial e_1} & \dfrac{\partial \Delta P_1}{\partial f_1} & \cdots & \dfrac{\partial \Delta P_1}{\partial e_m} & \dfrac{\partial \Delta P_1}{\partial f_m} & \dfrac{\partial \Delta P_1}{\partial e_{m+1}} & \dfrac{\partial \Delta P_1}{\partial f_{m+1}} & \cdots & \dfrac{\partial \Delta P_1}{\partial e_{n-1}} & \dfrac{\partial \Delta P_1}{\partial f_{n-1}} \\[2mm] \dfrac{\partial \Delta Q_1}{\partial e_1} & \dfrac{\partial \Delta Q_1}{\partial f_1} & \cdots & \dfrac{\partial \Delta Q_1}{\partial e_m} & \dfrac{\partial \Delta Q_1}{\partial f_m} & \dfrac{\partial \Delta Q_1}{\partial e_{m+1}} & \dfrac{\partial \Delta Q_1}{\partial f_{m+1}} & \cdots & \dfrac{\partial \Delta Q_1}{\partial e_{n-1}} & \dfrac{\partial \Delta Q_1}{\partial f_{n-1}} \\[2mm] \vdots & \vdots & & \vdots & \vdots & \vdots & \vdots & & \vdots & \vdots \\[2mm] \dfrac{\partial \Delta P_m}{\partial e_1} & \dfrac{\partial \Delta P_m}{\partial f_1} & \cdots & \dfrac{\partial \Delta P_m}{\partial e_m} & \dfrac{\partial \Delta P_m}{\partial f_m} & \dfrac{\partial \Delta P_m}{\partial e_{m+1}} & \dfrac{\partial \Delta P_m}{\partial f_{m+1}} & \cdots & \dfrac{\partial \Delta P_m}{\partial e_{n-1}} & \dfrac{\partial \Delta P_m}{\partial f_{n-1}} \\[2mm] \dfrac{\partial \Delta Q_m}{\partial e_1} & \dfrac{\partial \Delta Q_m}{\partial f_1} & \cdots & \dfrac{\partial \Delta Q_m}{\partial e_m} & \dfrac{\partial \Delta Q_m}{\partial f_m} & \dfrac{\partial \Delta Q_m}{\partial e_{m+1}} & \dfrac{\partial \Delta Q_m}{\partial f_{m+1}} & \cdots & \dfrac{\partial \Delta Q_m}{\partial e_{n-1}} & \dfrac{\partial \Delta Q_m}{\partial f_{n-1}} \\[2mm] \dfrac{\partial \Delta P_{m+1}}{\partial e_1} & \dfrac{\partial \Delta P_{m+1}}{\partial f_1} & \cdots & \dfrac{\partial \Delta P_{m+1}}{\partial e_m} & \dfrac{\partial \Delta P_{m+1}}{\partial f_m} & \dfrac{\partial \Delta P_{m+1}}{\partial e_{m+1}} & \dfrac{\partial \Delta P_{m+1}}{\partial f_{m+1}} & \cdots & \dfrac{\partial \Delta P_{m+1}}{\partial e_{n-1}} & \dfrac{\partial \Delta P_{m+1}}{\partial f_{n-1}} \\[2mm] \dfrac{\partial \Delta U_{m+1}^2}{\partial e_1} & \dfrac{\partial \Delta U_{m+1}^2}{\partial f_1} & \cdots & \dfrac{\partial \Delta U_{m+1}^2}{\partial e_m} & \dfrac{\partial \Delta U_{m+1}^2}{\partial f_m} & \dfrac{\partial \Delta U_{m+1}^2}{\partial e_{m+1}} & \dfrac{\partial \Delta U_{m+1}^2}{\partial f_{m+1}} & \cdots & \dfrac{\partial \Delta U_{m+1}^2}{\partial e_{n-1}} & \dfrac{\partial \Delta U_{m+1}^2}{\partial f_{n-1}} \\[2mm] \vdots & \vdots & & \vdots & \vdots & \vdots & \vdots & & \vdots & \vdots \\[2mm] \dfrac{\partial \Delta P_{n-1}}{\partial e_1} & \dfrac{\partial \Delta P_{n-1}}{\partial f_1} & \cdots & \dfrac{\partial \Delta P_{n-1}}{\partial e_m} & \dfrac{\partial \Delta P_{n-1}}{\partial f_m} & \dfrac{\partial \Delta P_{n-1}}{\partial e_{m+1}} & \dfrac{\partial \Delta P_{n-1}}{\partial f_{m+1}} & \cdots & \dfrac{\partial \Delta P_{n-1}}{\partial e_{n-1}} & \dfrac{\partial \Delta P_{n-1}}{\partial f_{n-1}} \\[2mm] \dfrac{\partial \Delta U_{n-1}^2}{\partial e_1} & \dfrac{\partial \Delta U_{n-1}^2}{\partial f_1} & \cdots & \dfrac{\partial \Delta U_{n-1}^2}{\partial e_m} & \dfrac{\partial \Delta U_{n-1}^2}{\partial f_m} & \dfrac{\partial \Delta U_{n-1}^2}{\partial e_{m+1}} & \dfrac{\partial \Delta U_{n-1}^2}{\partial f_{m+1}} & \cdots & \dfrac{\partial \Delta U_{n-1}^2}{\partial e_{n-1}} & \dfrac{\partial \Delta U_{n-1}^2}{\partial f_{n-1}} \end{bmatrix}$$

上述雅可比矩阵是 $2(n-1)$ 阶的方阵，其中各元素可以通过式（4-35）、式（4-36）求偏导数获得。当 $i \neq j$ 时（非对角元素），有

$$\left. \begin{aligned} \frac{\partial \Delta P_i}{\partial e_j} &= -\frac{\partial \Delta Q_i}{\partial f_j} = -(G_{ij}e_i + B_{ij}f_i) \\[2mm] \frac{\partial \Delta P_i}{\partial f_j} &= \frac{\partial \Delta Q_i}{\partial e_j} = B_{ij}e_i - G_{ij}f_i \\[2mm] \frac{\partial \Delta U_i^2}{\partial e_j} &= \frac{\partial \Delta U_i^2}{\partial f_j} = 0 \end{aligned} \right\} \tag{4-38}$$

当 $j = i$ 时，有

$$\left. \begin{aligned} \frac{\partial \Delta P_i}{\partial e_i} &= -\sum_{k=1}^{n}(G_{ik}e_k - B_{ik}f_k) - G_{ii}e_i - B_{ii}f_i \\[2mm] \frac{\partial \Delta P_i}{\partial f_i} &= -\sum_{k=1}^{n}(G_{ik}f_k + B_{ik}e_k) + B_{ii}e_i - G_{ii}f_i \\[2mm] \frac{\partial \Delta Q_i}{\partial e_i} &= \sum_{k=1}^{n}(G_{ik}f_k + B_{ik}e_k) + B_{ii}e_i - G_i f_i \\[2mm] \frac{\partial \Delta Q_i}{\partial f_i} &= -\sum_{k=1}^{n}(G_{ik}e_k - B_{ik}f_k) + G_{ii}e_i + B_{ii}f_i \\[2mm] \frac{\partial \Delta U_i^2}{\partial e_i} &= -2e_i \\[2mm] \frac{\partial \Delta U_i^2}{\partial f_i} &= -2f_i \end{aligned} \right\} \tag{4-39}$$

对于第 $k$ 次迭代，可写出

$$\Delta P_i^{(k)} = P_i - e_i^{(k)} \sum_{j=1}^{n} \left[ G_{ij} e_j^{(k)} - B_{ij} f_j^{(k)} \right] - f_i^{(k)} \sum_{j=1}^{n} \left[ G_{ij} f_j^{(k)} + B_{ij} e_j^{(k)} \right] \quad (4-40)$$

$$\Delta Q_i^{(k)} = Q_i - f_i^{(k)} \sum_{j=1}^{n} \left[ G_{ij} e_j^{(k)} - B_{ij} f_j^{(k)} \right] + e_i^{(k)} \sum_{j=1}^{n} \left[ G_{ij} f_j^{(k)} + B_{ij} e_j^{(k)} \right] \quad (4-41)$$

$$\left[ \Delta U_i^{(k)} \right]^2 = U_i^2 - \left[ e_i^{(k)} \right]^2 - \left[ f_i^{(k)} \right]^2 \quad (4-42)$$

根据式（4-37）可求得第 $k+1$ 次迭代的修正量 $\Delta e^{(k+1)}$ 和 $\Delta f^{(k+1)}$，从而可得到新的解

$$\begin{bmatrix} e^{(k+1)} \\ f^{(k+1)} \end{bmatrix} = \begin{bmatrix} e^{(k)} \\ f^{(k)} \end{bmatrix} - \begin{bmatrix} \Delta e^{(k+1)} \\ \Delta f^{(k+1)} \end{bmatrix} \quad (4-43)$$

这样反复计算，直到收敛至要求的精度。收敛指标一般取所有节点的 $|\Delta P| \leqslant \varepsilon$ 和 $|\Delta Q| \leqslant \varepsilon$ 或 $|\Delta U^2| \leqslant \varepsilon$。

根据牛顿—拉夫逊法的计算步骤，节点电压用直角坐标表示时潮流计算可以按照图 4-8 给出的框图进行编程计算。

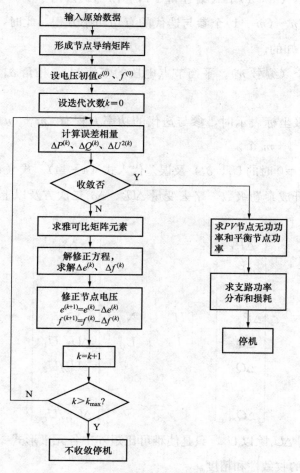

图 4-8　用直角坐标形式的牛顿—拉夫逊法计算潮流程序框图

2. 节点电压以极坐标表示

节点电压以极坐标形式表示，则 $\dot{U}_i = U_i \angle \delta_i$，根据式（4-12）的功率方程表示形式，可以列出参与迭代的有功、无功功率平衡方程为

$$\Delta P_i = P_i - \sum_{j=1}^{n} U_i U_j (G_{ij} \cos\delta_{ij} + B_{ij} \sin\delta_{ij}) = 0 \qquad (4-44)$$

$$\Delta Q_i = Q_i - \sum_{j=1}^{n} U_i U_j (G_{ij} \sin\delta_{ij} - B_{ij} \cos\delta_{ij}) = 0 \qquad (4-45)$$

式中：$\delta_{ij} = \delta_i - \delta_j$；$G_{ij}$ 和 $B_{ij}$ 为节点导纳矩阵元素 $Y_{ij}$ 的实部和虚部。

潮流计算的关键是计算各个节点电压的幅值（$U$）和相角（$\delta$）。设系统中有 $n$ 个节点：

（1）$PQ$ 节点有 $m$ 个（编号 $1,\cdots,m$）。由于 $PQ$ 节点的 $P_i$ 和 $Q_i$ 均为已知，故根据式（4-44）和式（4-45）可以列出从 $2m$ 个参与迭代的功率方程，此时，$\delta_1,\cdots,\delta_m$ 和 $U_1,\cdots,U_m$ 均未知。

（2）$PV$ 节点有 $n-(m+1)$ 个（编号 $m+1,\cdots,n-1$）。由于 $PV$ 节点的 $P_i$ 为已知，故式（4-44）可以列出 $n-(m+1)$ 个参与迭代的有功功率方程，此时，$\delta_{m+1},\cdots,\delta_{n-1}$ 未知，而 $U_{m+1},\cdots,U_{n-1}$ 是已知的。

（3）平衡节点 1 个（编号 $n$）。平衡节点电压的幅值 $U_n$、相角 $\delta_n$ 均为已知，故不参加迭代。

这样节点电压以极坐标表示时，参与迭代的功率方程有 $2m+(n-1-m)=n-1+m$ 个，而未知数也是 $n-1+m$ 个。

将电压的初值（$k=0$ 时的 $U_i$、$\delta_i$）及误差代入式（4-44）、式（4-45）表示的非线性代数方程，并将其展开成泰勒级数，略去变量 $\Delta U_i$、$\Delta \delta_i$ 二次方及以上各项，即可列出修正方程式

$$\begin{bmatrix} \Delta P_1 \\ \Delta P_2 \\ \vdots \\ \Delta P_{n-1} \\ \Delta Q_1 \\ \Delta Q_2 \\ \vdots \\ \Delta Q_m \end{bmatrix} = \begin{bmatrix} H_{ij} & \vdots & N_{ij} \\ \cdots & \vdots & \cdots \\ J_{ij} & \vdots & L_{ij} \end{bmatrix} \begin{bmatrix} \Delta \delta_1 \\ \Delta \delta_2 \\ \vdots \\ \Delta \delta_{n-1} \\ \Delta U_1/U_1 \\ \Delta U_2/U_2 \\ \vdots \\ \Delta U_m/U_m \end{bmatrix} \qquad (4-46)$$

式（4-46）中用 $\Delta U_i$ 除以 $U_i$，只是使雅可比矩阵中各元素形式一致，简化雅可比矩阵的计算，不影响计算的收敛性和精度。

修正方程式（4-46）可用分块矩阵的形式简化为

$$\begin{bmatrix} \Delta P \\ \Delta Q \end{bmatrix} = \begin{bmatrix} H & N \\ J & L \end{bmatrix} \begin{bmatrix} \Delta \delta \\ \Delta U/U \end{bmatrix} \tag{4-47}$$

式（4-47）中雅可比矩阵是 $n-1+m$ 阶的方阵，其中各元素可以通过式（4-44）、式（4-45）求偏导数获得。

当 $i \neq j$ 时（非对角元素）

$$\left.\begin{aligned}
H_{ij} &= \frac{\partial \Delta P_i}{\partial \delta_j} = -U_i U_j (G_{ij} \sin\delta_{ij} - B_{ij} \cos\delta_{ij}) \\[2mm]
N_{ij} &= \frac{\partial \Delta P_i}{\partial U_j} U_j = -U_i U_j (G_{ij} \cos\delta_{ij} + B_{ij} \sin\delta_{ij}) \\[2mm]
J_{ij} &= \frac{\partial \Delta Q_i}{\partial \delta_j} = U_i U_j (G_{ij} \cos\delta_{ij} + B_{ij} \sin\delta_{ij}) \\[2mm]
L_{ij} &= \frac{\partial \Delta Q_i}{\partial U_j} U_j = -U_i U_j (G_{ij} \sin\delta_{ij} - B_{ij} \cos\delta_{ij})
\end{aligned}\right\} \tag{4-48}$$

当 $i = j$ 时（对角元素）

$$\left.\begin{aligned}
H_{ij} &= \frac{\partial \Delta P_i}{\partial \delta_i} = U_i \sum_{\substack{j=1 \\ j \neq 1}} U_j (G_{ij} \sin\delta_{ij} - B_{ij} \cos\delta_{ij}) = Q_i + B_{ii} U_i^2 \\[2mm]
N_{ij} &= \frac{\partial \Delta P_i}{\partial U_i} U_i = -U_i \sum_{\substack{j=1 \\ j \neq 1}} U_j (G_{ij} \cos\delta_{ij} + B_{ij} \sin\delta_{ij}) - 2U_i^2 G_{ii} = -P_i - G_{ii} U_i^2 \\[2mm]
J_{ij} &= \frac{\partial \Delta Q_i}{\partial \delta_i} = -U_i \sum_{\substack{j=1 \\ j \neq 1}} U_j (G_{ij} \cos\delta_{ij} + B_{ij} \sin\delta_{ij}) = -P_i + G_{ii} U_i^2 \\[2mm]
L_{ij} &= \frac{\partial \Delta Q_i}{\partial U_i} U_i = -U_i \sum_{\substack{j=1 \\ j \neq 1}} U_j (G_{ij} \sin\delta_{ij} - B_{ij} \cos\delta_{ij}) + 2U_i^2 B_{ii} = -Q_i + B_{ii} U_i^2
\end{aligned}\right\}$$

$$\tag{4-49}$$

在第 $k$ 次迭代时，令

$$\Delta P_i^{(k)} = F_{Pi}^{(k)} = P_i - \sum_{j=1}^{n} U_i^{(k)} U_j^{(k)} (G_{ij} \cos\delta_{ij}^{(k)} + B_{ij} \sin\delta_{ij}^{(k)}) \tag{4-50}$$

$$\Delta Q_i^{(k)} = F_{Qi}^{(k)} = Q_i - \sum_{j=1}^{n} U_i^{(k)} U_j^{(k)} (G_{ij} \sin\delta_{ij}^{(k)} - B_{ij} \cos\delta_{ij}^{(k)}) \tag{4-51}$$

由式（4-47）可以求得第 $k+1$ 次迭代的修正量 $\Delta\delta^{(k+1)}$ 和 $\Delta U^{(k+1)}$，从而可得到新的解

$$\begin{bmatrix} \delta^{(k+1)} \\ U^{(k+1)} \end{bmatrix} = \begin{bmatrix} \delta^{(k)} \\ U^{(k)} \end{bmatrix} - \begin{bmatrix} \Delta\delta^{(k+1)} \\ \Delta U^{(k+1)} \end{bmatrix} \tag{4-52}$$

这样反复迭代计算，直至所有节点 $|\Delta U| < \varepsilon$ 和 $|\Delta\delta| < \varepsilon$ 为止。

3. 牛顿—拉夫逊法潮流计算步骤

（1）形成节点导纳矩阵；

（2）给各节点电压设初始值 $e_i^0$、$f_i^0$（或 $U_i^0$、$\delta_i^0$）；

（3）将节点电压初值代入式（4-35）、式（4-36）或式（4-44）、式（4-45）求出修正方程式中各个不平衡量（$\Delta P_i$、$\Delta Q_i$、$\Delta U_i^2$）；

（4）将各节点电压初值代入式（4-38）、式（4-39）或式（4-48）、式（4-49），求出雅可比矩阵元素；

（5）根据修正方程式（4-37）或式（4-47），求修正向量或 $\Delta e_i$、$\Delta f_i$ 或 $\Delta U_i$、$\Delta \delta_i$；

（6）根据式（4-43）或式（4-52）求取节点电压的新值；

（7）检查是否收敛，如不收敛，则以各节点电压的新值作为初值自第（3）步重新开始进行下一次迭代，否则转入下一步；

（8）计算支路功率分布，$PV$ 节点无功功率和平衡节点注入功率。

### 4. 雅可比矩阵的特点

求取雅可比矩阵是牛顿—拉夫逊法潮流计算的一项重要工作，雅可比矩阵具有以下特点：

（1）雅可比矩阵为方阵。当节点电压以直角坐标表示时为 $2(n-1)$ 阶，当节点电压以极坐标表示时为 $n-1+m$ 阶。

（2）雅可比矩阵元素与节点电压有关，所以每次迭代时都要重新计算。

（3）它与导纳矩阵具有相似的结构，是一个高度稀疏的矩阵，即当 $Y_{ij}=0$ 时，对应与此相关的矩阵元素也均为 0。针对这一特点，利用求解稀疏矩阵技巧，可以减少计算所需的内存和时间。

（4）不是对称矩阵。虽然雅可比矩阵结构上是对称性的，但其数值不对称（因为这些元素是节点电压的函数，而各节点电压是不同的）。

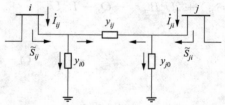

图 4-9　Ⅱ形等值电路中流过的电流和功率

### 5. 支路功率和平衡节点功率

当计算收敛后，即可求得各个节点的电压值，从而可以很方便地求出系统中的各支路及变压器中流过的功率。

设线路或变压器的Ⅱ形等值电路如图 4-9 所示，支路导纳及支路对地导纳均标注在图 4-9 中，若支路两端 $i$、$j$ 的电压分别为 $\dot{U}_i$、$\dot{U}_j$，节点 $i$、$j$ 注入的电流分别为 $\dot{I}_{ij}$、$\dot{I}_{ji}$，则支路功率为

$$\widetilde{S}_{ij}=P_{ij}+\mathrm{j}Q_{ij}=\dot{U}_i\overset{*}{\dot{I}}_{ij}=U_i^2\overset{*}{\dot{y}}_{i0}+\dot{U}_i(\overset{*}{\dot{U}}_i-\overset{*}{\dot{U}}_j)\overset{*}{\dot{y}}_{ij} \tag{4-53}$$

$$\widetilde{S}_{ji}=P_{ji}+\mathrm{j}Q_{ji}=\dot{U}_j\overset{*}{\dot{I}}_{ji}=U_j^2\overset{*}{\dot{y}}_{j0}+\dot{U}_j(\overset{*}{\dot{U}}_j-\overset{*}{\dot{U}}_i)\overset{*}{\dot{y}}_{ij} \tag{4-54}$$

支路上的功率损耗为

$$\Delta\widetilde{S}_{ij}=\Delta P_{ij}+\mathrm{j}\Delta Q_{ij}=\dot{S}_{ij}+\dot{S}_{ji}$$

平衡节点功率为

$$\widetilde{S}_n = \dot{U}_n \sum_{i=1}^{n} \overset{*}{Y}_{ij} \overset{*}{U}_j$$

$PV$ 节点的无功功率 $Q_i(i=m+1,\cdots,n-1)$ 可以通过式（4-10）或式（4-12）求得。

**【例 4-2】** 在图 4-10 所示的电力系统中，网络各元件参数的标幺值为 $z_{12}=0.10+\mathrm{j}0.40$，$y_{120}=y_{210}=\mathrm{j}0.015\,28$，$z_{13}=\mathrm{j}0.3$，$k=1.1$，$z_{14}=0.12+\mathrm{j}0.50$，$y_{140}=y_{410}=\mathrm{j}0.019\,20$，$z_{24}=0.08+\mathrm{j}0.40$，$y_{240}=y_{420}=\mathrm{j}0.014\,13$。系统中，节点 1、2 为 $PQ$ 节点，节点 3 为 $PV$ 节点，节点 4 为平衡节点。给定值为 $P_{1s}+\mathrm{j}Q_{1s}=-0.30-\mathrm{j}0.18$，$P_{2s}+\mathrm{j}Q_{2s}=-0.55-\mathrm{j}0.13$，$P_{3s}=0.5$，$U_{3s}=1.10$，$U_{4s}=1.05\angle0°$。试分别在直角坐标系和极坐标系中用牛顿—拉夫逊法计算系统的潮流分布（容许误差 $\varepsilon=10^{-5}$）。

**解：** Ⅰ. 节点电压用直角坐标表示。

（1）按已知网络参数形成节点导纳矩阵如下

$$\boldsymbol{Y}=\begin{bmatrix} 1.042\,093-\mathrm{j}8.242\,876 & -0.588\,235+\mathrm{j}2.352\,941 & \mathrm{j}3.666\,667 & -0.453\,858+\mathrm{j}1.891\,074 \\ -0.588\,235+\mathrm{j}2.352\,941 & 1.069\,005-\mathrm{j}4.727\,377 & 0 & -0.480\,769+\mathrm{j}2.403\,846 \\ \mathrm{j}3.666\,667 & 0 & -\mathrm{j}3.333\,333 & 0 \\ -0.453\,858+\mathrm{j}1.891\,074 & -0.480\,769+\mathrm{j}2.403\,846 & 0 & 0.934\,627-\mathrm{j}4.261\,590 \end{bmatrix}$$

（2）给定节点电压初值

$$e_1^{(0)}=e_2^{(0)}=1.0,\quad e_3^{(0)}=1.1,\quad f_1^{(0)}=f_2^{(0)}=f_3^{(0)}=0,\quad e_4^{(0)}=1.05,\quad f_4^{(0)}=0$$

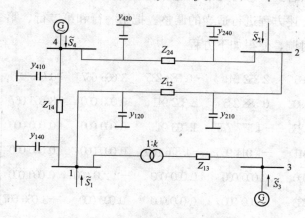

图 4-10  电力系统接线图

（3）按式（4-35）和式（4-36）计算 $\Delta P_i$、$\Delta Q_i$ 和 $\Delta U_i^2$

$$\Delta P_1^{(0)}=P_{1s}-P_1^{(0)}=P_{1s}-e_1^{(0)}\sum_{j=1}^{4}\left[G_{1j}e_j^{(0)}-B_{1j}f_j^{(0)}\right]-f_1^{(0)}\sum_{j=1}^{4}\left[G_{1j}f_j^{(0)}+B_{ij}e_j^{(0)}\right]$$

$$=-0.03-(-0.022\,693)=-0.277\,307$$

$$\Delta Q_1^{(0)}=Q_{1s}-Q_1^{(0)}=Q_{1s}-f_1^{(0)}\sum_{j=1}^{4}\left[G_{1j}e_j^{(0)}-B_{1j}f_j^{(0)}\right]-e_1^{(0)}\sum_{j=1}^{4}\left[G_{1j}f_j^{(0)}+B_{1j}e_j^{(0)}\right]$$

$$=-0.18-(-0.129\,033)=-0.050\,967$$

同样可以算出

$$\Delta P_2^{(0)} = P_{2s} - P_2^{(0)} = -0.55 - (-0.024\ 038) = -0.525\ 962$$

$$\Delta Q_2^{(0)} = Q_{2s} - Q_2^{(0)} = -0.13 - (-0.149\ 602) = 0.019\ 602$$

$$\Delta P_3^{(0)} = P_{3s} - P_3^{(0)} = 0.5 - 0 = 0.5$$

$$\Delta U_3^{2(0)} = |U_{3s}|^2 - |U_3^{(0)}|^2 = 0$$

根据给定的容许误差 $\varepsilon = 10^{-5}$，校验是否收敛，各节点的不平衡量都未满足收敛条件，于是继续以下计算。

（4）计算雅可比矩阵各元素，形成雅可比矩阵，得修正方程式如下

$$-\begin{bmatrix} -1.019\ 400 & -8.371\ 902 & 0.588\ 235 & 2.352\ 941 & 0.000\ 000 & 3.666\ 667 \\ -8.113\ 836 & 1.064\ 786 & 2.352\ 941 & -0.588\ 235 & 3.666\ 667 & 0.000\ 000 \\ 0.588\ 235 & 2.352\ 941 & -1.044\ 966 & -4.876\ 980 & 0.000\ 000 & 0.000\ 000 \\ 2.352\ 941 & -0.588\ 235 & -4.577\ 775 & 1.093\ 043 & 0.000\ 000 & 0.000\ 000 \\ 0.000\ 000 & 4.033\ 333 & 0.000\ 000 & 0.000\ 000 & 0.000\ 000 & -3.666\ 667 \\ 0.000\ 000 & 0.000\ 000 & 0.000\ 000 & 0.000\ 000 & -2.00\ 000 & 0.000\ 000 \end{bmatrix} \begin{bmatrix} \Delta e_1^{(0)} \\ \Delta f_1^{(0)} \\ \Delta e_2^{(0)} \\ \Delta f_2^{(0)} \\ \Delta e_3^{(0)} \\ \Delta f_3^{(0)} \end{bmatrix} = \begin{bmatrix} \Delta P_1^{(0)} \\ \Delta Q_1^{(0)} \\ \Delta P_2^{(0)} \\ \Delta Q_2^{(0)} \\ \Delta P_3^{(0)} \\ \Delta U_3^{2(0)} \end{bmatrix}$$

从上述方程中可以看到，每行元素中绝对值最大的都不在对角线上。为了减少计算过程中的舍入误差，可对上述方程进行适当的调整。把第一行和第二行、第三行和第四行、第五行和第六行分别相互对调，便得如下方程

$$-\begin{bmatrix} -8.113\ 836 & 1.064\ 786 & 2.352\ 941 & -0.588\ 235 & 3.666\ 667 & 0.000\ 000 \\ -1.019\ 400 & -8.371\ 902 & 0.588\ 235 & 2.352\ 941 & 0.000\ 000 & 3.666\ 667 \\ 2.352\ 941 & -0.588\ 235 & -4.577\ 775 & 1.093\ 043 & 0.000\ 000 & 0.000\ 000 \\ 0.588\ 235 & 2.352\ 941 & -1.044\ 966 & -4.876\ 980 & 0.000\ 000 & 0.000\ 000 \\ 0.000\ 000 & 0.000\ 000 & 0.000\ 000 & 0.000\ 000 & -2.200\ 000 & 0.000\ 000 \\ 0.000\ 000 & 4.033\ 333 & 0.000\ 000 & 0.000\ 000 & 0.000\ 000 & -3.666\ 667 \end{bmatrix} \begin{bmatrix} \Delta e_1^{(0)} \\ \Delta f_1^{(0)} \\ \Delta e_2^{(0)} \\ \Delta f_2^{(0)} \\ \Delta e_3^{(0)} \\ \Delta f_3^{(0)} \end{bmatrix} = \begin{bmatrix} \Delta Q_1^{(0)} \\ \Delta P_1^{(0)} \\ \Delta Q_2^{(0)} \\ \Delta P_2^{(0)} \\ \Delta U_3^{2(0)} \\ \Delta P_3^{(0)} \end{bmatrix}$$

（5）求解修正方程得

$$\begin{bmatrix} \Delta e_1^{(0)} \\ \Delta f_1^{(0)} \\ \Delta e_2^{(0)} \\ \Delta f_2^{(0)} \\ \Delta e_3^{(0)} \\ \Delta f_3^{(0)} \end{bmatrix} = \begin{bmatrix} -0.006\ 485 \\ -0.008\ 828 \\ -0.023\ 660 \\ -0.107\ 818 \\ 0.000\ 000 \\ 0.126\ 652 \end{bmatrix}$$

（6）计算节点电压的第一次近似值

$$e_1^{(1)}=e_1^{(0)}+\Delta e_1^{(0)}=0.993\ 515, \qquad f_1^{(1)}=f_1^{(0)}+\Delta f_1^{(0)}=-0.008\ 828$$

$$e_2^{(1)}=e_2^{(0)}+\Delta e_2^{(0)}=0.976\ 340, \qquad f_2^{(1)}=f_2^{(0)}+\Delta f_2^{(0)}=-0.107\ 818$$

$$e_3^{(1)}=e_3^{(0)}+\Delta e_3^{(0)}=1.100\ 000, \qquad f_3^{(1)}=f_3^{(0)}+\Delta f_3^{(0)}=0.126\ 652$$

这样便结束了一轮迭代。然后返回第（3）步重复上述计算。做完第（3）步后即校验是否收敛，若已收敛，则迭代结束，转入计算平衡节点的功率和线路潮流分布，否则继续做第（4）～（6）步计算。迭代过程中节点电压和不平衡功率的变化情况分别列于表 4 - 1 和表 4 - 2。

**表 4 - 1　　　　　　　　　　迭代过程中节点电压变化情况**

| 迭代计数 $k$ | 节点电压 | | |
|---|---|---|---|
| | $\dot{U}_1=e_1+\mathrm{j}f_1$ | $\dot{U}_2=e_2+\mathrm{j}f_2$ | $\dot{U}_3=e_3+\mathrm{j}f_3$ |
| 1 | 0.993 515 — j0.008 828 | 0.976 340 — j0.107 818 | 1.100 000 + j0.126 652 |
| 2 | 0.984 749 — j0.008 585 | 0.959 003 — j0.108 374 | 1.092 446 + j0.128 933 |
| 3 | 0.984 637 — j0.008 596 | 0.958 690 — j0.108 387 | 1.092 415 + j0.128 955 |

**表 4 - 2　　　　　　　　　　迭代过程中节点不平衡量的变化情况**

| 迭代计数 $k$ | 节点不平衡量 | | | | | |
|---|---|---|---|---|---|---|
| | $\Delta P_1$ | $\Delta Q_1$ | $\Delta P_2$ | $\Delta Q_2$ | $\Delta P_3$ | $\Delta U_3^2$ |
| 0 | $-2.773\ 07\times10^{-1}$ | $-5.096\ 69\times10^{-2}$ | $-5.259\ 62\times10^{-1}$ | $1.960\ 24\times10^{-2}$ | $5.0\times10^{-1}$ | 0 |
| 1 | $-1.332\ 76\times10^{-3}$ | $-2.776\ 91\times10^{-3}$ | $-1.352\ 87\times10^{-2}$ | $-5.771\ 15\times10^{-2}$ | $3.011\ 49\times10^{-3}$ | $-1.604\ 08\times10^{-2}$ |
| 2 | $-3.609\ 06\times10^{-5}$ | $-3.664\ 20\times10^{-5}$ | $-2.538\ 56\times10^{-4}$ | $-1.060\ 01\times10^{-3}$ | $6.657\ 84\times10^{-5}$ | $-6.220\ 30\times10^{-5}$ |
| 3 | $5.960\ 46\times10^{-8}$ | $-7.450\ 58\times10^{-8}$ | $-5.960\ 46\times10^{-8}$ | $-3.427\ 27\times10^{-7}$ | $2.980\ 23\times10^{-8}$ | $3.175\ 68\times10^{-8}$ |

由表中数字可见，经过 3 次迭代计算即已满足收敛条件。收敛后，节点电压用极坐标表示可得

$$\dot{U}_1=0.984\ 675\angle-0.500172°$$

$$\dot{U}_2=0.964\ 798\angle-6.450\ 306°$$

$$\dot{U}_3=1.1\angle6.732\ 347°$$

（7）计算平衡节点功率，得

$$P_4+\mathrm{j}Q_4=0.367\ 883+\mathrm{j}0.264\ 698$$

线路功率分布的计算略。

Ⅱ. 节点电压用极坐标表示。

(1) 给定节点电压初值

$$\dot{U}_1^{(0)}=\dot{U}_2^{(0)}=1.0\angle 0°, \quad \dot{U}_3^{(0)}=1.1\angle 0°$$

(2) 计算节点功率的不平衡量,得

$$\Delta P_1^{(0)}=P_{1s}-P_1^{(0)}=-0.30-(-0.022\ 693)=-0.277\ 307$$

$$\Delta P_2^{(0)}=P_{2s}-P_2^{(0)}=-0.55-(-0.024\ 038)=-0.525\ 962$$

$$\Delta P_3^{(0)}=P_{3s}-P_3^{(0)}=0.5$$

$$\Delta Q_1^{(0)}=Q_{1s}-Q_1^{(0)}=-0.18-(-0.129\ 034)=-0.050\ 966$$

$$\Delta Q_2^{(0)}=Q_{2s}-Q_2^{(0)}=-0.13-(-0.149\ 602)=0.019\ 602$$

(3) 计算雅可比矩阵各元素,可得

$$\boldsymbol{J}^{(0)}=\begin{bmatrix} -8.371\ 902 & 2.352\ 941 & 4.033\ 333 & -1.019\ 400 & 0.588\ 235 \\ 2.352\ 941 & -4.876\ 980 & 0 & 0.588\ 235 & -1.044\ 966 \\ 4.033\ 333 & 0 & -4.033\ 333 & 0 & 0 \\ 1.064\ 786 & -0.588\ 235 & 0 & -8.113\ 835 & 2.352\ 941 \\ -0.588\ 235 & 1.093\ 043 & 0 & 2.352\ 941 & -4.577\ 775 \end{bmatrix}$$

(4) 求解修正方程式,得节点电压的修正量为

$$\Delta\delta_1^{(0)}=-0.505\ 834°, \quad \Delta\delta_2^{(0)}=-6.177\ 500°, \quad \Delta\delta_3^{(0)}=6.596\ 945°$$

$$\Delta U_1^{(0)}=-0.006\ 485, \quad \Delta U_2^{(0)}=-0.023\ 660$$

对节点电压进行修正

$$\delta_1^{(1)}=\delta_1^{(0)}+\Delta\delta_1^{(0)}=-0.505\ 834°, \quad \delta_2^{(1)}=\delta_2^{(0)}+\Delta\delta_2^{(0)}=-6.177\ 500°$$

$$\delta_3^{(1)}=\delta_3^{(0)}+\Delta\delta_3^{(0)}=6.596\ 945°, \quad U_1^{(1)}=U_1^{(0)}+\Delta U_1^{(0)}=0.993\ 515$$

$$U_2^{(1)}=U_2^{(0)}+\Delta U_2^{(0)}=0.976\ 340$$

然后返回第(2)步进行下一轮的迭代计算。取 $\varepsilon=10^{-5}$,经过 3 次迭代,即满足收敛条件。迭代过程中节点功率不平衡量和电压的变化情况列于表 4-3 和表 4-4。

表 4-3                      节点功率不平衡量的变化情况

| 迭代计数 $k$ | 节点不平衡量 | | | | |
| --- | --- | --- | --- | --- | --- |
| | $\Delta P_1$ | $\Delta P_2$ | $\Delta P_3$ | $\Delta Q_1$ | $\Delta Q_2$ |
| 0 | $-2.773\ 1\times10^{-1}$ | $-5.259\ 6\times10^{-1}$ | $5.0\times10^{-1}$ | $-5.096\ 6\times10^{-2}$ | $1.960\ 2\times10^{-2}$ |
| 1 | $-3.863\ 1\times10^{-5}$ | $-2.047\ 1\times10^{-2}$ | $4.513\ 8\times10^{-3}$ | $-4.379\ 8\times10^{-2}$ | $-2.453\ 9\times10^{-2}$ |
| 2 | $9.954\ 2\times10^{-5}$ | $-4.194\ 8\times10^{-4}$ | $7.928\ 5\times10^{-5}$ | $-4.503\ 3\times10^{-3}$ | $-3.181\ 2\times10^{-4}$ |
| 3 | $4.174\ 2\times10^{-8}$ | $-1.104\ 2\times10^{-7}$ | $1.351\ 1\times10^{-8}$ | $-6.657\ 2\times10^{-8}$ | $-6.658\ 5\times10^{-8}$ |

**表 4-4**　　　　　　　　　　　　　　　　节点电压的变化情况

| 迭代计数 $k$ | 节点电压幅值和相角 | | | | |
|---|---|---|---|---|---|
| | $\delta_1$ | $\delta_2$ | $\delta_3$ | $U_1$ | $U_2$ |
| 1 | $-0.505\ 834°$ | $-6.177\ 500°$ | $6.596\ 945°$ | $0.993\ 515$ | $0.976\ 340$ |
| 2 | $-0.500\ 797°$ | $-6.445\ 191°$ | $6.729\ 830°$ | $0.984\ 775$ | $0.964\ 952$ |
| 3 | $-0.500\ 171°$ | $-6.450\ 304°$ | $6.732\ 349°$ | $0.984\ 675$ | $0.964\ 798$ |

节点电压的计算结果同（Ⅰ）解的结果是吻合的。迭代的次数相同，也是 3 次。

（5）计算平衡节点的功率

$$P_4+\mathrm{j}Q_4=0.367\ 883+\mathrm{j}0.264\ 698$$

计算全部线路功率，结果如下

$$\widetilde{S}_{12}=0.246\ 244-\mathrm{j}0.014\ 651,\qquad \widetilde{S}_{24}=-0.310\ 010-\mathrm{j}0.140\ 627$$

$$\widetilde{S}_{13}=-0.500\ 000\ 8-\mathrm{j}0.029\ 264,\ \widetilde{S}_{31}=0.500\ 000+\mathrm{j}0.093\ 409$$

$$\widetilde{S}_{14}=-0.046\ 244-\mathrm{j}0.136\ 088,\qquad \widetilde{S}_{41}=0.048\ 216+\mathrm{j}0.104\ 522$$

$$\widetilde{S}_{21}=-0.239\ 990+\mathrm{j}0.010\ 627,\qquad \widetilde{S}_{42}=0.319\ 666+\mathrm{j}0.160\ 176$$

# 第 4.4 节　*PQ* 分解法潮流分布计算

复杂电力系统往往节点数比较多，牛顿—拉夫逊法潮流计算中的雅可比矩阵阶数比较高，而在每一次迭代过程中都需要重新计算矩阵中的元素，同时还要计算其逆矩阵，这占据了牛顿—拉夫逊法潮流计算的大部分时间，成为这个方法计算速度不能提高的主要原因。虽说可以应用稀疏矩阵技巧以及节点优化编号等来提高计算速度，但人们还是希望进一步充分利用电力系统本身的特点来改进和提高计算速度，即降低雅可比矩阵阶数，使迭代过程的雅可比矩阵为常数（不需每次迭代重新计算）。

*PQ* 分解法潮流计算正是出于这样的考虑，它是在牛顿—拉夫逊法潮流计算（极坐标表示）基础上简化而成，在电力系统中得到广泛的应用。

将式（4-47）极坐标形式表示的牛顿—拉夫逊法修正方程展开为

$$\Delta\boldsymbol{P}=\boldsymbol{H}\,\Delta\boldsymbol{\delta}+\boldsymbol{N}\boldsymbol{U}^{-1}\Delta\boldsymbol{U} \tag{4-55}$$

$$\Delta\boldsymbol{Q}=\boldsymbol{J}\,\Delta\boldsymbol{\delta}+\boldsymbol{L}\boldsymbol{U}^{-1}\Delta\boldsymbol{U} \tag{4-56}$$

根据电力系统的特点可以考虑两方面的因素：

（1）考虑到电力系统（高压输电系统）中，网络元件阻抗中电抗一般远大于电阻（$X>R$），因此可作以下假设：①各节点电压相角的改变主要影响有功功率潮流（即各节点注入的有功功率分布主要受节点电压相角的影响），所以近似地忽略电压幅值变化对有功功率的影响，即令 $N=0$；②各节点电压大小的改变主要影响无功功率潮流（即各节点注入的无功功率分布主要受节点电压幅值的影响），所以近似地忽略电压相位变化对无功功率分布的影响，即含有 $J=0$。

这样由原修正方程式（4-55）可以得到有功功率的修正方程式（4-57），其有功功率不平衡量仅受到节点电压相位的修正；由方程式（4-56）可以得到无功功率的修正方程式（4-58），其无功功率不平衡量仅受到节点电压幅值的修正，有功、无功功率分开进行迭代。

$$\Delta P = H \Delta \delta \tag{4-57}$$

$$\Delta Q = L U^{-1} \Delta U \tag{4-58}$$

这样，牛顿—拉夫逊法原修正方程式（4-47）中 $n-1+m$ 的雅可比矩阵就可以拆成两个低阶的 $H$（$n-1$ 阶）和 $L$（$m$ 阶）矩阵，从而减少占用的内存，提高计算速度。

（2）根据电力系统的正常运行条件还可以作以下假设：①由于电力系统的正常运行相邻两个节点的相角差 $\delta_{ij}$ 比较小（约 $10° \sim 20°$），所以 $\cos \delta_{ij} \approx 1$，$G_{ij} \sin \delta_{ij} \ll B_{ij}$；②由于电力系统各节点无功功率相适应的导纳 $Q/U_i^2$ 远小于该节点自导纳的虚部 $B_{ii}$，即 $Q_i \ll U_i^2 B_{ii}$。

考虑到以上的关系，矩阵 $H$ 和 $L$ 的元素的表达式便被简化成

$$H_{ij} = U_i U_j B_{ij} \qquad (i,j=1,2,\cdots,n-1) \tag{4-59}$$

$$L_{ij} = U_i U_j B_{ij} \qquad (i,j=1,2,\cdots,m) \tag{4-60}$$

而系数矩阵 $H$ 和 $L$ 则可以分别写成

$$
\begin{aligned}
H &= \begin{bmatrix}
U_1 B_{11} U_1 & U_1 B_{12} U_2 & \cdots & U_1 B_{1,n-1} U_{n-1} \\
U_2 B_{21} U_1 & U_2 B_{22} U_2 & \cdots & U_2 B_{2,n-1} U_{n-1} \\
\vdots & \vdots & & \vdots \\
U_{n-1} B_{n-1,1} U_1 & U_{n-1} B_{n-1,2} U_2 & \cdots & U_{n-1} B_{n-1,n-1} U_{n-1}
\end{bmatrix} \\[6pt]
&= \begin{bmatrix}
U_1 & & & \\
& U_2 & & \\
& & \ddots & \\
& & & U_{n-1}
\end{bmatrix}
\begin{bmatrix}
B_{11} & B_{12} & \cdots & B_{1,n-1} \\
B_{21} & B_{22} & \cdots & B_{2,n-1} \\
\vdots & \vdots & & \vdots \\
B_{n-1,1} & B_{n-1,2} & \cdots & B_{n-1,n-1}
\end{bmatrix}
\times
\begin{bmatrix}
U_1 & & & \\
& U_2 & & \\
& & \ddots & \\
& & & U_{n-1}
\end{bmatrix} \\[6pt]
&= U_{D1} B' U_{D1}
\end{aligned}
$$

$$\tag{4-61}$$

$$L = \begin{bmatrix} U_1 B_{11} U_1 & U_1 B_{12} U_2 & \cdots & U_1 B_{1m} U_m \\ U_2 B_{21} U_1 & U_2 B_{22} U_2 & \cdots & U_2 B_{2m} U_m \\ \vdots & \vdots & & \vdots \\ U_m B_{m1} U_1 & U_m B_{m2} U_2 & \cdots & U_m B_{mm} U_m \end{bmatrix}$$

$$= \begin{bmatrix} U_1 & & & \\ & U_2 & & \\ & & \ddots & \\ & & & U_m \end{bmatrix} \begin{bmatrix} B_{11} & B_{12} & \cdots & B_{1m} \\ B_{21} & B_{22} & \cdots & B_{2m} \\ \vdots & \vdots & & \vdots \\ B_{m1} & B_{m2} & \cdots & B_{mm} \end{bmatrix} \begin{bmatrix} U_1 & & & \\ & U_2 & & \\ & & \ddots & \\ & & & U_m \end{bmatrix} \tag{4-62}$$

$$= U_{D2} B'' U_{D2}$$

则修正方程为

$$\Delta P = U_{D1} B' U_{D1} \Delta \delta$$

$$\Delta Q = U_{D2} B'' \Delta U$$

用 $U_{D1}^{-1}$ 和 $U_{D2}^{-1}$ 分别左乘以上两式便得

$$U_{D1}^{-1} \Delta P = B' U_{D1} \Delta \delta \tag{4-63}$$

$$U_{D2}^{-1} \Delta Q = B'' \Delta U \tag{4-64}$$

这就是简化了的修正方程式，它们也可展开写成

$$\begin{bmatrix} \dfrac{\Delta P_1}{U_1} \\[2mm] \dfrac{\Delta P_2}{U_2} \\[2mm] \vdots \\[2mm] \dfrac{\Delta P_{n-1}}{U_{n-1}} \end{bmatrix} = \begin{bmatrix} B_{11} & B_{12} & \cdots & B_{1,n-1} \\ B_{21} & B_{22} & \cdots & B_{2,n-1} \\ \vdots & \vdots & & \vdots \\ B_{n-1,1} & B_{n-1,2} & \cdots & B_{n-1,n-1} \end{bmatrix} \begin{bmatrix} U_1 \Delta \delta_1 \\ U_2 \Delta \delta_2 \\ \vdots \\ U_{n-1} \Delta \delta_{n-1} \end{bmatrix} \tag{4-65}$$

$$\begin{bmatrix} \dfrac{\Delta Q_1}{U_1} \\[2mm] \dfrac{\Delta Q_2}{U_2} \\[2mm] \vdots \\[2mm] \dfrac{\Delta Q_m}{U_m} \end{bmatrix} = \begin{bmatrix} B_{11} & B_{12} & \cdots & B_{1m} \\ B_{21} & B_{22} & \cdots & B_{2m} \\ \vdots & \vdots & & \vdots \\ B_{m1} & B_{m2} & \cdots & B_{mm} \end{bmatrix} \begin{bmatrix} \Delta U_1 \\ \Delta U_2 \\ \vdots \\ \Delta U_m \end{bmatrix} \tag{4-66}$$

上两式中系数矩阵 $B'$ 和 $B''$ 有相同的形式（矩阵元素即为导纳矩阵 $[Y_n]$ 中相应元素的虚部），但实质并不完全相同。首先，$B'$ 为 $n-1$ 阶矩阵，而由于存在 $PV$ 节点，$B''$ 为 $m$ 阶矩阵（$m$ 为 $PQ$ 节点个数）；$B'$ 和 $B''$ 均为对称的常数矩阵。

$PQ$ 分解法通常与因子表法联合使用。所谓因子表法就是将系数矩阵 $B'$ 和 $B''$ 各分解成前代和回代用的因子表，在每次迭代中，不必重新形成因子表，只需形成常数项功率误差向量，通过对因子表的前代和回代求得电压角度、有效值的修正量。

  $PQ$ 分解法与牛顿—拉夫逊法相比，具有以下特点：

  1) 以 $n-1$ 阶和 $m$ 阶两个线性方程组代替原有的 $n-1+m$ 阶线性方程组，这样可以减少计算机的存储容量和加快线性方程组的求解速度。

  2) 修正方程的系数矩阵 $\boldsymbol{B}'$ 和 $\boldsymbol{B}''$ 为对称常数矩阵，且在迭代过程中保持不变。如果采用因子表法求解，只需分解一次，在迭代过程中不必重新分解，减少了计算工作量。又因为矩阵是对称的，所以只需存储一个上（或下）三角矩阵，这也节约了计算机的内存容量。

  由于 $PQ$ 分解法只是对牛顿—拉夫逊法的雅可比矩阵作了简化，而对其功率平衡方程式及收敛判据（节点注入功率的偏差绝对值小于 $\varepsilon$）都未做改变，因而它与牛顿—拉夫逊法同解，同样可以达到很高精度。

  $PQ$ 分解法具有线性收敛特性，与牛顿—拉夫逊法相比，当收敛到同样的精度时，$PQ$ 分解法需要迭代计算的次数较多。但如上所述，$PQ$ 分解法每次迭代计算的方程阶数低，不需重新形成和分解系数矩阵，计算工作量比牛顿—拉夫逊法的一次迭代计算大大减少，因而总的说来，$PQ$ 分解法的速度比牛顿—拉夫逊法快。

  需要说明，当电力系统中含有 35kV 及以下电压等级的电力线路时，由于它们的 $r/x$ 比值比较大，不满足上述简化条件，可能出现迭代计算不收敛的情况，所以 $PQ$ 分解法一般只适用于 110kV 以上电网的计算。$PQ$ 分解法潮流计算框图如图 4-11 所示。

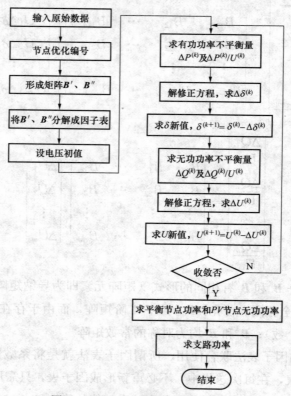

图 4-11　$PQ$ 分解法潮流计算框图

【**例 4－3**】系统接线如图 4－12 所示，设节点 1 为平衡节点，节点 5 为 $PV$ 节点，其余节点为 $PQ$ 节点。试完成：

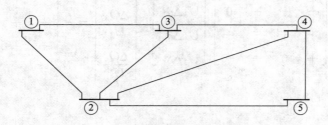

图 4－12　系统接线图

（1）写出直角坐标的牛顿—拉夫逊法求解该系统潮流分布时的修正方程。

（2）写出 $PQ$ 分解法的修正方程。

（雅可比矩阵中的非零元素用"＋"表示，零元素用"0"表示，方程中的其他量用符号表示。）

**解：** 导纳矩阵的稀疏性如下

$$
\begin{bmatrix}
+ & + & + & 0 & 0 \\
+ & + & + & + & + \\
+ & + & + & + & 0 \\
0 & + & + & + & + \\
0 & + & 0 & + & +
\end{bmatrix}
$$

平衡节点不参与迭代。

（1）直角坐标的牛顿—拉夫逊法的修正方程如下

$$
-\begin{bmatrix}
+ & + & + & + & + & + & + & + \\
+ & + & + & + & + & + & + & + \\
+ & + & + & + & + & + & 0 & 0 \\
+ & + & + & + & + & + & 0 & 0 \\
+ & + & + & + & + & + & + & + \\
+ & + & + & + & + & + & + & + \\
+ & + & 0 & 0 & + & + & + & + \\
0 & 0 & 0 & 0 & 0 & 0 & + & +
\end{bmatrix}
\begin{bmatrix}
\Delta e_2 \\
\Delta f_2 \\
\Delta e_3 \\
\Delta f_3 \\
\Delta e_4 \\
\Delta f_4 \\
\Delta e_5 \\
\Delta f_5
\end{bmatrix}
=
\begin{bmatrix}
\Delta P_2 \\
\Delta Q_2 \\
\Delta P_3 \\
\Delta Q_3 \\
\Delta P_4 \\
\Delta Q_4 \\
\Delta P_5 \\
\Delta U_5^2
\end{bmatrix}
$$

（2）$PQ$ 分解法的修正方程如下

$$\begin{bmatrix} \dfrac{\Delta P_2}{U_2} \\[2mm] \dfrac{\Delta P_3}{U_3} \\[2mm] \dfrac{\Delta P_4}{U_4} \\[2mm] \dfrac{\Delta P_5}{U_5} \end{bmatrix} = -\begin{bmatrix} + & + & + & + \\ + & + & + & 0 \\ + & + & + & + \\ + & 0 & + & + \end{bmatrix}\begin{bmatrix} U_2\Delta\delta_2 \\ U_3\Delta\delta_3 \\ U_4\Delta\delta_4 \\ U_5\Delta\delta_5 \end{bmatrix}, \quad \begin{bmatrix} \dfrac{\Delta Q_2}{U_2} \\[2mm] \dfrac{\Delta Q_3}{U_3} \\[2mm] \dfrac{\Delta Q_4}{U_4} \end{bmatrix} = -\begin{bmatrix} + & + & + \\ + & + & + \\ + & + & + \end{bmatrix}\begin{bmatrix} \Delta U_2 \\ \Delta U_3 \\ \Delta U_4 \end{bmatrix}$$

**【例 4-4】** 用 $PQ$ 分解法对 ［例 4-2］ 的电力系统进行潮流分布计算

**解：**（1）形成有功迭代和无功迭代的简化雅可比矩阵 $\boldsymbol{B}'$ 和 $\boldsymbol{B}''$，本例直接取用 $\boldsymbol{Y}$ 阵元素的虚部

$$\boldsymbol{B}' = \begin{bmatrix} -8.242\,877 & 2.352\,941 & 3.666\,667 \\ 2.352\,941 & -4.727\,377 & 0.000\,000 \\ 3.666\,667 & 0.000\,000 & -3.333\,333 \end{bmatrix}$$

$$\boldsymbol{B}'' = \begin{bmatrix} -8.242\,877 & 2.352\,941 \\ 2.353\,941 & -4.727\,377 \end{bmatrix}$$

将 $\boldsymbol{B}'$ 和 $\boldsymbol{B}''$ 进行三角分解，形成因子表并按上三角存放，对角线位置存放 $1/d_{ii}$，非对角线位置存放 $u_{ij}$，便得

$$\begin{bmatrix} -0.121\,317 & -0.285\,451 & -0.444\,829 \\ & -0.246\,565 & -0.258\,069 \\ & & -0.698\,235 \end{bmatrix} \text{和} \begin{bmatrix} -0.121\,317 & -0.285\,451 \\ & -0.246\,565 \end{bmatrix}$$

（2）给定 $PQ$ 节点初值和各节点电压相角初值

$$U_1^{(0)}=U_2^{(0)}=1.0, \quad \delta_1^{(0)}=\delta_2^{(0)}=0, \quad U_3^{(0)}=U_{3s}^{(0)}=1.1, \quad \delta_3^{(0)}=0$$

$$\dot{U}_4 = U_{4s}\angle 0° = 1.05\angle 0°$$

（3）做第一次有功迭代，计算节点的有功功率不平衡量

$$\Delta P_1^{(0)} = P_{1s} - P_1^{(0)} = -0.30 - (-0.022\,693) = -0.277\,307$$

$$\Delta P_2^{(0)} = P_{2s} - P_2^{(0)} = -0.55 - (-0.024\,038) = -0.525\,962$$

$$\Delta P_3^{(0)} = P_{3s} - P_3^{(0)} = 0.5, \quad \Delta P_1^{(0)}/U_1^{(0)} = -0.277\,307$$

$$\Delta P_2^{(0)}/U_2^{(0)} = -0.525\,962, \quad \Delta P_3^{(0)}/U_3^{(0)} = 0.454\,545$$

解修正方程式，得各节点电压相角修正量为

$$\Delta\delta_1^{(0)} = -0.737\,156°, \quad \Delta\delta_2^{(0)} = -6.741\,552°, \quad \Delta\delta_3^{(0)} = 6.365\,626°$$

于是有

$$\delta_1^{(1)} = \delta_1^{(0)} + \Delta\delta_1^{(0)} = -0.737\,156°, \quad \delta_2^{(1)} = \delta_2^{(0)} + \Delta\delta_2^{(0)} = -6.741\,552°$$

$$\delta_3^{(1)} = \delta_3^{(0)} + \Delta\delta_3^{(0)} = 6.365\ 626°$$

（4）做第 1 次无功迭代，计算节点的无功功率不平衡量，计算时电压相角用最新的修正值

$$\Delta Q_1^{(0)} = Q_{1s} - Q_1^{(0)} = -0.18 - (-0.140\ 406) = -0.039\ 594$$

$$\Delta Q_2^{(0)} = Q_{2s} - Q_2^{(0)} = -0.13 - (-0.001\ 550) = -0.131\ 550$$

$$\Delta Q_1^{(0)}/U_1^{(0)} = -0.039\ 594, \quad \Delta Q_2^{(0)}/U_2^{(0)} = -0.131\ 550$$

解修正方程式，可得各节点电压幅值的修正量为

$$\Delta U_1^{(0)} = -0.014\ 858, \quad \Delta U_2^{(0)} = -0.035\ 222$$

于是有

$$U_1^{(1)} = U_1^{(0)} + \Delta U_1^{(0)} = 0.985\ 142, \quad U_2^{(1)} = U_2^{(0)} + \Delta U_2^{(0)} = 0.964\ 778$$

到这里为止，第 1 次的有功迭代和无功迭代便结束了，接着返回第三步继续计算。迭代过程中节点不平衡功率和电压的变化情况分别列于表 4-5 和表 4-6。

**表 4-5　　　　　　　　　　节点不平衡功率的变化情况**

| 迭代计数 $k$ | 节点不平衡量 | | | | |
| --- | --- | --- | --- | --- | --- |
| | $\Delta P_1$ | $\Delta P_2$ | $\Delta P_3$ | $\Delta Q_1$ | $\Delta Q_2$ |
| 0 | $-2.773\ 07 \times 10^{-1}$ | $-5.259\ 62 \times 10^{-1}$ | $50 \times 10^{-1}$ | $-3.959\ 41 \times 10^{-2}$ | $-131\ 550 \times 10^{-1}$ |
| 1 | $-3.362\ 63 \times 10^{-3}$ | $1.444\ 63 \times 10^{-2}$ | $8.689\ 07 \times 10^{-3}$ | $-3.697\ 53 \times 10^{-3}$ | $1.582\ 64 \times 10^{-3}$ |
| 2 | $-3.472\ 63 \times 10^{-4}$ | $-1.398\ 25 \times 10^{-3}$ | $6.555\ 49 \times 10^{-4}$ | $-1.387\ 40 \times 10^{-4}$ | $-4.419\ 63 \times 10^{4-4}$ |
| 3 | $2.909\ 53 \times 10^{-6}$ | $7.518\ 08 \times 10^{-5}$ | $3.321\ 1 \times 10^{-5}$ | $-8.661\ 94 \times 10^{-6}$ | $1.348\ 70 \times 10^{-5}$ |
| 4 | $-3.043\ 19 \times 10^{-6}$ | $-7.140\ 78 \times 10^{-6}$ | $2.413\ 68 \times 10^{-6}$ | $-8.694\ 75 \times 10^{-8}$ | $3.994\ 82 \times 10^{-7}$ |

**表 4-6　　　　　　　　　　节点电压变化情况**

| 迭代计数 $k$ | 节点电压幅值和相角 | | | | |
| --- | --- | --- | --- | --- | --- |
| | $U_1$ | $\delta_1$ | $U_3$ | $\delta_2$ | $\delta_3$ |
| 1 | 0.985 142 | $-0.737\ 156°$ | 0.964 778 | $-6.741\ 552°$ | 6.365 626° |
| 2 | 0.947 27 | $-0.493\ 512°$ | 0.964 918 | $-6.429\ 618°$ | 6.729 083° |
| 3 | 0.984 675 | $-0.501\ 523°$ | 0.964 795 | $-6.451\ 888°$ | 6.730 507° |
| 4 | 0.984 675 | $-0.500\ 088°$ | 0.964 798 | $-6.450\ 180°$ | 6.732 392° |

经过 4 次迭代，节点功率不平衡量也下降到 $10^{-5}$ 以下，迭代到此结束。

与［例 4-2］的计算结果相比较，电压幅值和相角都能够满足计算精度的要求。

### ？思考题与习题

**4-1** 简述节点导纳矩阵的形成过程，是否具有稀疏性？其各元素的物理意义是什么？节点导纳矩阵的如何修改？

**4-2** 列出计算机潮流计算的数学模型（功率方程）的基本形式，并分别用直角坐标和极坐标表示。

**4-3** 在电力系统潮流分布采用计算机计算时，变量和节点是如何分类的？

**4-4** 电力系统中变量的约束条件是什么？

**4-5** 牛顿—拉夫逊法的基本原理是什么？其潮流计算的修正方程式是什么？在直角坐标系与极坐标系中表示的不平衡方程式的个数有什么不同？为什么？

**4-6** 牛顿—拉夫逊法潮流计算中的雅可比矩阵具有怎样的特点？

**4-7** 简述采用牛顿—拉夫逊法进行潮流分布计算的步骤。

**4-8** $PQ$ 分解法相对于牛顿—拉夫逊法，做了哪些简化？适用情况怎样？

**4-9** $PQ$ 分解法与牛顿—拉夫逊法比较，有何优点？为什么？

**4-10** 某电力系统的等值电路如图 4-13 所示，已知各元件参数的标幺值 $Z_{21}=j0.105$，$k_{21}=1.05$，$Z_{45}=j0.184$，$k_{45}=0.96$，$Z_{24}=0.03+j0.08$，$Z_{23}=0.024+j0.065$，$Z_{34}=0.018+j0.05$，$Y_{240}=Y_{420}=j0.02$，$Y_{230}=Y_{320}=j0.016$，$Y_{340}=Y_{430}=j0.013$。试完成：（1）作节点导纳矩阵；（2）当 $k_{45}=0.98$ 时，求节点导纳矩阵。

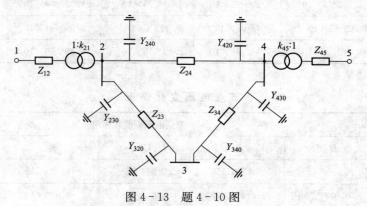

图 4-13 题 4-10 图

**4-11** 某电力系统的接线如图 4-14 所示，已知各元件参数：发电机 G1，$S_N=120\text{MVA}$，$X''_d=0.23$；发电机 G2，$S_N=60\text{MVA}$，$X''_d=0.14$；变压器 T1，$S_N=120\text{MVA}$，$U_k\%=10.5$；变压器 T2，$S_N=60\text{MVA}$，$U_k\%=10.5\%$；线路参数 $x=0.4\Omega/\text{km}$，$b=2.8\times10^{-6}\text{ S/km}$。线路 L1 长 120km，L2 长 80km，L3 长 70km。取 $S_B=120\text{MVA}$，$U_B=U_{av}$，试完成：（1）求标幺制下的节点导纳矩阵和节点阻抗矩阵；（2）若节点 5 发生三相短路，修改节点导纳矩阵。

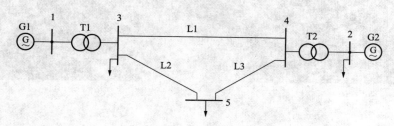

图 4-14 题 4-11 图

4-12 如图 4-15 所示网络,试写出:(1)节点 1、2、3 的类型;(2)极坐标的功率方程;(3)直角坐标系下的功率方程(或电压方程)。

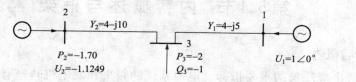

图 4-15 题 4-12 图

4-13 简单电力系统如图 4-16 所示,已知各段线路阻抗和节点功率为 $Z_{12}=10+j16$ ($\Omega$), $Z_{13}=13.5+j12$ ($\Omega$), $Z_{23}=24+j22$ ($\Omega$), $S_{LD2}=20+j15$ (MVA), $S_{LD3}=25+j18$ (MVA)。节点 1 为平衡节点,$U_1=115\angle0°$ kV,试用牛顿—拉夫逊法计算潮流。要求:(1)形成节点导纳矩阵;(2)第一次迭代用的雅可比矩阵;(3)求经 3 次迭代后的结果,并说明此时所达到的精度。

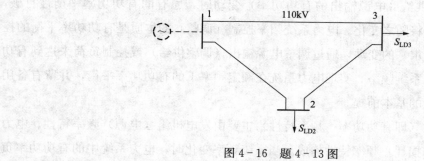

图 4-16 题 4-13 图

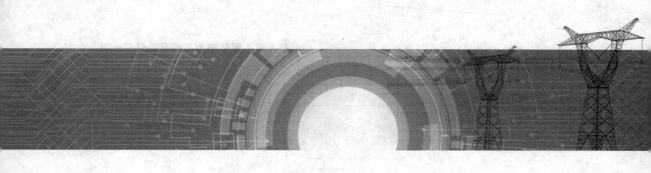

# 第5章 电力系统频率的特性与调整

## 第5.1节 内容概述与框架

### 5.1.1 内容概述

频率是衡量电能质量的重要指标。电力系统的频率和发电机转速有对应关系，发电机转速的变化主要取决于作用在发电机转轴上的转矩，当原动力矩（对应于原动机的输出功率）与阻力矩（对应于发电机的电磁功率）平衡时，发电机就以恒定转速工作。当电力系统的负荷（即电磁功率）发生变化时，原有的功率平衡关系受到破坏，电力系统的频率便将出现偏差，当频率偏差超过一定的允许值时，就必须采取一定的措施进行频率的调整。

电力系统有功功率的平衡（即供给和需求的平衡）保证频率的稳定。当电力系统的需求（负荷和损耗）变动或供给（电源输出的有功功率）变动时，原有的有功功率平衡被打破，与此相应的系统频率亦将随之变化。电力系统频率控制（调整）的本质是有功功率平衡的控制，也即根据负荷（需求）的变动，通过调整电源输出（调整供给）或控制负荷来达到有功功率的平衡，从而稳定系统频率。实现电力系统在额定频率下的有功功率平衡，并留有备用容量，是保证频率质量的基本前提。

电力系统频率特性（即有功功率—频率特性）主要由发电机组（电源）频率特性、电力系统的总负荷（负荷和损耗）频率特性构成。当系统频率变化时，电力系统中的有功功率负荷也将发生变化。当电力系统稳态运行时，系统中有功负荷随频率变化的特性称为负荷频率特性。当系统频率变化时，汽轮机（或水轮机）调速系统将自动改变进汽量（或进水量），以相应增减发电机输出的功率，调整结束后达到新的稳态。这种反映由频率变化而引起汽轮机（或水轮机）输出功率变化的关系，称为发电机组频率特性。

电力系统负荷可以看作是由三种具有不同变化规律的负荷组成。负荷的变化将引起频率的相应变化。第一种变化负荷引起的频率偏移将由发电机组的调速器进行调整，以改变发电机输出的有功功率，这种调整通常称为频率的一次调整。第二种变化负荷引起的频率变化，仅靠调速器的作用往往已不能将频率限制在允许的范围之内，这时必须有调频器参与频率的调整，以改变发电机输出的有功功率，这种调速通常称为频率的二次调整。电力系统调度部门预先编制的日负荷曲线大体上反映了第三种变化负荷的规律，这一部分负荷将在有功功率平衡的基础上，按照最优化的原则在各发电厂间进行分配，这种调整通常称为频率的三次调整。在进行各类电厂的负荷分配时，应根据各类电厂的技术经济特点，力求做到合理利用国家的动力资源，尽量降低发电能耗和发电成本。

本章还将简要地介绍火电厂间（或多台机组间）有功功率负荷按等耗量微增率准则进行经济分配的基本原理。

### 5.1.2 内容框架（见图 5-1）

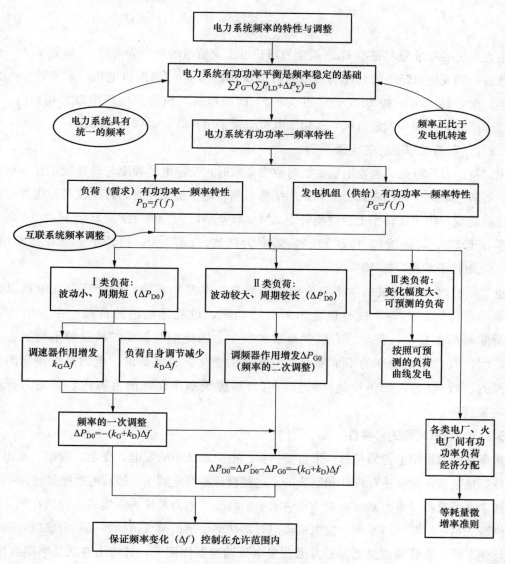

图 5-1 本章内容框架

# 第5.2节 电力系统的频率

电力系统的频率和发电机转速有对应关系，发电机转速的变化主要取决于作用在发电机转轴上的转矩，当原动力矩（对应于原动机的输出功率）与阻力矩（对应于发电机的电磁功率）平衡时，发电机就以恒定转速工作，则该电力系统频率恒定。

### 5.2.1 交流系统频率的定义

交流电的频率是由发电机的磁极对数 $p$ 和转子的转速 $n$ 决定的，它们有下列关系

$$f = \frac{n}{60}p \tag{5-1}$$

我国电力系统的标准频率是 50Hz（希望发电机发出交流电的频率为常数）。如果 $f$ 为一个确定的数值，则发电机转子的转速与磁极对数成反比。当 $p=1$（两极电机，大多数为火力发电机组）时，转速 $n=3000\text{r/min}$；当 $p=2$（四极电机，核能发电机组常采用）时，$n=1500\text{r/min}$。当 $p=3$（六极电机，水轮发电机组常采用）时，$n=1000\text{r/min}$。

### 5.2.2 影响频率变化的因素

由式（5-1）可见，若发电机的极对数为常数时，交流电的频率与转速成正比。而同步发电机的转速取决于作用在其轴上转矩的平衡，当转矩平衡变化时，转速也将发生相应的变化。也就是说，作用在转子上的过剩转矩 $\Delta M = M_\text{T} - M_\text{e} = 0$（即 $\Delta P = P_\text{T} - P_\text{e} = 0$）时，根据力学定理转子匀速旋转（或静止），频率为常数；$\Delta M > 0$，则转子加速，频率增大；$\Delta M < 0$，则转子减速，频率减小。

正常运行时，原动机的功率与发电动的输出功率是平衡的，这保证了发电机以恒定的同步转速运行。$P_\text{e}$ 等于发电机输出的有功功率，也就是机组的负荷，由于电力系统的负荷随时都在变化，甚至还有偶然事故的发生，因此随时都将打破这种平衡状态。发电机将因输入、输出功率的不平衡而发生转速的变化，也就是说，电力系统频率的稳定是相对的（暂时的），如何控制（调整）电力系统频率在允许的范围内，是电力行业的一个主要任务。

### 5.2.3 频率调整的必要性

频率是电力系统电能质量的一个重要指标。电力系统中的发电、变电、输电、配电和用电设备都是按额定频率进行设计和制造的，这些设备在额定频率下运行时效能最佳。

频率高低反映了电力系统有功功率供需平衡状况。电力系统的电能是不能储存的，有功功率供需关系一定要保持平衡。发电机输出有功功率小于负荷（包括网损）需求时，会使发电机转速下降，系统频率降低。一方面在发电机调速器作用下，其输出有功功率略有增加；另一方面负荷有功功率与频率有关，频率下降时负荷消耗的有功功率略有减少，从而使供需达到新的平衡，也就是在较低的频率下平衡。反之亦然。

如果系统装机容量不足，不能满足负荷增长的需要，则可能使系统长期处在低频运行下。低频运行的危害概括起来有以下几点：

（1）影响用户的工作和产品质量。在低频下运行时，电动机转速减慢，产量下降；频率下降还会使某些电子设备工作不正常。

（2）影响发电厂的安全运行。发电厂有大量的与频率高次方成正比变化的厂用机械，如送风机、引风机、给水泵、循环水泵等，频率降低将使这些设备功率不足，影响发电机输出有功功率，严重时可导致发电机停机、系统频率崩溃。

（3）影响汽轮机叶片寿命。低频运行将使汽轮机转速降低，可能使低压级叶片产生谐振，降低叶片寿命，甚至造成叶片断裂。

（4）影响系统的经济运行。电力系统长期处于低频运行将影响系统合理的经济功率分配；使发电机处在不经济运行状态下，并因电压降低使网损增加，影响系统经济运行。

# 第 5.3 节　电力系统有功功率平衡及有功负荷的合理分配

## 5.3.1　电力系统有功功率平衡

电力系统的频率与发电机的转速有严格的关系，发电机的转速是由作用在机组转轴上的转矩（或功率）平衡所确定的。原动机输出的功率扣除励磁损耗和各种机械损耗后，如果能同发电机产生的电磁功率严格的保持平衡，则发电机的转速就恒定不变。但是发电机输出的电磁功率是由系统运行状态决定的，全系统发电机输出的有功功率的总和，在任何时刻都应与全系统的有功功率需求（这里的有功功率需求是指系统用户的有功功率负荷与电网的有功功率损耗的总和）相等，即电力系统的有功功率在任何时刻都应是平衡的

$$\sum P_G - (\sum P_{LD} + \Delta P_\Sigma) = 0 \tag{5-2}$$

式中：$\sum P_G$ 为发电机发出的总有功功率；$\sum P_{LD}$ 为电力系统中所有用户的有功功率负荷；$\Delta P_\Sigma$ 为电网中的有功功率损耗（主要是变压器和线路的损耗）。

由于电能在目前还不能大量存储，有功功率总需求的任何变化都将同时引起发电机输出功率的相应变化，这种变化是瞬间完成的。原动机输出的机械功率由于机组本身的惯性和调节系统的相对迟缓的特点，无法适应发电机电磁功率的瞬时变化。因此，发电机转轴上转矩的绝对平衡是不存在的，但是将频率对额定值的偏移限制在一个相当小的范围内则是必要的，也是可能的。

### 1. 电力系统用户的有功功率负荷

电力系统有功功率负荷时刻都在变化。由系统实际负荷变化的曲线图 5-2 可知，系统负荷（$\sum P_{LD}$）可以看作是由三种具有不同变化规律的负荷组成。第一种是变化幅度很小、周期很短，变动有很大偶然性的负荷（图 5-2 中 $P_1$）；第二种是变化幅度和周期都较大的负荷，如电炉、延压机械、电气机车等（图 5-2 中 $P_2$）；第三种是幅度最大，变化缓慢的

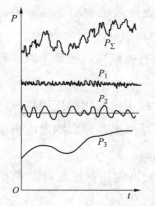

图 5-2　有功功率负荷的变化

$P_1$—第一种负荷变化；

$P_2$—第二种负荷变化；

$P_3$—第三种负荷变化；

$P_\Sigma$—实际不规则的负荷变化

持续变动负荷，如由于生产、生活、气候等变化而引起变动的负荷（图 5-2 中 $P_3$），这种负荷的变动基本上可以预计。

负荷的变化将引起频率的相应变化，第一种负荷变化引起的频率偏移将由发电机组的调速器进行调整，以改变发电机输出的有功功率，这种调整通常称为频率的一次调整。第二种负荷变化引起的频率变化，仅靠调速器的作用往往已不能将频率限制在允许的范围之内，这时必须有调频器参与频率的调整，以改变发电机输出的有功功率，这种调速通常称为频率的二次调整。电力系统调度部门预先编制的日负荷曲线大体上反映了第三种负荷变化的规律，这一部分负荷将在有功功率平衡的基础上，按照最优化的原则在各发电厂间进行分配，这种调整通常称为频率的三次调整。

## 2. 电力系统有功功率电源和备用容量

各类发电厂的发电机是电力系统唯一的有功功率电源，发电厂产生有功功率要消耗一次能源。

系统中的电源容量并非始终等于所有发电机额定容量之和，即不是所有发电设备全部不间断地投入运行，也非所有投入运行的发电设备都能按额定容量运行。为保证安全和优质供电，电力系统的有功功率平衡必须在额定运行参数下确立，而且还应具备一定的备用容量。

为了满足频率调整的需要，以适应用户对功率的要求，电力系统装设的发电机的额定容量必须大于当前的负荷，即必须装设一定的备用发电设备容量，以便在发电设备、供电设备发生故障或检修时，以及系统负荷增长后，仍有充足的容量向用户供电。系统中处于停机状态，但可随时待命启动的发电设备可能发的最大功率称为备用容量。它作为检修备用、国民经济备用及一部分事故备用。备用容量按其作用可分为负荷备用、事故备用、检修备用和国民经济备用，按其存在形式可分为旋转备用（亦称热备用）和冷备用。电力系统有适当的备用容量是保证其安全、优质和经济运行的必要条件。

（1）负荷备用：为了能及时向增加的负荷供电，需设置有备用容量，备用容量的大小可根据预测负荷和实际负荷等资料来确定，一般为最大负荷的 2%～5%。

（2）事故备用：部分机组由于本身发生偶然事故退出运行，为使用户不受到严重影响，维持系统正常运行而增设的容量。其大小可根据系统中机组的台数、容量、故障率及可靠性指标等确定，一般取最大负荷的 5%～10%，但不能小于最大一台机组的容量。

（3）检修备用：机组必须按计划检修，一部分机组因检修退出运行时，要启动检修备用容量。

（4）国民经济备用：这是为适应国民经济各部门用电逐月逐年增长而设置的备用容量。

上述四种备用有的处于运行状态，称为热备用或旋转备用；有的处于停机待命状态，称为冷备用。

### 5.3.2　各类发电厂负荷的合理分配

电力系统中的发电厂主要有火力发电厂、水力发电厂和核能发电厂三类。

各类发电厂由于设备容量、机组规格和使用的动力资源的不同有着不同的动力技术经济特性，必须结合它们的特点，合理地组织这些发电厂的运行方式，恰当安排它们在电力系统日负荷曲线和年负荷曲线中的位置，以提高系统运行的经济性。

**1. 各类发电厂主要特点**

（1）火力发电厂的主要特点。

1）火电厂在运行中需要支付燃料费用，使用外地燃料时，要占用国家的运输能力。但它的运行不受自然条件的影响。

2）火力发电设备的效率同蒸汽参数有关，高温高压设备的效率也高，中温中压设备效率较低，低温低压设备的效率更低。

3）受锅炉和汽机的最小技术负荷的限制。火电厂输出有功功率的调整范围比较小，其中高温高压设备可以灵活调节的范围最窄，中温中压的略宽。火电厂负荷的增减速度也慢。机组的投入和退出运行费时长，消耗能量多，且易损坏设备。

4）带有热负荷的火电厂称为热电厂，它采用抽汽供热，其总效率要高于一般的凝汽式火电厂。但是与热负荷相适应的那部分发电功率是不可调节的强迫功率。

（2）水力发电厂的特点。

1）不需支付燃料费用，而且利用的是可以再生的资源。但水电厂的运行因水库调节性能的不同在不同程度上受自然条件的影响。有调节水库的水电厂按水库的调节周期，可分为日调节、季调节、年调节和多年调节等几种。调节周期越长，水电厂的运行受自然条件影响越小。有调节水库水电厂主要是按调节部门给定的耗水量安排输出有功功率。无调节水库的径流式水电厂只能按实际来水流量发电。

2）水轮发电机的输出有功功率调整范围较宽，负荷增减速度相当快，机组的投入和退出运行费用都很少，操作简便安全，无需额外的耗费。

3）水力枢纽兼有防洪、发电、航运、灌溉、养殖、供水和旅游等多方面的效益。水库的发电用水量通常按水库的综合效益来考虑安排，不一定同电力负荷的需要相一致，因此只有在火电厂的适当配合下，才能充分发挥水力发电的经济效益。

抽水蓄能发电厂是一种特殊的水力发电厂，它有上下两级水库，在日负荷曲线的低谷期间，作为负荷向系统吸取有功功率，将下级水库的水抽到上级水库；在高峰负荷期间，由上级水库向下级水库放水，作为发电厂运行向系统发出有功功率。抽水蓄能发电厂的主要作用是调节电力系统有功负荷的峰谷差，其调峰作用如图 5-3 所示。在现代电力系统中，核能发电厂、高参数大容量火力发电机组日益增多，系统的调峰容量日显不足，而且随着社会的

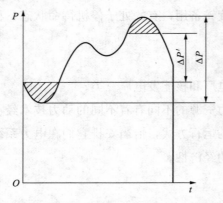

图 5-3　抽水蓄能水电厂的调峰作用

$\Delta P'$—加抽水蓄能电厂后的峰谷差；

$\Delta P$—原来的峰谷差

发展，用电结构的变化，日负荷曲线的峰谷差还有增大的趋势，建设抽水蓄能发电厂对于改善电力系统的运行条件具有很重要的意义。

核能发电厂同火力发电厂相比，一次性投资大，运行费用小，在运行中也不宜带急剧变动的负荷。反应堆和汽轮机组退出运行和再度投入都很费时，且要增加能量消耗。

2. 负荷分配基本原则

为了合理利用国家的动力资源，降低发电成本，必须根据各类发电厂的技术经济特点，恰当地分配它们承担的负荷，安排好它们在日负荷曲线中的位置。径流式水电厂的发电功率，利用防洪、灌溉、航运、供水等其他社会需要的放水量的发电功率，以及在洪水期间为避免弃水而满载运行的水电厂的发电功率，都属于水电厂的不可调功率，必须用于承担基本负荷；热电厂应承担与热负荷相适应的电负荷；核电厂应带稳定负荷。它们都必须安排在日负荷曲线的基本部分，然后对凝汽式火电厂按其效率的高低依次由下往上安排。

在夏季丰水期和冬季枯水期各类电厂在日负荷曲线中的安排示例如图 5-4 所示。在丰水期，因水量充足，为了充分利用水力资源，水电厂功率基本上属于不可调功率。在枯水期，来水较小，水电厂的不可调功率明显减少，仍带基本负荷。水电厂的可调功率应安排在日负荷曲线的尖峰部分，其余各类电厂的安排顺序不变。抽水蓄能电厂的作用主要是削峰填谷，系统中如有这类电厂，其在日负荷曲线中的位置已示于图 5-4。

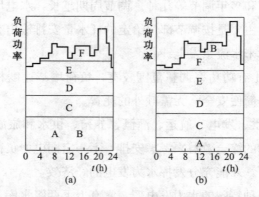

图 5-4　各类发电厂在日负荷曲线上的负荷分配示例

（a）丰水期；（b）枯水期

A—水电厂的不可调功率；B—水电厂的可调功率；C—热电；D—核电厂；

E—高温高压凝汽式火电厂；F—中温中压凝汽式火电厂

# 第 5.4 节  电力系统有功功率—频率特性

### 5.4.1  电力系统负荷的有功功率—频率特性

本章进行电力系统频率分析时（发电机与系统的界面）所指的电力系统有功功率负荷实际上就是有功功率总需求，即用户的有功功率负荷和电网的有功功率损耗的总和（以下的分析中近似地用有功负荷 $P_D$ 表示）。

当频率变化时，电力系统中的有功功率负荷也将发生变化。当电力系统稳态运行时，系统中有功负荷随频率变化的特性称为负荷频率特性。

根据电力系统负荷所需的有功功率与频率的关系，可将负荷分为以下几种：①与频率变化无关的负荷，如照明、电炉、整流负荷等；②与频率的一次方成正比的负荷，如切削车床、往复式水泵、压缩机、球磨机等；③与频率的二次方成正比的负荷，如变压器中的涡流损耗；与频率的三次方成正比的负荷，如通风机、循环水泵等；④与频率的更高次方成正比的负荷，如静水头很大的给水泵等。电网中总的有功功率损耗随频率的变化规律与有功功率负荷的变化趋势相当。因此，系统综合负荷的频率特性用数学式可表示为

$$P_D = a_0 P_{DN} + a_1 P_{DN}\left(\frac{f}{f_N}\right) + a_2 P_{DN}\left(\frac{f}{f_N}\right)^2 + a_3 P_{DN}\left(\frac{f}{f_N}\right)^3 + \cdots \tag{5-3}$$

式中：$P_D$ 是系统频率为 $f$ 时负荷的有功功率；$P_{DN}$ 是系统频率为 $f_N$（额定）时负荷的有功功率；$a_0, a_1, a_2, \cdots$ 为各类负荷占 $P_{DN}$ 的比例系数。

如以 $P_{DN}$、$f_N$ 为基准，式（5-3）可表示为标幺值形式

$$P_{D*} = a_0 + a_1 f_* + a_2 f_*^2 + a_3 f_*^3 + \cdots \tag{5-4}$$

显然

$$a_0 + a_1 + a_2 + a_3 + \cdots = 1 \tag{5-5}$$

式（5-3）及式（5-4）即为负荷的有功功率—频率特性方程。该方程表示，当系统频率降低（升高）时，系统负荷的有功功率将减小（增大）。该特性也可用曲线表示，由于实际系统中允许频率变化的范围很小，而在负荷的组成中一次方关系的负荷比例较大，所以负荷的频率特性曲线可近似为一直线。实际系统实测的结果也表明，在额定频率附近系统负荷的有功功率与频率变化近似成线性关系，如图 5-5 所示。图中直线斜率为

$$K_D = \frac{\Delta P_D}{\Delta f} \tag{5-6}$$

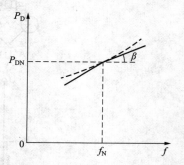

图 5-5  负荷的有功功率
—频率特性

标幺值为

$$K_{D*} = \frac{\Delta P_{D*}}{\Delta f_*} = \tan\beta \tag{5-7}$$

即

$$K_{D*} = K_D \frac{f_N}{P_{DN}} \tag{5-8}$$

$K_D$、$K_{D*}$ 称为负荷的频率调节效应系数，又称负荷的单位调节功率，它反映了系统负荷对频率的自动调整作用。该特性系数取决于系统负荷的组成，显然是不可调整的。

$K_{D*}$ 是电力系统调度部门必须掌握的一个数据，实际系统应由实测获得。一般系统 $K_{D*}$ 的值为 $1\sim3$，它表示频率变化 $1\%$ 时，负荷的有功功率相应变化 $1\%\sim3\%$。

### 5.4.2 发电机组的有功功率—频率特性

当系统频率变化时，汽轮机（或水轮机）调速系统将自动地改变进汽量（或进水量），以相应增减发电机输出的功率，调整结束后达到新的稳态。这种反映由频率变化而引起汽轮机（或水轮机）输出功率变化的关系，称为发电机组有功功率—频率特性。为了说明这种静态特性，下面对调速系统的作用原理作简要介绍。

原动机调速系统有很多类型，为直观起见，下面介绍离心飞摆式机械调速系统，其工作原理示意如图 5-6 所示。它由四部分构成，即转速测量元件（由离心飞摆、弹簧和套筒组成）、放大元件（错油门）、执行机构（油动机）、转速控制机构（调频器）。其工作原理如下：调速器的离心飞摆（简称飞摆）1 由套筒带动转动，套筒则由原动机的主轴带动。单机运行时，机组负荷增大，转速下降，致使离心力减小，在弹簧 2 的作用下飞摆 1 向转轴靠拢，使 A 点向下移动到 A′。但因油动机 4 的活塞两边油压相等，因此 B 点不动，结果使杠杆 AB 绕 B 点逆时针转动到 A′B。在调频器 5 未动的情况下，D 点不动，因而在 A 点下降到 A′时，杠杆 DE 绕 D 点顺时针转动到 DE′，即 E 点向下移动到 E′。这样，错油门 3 的活塞向下移动，使油管 a、b 的小孔开启，压力油经油管 b 进入油动机活塞下部，而活塞上部的油则由油管 a 经错油门上部小孔溢出。在油压作用下，油动机活塞向上移动，使汽轮机的调

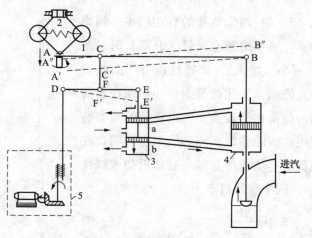

图 5-6 离心飞摆式调速系统原理示意图

1—飞摆；2—弹簧；3—错油门；4—油动机；5—调频器

节汽门或水轮机的导向叶片开度增大，增加进汽量或进水量。

油动机活塞上升的同时，由于进汽（或进水）量的增加，机组转速上升，飞摆 1 的离心力增大，A′随之上升，当杠杆 AB 的上升使 C 点回到原来位置时，连动错油门的活塞也回到原来的位置，使油管 a、b 的小孔重新堵住。这时油动机活塞又处于上下油压相等的状态下，停止移动，调节过程结束。这时杠杆 AB 的位置变为 A″CB″。分析杠杆 AB 的位置可见，杠杆上 B″的位置较 B 点高，C 点的位置和原来相同，A″的位置较 A 略低。这说明调整后的进汽（或进水）量较原来多，发电机输出功率增大了。但机组转速较原来略低，也说明系统的频率较原来略低，并没有恢复原来的数值。以上为频率"一次调整"的过程。

为了使负荷增加后机组转速仍能恢复到原始转速，可由调频器的动作来完成。在人工手动操作或自动装置的控制下，调频器转动蜗轮、蜗杆，将 D 点抬高，杠杆 DE 绕 F 点顺时针转动，使错油门再次向下移动，从而进一步增加进汽（或进水）量。机组转速便可上升，这样飞摆使 A 点由 A″向上升。而在油动机活塞向上移动时，杠杆 AB 又绕 A″逆时针转动，带动 C、F、E 点向上移动，再次堵住错油门小孔，结束调节过程。由图 5 - 6 可见，由于调频器动作使 D 点升高，E 点不同，则 F 点和 C 点都较原来要高，只要 D 点位置得当，A 点就可以回到原来的位置，即机组的转速可以回复到原来的转速，系统的频率也就回复到原来的值。这就是频率"二次调整"的过程。

由上述频率的调整过程可见，对应增大了的有功功率负荷，系统频率下降，经调速器调整，使发电机组输出的有功功率增加。反之，如果有功功率负荷减少，系统频率上升，则调速器调整的结果可使机组输出有功功率减少。如果系统频率为横坐标，以机组输出有功功率为纵坐标绘出关系曲线，将得到一条倾斜的直线，如图 5 - 7 所示，这就是发电机组有功功率—频率特性曲线。

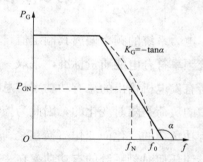

图 5 - 7　发电机组有功功率—频率特性

发电机组的有功功率—频率特性曲线的斜率为

$$K_G = \tan\alpha = -\frac{\Delta P_G}{\Delta f} \tag{5-9}$$

式中：$K_G$ 称为发电机的单位调节功率；负号表示发电机输出有功功率的变化与频率变化的趋势相反，即发电机输出有功功率增加时，频率是降低的。

$K_G$ 用标幺值表示则为

$$K_{G*} = -\frac{\Delta P_G / P_{GN}}{\Delta f / f_N} = -\frac{\Delta P_{G*}}{\Delta f_*} = K_G \frac{f_N}{P_{GN}} \tag{5-10}$$

$K_{G*}$ 与负荷的调节效应系数 $K_{D*}$ 不同，发电机的单位调节功率 $K_{G*}$ 是可以整定的。

发电机组的单位调节功率与机组的调差系数 $\sigma(\sigma_* = \sigma\%)$ 有一定关系。所谓机组的调差

系数，是以百分数表示的机组空载运行时的频率 $f_0$ 与额定条件下运行时的频率 $f_N$ 的差值，即

$$\sigma\% = \frac{f_0 - f_N}{f_N} \times 100\% \qquad (5-11)$$

$\sigma\%$ 可以定量表明一台机组负荷改变时相应的转速偏移。调差系数的倒数就是机组的单位调节功率，由图 5-7 可见

$$K_G = -\frac{0 - P_{GN}}{f_0 - f_N} = \frac{P_{GN}}{f_N \sigma\%} \times 100\% \qquad (5-12)$$

用标幺值表示有

$$K_{G*} = \frac{1}{\sigma\%} \times 100\% \qquad (5-13)$$

一般取值范围为：汽轮发电机组 $K_{G*} = 25 \sim 16.8$，$\sigma_* = 0.04 \sim 0.06$；水轮发电机组 $K_{G*} = 50 \sim 25$，$\sigma_* = 0.02 \sim 0.04$。

调差系数的大小对频率偏移的影响很大，调差系数越小（即单位调节功率越大），频率偏移也越小。

## 第 5.5 节　电力系统频率的调整

电力系统的频率偏离其额定值，对用户和发电厂自身的运行都将产生不利影响。为了使系统频率符合电能质量标准，采取一定的频率调整措施是必不可少的。系统频率只有在系统中所有发电机输出的总有功功率与总有功负荷（包括网损）相等时，才能保持不变。然而系统中的负荷是随时变化的，因此为控制系统频率就必须具备可供调整的有功电源，随着系统中有功负荷的变化而变化。换言之，保证系统频率质量首先是系统中要有充足的有功电源容量，使任何时刻系统的有功功率在"供"与"求"之间保持平衡。

### 5.5.1　频率的一次调整

5.4 节介绍了电力系统中发电机组和负荷的有功功率与频率变化的关系。按有功功率平衡的要求，现将两者同时考虑来说明系统频率的一次调整。

发电机组与负荷的有功功率—频率特性的交点就是系统的初始运行点，如图 5-8 中的 0 点。若 0 点运行时，负荷的有功功率突然增加 $\Delta P_{D0}$，即负荷的频率特性突然从 $P_D$ 向上移动至 $P'_D$（$\Delta P_{D0}$ 为负荷功率的原始增量），由于发电机输出的有功功率不能随负荷的突然增加而及时变动，发电机组将减速，导致电力系统频率下降。在系

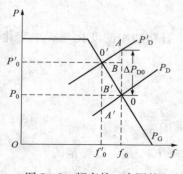

图 5-8　频率的一次调整

统频率下降时，发电机输出的有功功率将因调速器的一次调整作用而增加，同时负荷所需的有功功率将因本身的调节效应而减少。前者沿发电机组的频率特性向上增加，后者沿负荷的频率特性 $P'_D$ 而向下减少，最后在新的平衡点 $0'$ 稳定下来。因此这一调节过程是由发电机和负荷共同完成的。

由图 5-8 可见，有

$$\Delta P_{D0} = \overline{A0} = \overline{0B} + \overline{BA} = -K_G\Delta f - K_D\Delta f = -(K_G + K_D)\Delta f$$

若 $K_S = K_G + K_D$，则有

$$K_S = K_G + K_D = -\frac{\Delta P_{D0}}{\Delta f} \tag{5-14}$$

式（5-14）也可以用标幺值表示为

$$K_{S*} = K_{G*} + K_{D*} = -\frac{\Delta P_{D0}/P_{DN}}{\Delta f/f_N} = -\frac{\Delta P_{D0*}}{\Delta f} \tag{5-15}$$

式中：$P_D$ 为初始运行状态时的总有功功率负荷；$K_S$ 为整个电力系统的有功功率—频率特性系数，又称为电力系统的单位调节功率。它说明在频率的一次调整作用下，单位频率的变化可能承受多少系统负荷的变化。

已知 $K_S$ 值时，可以根据允许的频率偏移幅度计算出系统能够承受负荷变化幅度，或者根据负荷变化计算出系统可能发生的频率变化。显然 $K_S$ 值大，负荷变化引起的频率变化的幅度就小。因为 $K_D$ 不能调节，增大 $K_S$ 值只能通过减少调差系数解决。但是调差系数过小，将使系统工作不稳定。

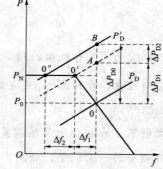

图 5-9 负荷变动大时一次调频

**注意：** 如图 5-9 所示，当负荷变动比较大（$\Delta P_{D0}$），即 $P_D \rightarrow P'_D$ 时，频率的改变 $\Delta f$ 可以有两种方法计算，即

$$\Delta f = \Delta f_1 + \Delta f_2 = -\frac{\Delta P_{D1}}{K_G + K_D} - \frac{\Delta P_{D2}}{K_D}$$

或

$$\Delta f = -\frac{\Delta P_{D0} - (P_N - P_0)}{K_D}$$

对于变化幅度较小、周期较短的负荷波动（第 1 类负荷），由调速器实现的频率一次调整后一般就可以满足要求（频率的偏差 $\Delta f$ 在允许的范围内）。但频率的一次调整只能是有差调节（即 $\Delta f \neq 0$）。

当 $n$ 台装有调速器的机组并联运行时，可根据各机组的调差系数和单位调节功率计算出其等值调差系数 $\sigma(\sigma_*)$，或计算出等值单位调节功率 $K_G(K_{G*})$。

当系统频率变动 $K_G$ 时，第 $i$ 台机组的输出功率增量为

$$\Delta P_{Gi} = -K_{Gi}\Delta f \qquad (i = 1, 2, \cdots, n) \tag{5-16}$$

$n$ 台机组输出功率总增量为

$$\Delta P_G = \sum_{i=1}^{n} \Delta P_{Gi} = -\sum_{i=1}^{n} K_{Gi} \Delta f = -K_G \Delta f \tag{5-17}$$

故 $n$ 台机组的等值单位调节功率为

$$K_G = \sum_{i=1}^{n} K_{Gi} = \sum_{i=1}^{n} \left( K_{Gi*} \frac{\Delta P_{GiN}}{f_N} \right) \tag{5-18}$$

由此可见，$n$ 台机组的等值单位调节功率远大于一台机组的单位调节功率。在输出功率变动值 $\Delta P_G$ 相同的条件下，多台机组并列运行时的频率变化比一台机组运行时的要小得多。

若把 $n$ 台机组用一台等值机来代表，利用关系式（5-13），并计及式（5-18），即可求得等值单位调节功率的标幺值为

$$K_{G*} = \frac{\sum_{i=1}^{n} K_{Gi*} P_{GiN}}{P_{GN}} \tag{5-19}$$

其倒数为等值调差系数，即

$$\sigma_* = \frac{1}{K_{G*}} = \frac{P_{GN}}{\sum_{i=1}^{n} \frac{P_{GiN}}{\sigma_{i*}}} \tag{5-20}$$

式中：$P_{GiN}$ 为第 $i$ 台机组的额定功率；$P_{GN} = \sum_{i}^{n} P_{GiN}$ 为全系统 $n$ 台机组额定功率之和。

必须注意，在计算 $K_G$ 或 $\sigma$ 时，如第 $i$ 台机组已满载运行，当负荷增加时应取 $K_{Gi} = 0$ 或 $\sigma_i = \infty$。

求出了 $n$ 台机组的等值调差系数 $\sigma$ 和等值单位调节功率 $K_G$ 后，就可像一台机组时一样来分析频率的一次调整。利用式（5-16）可算出负荷功率初始变化量 $\Delta P_{D0}$ 引起的频率偏差 $\Delta f$。而各台机组所承担的功率增量则为

$$\Delta P_{Gi} = K_{Gi} \Delta f = \frac{1}{\sigma_i} \Delta f = \frac{\Delta f}{\sigma_{i*}} \frac{P_{GiN}}{f_N}$$

或

$$\frac{\Delta P_{Gi}}{P_{GiN}} = \frac{\Delta f_*}{\sigma_{i*}} \tag{5-21}$$

由式（5-21）可见，调差系数越小的机组增加输出的有功功率（相对于本身的额定值）就越多。

**【例5-1】** 电力系统中有 A、B 两等值机组并列运行，向负荷 $P_D$ 供电。等值机 A 额定容量为 500MW，调差系数 0.04，等值机 B 额定容量为 400MW，调差系数 0.05。系统负荷的频率调节效应系数 $K_{D*} = 1.5$。当负荷 $P_D$ 为 600MW 时，频率为 50Hz，等值机 A 输出有功功率 500MW，等值机 B 输出有功功率 100MW。试问：（1）当系统增加 50MW 负荷后，系统频率和机组输出有功功率是多少？（2）当系统切除 50MW 负荷后，系统频率和机组输出有功功率是多少？

**解**：首先求等值机 A、B 的单位调节功率及负荷的频率调节效应系数为

$$K_{GA}=\frac{1}{\sigma_*}\frac{P_{GNA}}{f_N}=\frac{1}{0.04}\times\frac{500}{50}=250(MW/Hz)$$

$$K_{GB}=\frac{1}{\sigma_*}\frac{P_{GNB}}{f_N}=\frac{1}{0.05}\times\frac{400}{50}=160(MW/Hz)$$

$$K_D=K_{D*}\frac{P_{DN}}{f_N}=1.5\times\frac{600}{50}=18(MW/Hz)$$

（1）当系统增加 50MW 负荷后。

**注意**：在计算系统单位调节功率前，一定要分析哪些机组有多余输出有功功率可以参加频率的一次调整，已经满发的机组不能再参加频率的一次调整。

由题意可知，等值机 A 已经满载，若负荷增加，频率下降，$K_{GA}=0$，不再参加频率调整。系统的单位调节功率

$$K_S=K_{GB}+K_D=160+18=178(MW/Hz)$$

频率的变化量

$$\Delta f=-\frac{\Delta P_D}{K_S}=\frac{-50}{178}=-0.2809(Hz)$$

系统频率

$$f=50-0.2809=49.72(Hz)$$

等值机 A 输出有功功率

$$P_{GA}=500(MW)$$

等值机 B 输出有功功率

$$P_{GB}=100-K_{GB}\Delta f=100+160\times0.2809=144.94(MW)$$

（2）当系统切除 50MW 负荷后。

**注意**：在系统切除负荷时，相当于系统增加了负的负荷，因此即使是原来满发的机组也能参与频率的一次调整。

等值机 A 满载运行，负荷增加时无可调功率，但切除负荷，即负荷减少，频率上升，机组 A 具有频率调整作用，即系统的单位调节功率为

$$K_S=K_{GA}+K_{GB}+K_D=250+160+18=428(MW/Hz)$$

频率的变化量

$$\Delta f=-\frac{\Delta P_D}{K_S}=-\frac{-50}{428}=0.117(Hz)$$

系统频率

$$f=50+0.117=50.117(Hz)$$

等值机 A 输出有功功率

$$P_{GA}=500-K_{GA}\Delta f=500-250\times0.117=470.75(MW)$$

等值机 B 输出有功功率

$$P_{GB} = 100 - K_{GB}\Delta f = 100 - 160 \times 0.117 = 81.30(\text{MW})$$

### 5.5.2 频率的二次调整

当电力系统由于负荷变化引起的频率偏移较大，采取一次调频尚不能使其保持在允许的范围以内时，需要进行频率的二次调整。频率的二次调整就是以手动或自动方式调节调频器，来改变发电机组输出的有功功率，使系统的频率保持为负荷增长前的水平或使频率的偏差在允许的范围之内。

由图 5-10 可见，在频率的一次调整时，当负荷增加 $\Delta P_{D0}$，运行点将移到 $0'$，即频率下降到 $f_0'$，功率增至 $P_0'$。如果此时频率偏移 $\Delta f'$ 超过允许的范围，可操作调频器再增加发电机输出的有功功率，使其有功功率—频率特性曲线向右平行移动，发电机增发功率 $\Delta P_{G0}$，则运行点将从 $0'$ 转移到 $0''$，其对应的功率为 $P_0''$、频率为 $f_0''$，即进行了频率的二次调整后，频率的偏移由 $\Delta f'$ 减小为 $\Delta f''$，发电机供给负荷的有功功率从 $P_0'$ 增加为 $P_0''$。显然，由于进行了频率的二次调整，电力系统的频率质量有了提高。

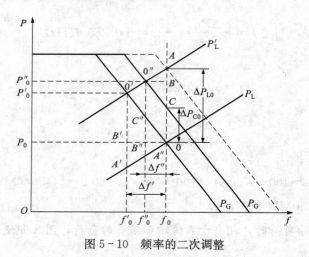

图 5-10 频率的二次调整

分析图 5-10 可见，在频率的一次调整和二次调整同时进行时，系统负荷的增量 $\Delta P_{D0}$ 是由三部分调节功率与之平衡的，具体如下：

（1）由频率的一次调整（调速器作用）增发的功率为 $-K_G\Delta f''$，见图 5-10 中的 $CB$ 线段。

（2）由频率的二次调整（调频器作用）增发的功率 $\Delta P_{G0}$，见图 5-10 中的 $0C$ 线段。

（3）由负荷自身的调节效应而减少取用的功率为 $-K_D\Delta f''$，见图 5-10 中的 $BA$ 线段。用公式表示可以写成

$$\Delta P_{D0} = \Delta P_{G0} - K_G\Delta f'' - K_D\Delta f''$$

或

$$\Delta P_{D0} - \Delta P_{G0} = -(K_G + K_D)\Delta f'' = -K_S\Delta f'' \qquad (5-22)$$

式（5-22）为具有频率二次调整的功率平衡方程式，由此可得

$$\Delta f'' = -\frac{\Delta P_{D0} - \Delta P_{G0}}{K_S} \tag{5-23}$$

如果使用调频器进行频率二次调整所得的发电机输出有功功率的增量能完全抵偿负荷增加的增量，即 $\Delta P_{D0} - \Delta P_{G0} = 0$，就能维持原频率不变（即 $\Delta f'' = 0$），这样便实现了频率的无差调节。无差调节特性如图 5-10 中虚线所示。

电力系统中各发电机组均装有调速器，所以系统中每台运行机组都参与频率的一次调整（满载机组除外）。频率的二次调整（又称二次调频）则不同，一般只由系统中选定的极少电厂的发电机组担任二次调频。

上述单机负荷系统的调频过程可推广运用于实际系统中多台机组的情况。设系统有 $n$ 台机组，且其中第 $m$ 台是主调频机组承担二次调频，$n$ 台机组进行频率的一次调整（又称一次调频），类似式（5-23）可直接列出

$$\Delta f = -\frac{\Delta P_{D0} - \Delta P_{Gm0}}{\sum_{i=1}^{n} K_{Gi} + K_D} = -\frac{\Delta P_{D0} - \Delta P_{Gm0}}{K_S} \tag{5-24}$$

比较式（5-23）和式（5-24）可见，由于 $n$ 台机组的单位调节功率 $\sum_{i=1}^{n} K_{Gi}$ 远大于 1 台机组的 $K_{Gi}$，在同样的功率缺额（$\Delta P_{D0} - \Delta P_{Gm0}$）下，系统频率变化要比仅 1 台机组时小得多。

在电力系统中，二次调频任务可分配给一个或几个主调频厂的发电机来承担。当系统中不止一台主调频机时，式（5-24）中 $\Delta P_{Gm0}$ 就应是所有主调频机组二次调频增发功率之和 $\sum \Delta P_{Gm0}$。当所有主调频机组的功率都不能补偿负荷的原始变化量时，系统的功率缺额（$\Delta P_{D0} - \sum \Delta P_{Gm0}$）仍由其他发电机组进行一次调频，按各自的功频特性分配，同时由系统负荷的频率调节效应来共同补偿。

负有二次调频任务的电厂称为调频厂，调频厂又分成主调频厂和辅助调频厂。只有在主调频厂调节后，而系统频率仍不能恢复正常时，才启用辅助调频厂。而非调频厂在系统正常运行情况下，则按预先给定的负荷曲线发电。

选择主调频厂时，主要应考虑：

（1）其应拥有足够的调整容量及调整范围。

（2）调频机组应具有与负荷变化速度相适应的调整速度。

（3）其调整输出有功功率时应符合安全及经济的原则。

水轮机组具有较宽的输出有功功率调整范围，一般可达额定容量的 50% 以上。负荷的增长速度也较快，一般在 1min 以内即可从空载过渡到满载状态，而且操作方便、安全。

火力发电厂的锅炉和汽轮机都受允许最小技术负荷的限制，其中锅炉约为其额定容量的 25%（中温中压）～70%（高温高压）；汽轮机为其额定容量的 10%～15%。因此，火电厂输出有功功率的调整范围不大。而且发电机组的负荷增减速度也受汽轮机各部分允许热膨胀条

件的限制，不能过快，在 50%～100% 额定负荷范围内，每分钟仅能上升 2%～5%，这些特点对担负调频任务都是不利的。

从输出有功功率的调整范围和调整速度来看，水电厂最适宜承担调频任务。但是在安排各类电厂负荷时，还应考虑整个电力系统运行的经济性。在枯水季节，宜选水电厂作为主调频厂，火电厂中效率较低的机组则承担辅助调频任务。在丰水季节为了充分利用水力资源，避免弃水，水电厂宜带稳定的负荷，而由效率不高的中温中压凝汽式火电厂承担调频任务。

**【例 5-2】** 设电力系统中发电机组的容量、台数和它们的调差系数分别如下：

水轮机组：100MW/台×5 台＝500MW，$\sigma\%=2.5\%$；75MW/台×5 台＝375MW，$\sigma\%=2.75\%$；

汽轮机组：100MW/台×6 台＝600MW，$\sigma\%=3.5\%$；50MW/台×20 台＝1000MW，$\sigma\%=4.0\%$。

较小单机容量的汽轮发电机组合计 1000MW，$\sigma\%=4.0\%$，系统额定频率为 50Hz，总负荷为 3000MW，负荷的单位调节功率 $K_{D*}=1.5$，试计算在以下三种情况下，系统新的稳定频率：（1）全部机组参加一次调频；（2）全部机组不参加一次调频；（3）仅有水轮发电机组参加一次调频。

**解：** 首先计算出各发电机组和负荷的单位调节功率。

5×100MW 水轮机　　$K_{G1}=\dfrac{1}{\sigma\%}\dfrac{P_{GN}}{f_N}=\dfrac{100}{2.5}\times\dfrac{500}{50}=400(\text{MW/Hz})$

5×75MW 水轮机　　$K_{G2}=\dfrac{1}{\sigma\%}\dfrac{P_{GN}}{f_N}=\dfrac{100}{2.75}\times\dfrac{375}{50}=273(\text{MW/Hz})$

6×100MW 汽轮机　　$K_{G3}=\dfrac{1}{\sigma\%}\dfrac{P_{GN}}{f_N}=\dfrac{100}{3.5}\times\dfrac{600}{50}=343(\text{MW/Hz})$

20×50MW 汽轮机　　$K_{G4}=\dfrac{1}{\sigma\%}\dfrac{P_{GN}}{f_N}=\dfrac{100}{4.0}\times\dfrac{1000}{50}=500(\text{MW/Hz})$

1000MW 小容量汽轮机组　$K_{G5}=\dfrac{1}{\sigma\%}\dfrac{P_{GN}}{f_N}=\dfrac{100}{4.0}\times\dfrac{1000}{50}=500(\text{MW/Hz})$

系统负荷　　$K_D=K_{D*}\dfrac{P_{DN}}{f_N}=1.5\times\dfrac{3000}{50}=90(\text{MW/Hz})$

（1）全部机组都参加一次调频。

**注意：** 决定计算机组是否参加一次或者二次调频，需要分析机组是否还有多余有功功率参与频率调整，如果机组满载运行则不参与频率调整。

$K_S=K_D+K_{G1}+K_{G2}+K_{G3}+K_{G4}+K_{G5}=90+400+273+343+500+500=2106(\text{MW/Hz})$

经过一次调频　　$\Delta f=\dfrac{\Delta P_{D0}}{K_S}=-\dfrac{3300-3000}{2106}=-0.14(\text{Hz})$

新的系统频率变为 $f=f_N+\Delta f=50-0.14=49.86(\text{Hz})$

（2）全部机组都不参加一次调频。

**注意**：可以看出，此时没有机组参与频率调整，只能依靠负荷自身调节效应，因此频率偏移较为严重。

$$K_S=K_D+\sum_{i=1}^{5}K_{Gi}=90+0=90(\text{MW/Hz})$$

经过调整 $\Delta f=-\dfrac{\Delta P_{D0}}{K_S}=-\dfrac{3300-3000}{90}=-3.33(\text{Hz})$

系统频率为 $f=f_N+\Delta f=50-3.33=46.67(\text{Hz})$

（3）仅由水轮机组参加一次调频

$$K_S=K_D+K_{G1}+K_{G2}=90+400+273=763(\text{MW/Hz})$$

经过一次调频后 $\Delta f=\dfrac{\Delta P_{D0}}{K_S}=-\dfrac{3300-3000}{763}=-0.39(\text{Hz})$

新的系统频率为 $f=f_N+\Delta f=50-0.39=49.61(\text{Hz})$

负荷自身调节效应减少的功率 $\Delta P_D=K_D\Delta f=90\times0.39=35.1(\text{MW})$

系统实际负荷为 $3300-35.1=3264.9(\text{MW})$

**【例 5-3】** 系统条件与［例 5-2］中情况（3）相同，试求：（1）要求频率无差调节时，发电机二次调频功率为多少？（2）要求系统频率不低于 49.8Hz 时，发电机二次调频功率为多少？

**解：**（1）经过二次调频时的系统频率偏移由下式计算

$$\Delta f=\dfrac{\Delta P_{D0}-\Delta P_{G0}}{K_S}$$

为实现无差调节 $\Delta f=0$，所以发电机二次调频的功率应为

$$\Delta P_{G0}=\Delta P_{D0}=300(\text{MW})$$

（2）经过二次调频时，系统频率偏移允许值

$$\Delta f=49.8-50=-0.2(\text{Hz})$$

根据［例 5-2］问题（3）的结果 $K_S=763\text{MW/Hz}$，所以

$$\Delta P_{G0}=\Delta P_{D0}+K_S\Delta f=300-763\times0.2=147.4(\text{MW})$$

为使系统频率不低于 49.8Hz，二次调频功率不得小于 147.4MW。

### 5.5.3 互联系统的频率调整

大型电力系统的供电地区辽阔，电源和负荷的分布情况比较复杂，频率调整难免引起网络中潮流的重新分布。如果将整个电力系统看作是由若干个分系统通过联络线连接而成的互联系统，那么在调整频率时，还必须注意联络线交换功率的控制问题。

图 5-11 表示系统 A 和 B 通过联络线组成互联系统。假定系统 A 和 B 的负荷变化量分别为 $\Delta P_{DA}$ 和 $\Delta P_{DB}$，由二次调频得到的发电功率增量分别为 $\Delta P_{GA}$ 和 $\Delta P_{GB}$，单位调节功率

分别为 $K_A$ 和 $K_B$。联络线交换功率增量为 $\Delta P_{AB}$，以由 A 至 B 为正方向。这样 $\Delta P_{AB}$ 对于系统 A 相当于负荷增量，对于系统 B 相当于发电功率增量。

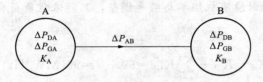

图 5 - 11　互联系统功率交换

对于系统 A 有

$$\Delta P_{DA} + \Delta P_{AB} - \Delta P_{GA} = -K_A \Delta f_A \tag{5-25}$$

对于系统 B 有

$$\Delta P_{DB} - \Delta P_{AB} - \Delta P_{GA} = -K_B \Delta f_B \tag{5-26}$$

互联系统应有相同的频率，故 $\Delta f_A = \Delta f_B = \Delta f$，联立式（5 - 25）、式（5 - 26）求解，可得

$$\Delta f = -\frac{(\Delta P_{DA} + \Delta P_{DB}) - (\Delta P_{GA} + \Delta P_{GB})}{K_A + K_B} = -\frac{\Delta P_D - \Delta P_G}{K_A + K_B} \tag{5-27}$$

式中

$$\Delta P_D = \Delta P_{DA} + \Delta P_{DB}, \qquad \Delta P_G = \Delta P_{GA} + \Delta P_{GB}$$

若 $\Delta P_D = \Delta P_G$，则 $\Delta f = 0$，因此式（5 - 27）可改写为

$$\Delta f = -\frac{(\Delta P_{DA} - \Delta P_{GA}) + (\Delta P_{DB} - \Delta P_{GB})}{K_A + K_B} = -\frac{\Delta P_A + \Delta P_B}{K_A + K_B}$$

此时，即 A、B 两系统的功率缺额分别为

$$\Delta P_A = \Delta P_{DA} - \Delta P_{GA}, \qquad \Delta P_B = \Delta P_{DB} - \Delta P_{GB}$$

$$\Delta P_{AB} = \frac{K_A \Delta P_B - K_B \Delta P_A}{K_A + K_B} \tag{5-28}$$

若 $\dfrac{\Delta P_A}{K_A} = \dfrac{\Delta P_B}{K_B}$，则 $\Delta P_{AB} = 0$。

也就是说，互联系统发电功率的二次调频增量 $\Delta P_G$ 若能同全系统的负荷增量 $\Delta P_D$ 相平衡，则可实现无差调节，即 $\Delta f = 0$；否则，将出现频率偏移。

当 A、B 两系统都进行二次调频，而且两系统的功率缺额又恰同其单位调节功率成比例，联络线上的交换功率增量 $\Delta P_{AB}$ 便等于零。

由上述可知，互联系统频率的变化取决于这个系统总的功率缺额和系统总的单位调节功率。联络线上的交换功率取决于两个系统的单位调节功率、二次调频能力及负荷变化的情况。当 $\Delta P_A = 0$（即系统 A 没有功率缺额）时，联络线上由系统 A 流向系统 B 的功率将增大；反之，当 $\Delta P_B = 0$（即系统 B 没有功率缺额）时，联络线上由系统 A 流向系统 B 的功率将减小。而当系统 B 的功率缺额完全由系统 A 增发的功率抵偿时，即 $\Delta P_B = -\Delta P_A$，则 $\Delta f = 0$，$\Delta P_{AB} = \Delta P_B = -\Delta P_A$。这时虽可维持系统的频率不变，但系统 B 的功率缺额完全要经过系统间的联络线由系统 A 向其传输。若互联系统交换功率超过线路允许范围时，即使互联系统具有足够的二次调频能力，由于受到联络线上交换功率的限制，系统频率也不能维持不变。

即便是对由三个或三个以上的分系统组成的大型互联系统进行分析，只要分别定义好各分系统的负荷增量、二次调频增发的有功功率和各分系统之间联络线上交换的功率，便可根据二次调频特性方程建立多系统的频率调节特性方程并求解。

**【例 5 - 4】** 两系统由联络线连接为一联合系统。正常运行时，联络线上没有交换功率流通。两系统的容量分别为 1500MW 和 1000MW；各自的单位调节功率（分别以两系统容量为基准的标幺值）示于图 5 - 12。设系统 A 负荷增加 100MW，试计算下列情况下的频率变量和联络线上流过的交换功率：（1）A、B 两系统机组都参加一次调频；（2）A、B 两系统机组都不参加一次调频；（3）系统 B 机组不参加一次调频；（4）系统 A 机组不参加一次调频。

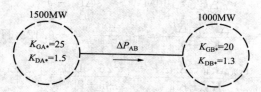

图 5 - 12 两个系统的联合

**解：** 将以标幺值表示的单位调节功率折算为有名值

$$K_{GA}=K_{GA*}P_{GAN}/f_N=25\times1500/50=750(\text{MW/Hz})$$

$$K_{GB}=K_{GB*}P_{GBN}/f_N=20\times1000/50=400(\text{MW/Hz})$$

$$K_{DA}=K_{DA*}P_{GAN}/f_N=1.5\times1500/50=45(\text{MW/Hz})$$

$$K_{DB}=K_{DB*}P_{GBN}/f_N=1.3\times1000/50=26(\text{MW/Hz})$$

（1）两系统机组都参加调频时

$$\Delta P_{GA}=\Delta P_{GB}=\Delta P_{DB}=0, \qquad \Delta P_{DA}=100\text{MW}$$

$$K_A=K_{GA}+K_{DA}=795\text{MW/Hz}, \qquad K_B=K_{GB}+K_{DB}=426\text{MW/Hz}$$

$$\Delta P_A=100\text{MW}, \qquad \Delta P_B=0$$

$$\Delta f=-\frac{\Delta P_A+\Delta P_B}{K_A+K_B}=-\frac{100}{795+426}=-0.082(\text{Hz})$$

$$\Delta P_{AB}=\frac{K_A\Delta P_B-K_B\Delta P_A}{K_A+K_B}=-\frac{-426\times100}{795+426}=-34.9(\text{MW})$$

这种情况正常，频率下降不多，通过联络线由 B 向 A 输送的功率也不大。

（2）两系统机组都不参加一次调频时

$$\Delta P_{GA}=\Delta P_{GB}=\Delta P_{DB}=0, \qquad \Delta P_{DA}=100\text{MW}$$

$$K_{GA}=K_{GB}=0$$

$$K_A=K_{DA}=45\text{MW/Hz}, \qquad K_B=K_{DB}=26\text{MW/Hz}$$

$$\Delta P_A = 100MW, \qquad \Delta P_B = 0$$

$$\Delta f = -\frac{\Delta P_A + \Delta P_B}{K_A + K_B} = -\frac{100}{45 + 26} = -1.41(Hz)$$

$$\Delta P_{AB} = \frac{K_A \Delta P_B - K_B \Delta P_A}{K_A + K_B} = \frac{-26 \times 100}{45 + 26} = -36.6(MW)$$

这种情况最严重，发生在 A、B 两系统的机组都已满载，调整器受负荷限制器的限制已无法调整，只能依靠负荷本身的调节效应。这时，系统频率质量无法保证。

（3）系统 B 机组不参加一次调频时

$$\Delta P_{GA} = \Delta P_{GB} = \Delta P_{LB} = 0, \qquad \Delta P_{DA} = 100MW$$

$$K_{GA} = 750MW/Hz, \qquad K_{GB} = 0$$

$$K_A = K_{GA} + K_{DA} = 795MW/Hz, \qquad K_B = K_{DB} = 26MW/Hz$$

$$\Delta P_A = 100MW, \qquad \Delta P_B = 0$$

$$\Delta f = -\frac{\Delta P_A + \Delta P_B}{K_A + K_B} = -\frac{100}{795 + 26} = -0.122(Hz)$$

$$\Delta P_{AB} = \frac{K_A \Delta P_B - K_B \Delta P_A}{K_A + K_B} = \frac{-26 \times 100}{795 + 26} = -3.17(MW)$$

这种情况说明，由于系统 B 机组不参加调频，系统 A 的功率缺额主要由该系统本身机组的调速器进行一次调频加以补充。

（4）系统 A 机组不参加一次调频时

$$\Delta P_{GA} = \Delta P_{GB} = \Delta P_{DB} = 0, \qquad \Delta P_{DA} = 100MW$$

$$K_{GA} = 0, \qquad K_{GB} = 400MW/Hz$$

$$K_A = K_{DA} = 45MW/Hz, \qquad K_B = K_{GB} + K_{DB} = 426MW/Hz$$

$$\Delta P_A = 100MW, \qquad \Delta P_B = 0$$

$$\Delta f = -\frac{\Delta P_A + \Delta P_B}{K_A + K_B} = -\frac{100}{45 + 426} = 0.212(Hz)$$

$$\Delta P_{AB} = \frac{K_A \Delta P_B - K_B \Delta P_A}{K_A + K_B} = \frac{-426 \times 100}{45 + 426} = -90.5(MW)$$

这种情况说明，由于系统 A 机组不参加调频，该系统的功率缺额主要由系统 B 供应，以致联络线上要流过可能会越出限额的大量交换功率。

## 第 5.6 节　火电厂间有功功率负荷的经济分配

火电厂间有功功率负荷合理分配的目标是在满足一定条件的前提下，尽可能节约消耗的一次能源。因此要分析这问题，必须先明确发电设备单位时间内消耗的能源与发出有功功率的关系，即发电设备输入与输出的关系，又称耗量特性，如图 5-13 所示。图中，纵坐标可为单位时间内消耗的燃料 $F$，也可为单位时间内消耗的水量 $W$。横坐标则为以 kW 或 MW 表示的电功率 $P_G$。

### 5.6.1　等微增率准则

现以图 5-14 所示并联运行的两台机组间的负荷分配为例，说明等微增率准则的基本概念。已知两台机组的耗量特性 $F_1$（$P_{G1}$）、$F_2$（$P_{G2}$）和总的负荷功率 $P_{LD}$。假定各台机组燃料消

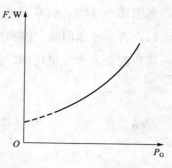

图 5-13　耗量特性

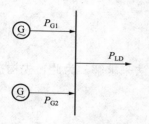

图 5-14　两台机组并联运行

耗量和输出功率都不受限制，要求确定负荷功率在两台机组间的分配，使总的燃料消耗为最小。这就是说，要满足等式约束

$$P_{G1}+P_{G2}-P_{LD}=0 \qquad (5-29)$$

而且使目标函数

$$F=F_1(P_{G1})+F_2(P_{G2}) \qquad (5-30)$$

为最小。

对于这个简单问题，可以用作图法求解。设图 5-15 中线段 $OO'$ 的长度等于负荷功率 $P_{LD}$。在线段的上、下两方分别以 $O$ 和 $O'$ 为原点作出机组 1 和 2 的燃料消耗特性曲线 1 和 2，前者的横坐标 $P_{G1}$ 自左向右，后者的横坐标 $P_{G2}$ 自右向左计算。显然，在横坐标上任取一点 $A$，都有 $OA+AO'=OO'$，即 $P_{G1}+P_{G2}=P_{LD}$。因此，都表示一种可能的功率分配方案。如过 $A$ 点作垂线分别交于两机组耗量特性的 $B_1$ 和 $B_2$ 点，则 $B_1B_2=B_1A+AB_2=F_1(P_{G1})+$

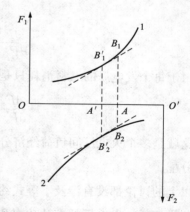

图 5-15　负荷在两台机组间的经济分配

$F_2(P_{G2})=F$ 就代表了总的燃料消耗量。由此可见，只要在 $OO'$ 上找到一点，通过它所作垂线与两耗量特性曲线的交点间距离为最短，则该点所对应的负荷分配方案就是最优的。图中的点 $A'$ 就是这样的点，通过 $A'$ 点所作垂线与两特性曲线的交点为 $B_1'$ 和 $B_2'$。在耗量特性曲线具有凸性的情况下，曲线 1 在 $B_1'$ 点的切线与曲线 2 在 $B_2'$ 点的切线相互平等。耗量曲线在某点的斜率即是该点的耗量微增率。由此可得出结论，负荷在两台机组间分配时，如它们的燃料消耗微增率相等，即

$$\mathrm{d}F_1/\mathrm{d}P_{G1}=\mathrm{d}F_2/\mathrm{d}P_{G2}$$

则总的燃料消耗量将是最小的。这就是等微增率准则。

### 5.6.2　多个发电厂间的负荷经济分配

假定有 $n$ 个火电厂，其燃料消耗特性分别为 $F_1(P_{G1}),F_2(P_{G2}),\cdots,F_n(P_{Gn})$，系统中有

功功率损耗为 $\Delta P_L$，有功功率负荷为 $P_{LD}$。

（1）暂不考虑网络中的功率损耗（即 $\Delta P_L=0$）。假定各个发电厂的输出功率不受限制，则系统负荷在 $n$ 个发电厂间的经济分配问题可以表述为

$$\sum_{i=1}^{n} P_{Gi} - P_{LD} = 0 \tag{5-31}$$

在满足式（5-31）的条件下，使目标函数

$$F = \sum_{i=1}^{n} F_i(P_{Gi}) \tag{5-32}$$

为最小。这是多元函数求条件极值问题，可以应用拉格朗日乘数法来求解。为此，先构造拉格朗日函数

$$L = F - \lambda \left( \sum_{i=1}^{n} P_{Gi} - P_{LD} \right) \tag{5-33}$$

式中：$\lambda$ 称为拉格朗日乘数。

拉格朗日函数的取极值的必要条件为

$$\frac{\partial L}{\partial P_{Gi}} = \frac{\partial F}{\partial P_{Gi}} - \lambda = 0 \qquad (i=1,2,\cdots,n)$$

或

$$\frac{\partial F}{\partial P_{Gi}} = \lambda \qquad (i=1,2,\cdots,n) \tag{5-34}$$

由于每个发电厂的燃料消耗只是该厂输出功率的函数，因此式（5-34）又可写成

$$\frac{\mathrm{d} F_i}{\mathrm{d} P_{Gi}} = \lambda \qquad (i=1,2,\cdots,n) \tag{5-35}$$

这就是多个火电厂间负荷经济分配的等微增率准则。按这个条件设置的负荷分配是最经济的分配。

以上的讨论都没有涉及不等式约束条件。负荷经济分配中的不等式约束条件也与潮流计算的一样，任一发电厂的有功功率和无功功率都不应超出它的上、下限，即

$$P_{Gi\min} \leqslant P_{Gi} \leqslant P_{Gi\max} \tag{5-36}$$

$$Q_{Gi\min} \leqslant Q_{Gi} \leqslant Q_{Gi\max} \tag{5-37}$$

各节点的电压也必须维持的变化范围为

$$U_{i\min} \leqslant U_i \leqslant U_{i\max} \tag{5-38}$$

在计算发电厂间有功功率负荷经济分配时，这些不等式约束条件可以暂不考虑，待算出结果后再按式（5-36）进行检验。对于有功功率值越限的发电厂，可按式（5-37）和式（5-38）条件留在有功负荷分配已基本确定以后的潮流计算中再进行处理。

（2）计及网损的有功负荷经济分配。电网中的有功功率损耗是进行发电厂间有功负荷分配时不容忽视的一个因素，假定网络损耗为 $\Delta P_L$，则等式约束条件式（5-31）将改为

$$\sum_{i=1}^{n} P_{Gi} - \Delta P_L - P_{LD} = 0 \qquad\qquad (5-39)$$

拉格朗日函数可写成

$$L = \sum_{i=1}^{n} F_i - \lambda \left( \sum_{i=1}^{n} P_{Gi} - \Delta P_L - P_{LD} \right)$$

于是函数 $L$ 取极值的必要条件为

$$\frac{\partial L}{\partial P_{Gi}} = \frac{\mathrm{d}F_i}{\mathrm{d}P_{Gi}} - \lambda \left( 1 - \frac{\partial \Delta P_L}{\partial P_{Gi}} \right) = 0$$

或

$$\frac{\mathrm{d}F_i}{\mathrm{d}P_{Gi}} \; \frac{1}{1 - \dfrac{\partial \Delta P_L}{\partial P_{Gi}}} = \frac{\mathrm{d}F_i}{\mathrm{d}P_{Gi}} \alpha_i = \lambda \qquad (i = 1, 2, \cdots, n) \qquad (5-40)$$

这就是经过网损修正后的等微增率准则。式（5-40）亦称为 $n$ 个发电厂负荷经济分配的协调方程式。式中，$\alpha_i = \dfrac{1}{1 - \dfrac{\partial \Delta P_L}{\partial P_{Gi}}}$ 称为网损修正系数；$\dfrac{\partial \Delta P_L}{\partial P_{Gi}}$ 称为网损微增率，表示网络有功损耗对第 $i$ 个发电厂有功功率的微增率。

由于各个发电厂在网络中所处的位置不同，各厂的网络微增率是不大一样的。当 $\partial \Delta P_L / \partial P_{Gi} > 0$ 时，说明发电厂 $i$ 输出有功功率增加会引起网损的增加，这时网损修正系数 $\alpha_i$ 大于 1，发电厂本身的燃料消耗微增率宜取较小的数值。若 $\partial \Delta P_L / \partial P_{Gi} < 0$，则表示发电厂 $i$ 输出有功功率增加将导致网损的减少，这时 $\alpha_i < 1$，发电厂的燃料消耗微增率宜取较大的数值。

【例 5-5】 三个火电厂并联运行，各电厂的燃料特性及功率约束条件为

$$F_1 = 4 + 0.3P_{G1} + 0.000\ 7P_{G1}^2 \ \mathrm{t/h} \qquad (100\mathrm{MW} \leqslant P_{G1} \leqslant 200\mathrm{MW})$$

$$F_2 = 3 + 0.32P_{G2} + 0.000\ 4P_{G2}^2 \ \mathrm{t/h} \qquad (120\mathrm{MW} \leqslant P_{G2} \leqslant 250\mathrm{MW})$$

$$F_3 = 3.5 + 0.3P_{G3} + 0.000\ 45P_{G3}^2 \ \mathrm{t/h} \qquad (150\mathrm{MW} \leqslant P_{G3} \leqslant 300\mathrm{MW})$$

当总负荷为 700MW 和 400MW 时，试分别确定发电厂间功率的经济分配（不计网损的影响）。

**解：**（1）按所给耗量特性可得各厂的微增耗量特性为

$$\lambda_1 = \frac{\mathrm{d}F_1}{\mathrm{d}P_{G1}} = 0.3 + 0.001\ 4P_{G1}, \quad \lambda_2 = \frac{\mathrm{d}F_2}{\mathrm{d}P_{G2}} = 0.32 + 0.000\ 8P_{G2}, \quad \lambda_3 = \frac{\mathrm{d}F_3}{\mathrm{d}P_{G3}} = 0.3 + 0.000\ 9P_{G3}$$

令 $\lambda_1 = \lambda_2 = \lambda_3$，可解出

$$P_{G1} = 14.29 + 0.572P_{G2} = 0.643P_{G3}, \qquad P_{G3} = 22.22 + 0.889P_{G2}$$

（2）总负荷为 700MW，即 $P_{G1} + P_{G2} + P_{G3} = 700$；将 $P_{G1}$ 和 $P_{G3}$ 都用 $P_{G2}$ 表示，便得

$$14.29 + 0.572P_{G2} + P_{G2} + 22.22 + 0.889P_{G2} = 700$$

由此可计算出 $P_{G2} = 270\mathrm{MW}$，已越出上限值，故应取 $P_{G2} = 250\mathrm{MW}$。剩余的负荷功率

450MW 再由火电厂 1 和火电厂 3 进行经济分配，有

$$P_{G1}+P_{G3}=450$$

将 $P_{G1}$ 用 $P_{G3}$ 表示，便得

$$0.436P_{G3}+P_{G3}=450$$

由此解出，$P_{G3}=274$MW 和 $P_{G1}=450-274=176$（MW），都在限值内。

（3）总负荷为 400MW，即 $P_{G1}+P_{G2}+P_{G3}=400$（MW）。将 $P_{G1}$ 和 $P_{G3}$ 都用 $P_{G2}$ 表示，可得

$$2.461P_{G2}=363.49$$

于是

$$P_{G2}=147.7\text{MW}, \qquad P_{G1}=14.29+0.572P_{G2}=14.29+0.572\times147.7=98.77\text{（MW）}$$

由于 $P_{G1}$ 已低于下限，故应取 $P_{G1}=100$MW，剩余的负荷功率 300MW，应在火电厂 2 和火电厂 3 之间重新分配，有

$$P_{G2}+P_{G3}=300\text{（MW）}$$

将 $P_{G3}$ 用 $P_{G2}$ 表示，便得

$$P_{G2}+22.22+0.889P_{G2}=300\text{（MW）}$$

由此可解出，$P_{G2}=147.05$MW 和 $P_{G3}=300-147.05=152.95$（MW），都在限值内。

### ❓ 思考题与习题 ✏️

5-1　电力系统有功功率平衡的目的是什么？如何进行有功功率平衡？系统为什么要设置有功功率备用容量？

5-2　电力系统有功功率负荷变化的情况与电力系统频率的一、二、三次调整有什么关系？

5-3　电力系统负荷的有功功率—频率特性是什么？有功功率负荷的频率调节效应是什么？$k_D$ 的大小与哪些因素有关？

5-4　发电机组的有功功率—频率特性是什么？发电机的单位调节功率是什么？$K_G$ 的大小与哪些因素有关？

5-5　什么叫调差系数？它与发电机单位调节功率的标幺值有什么关系？

5-6　电力系统频率的一次调整是指什么？能否做到频率的无差调节？

5-7　电力系统频率的二次调整是指什么？如何才能做到频率的无差调节？

5-8　耗量微增率的物理意义是什么？说明等耗量微增率准则？网损微增 $\dfrac{\partial \Delta P_L}{\partial P_{Gi}}$ 的意义？它的大小、正负对有功功率负荷的经济分配有何影响？

5-9　互联系统调频计算的主要目的是什么？在什么情况下联络线上的交换功率为最小？

5-10　某电力系统综合负荷的频率特性为 $P_D = 0.2 + 0.5P_{DN}\dfrac{f}{f_N} + 0.2_{DN}\left(\dfrac{f}{f_N}\right)^2 +$ $0.1P_{DN}\left(\dfrac{f}{f_N}\right)^3$，系统额定频率 50Hz。试求频率为 50Hz 和 49Hz 下负荷的频率调节效应系数 $K_{D*}$。当系统运行频率由 50Hz 降到 49Hz 时负荷相对额定负荷变化的百分值是多少？

5-11　电力系统中有 A、B 两等值机组并列运行，向负荷 $P_D$ 供电。等值机 A 额定容量 500MW，调差系数 0.04，等值机 B 额定容量 400MW，调差系数 0.05。系统负荷的频率调节效应系数 $K_{D*} = 1.5$。当负荷 $P_D$ 为 600MW 时，频率为 50Hz，A 机组输出有功功率 500MW，B 机组输出有功功率 100MW。试问：（1）当系统增加 50MW 负荷后，系统频率和机组输出有功功率是多少？（2）当系统切除 500MW 负荷后，系统频率和机组输出有功功率是多少？

5-12　设系统有两台 100MW 的发电机组，其调差系数 $\sigma_{1*} = 0.02$，$\sigma_{2*} = 0.04$，系统负荷容量为 140MW，负荷的频率调节效应系数 $K_{D*} = 1.5$。系统运行频率为 50Hz 时，两机组输出有功功率为 $P_{G1} = 60$MW，$P_{G2} = 80$MW。当系统负荷增加 50MW 时，试问：（1）系统频率下降多少？（2）各机组输出有功功率增加为多少？

5-13　某系统中有容量为 100MW 的四台发电机并联运行，每台发电机调差系数为 4%，系统频率为 50Hz 时，系统总负荷为 320MW。当负荷增加 50MW 时，在下列情况下，系统频率为多少？（假设负荷的频率调节效应系数为 1.5）

（1）机组平均分配负荷；

（2）两台机组满载，余下的负荷由另外两台机组承担；

（3）两台机组各带 85MW，另两台机组各带 75MW；

（4）一台机组满载，另三台机组平均分配其余负荷，但这三台机组因故只能各自承担 80MW 负荷；

（5）四台机组平均分配负荷，但三台机组因故只能各自承担 80MW 负荷。

5-14　系统的额定频率为 50Hz，总装机容量为 2000MW，调差系数 $\sigma = 5\%$，总负荷 $P_D = 1600$MW，$K_D = 50$MW/Hz。在额定频率下运行时增加负荷 430MW，计算下列两种情况下的频率变化，并说明为什么？

（1）所有发电机仅参加一次调频；

（2）所有发电机均参加二次调频。

5-15　A、B 两系统通过互联系统相连（见图 5-16）。其中系统 A 的单位调节功率为 500MW/Hz，系统 B 的单位调节功率为 1000MW/Hz。正常运行时系统频率为 50Hz，联络线上无交换功率。系统 A 因故突然切除 300MW 的一台发电机，此时系统的运行频率是多少？联络线上的交换功率是多少？

5-16　两台容量均为 200MW 的发电机并列运行，向 300MW 负荷供电。发电机的最小

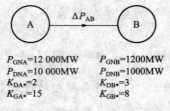

$P_{GNA}$=12 000MW　　$P_{GNB}$=1200MW
$P_{DNA}$=10 000MW　　$P_{DNB}$=1000MW
$K_{DA\bullet}$=2　　　　　$K_{DB\bullet}$=3
$K_{GA\bullet}$=15　　　　 $K_{GB\bullet}$=8

图 5-16　题 5-15 图

有功功率均为 60MW，耗量特性分别为 $F_1=0.001P_{G1}^2+0.2P_{G1}+2$（t/h），$F_2=0.002P_{G2}^2+0.2P_{G2}+4$（t/h）。试求：（1）机组的经济分配方案；（2）若平均分担负荷，多消耗的燃料（单位时间内）为多少？

5-17　已知三个电厂的耗量特性为 $F_1=0.001\,2P_{G1}^2+0.1P_{G1}+3$（t/h），$F_2=0.001\,2P_{G2}^2+0.13P_{G2}+2.5$（t/h），$F_3=0.001\,8P_{G3}^2+0.16P_{G3}+1.2$（t/h）。如果总负荷 $P_D=300$MW，不计网损的影响，求各电厂之间的经济负荷分配。若三厂平均分担负荷，8000h 内浪费多少煤？

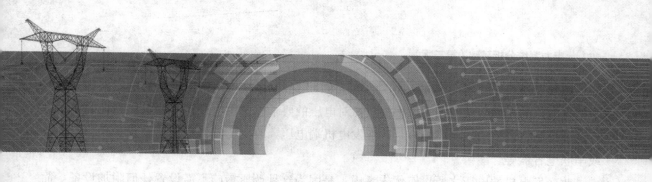

# 第6章 电力系统电压的特性与调整

## 第6.1节 内容概述与框架

### 6.1.1 内容概述

电压是表征电能质量的另一项重要指标。电力系统中用电设备是按照标准的额定电压设计制造。保证供给用户用电设备的电压与其额定值的偏移不超过允许值是电力系统运行调整的基本任务之一。

电力系统在正常运行中，负荷随时都在发生变化，电力系统的运行方式也常有变化，致使网络中的潮流发生变化，相应的各节点电压也随之变化。实际上，要保证系统中各节点和所有用户受电端的电压在任何时刻都为额定值是不可能的。各节点电压值在运行过程中对其额定电压总会有一定偏移，只要电压偏移值在允许的范围内，就能保证用户及电力系统的正常运行。

电力系统的电压水平主要取决于无功功率的平衡。当无功功率电源变化或无功功率的需求（负荷和损耗）变化时，电力系统的无功功率平衡被破坏，整个电力系统的电压水平将受到影响。与电力系统的频率不同（全系统频率统一），电力系统即使在全系统的无功功率平衡条件下，由于电网中的无功功率分配的不合理，也有可能造成某些节点的电压过高或过低。当电压偏离额定值过大时，将使电力用户设备的性能受到影响，寿命缩短，危及设备的安全运行。同时，对电力系统本身的运行也有不利影响。例如，电压过低，将加大网络中的功率损耗，还可能危及电力系统运行的稳定性；而电压过高，则可能损害各种电气设备的绝缘。因此，为保证电力系统的电压质量，还必须采取一定的电压调整措施。常用的调压措施有两大类：一类是保证电力系统在一定电压水平下的无功功率平衡；另一类是保证电力系统无功功率分配的合理。

电力系统无功电源有发动机、电容器、调相机、静止补偿器等。发电机所能供应的无功功率可由它们的运行极限图确定，电容器和调相机等则按额定容量考虑。而调相机所能吸收的无功功率则大约为其额定容量的 1/2。

变压器和线路对地电纳中的无功功率损耗基本上与负荷无关，变压器电抗中的无功功率损耗常远大于电阻中的有功功率损耗。高压线路电抗中的损耗，对于短线路，往往大于充电功率；对于中、长线路，则大致与之相等。重载线路一般呈感性，轻载线路一般呈容性。

控制周期长、幅度大、波及面广的电压变动可控制系统中电压中枢点的电压偏移。这些中枢点电压的允许变动范围则可根据负荷对电压的要求以及供电线路上的电压损耗确定。进行这种控制、调整的主要措施有，改变发电机端电压，改变变压器变比，设置并联补偿设备或串联电容器等。

改变发电机端电压之所以应优先考虑，是因为这种调压措施不需设置任何附加设备，简单、经济。但它的缺点则在于可调范围有限。有载条件下改变变压器变比是一种有效的调压措施。系统中无功功率充裕时，采用这种措施的调整效果很明显。设置并联补偿设备（电容器或调相机），虽需增设附加设备、增加投资，但由于这类措施同时还能降低网损，因此是可取的。至于串联电容器，一般是作为辅助的调压措施。

## 6.1.2 内容框架（见图 6-1）

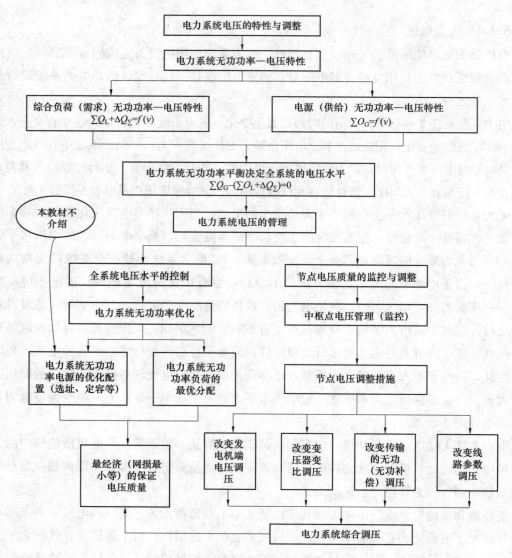

图 6-1 本章内容框架

# 第 6.2 节   电力系统无功功率—电压特性

电压是表征电能质量的重要指标。电力系统的电压水平主要取决于无功功率的平衡，当无功功率电源或无功功率需求（负荷和损耗）发生变化时，电力系统的无功功率平衡被破坏，整个电力系统的电压水平将受到影响，可能造成某些节点的电压过高或过低。

### 6.2.1   综合负荷的无功功率—电压特性

#### 1. 无功功率负荷

系统中的无功功率负荷是指以滞后功率因数运行的用电设备所吸取的无功功率

$$Q_{LD} = S_{LD} \sin\varphi_{LD} = P_{LD} \tan\varphi_{LD} \tag{6-1}$$

其中主要是异步电动机的无功功率。其他各类负荷在系统的综合负荷中比重较小，例如电热负荷不消耗无功功率，照明负荷消耗无功功率极少，同步电动机又只有在欠励运行时才作为无功负荷从系统吸取无功功率，过励运行时发出感性无功功率，为无功电源。因此，电力系统综合负荷的电压特性主要取决于异步电动机的特性。

由电机学知识可知，异步电动机等值电路如图 6-2 所示。异步电动机的无功功率包括励磁无功功率 $Q_m$ 和漏抗无功功率 $Q_\sigma$ 两部分，即

$$Q_M = Q_m + Q_\sigma = U^2/X_m + I^2 X_\sigma \tag{6-2}$$

其中励磁无功功率随端电压降低呈平方关系减小；漏抗无功功率则随电压降低而增大，这是因为电压降低，转差率加大，定子电流 $I$ 增大所致。当电动机运行在额定电压附近时，由于磁路饱和，随电压下降励磁无功功率下降较多，这时转差率不大，漏抗无功功率增加较少，电动机总的无功功率随电压下降而减少；当电动机运行在较低电压时，情况相反，总的无功功率会随电压下降而增加。图 6-3 示出异步电动机的无功功率—电压特性曲线。由于异步电动机是电力系统中主要的无功负荷，所以输电系统综合负荷的无功功率—电压特性曲线如图 6-4 所示。

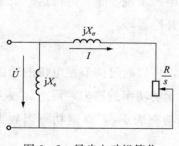

图 6-2   异步电动机简化
等值电路

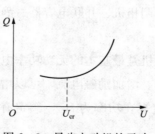

图 6-3   异步电动机的无功
功率—电压特性曲线

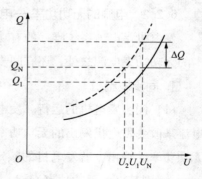

图 6-4   输电系统综合负荷
无功功率—电压特性曲线

## 2. 电网的无功功率损耗

电网无功功率损耗主要是指变压器和电力线路的无功功率损耗。

（1）电力线路的无功功率损耗：由电力线路的等值电路可知，线路上的无功功率损耗包括串联电抗中的无功功率损耗和并联电纳中的无功功率损耗。串联电抗始终消耗无功功率，其值与通过线路电流的平方成正比；并联电纳消耗容性无功功率，相当于发出感性无功功率（充电功率），其大小与所加的电压平方成正比，与线路中通过的电流无直接关系。由于电压相对来说比较稳定，并接近于额定值，所以线路消耗的容性无功功率（或者说发出的感性无功功率）接近于一个定值。通常当电力线路轻载运行时，线路充电功率大于串联电抗上消耗的无功功率，整条线路呈容性；当电力线路重载运行时，线路呈感性。因而线路究竟是消耗感性无功功率还是容性无功功率，与通过线路的功率大小有关。35kV 以下电压等级的架空线路，充电功率很小，可以略去不计，所以总是消耗感性无功功率。

（2）变压器的无功功率损耗：变压器的无功功率损耗也由两部分组成，即励磁支路的无功功率损耗和绕组漏抗中的无功功率损耗。励磁支路的无功功率损耗与变压器所加的电压有关；绕组漏抗中的无功功率损耗与通过变压器的功率成比例。当对变压器施加额定电压，通过视在功率 $S$ 时，消耗的无功功率为

$$\Delta Q_{\text{T}} = \left( \frac{I_0\%}{100} + \frac{U_{\text{k}}\%S^2}{100S_{\text{N}}^2} \right) S_{\text{N}} \tag{6-3}$$

式中：$S_{\text{N}}$ 为变压器的额定额量；$I_0\%$ 为变压器的空载电流百分值，为 $0.5\% \sim 2\%$；$U_{\text{k}}\%$ 为短路电压百分值，为 $6\% \sim 15\%$。

与输电线路不同，变压器的励磁支路点消耗感性无功功率，因此变压器的无功功率损耗相当大。

在分析电力系统无功功率—电压特性时，一般将无功功率负荷与电网的无功功率损耗一并考虑（无功功率总需求），这样其电压特性（无功需求的电压特性）仍然可以近似地用图 6-4 表示。

### 6.2.2 电源的无功功率—电压特性

发电机是电力系统唯一的有功功率电源，而对于无功功率电源来说，除发电机这一最基本的无功功率电源之外，还有同步调相机、并联电容器、静止补偿器等。

#### 1. 同步发电机

（1）同步发电机的运行。发电机是最基本的无功功率电源，可以通过调节发电机的励磁电流来改变发电机发出的无功功率。增加励磁电流，可以增大无功功率的输出，反之，减少无功功率的输出。若发电机的额定视在功率为 $S_{\text{N}}$，额定有功功率为 $P_{\text{N}}$，额定功率因数为 $\cos\varphi_{\text{N}}$，则其额定无功功率 $Q_{\text{N}}$ 为

$$Q_{\text{N}} = S_{\text{N}}\sin\varphi_{\text{N}} = P_{\text{N}}\tan\varphi_{\text{N}} \tag{6-4}$$

以下讨论发电机可能发出的感性无功功率。图 6-5 为隐极发电机的运行极限图。图 6-5

（a）为其接线图，图 6-5（b）为其等值电路，图 6-5（c）为其额定运行时的相量图。C 点是额定运行点，电压降相量 $\overline{AC}$ 的长度代表 $X_d I_N$，它正比于额定电流，亦即正比于发电机的额定视在功率 $S_N$，它在纵轴上的投影为 $P_N$，在横轴上的投影为 $Q_N$。相量 $\overline{OC}$ 的长度代表空载电动势 $E_N$，它正比于发电机的额定励磁电流。当改变功率因数 $\cos\varphi$ 时，发电机发出的有功功率 $P$ 和无功功率 $Q$ 将随之发生变化，但发电机的运行点必须受到下列因素的限制。

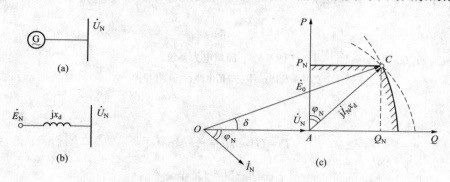

图 6-5　隐极发电机的运行极限图

(a) 接线图；(b) 等值电路；(c) 相量图

1）定子额定电流（亦即额定视在功率）的限制。因为定子电流超过额定值将使定子绕组过热，因此其限制范围在图 6-5（c）中用以 A 点为圆心、以 AC 为半径的圆弧表示。

2）额定功率因数的限制。在低于额定功率因数运行时，发电机将受到转子额定电流的限制（空载电动势由转子励磁电流决定）。因为转子电流超过额定值将使转子过热，因此其限制范围在图 6-5（c）中用以 O 点为圆心、以 OC 为半径的圆弧表示。在此范围内，发电机输出的视在功率不超过额定视在功率。在高于额定功率因数运行时，将受到原动机输出功率的限制。其限制范围在图 6-5（c）中用水平线 $P_{GN}C$ 表示。在此线上及以下发电机输出的视在功率将低于额定视在功率。

发电机的 $P$-$Q$ 运行极限曲线如图 6-5（c）中阴影部分所示。从图中可看出，发电机只有在额定电压、电流和功率因数下运行（即运行点 C）时，视在功率才能达到额定值，其容量才得到了充分的利用。若需要发电机多输出无功功率（C 运行点下部的阴影之内），则送出的有功功率将要减少，也就是说要以少发有功功率为代价来增发无功功率。

发电机正常运行时主要以滞后功率因数运行为主，在必要时可以通过减小励磁电流，在超前功率因数下运行，称为进相运行，以吸收系统中多余的无功功率。

（2）发电机无功功率—电压特性。所谓发电机的无功功率—电压特性是指发电机向系统输送的无功功率与电压的变化关系曲线。图 6-6（a）所示为一简单电力系统；图 6-6（b）为忽略电阻的等值电路，其中 X 为发电机、变压器、线路等的总电抗，$\dot{E}$ 为发电机电动势，$P+jQ$ 为发电机输送到客户的功率，与之对应的功率因数角为 $\varphi$。根据等值电路可画出其相量图，如图 6-6（c）所示。由图可得

$$\left.\begin{array}{l}E\sin\delta=IX\cos\varphi\\UE\sin\delta=UIX\cos\varphi\end{array}\right\} \qquad (6-5)$$

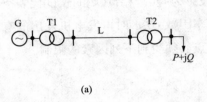
(a)

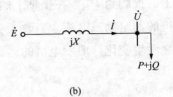
(b)

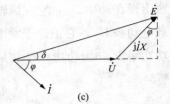
(c)

图 6-6  简单电力系统

（a）系统图；（b）等值电路；（c）相量图

因此

$$P=UI\cos\varphi=\frac{EU}{X}\sin\delta \qquad (6-6)$$

又

$$E\cos\delta-U=IX\sin\varphi$$

$$UE\cos\delta-U^2=UIX\sin\varphi$$

$$Q=UI\sin\varphi=\frac{EU}{X}\cos\delta-\frac{U^2}{X} \qquad (6-7)$$

将式（6-6）、式（6-7）两边同时平方后相加，并消去 $\delta$，整理得

$$Q=\sqrt{\left(\frac{EU}{X}\right)^2-P^2}-\frac{U^2}{X} \qquad (6-8)$$

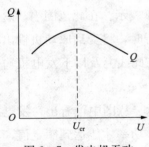

图 6-7  发电机无功
功率—电压特性

若励磁电流不变，则发电机电动势 $E$ 可视为常数，发电机的无功功率就是电压 $U$ 的二次函数，其特性曲线如图 6-7 所示。当 $U>U_{cr}$（$U_{cr}$ 为临界电压）时，发电机输出的无功功率 $Q$ 将随着电压的降低而增大；当 $U<U_{cr}$ 时，电压降低，发电机输出的无功功率 $Q$ 不但不增加，反面是减少的。因此，在正常运行时，发电机的无功电压特性也应工作在 $U>U_{cr}$ 处。

**2. 静电电容器**

三相静电电容器可按三角形或星形接法连接在变电站母线上。它供给的无功功率 $Q_C$ 值与所在节点的电压 $U$ 的平方成正比，即

$$Q_C=U^2/X_C=U^2\omega C \qquad (6-9)$$

式中：$X_C$ 为静电电容器的容抗，$X_C=1/\omega C$。

当节点电压下降时，它供给系统的无功功率将急剧减少。作为无功电源，其特点是：电容器的装设容量可大可小，既可以集中使用又可分散装设，易于做到就地供应无功功率，以降低网络的电能损耗；电容器每单位容量的投资较小，运行时功率损耗也较小，为额定容量的 $0.3\%\sim0.5\%$。此外，由于它没有旋转部件，维护也较方便。为了在运行中调节电容器

的功率，可将电容器连接成若干组，根据负荷的变化分组投入或切除（晶闸管投切已较普遍）。但电容器的无功功率调节性能比较差，因只能整组投切，容量不连续等。

### 3. 同步调相机

同步调相机相当于空载运行的同步电动机。在过励磁运行时，它可向系统供给感性无功功率而起无功电源的作用，能提高系统电压。在欠励磁运行时，它能从系统吸取感性无功功率而起无功负荷的作用，从而降低系统电压。由于实际运行的需要和调相机安全运行的要求，欠励磁最大容量只有过励磁容量的 $50\%\sim60\%$。装有自动励磁调节装置的同步调相机，能根据装设地点电压的数值平滑改变输出（或吸取）的无功功率，进行电压调节。特别是有强行励磁装置时，在系统故障情况下，还能调整系统的电压，有利于提高系统的稳定性。但是同步调相机是旋转机械，运行维护比较复杂，有功功率损耗也较大，在满负荷时其损耗为额定容量的 $1.5\%\sim5\%$，容量越小，百分值越大。小容量的调相机每千伏安容量的投资费用也较大。故同步调相机宜于大容量集中使用，补偿容量小于 5MVA 的一般不装设调相机。在我国，同步调相机常安装在枢纽变电站，以便平滑调节电压和提高系统稳定性。

### 4. 静止补偿器

静止补偿器本质上就是由电容器与可控电抗器并联组成的无功补偿装置（原理如图 6-8 所示）。电容器可以发出感性的无功功率，电抗器可以吸收感性的无功功率，两者结合起来，再配以适当的调节装置，就能够平滑地改变输出（或吸收）无功功率。静止补偿器具有极好的调节性能，能快速跟踪负荷的变动；运行时有功功率损耗较调相机小，满载时不超过额定容量的 $1\%$；可靠性高，维护工作量小，不增大短路电流。这种补偿装置的主要缺点是由于用于控制电抗器晶闸管，将使电网内产生高次谐波。

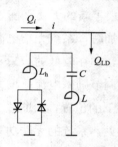

图 6-8　FC-TCR 型静止
补偿器的原理图

电力系统无功功率电源有多种形式，且可以根据需要分散布置。在后续的分析中常将电力系统无功电源的电压特性近似地用图 6-7 所示发电机无功功率—电压特性表示。

### 6.2.3　电力系统无功功率平衡

电力系统无功功率平衡的基本要求是，无功功率电源发出的无功功率应与系统的无功负荷及网络中的无功损耗相平衡。为了保证运行可靠性和适应无功负荷的增长，系统还必须配置一定的无功功率备用容量。无功功率平衡的关系式如下

$$\sum Q_{GC}-\sum Q_{LD}-\Delta Q_{\Sigma}=Q_{res} \tag{6-10}$$

式中：$\sum Q_{GC}$ 为系统无功功率电源的总容量（即各种无功功率电源的总和）；$\sum Q_{LD}$ 为总无功功率负荷，可按负荷的有功功率和功率因数计算；$\Delta Q_{\Sigma}$ 为网络的无功功率损耗（包括线路和变压器的无功功率损耗）；$Q_{res}$ 为系统的无功功率备用容量。

$Q_{res}>0$，表示系统中无功功率可以平衡，且有一定的备用容量；$Q_{res}<0$，表示系统中无功功率不足，应考虑装设无功补偿装置。电力系统在运行中应保持一定的无功功率备用，

否则负荷增大时，电压质量将无法保证。系统的无功功率备用容量一般应为最大无功功率负荷的 7%～8%。

在电力系统运行中，电源输出的无功功率在任何时刻实际上都是和负荷的无功功率与网络的无功损耗之和相等的，也即式（6-10）中 $Q_{res}=0$。问题是其无功功率平衡是在什么样的电压水平下实现的，以下简要说明。

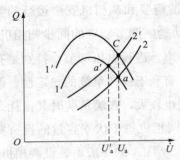

图 6-9　按无功功率平衡确定电压

无功电源（仅以发电机为例）$Q$ 和 $U$ 的关系如图 6-9 曲线 1 所示。系统综合负荷的主要成分是异步电动机的消耗，其 $Q$ 和 $U$ 的关系如图中曲线 2 所示，曲线 1 和曲线 2 的交点 $a$ 确定了负荷节点的电压值 $U_a$，即系统在电压 $U_a$ 下达到了无功功率的平衡。当负荷增加时，其 $Q-U$ 特性如图曲线 2′所示。如果系统的无功电源没有相应增加输出无功功率（不改变发电机励磁电流，电动势 $E$ 不变），电源的 $Q-U$ 特性仍为曲线 1，这时曲线 1 和曲线 2′的交点 $a'$ 代表了新的无功平衡点，由此确定了负荷点此时的电压 $U_a'$。显然，$U_a'<U_a$，这说明当负荷增加时，系统无功电源输出的无功功率不能满足在 $U_a$ 下的无功功率平衡，只能降低电压运行，即在较低的 $U_a'$ 下达到了无功功率平衡。如果系统发电机有充足的无功功率备用容量，通过调节励磁电流，增大发电机的电动势 $E$，使发电机输出无功功率增加，则 $Q-U$ 特性上移到 1′的位置，由曲线 1′和曲线 2′的交点 $C$ 所确定的负荷点电压达到了原来的数值 $U_a$。由此可见，系统的无功功率电源充足时，能够在较高电压水平下获得无功功率平衡。而系统无功电源不足时，就只能在较低电压水平下达到无功功率平衡。换句话说，系统电压水平低时，表明系统无功电源不足，此时为了实现系统在额定电压下的无功功率平衡，就必须装设无功补偿装置。

# 第 6.3 节　电力系统电压管理与调整

电力系统电压管理（控制），一般是指对各节点电压的监视与调整，以及系统电压水平的控制。

电力系统进行电压调整的目的，就是使系统中各负荷点的电压偏移限制在规定的范围内。但由于电力系统结构复杂，负荷点很多又很分散，要对每个负荷点的电压进行监视和调整，不仅很难做到，而且也无必要。因此，对电力系统电压的监视和调整实际上是通过监视、调整中枢点的电压来实现的。

电力系统电压水平的控制主要是通过全系统无功功率平衡的分析计算、无功功率的优化（无功功率电源的优化配置、无功功率负荷的最优分配等）来实现。限于篇幅本教材在第6.5 节仅简要介绍电力系统无功功率负荷的最优分配的基本概念。

### 6.3.1　电力系统中枢点电压管理

对电力系统各点电压的监控和管理是通过对中枢点电压的监控和管理来实现的。

电压中枢点一般选择区域性发电厂的高压母线、有大量地方性负荷的发电厂母线以及枢纽变电站的二次母线。对中枢点电压的监控，其实际内容就是根据各个负荷点所允许的电压偏移，在计及中枢点到各负荷点线路上的电压损耗后，确定每个负荷对中枢点电压的要求，从而确定中枢点电压的允许变化范围。这样，只要中枢点电压在允许范围之内，便可以保证由该中枢点供电的负荷点电压能满足要求。对于实际的电力系统，必须选择一批有代表性的发电厂和变电站的母线作为控制电压的中枢点，然后根据各负荷的日负荷曲线和对电压质量的要求，进行一系列潮流分布的计算及电压控制方式等的分析，才能最后确定这些中枢点的允许电压偏移上下限曲线，用以监视和控制中枢点电压。

下面讨论如何确定中枢点电压的允许变化范围。

假定由中枢点 O 向负荷点 A 和 B 供电 ［见图 6 - 10 （a）］，两负荷点电压 $U_A$ 和 $U_B$ 的允许变化范围相同，都是 $(0.95 \sim 1.05)U_N$。当线路参数一定时，线路上电压损耗 $U_{OA}$ 和 $U_{OB}$ 分别与 A 点和 B 点的负荷有关。为简单起见，假定两处的日负荷曲线呈两级阶梯形 ［见图 6 - 10 （b）］，相应地，两段线路的电压损耗的变化曲线如图 6 - 10 （c） 所示。为了满足负荷节点 A 的调压要求，中枢点电压应该控制的变化范围是：

在 0~8 时，$U_{O(A)} = U_A + \Delta U_{OA} = (0.95 \sim 1.05)U_N + 0.04U_N = (0.99 \sim 1.09)U_N$

在 8~24 时，$U_{O(A)} = U_A + \Delta U_{OA} = (0.95 \sim 1.05)U_N + 0.1U_N = (1.05 \sim 1.15)U_N$

按同样的方法，可以算出负荷点 B 对中枢点电压变化范围的要求是：

在 0~16 时，$U_{O(B)} = U_{B+} \Delta U_{OB} = (0.95 \sim 1.05)U_N + 0.01U_N = (0.96 \sim 1.06)U_N$

在 16~24 时，$U_{O(B)} = U_B + \Delta U_{OB} = (0.95 \sim 1.05)U_N + 0.03U_N = (0.98 \sim 1.08)U_N$

将上述要求表示在同一张图上 ［见图 6 - 10 （d）］，图中的阴影部分就是同时满足 A、B 两负荷点调压要求的中枢点电压允许变化范围。由图可见，尽管 A、B 两负荷点的电压有 10% 的变化范围，但是由于两处负荷大小和变化规律不同，两段线路的电压损耗数值及变化规律也不相同，为同时满足两负荷点的电压质量要求，中枢点电压的允许变化范围就大大地缩小了。最大时仅为 7%，最小时只有 1%。

对于向多个负荷点供电的中枢点，其电压允许变化范围可按两种极端情况确定。在地区负荷最大时，电压最低的负荷点的允许电压下限加上到中枢点的电压损耗等于中枢点的最低电压；在地区负荷最小时，电压最高负荷点的允许电压上限加上到中枢点的电压损耗等于中枢点的最高电压。当中枢点的电压能满足这两个负荷点的要求时，其他各点的电压基本上都能满足。

如果任何时间各负荷点所要求的中枢点电压允许变化范围都有公共部分，那么调节中枢点的电压，使其在公共的允许范围内变动，就可以满足各负荷点的调压要求。但是，如果同一中枢点供电的各用户负荷的变化规律差别很大，调压要求也不相同，就可能在某些时间段

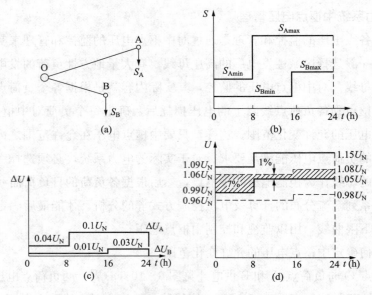

图 6-10　中枢点电压允许变化范围的确定

内各用户的电压质量要求反映到中枢点的电压允许变化范围没有公共部分。这种情况下，仅靠控制中枢点的电压并不能保证所有负荷点的电压偏移都在允许的范围内。因此为满足各负荷点的调压要求，必须在某些负荷点增设调压设备。

在进行电力系统规划设计时，由于各负荷点对电压质量的要求还不明确，所以难以具体确定各中枢点电压控制的范围。为此，规定了所谓"逆调压""顺调压""常调压"等几种中枢点电压控制的方式。每一中枢点可以根据具体情况选择一种作为设计的依据。

（1）逆调压。若由中枢点供电的各负荷的变化规律大体相同，考虑到高峰负荷时供电线路上的电压损耗大，可将中枢点电压适当升高，以抵偿电压损耗的增大；反之，则将中枢点电压适当降低。这种高峰负荷时升高电压（取 $1.05U_N$）、低谷负荷时降低电压（取 $U_N$）的中枢点电压调整方式，称为逆调压。这种方式适用于中枢点供电线路较长、负荷变化范围较大的场合。

（2）顺调压。用户对电压要求不高或供电线路不长、负荷变动不大的中枢点，可采用顺调压方式，即高峰负荷时允许中枢点电压略低（取 $1.025U_N$），低谷负荷时允许中枢点电压略高（取 $1.075U_N$）。

（3）常调压。介于上述两种情况之间的中枢点，可以采用常调压方式，即在任何负荷下都保持中枢点电压为一基本不变的数值，取 $(1.02\sim1.05)U_N$。

以上所述都是针对系统正常运行时的调压要求。当系统中发生故障，对电压质量的要求允许适当降低，通常允许故障时的电压偏移较正常时再增大 5%。

### 6.3.2　节点电压的调整

#### 1. 线路末端负荷无功功率与节点电压的关系

正常运行状态下，电压的变化主要由负荷变动而引起。若输电线路末端负荷的无功功率

为 $Q$，则该功率与输电线始端电压值 $U_s$、末端电压值 $U_r$ 及两端点电压相角差 $\delta$ 的关系可表示为

$$Q=\frac{U_r}{X}(U_s\cos\delta-U_r) \tag{6-11}$$

由于输电线路两端相角差 $\delta$ 较小，可认为式中 $\cos\delta\approx1$，从而说明输电线路所传输的无功功率的大小和方向主要取决于两端电压数值之差，并由电压高的一端流向电压低的一端，两端电压差值越大，输送的无功功率就越大。如果负荷所需的无功功率较大且由输电线路传送，则必须提高 $U_s$ 或降低 $U_r$，倘若"提高"或"降低"某端点电压，可能会使该节点电压超过允许的偏移值，则不能满足电压质量的要求。但电压质量必须得到保证，这时，只能减少线路输送的无功功率以使节点电压偏移值在允许的范围内，而供给末端负荷不足的无功功率只能在末端设置除发电机以外的其他无功电源来补充。这即为满足电压质量要求而设置的无功补偿电源，简称无功补偿。

2. 节电电压调整的基本原理

具有充足的无功功率电源是保证电力系统有较好运行电压水平的必要条件。但是要做到使所有用户的电压质量都符合要求，通常还必须采取各种调压措施。

现以图 6-11（a）所示的简单电力系统为例，说明常用的各种调压措施所依据的基本原理。为分析简便，略去电力线路和变压器的导纳支路，则可得到图 6-11（b）所示的等值电路。

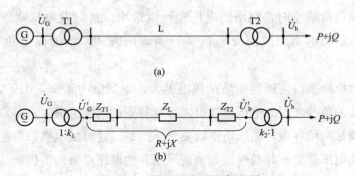

图 6-11　电压调整原理解释图

（a）系统接线；（b）系统等值电路

若近似略去网络阻抗元件的功率损耗以及电压降落的横分量，则由发电机母线处 $(U_G)$ 开始推算，可求得 $U_b$ 为

$$U_b=(U_G k_1-\Delta U)/k_2=\left(U_G k_1-\frac{PR+QX}{k_1 U_G}\right)/k_2 \tag{6-12}$$

式中：$k_1$、$k_2$ 分别为变压器 T1 和 T2 的变比；$R$、$X$ 分别为归算到高压侧的变压器和线路总阻抗。

根据式（6-12）可知，为保障用户处端电压 $U_b$ 满足要求，可以采用以下措施进行电压

调整：

（1）改变发电机端电压 $U_G$；

（2）改变变压器 T1、T2 的变比 $k_1$、$k_2$；

（3）就地补偿无功功率（减少输电线路传输的无功功率）；

（4）改变输电线路的参数（降低输电线路的电抗）。

由式（6-12）还可以看出，通过改变传输的有功功率 $P$，也可以调节末端的电压 $U_b$，但实际上一般不采用改变 $P$ 来调压。一方面是因为式（6-12）中的 $X \gg R$，$\Delta U = (PR + QX)/U \approx QX/U$，改变 $P$ 对 $U$ 的影响不大；另一方面是因为有功功率电源只有发电机，而不能随意设置。电力线路传输的主要是有功功率，若为提高电压而减少传输的有功功率 $P$，显然是不适当的。

下面讨论几种主要的调压措施。

### 6.3.3　改变发电机端电压调压

由电机学知识可知，改变发电机的励磁电流就可以调节其端电压。现代同步发电机在端电压偏离额定值不超过±5％时，仍能够以额定功率运行。由于这种调压措施不需要另外增加设备，所以应首先考虑采用。对于不同类型的电网，发电机调压所起的作用是不同的。

（1）对于由发电机不经升压直接供电的小型电力系统，因供电线路不长，网络电压损耗不大。在负荷最大时，网络的电压损耗也最大，这时发电机可保持较高的端电压以提高网络的电压；而当系统负荷最小时，网络的电压损耗也最小，这时发电机则应维持较低的端电压。一般情况下，这类电力系统对发电机实行逆调压方式，就能满足负荷点的电压质量要求。

（2）对于发电机经多级变压器向负荷供电的大、中型电力系统，由于其供电范围较大，从发电厂到最远处的负荷之间的电压损耗很大，且其变化幅度也很大，单靠改变发电机端电压调压不能完全满足网络各点对电压质量的要求。但是，这时发电机采取逆调压方式可以解决近处地方负荷的电压质量，并减轻远处负荷采用其他调压设备的负担，从而使整个系统的调压问题易于解决。

（3）对于有若干发电厂并列运行的大型电力系统，利用发电机端电压调压不一定恰当。因为，提高发电机电压时，发电机要多输出无功功率，这就要求发电机有充裕的无功储备容量才能承担调压任务。另外，在系统内并列运行的各个发电厂之间调整个别发电厂的母线电压，会引起系统中无功功率的重新分配，这可能会与系统无功功率的经济分配发生矛盾。所以，在大型电力系统中，发电机调压一般只作为一种辅助的调压措施。

### 6.3.4　改变变压器的变比调压

由式（6-12）可见，改变变压器的变比即可改变用户处的电压。但从本质上看，这种调压措施并不增加系统的无功功率。因此，如果系统无功功率不足时，不能单靠这种措施来提高整个系统的电压水平。

改变变压器的变比，可以通过改变变压器的分接头来实现。双绕组变压器可供调整的分接头通常在高压侧，三绕组变压器可供调整的分接头通常在高、中压侧，而低压侧一般只有一个主接头。这主要是因为高（中）压侧的电流较小，易于实现分接头的切换。例如，容量为 6300kVA 及以下的双绕组变压器，高压侧有三个分接头，即在主分接头的左右各有一个分接头，电压分别为 $1.05U_N$、$U_N$、$0.95U_N$（记为 $U_N \pm 5\%$）；容量为 8000kVA 及以上的双绕组变压器，高压侧有 5 个分接头，电压分别为 $1.05U_N$、$1.025U_N$、$U_N$、$0.975U_N$、$0.95U_N$（记为 $U_N \pm 2 \times 2.5\%$）。对于普通变压器，只能在停电条件下改换分接头；对于有载调压变压器，则可以在负载情况下进行分接头的切换。

以下介绍根据调压要求选择变压器分接头的方法（主要介绍双绕组变压器的情况）。

**1. 降压变压器**

如图 6-12 所示为某一降压变压器的接线图和用理想变压器（只有电压的变换）表示的等值电路图，变压器的阻抗参数 $Z_T$ 归算到一次侧。

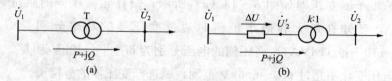

图 6-12　降压变压器及等值电路

(a) 接线图；(b) 等值电路

假设变压器一次侧分接头及二次侧的电压分别为 $U_{1t}$、$U_{2t}$，则变压器的变比 $k$ 为

$$k = \frac{U_{1t}}{U_{2t}} \tag{6-13}$$

根据图 6-12 (b) 的等值电路，若变压器运行时二次侧的实际电压为 $U_2$，按变比 $k$ 归算到一次侧的电压为 $U_2'$，则只计电压降落的纵分量 $\Delta U$，则有

$$k = \frac{U_2'}{U_2} = \frac{U_1 - \Delta U}{U_2} \tag{6-14}$$

由于变压器低压侧只有额定分接头，即 $U_{2t} = U_{2N}$，则由式（6-13）、式（6-14）可得

$$U_{1t} = (U_1 - \Delta U)U_{2N}/U_2 = \left(U_1 - \frac{PR + QX}{U_1}\right)U_{2N}/U_2 \tag{6-15}$$

这里应注意，$U_{2N}$ 是变压器二次侧的额定电压，而不是电网额定电压。

在式（6-15）中 $U_{1t}$ 的计算，认为通过变压器的功率为 $P+jQ$，即在这里的计算中通常可不计变压器的功率损耗。注意，如果是线路变压器组，则一般应计及功率损耗。

当运行中的变压器通过最大负荷（$P_{max}+jQ_{max}$）或最小负荷（$P_{min}+jQ_{min}$）时，根据调压要求，二次侧的电压往往不相同（$U_{2max}$ 或 $U_{2min}$）。为使高压侧的分接头选择更加合理，应

分别计算变压器通过最大负荷、最小负荷时的分接头电压

$$U_{1t.max} = (U_{1max} - \Delta U_{max})U_{2N}/U_{2max} \brace U_{1t.min} = (U_{1min} - \Delta U_{min})U_{2N}/U_{2min} \tag{6-16}$$

其中 $\quad \Delta U_{max} = (P_{max}R + Q_{max}X)/U_{1max}, \qquad \Delta U_{min} = (P_{min}R + Q_{min}X)/U_{1min}$

兼顾最大负荷和最小负荷的情况，可取其平均值，有

$$U_{1t.av} = \frac{1}{2}(U_{1t.max} + U_{1t.min}) \tag{6-17}$$

根据式（6-17）的计算结果来选择最接近的分接头电压，这样确定变压器运行的分接头已兼顾了最大负荷和最小负荷的情况，因此对介于两者之间的其他情况，一般也能满足。应注意的是，在选择好一次侧分接头后，还应校验在最大负荷、最小负荷时低压侧的实际电压 $U_2$ 是否满足要求，如果不符合，则要重新选择分接头。如果重新选择分接头还不能满足调压的要求，则说明仅靠改变变压器分接头已不能满足调压要求，而必须考虑采用（或附加）其他的调压措施。

**【例 6-1】** 某降压变压器如图 6-13（a）所示，归算到高压侧的阻抗为 $R_T + jx_T =$ 2.44+j40（Ω），已知在最大和最小负荷时通过变压器的功率分别为 $\tilde{S}_{max} = 28 + j14$ （MVA），$\tilde{S}_{min} = 10 + j6$（MVA），高压侧的电压分别为 $U_{1max} = 110kV$ 和 $U_{1min} = 113kV$，要求低压母线的电压变化不超过 6.0~6.6kV 范围，试选择变压器的分接头。

**解：** 作该降压变压器的等值电路如图 6-13（b）所示。若忽略变压器的功率损耗，则最大负荷及最小负荷时的电压损耗为

$$\Delta U_{max} = \frac{P_{max}R_T + Q_{max}X_T}{U_{1max}} = \frac{28 \times 2.44 + 14 \times 40}{110} = 5.7(kV)$$

$$\Delta U_{min} = \frac{P_{min}R_T + Q_{min}X_T}{U_{1min}} = \frac{10 \times 2.44 + 6 \times 40}{113} = 2.34(kV)$$

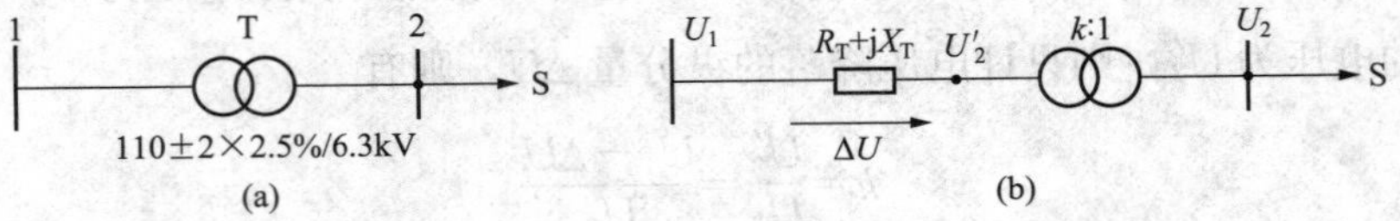

图 6-13 降压变压器及等值电路

（a）系统图；（b）等值电路

假定变压器在最大负荷和最小负荷运行时低压侧的电压分别取为 $U_{2max} = 6.0kV$，$U_{2min} = 6.6kV$，则由式（6-16）可得

$$U_{1t.max} = \frac{(U_{1max} - \Delta U_{max})U_{2N}}{U_{2max}} = \frac{(110 - 5.7) \times 6.3}{6.0} = 109.5(kV)$$

$$U_{1t.min} = \frac{(U_{1min} - \Delta U_{min})U_{2N}}{U_{2min}} = \frac{(113 - 2.34) \times 6.3}{6.6} = 105.6(kV)$$

取算术平均值 $\qquad U_{1t.av}=(109.5+105.6)/2=107.55(\text{kV})$

根据 $U_{1t.av}$ 的大小选择最接近的分接头电压 $U_{1t}=107.25\text{kV}$，按所选择的分接头检验低压母线的实际电压

$$U_{2max}=(U_{1max}-\Delta U_{max})\frac{U_{2N}}{U_{1t}}=(110-5.7)\times\frac{6.3}{107.25}=6.13(\text{kV})>6.0\text{kV}$$

$$U_{2min}=(U_{1min}-\Delta U_{min})\frac{U_{2N}}{U_{1t}}=(113-2.34)\times\frac{6.3}{107.25}=6.5(\text{kV})<6.6\text{kV}$$

可见，所选择的分接头是能满足调压要求的。

**注意：** 若线路变压器接线如图 6-14（a）所示，则应计及功率损耗。

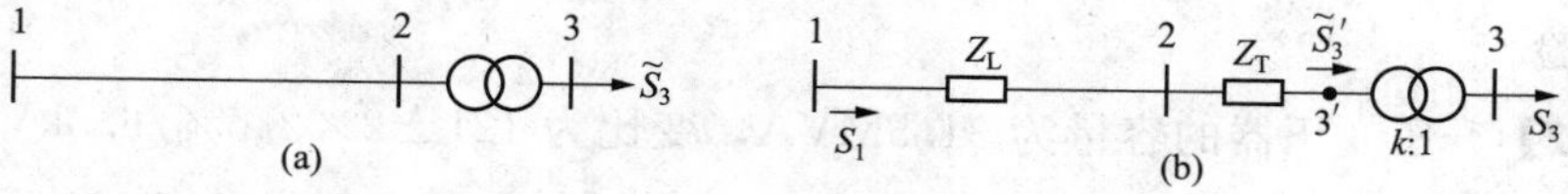

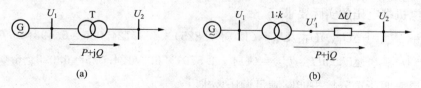

图 6-14　线路变压器

作等值电路图 6-14（b），因理想变压器 $\tilde{S}_3=\tilde{S}'_3=P'_3+jQ'_3$，则

$$\tilde{S}_1=\tilde{S}'_3+\Delta\tilde{S}_Z=\tilde{S}'_3+\frac{S'^2_3}{U^2_{1N}}(Z_L+Z_T)=P_1+jQ_1$$

电压损耗 $\qquad \Delta U=\dfrac{P_1(R_L+R_T)+Q_1(X_L+X_T)}{U_1}$

变比 $\qquad k=\dfrac{U_{1t}}{U_{2N}}=\dfrac{U_1-\Delta U}{U_2}$

则 $\qquad U_{1t}=(U_1-\Delta U)\dfrac{U_{2N}}{U_2}$

### 2. 升压变压器

升压变压器高压侧分接头的选择方法与降压变压器分接头选择方法类同。但不同的是升压变压器功率传送的方向是从低压侧送往高压侧。图 6-15 为某升压变压器及其等值电路。

（图示：升压变压器及其等值电路，含 $U_1$、T、$U_2$、$P+jQ$ 及 $1:k$、$U'_1$、$\Delta U$、$U_2$、$P+jQ$ 等标注）

图 6-15　升压变压器及其等值电路

（a）系统图；（b）等值电路

因为变压器低压侧绕组只有一个抽头，即 $U_{1t}=U_{1N}$，根据图 6-15（b）所示的等值电路，可得

$$kU_1=U'_1=U_2+\Delta U$$

$$\frac{U_{2t}}{U_{1N}}=k=\frac{U_1'}{U_1} \tag{6-18}$$

则

$$U_{2t}=U_1'U_{1N}/U_1=(U_2+\Delta U)U_{1N}/U_1 \tag{6-19}$$

$$\Delta U=(PR+QX)/U_2$$

式中：$U_1$、$U_2$分别为变压器低、高压侧的实际运行电压。

升压变压器功率是从低压向高压传输，应注意其绕组的额定电压与降压变压器的差别。此外，在选择发电厂的升压变压器分接头时，由于通过变压器的最大负荷和最小负荷时所要求的发电机端电压均不能超过规定的允许范围。因此，计算时仍应按最大负荷、最小负荷的条件分别计算之后取其平均值，然后选择与该值最接近的分接头，最后仍要对低压侧的电压要求进行校验。

【例 6-2】升压变压器的容量为 31.5MVA，变比为 $121\pm2\times2.5\%/6.3$kV，归算到高压侧的阻抗为 $Z_T=3+j48$（Ω），在最大负荷时的功率为 $\tilde{S}_{max}=25+j18$（MVA），最小负荷时功率为 $\tilde{S}_{min}=14+j10$（MVA），高压侧的电压要求为 $U_{2max}=120$kV 和 $U_{2min}=114$kV，发电机的端电压可能调整范围是 $6.0\sim6.6$kV（逆调压），试选择变压器的分接头。

**解：** 作升压变压器及其等值电路如图 6-15（b）所示。先计算变压器的电压损耗

$$\Delta U_{max}=(P_{max}R_T+Q_{max}X_T)/U_{2max}=(25\times3+18\times48)/120=7.825(\text{kV})$$

$$\Delta U_{min}=(P_{min}R_T+Q_{min}X_T)/U_{2min}=(14\times3+10\times48)/114=4.579(\text{kV})$$

根据发电机端电压的调整范围，利用式（6-19），即有

$$U_{2t.max}=(U_{2max}+\Delta U_{max})U_{1N}/U_{1max}=(120+7.825)\times6.3/6.6=122.015(\text{kV})$$

$$U_{2t.min}=(U_{2min}+\Delta U_{min})U_{1N}/U_{1min}=(114+4.579)\times6.3/6.0=124.508(\text{kV})$$

取 $U_{2t.max}$ 和 $U_{2t.min}$ 的算术平均值

$$U_{2t.av}=\frac{1}{2}(U_{2t.max}+U_{2t.min})=\frac{1}{2}\times(122.015+124.508)=123.262(\text{kV})$$

选择最接近的标准分接头 $121+2.5\%$，其电压为 $U_{2t}=124.025$（kV）。

校验发电机端电压的实际要求

$$U_{1max}=(U_{2max}+\Delta U_{max})U_{1N}/U_{2t}=(120+7.825)\times6.3/124.025=6.493<6.6(\text{kV})$$

$$U_{1min}=(U_{2min}+\Delta U_{min})U_{1N}/U_{2t}=(114+4.579)\times6.3/124.025=6.023>6.0(\text{kV})$$

计算结果表明所选分接头能够满足调压要求。

3. 三绕组变压器

三绕组变压器分接头选择的计算公式类似于双绕组变压器。由于三绕组变压器在高压侧和中压侧都设有分接头，需要分别选出高压侧和中压侧绕组的分接头。所以可以用与双绕组变压器相同的方法，做两次计算，分别求出高压侧分接头电压 $U_{1t}$ 和中压侧分接头电压 $U_{2t}$。问题是先选择哪一侧的分接头，这要根据变压器的功率流向来确定。对于三绕组的降压变压器（功率从高压侧流向中、低压侧），应首先按低压母线的调压要求选出高压侧的分接头

（此时高压绕组和低压绕组相当于一个双绕组变压器）。当高压绕组的分接头选定后，再按中压母线的调压要求选取中压绕组的分接头（此时高、中压绕组相当于双绕组变压器）。

由以上的分析及例题可以看到，对于普通变压器，由于在最大负荷、最小负荷时，只能用同一个分接头（同一变比）来调压，因此这种调压措施不可能改变电压损耗的数值，也不能改变负荷变化时二次侧电压的变化幅度。通过对分接头的适当选择，只能将这一电压变化幅度对于二次侧额定电压的相对偏离进行适当的调整（升高或降低），其实质是改变了电网的无功功率分布。因此这种调压措施通常只在电力系统的无功功率电源容量比较充足的情况下采用。

带负荷调压变压器通常有两种：一种是本身就具有调压绕组的有载调压变压器；另一种是带有附加调压器的加压调压变压器。这些调压变压器的调压往往比较灵活和有效，尤其是系统中个别负荷的变化规律以及它们距电源的远近相差悬殊时，不采用调压变压器几乎难以满足所有负荷对电压质量的要求。调压变压器的特殊功能还体现在系统间联络线以及中低压配电网络中的应用方面，此处不再详细论述。

### 6.3.5 补偿无功功率调压

通过改变变压器变比调压，实质上仅仅是改变了无功功率的分布，并没有增加整个电力系统的无功功率容量。因此，当电力系统的无功功率电源不足而造成电压低下时，仅靠改变变压器的变比进行电压调整，只能是"拆东墙补西墙"的措施，即以减少其他地方的无功功率来补充某地由于无功功率不足而造成的电压低下，这样其他地方则有可能因此而造成无功功率的不足，并不能根本性解决整个电网的电压质量问题。这时必须考虑在电力系统中增加无功功率电源，以使电力系统能在较高的电压水平下实现无功功率的平衡。

无功功率的产生基本上不消耗能源，但是无功功率在电网中传送却要引起有功功率损耗 $\Delta P[\Delta P=(P^2+Q^2)R/U^2]$ 和无功功率损耗 $\Delta Q[\Delta Q=(P^2+Q^2)X/U^2]$，还将引起电压损耗 $\Delta U[\Delta U=(PR+QX)/U]$。由于高压电网中 $X\gg R$，所以 $\Delta U\approx QX/U$，即 $\Delta U$ 几乎全部是因传输 $Q$ 而产生的。因此，在负荷点配置合理的无功功率补偿容量，以满足负荷对无功功率的要求，这样就可以避免大量的无功功率远距离传送，从而减少电网中的有功功率损耗和电压损耗，改善用户处的电压质量。也可以说补偿负荷所需无功功率调压实质上是改变电网中的无功功率分布进行调压。

在负荷点装设无功功率补偿容量，一般和变压器分接头选择结合起来考虑。这样可以充分发挥变压器的调压作用，同时又充分利用了无功功率的补偿容量，以节约设备的投资。下面具体讨论根据调压要求来确定无功功率补偿容量及补偿设备的方法。

假设某并联补偿的简单供电系统及其等值电路如图 6-16 所示。供电点电压 $U_1$ 和负荷功率 $P_2+jQ_2$ 已给定。线路电容和变压器励磁支路略去不计。

若不计电压降落的横分量（$\delta U$），则在没有装设无功功率补偿设备前，供电点的电压为

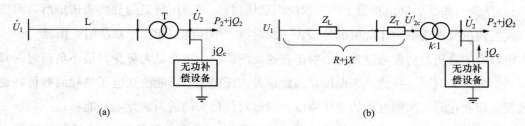

图 6-16　并联补偿的简单电力系统及等值电路

(a) 系统接线；(b) 等值电路

$$U_1 = U_2' + \frac{P_2 R + Q_2 X}{U_2'} \tag{6-20}$$

装设了无功功率补偿设备后，若补偿容量为 $Q_c$，此时网络中传送的无功功率变为 $Q_2 - Q_c$，则首端电压为

$$U_1 = U_{2c}' + \frac{P_2 R + (Q_2 - Q_c) X}{U_{2c}'} \tag{6-21}$$

上两式中：$U_2'$、$U_{2c}'$ 分别为补偿前、补偿后归算到高压侧的低压母线电压。

若在补偿前后的电压 $U_1$ 保持不变，即

$$U_2' + \frac{P_2 R + Q_2 X}{U_2'} = U_{2c}' + \frac{P_2 R + (Q_2 - Q_c) X}{U_{2c}'}$$

则

$$Q_c = \frac{U_{2c}'}{X} \left[ (U_{2c}' - U_2') + \left( \frac{PR + QX}{U_{2c}'} - \frac{PR + QX}{U_2'} \right) \right] \tag{6-22}$$

式 (6-22) 中括号内的第二部分的两项大小很接近，因此常常可略去不计，则补偿容量可近似计算为

$$Q_c = \frac{U_{2c}'}{X} (U_{2c}' - U_2') \tag{6-23}$$

若变压器的变比为 $k$，经过补偿后变电站低压母线要求保持的电压为 $U_{2c}$，则 $U_{2c}' = kU_{2c}$，将其代入式 (6-23)，可得

$$Q_c = \frac{kU_{2c}}{X} (kU_{2c} - U_2') = \frac{k^2 U_{2c}}{X} \left( U_{2c} - \frac{U_2'}{k} \right) \tag{6-24}$$

由式 (6-24) 可以看出，补偿容量的大小，不仅取决于调压的要求，还与降压变压器变比 $k$ 的数值有关。因此，在确定补偿容量 $Q_c$ 之前，先要选择适当的变压器分接头，以确定变压器的变比。选择变比的原则是，在满足调压要求的情况下，使无功补偿容量为最小。

由于无功功率补偿设备的性能不同，因此选择变比的条件也不同，现分别介绍如下。

### 1. 补偿设备为电容器

静电电容器能发出感性的无功功率，可以提高补偿点的电压。通常电网在大负荷时电压损耗也大，造成变压器低压母线电压较低；小负荷时电压损耗较小，变压器低压母线电压较

高。为了达到安装较小的补偿设备容量就能满足调压要求的目的，可以将选择变压器变比的调压和无功功率补偿的调压综合考虑。

（1）按最小负荷时，电容器全部退出的情况来选择变压器的分接头。

按图 6-16（b）所示的等值电路，类似于式（6-16），有

$$U_\text{t}=\frac{(U_1-\Delta U_\text{min})U_\text{2N}}{U_\text{2min}}=\left(U_1-\frac{P_\text{min}R+Q_\text{min}X}{U_1}\right)\frac{U_\text{2N}}{U_\text{2min}} \tag{6-25}$$

式中：$U_\text{t}$ 为变压器高压侧分接头电压的计算值；$\Delta U_\text{min}$ 为最小负荷时阻抗 $R+\text{j}X$ 上的电压损耗；$U_\text{2N}$ 为变压器低压侧的额定电压；$U_\text{2min}$ 为最小负荷时低压侧的运行电压。

根据变压器高压侧分接头电压的计算值 $U_\text{t}$ 来选择最接近的分接头，从而确定变压器的变比 $k$。

（2）按最大负荷时的调压要求来计算补偿容量。

根据式（6-24），最大负荷时有

$$Q_\text{c}=\frac{k^2U_\text{2c.max}}{X}\left(U_\text{2c.max}-\frac{U'_\text{2max}}{k}\right) \tag{6-26}$$

式中：$U_\text{2c.max}$ 为最大负荷下补偿后变压器低压母线的电压；$U'_\text{2max}$ 为最大负荷下补偿前变压器低压侧电压归算到高压侧的值。

根据计算得到的补偿容量 $Q_\text{c}$，即可从产品目录中选择合适的设备。

最后还应根据确定的变压器变比和选定的补偿容量，校验低压母线电压是否满足调压要求。

### 2. 补偿设备为调相机

调相机的特点是既能过励磁运行发出感性的无功功率使电压升高，也能欠励磁运行而吸收感性的无功功率使电压降低。为了充分利用调相机的容量，应使调相机在最大负荷时，按其额定容量过励磁运行，满足式（6-27）；在最小负荷时按 $\alpha$ 倍的额定容量欠励磁运行，满足式（6-28）（该式左边负号说明吸收感性无功功率）。通常 $\alpha$ 的取值为 $0.5\sim0.65$。

$$Q_\text{c}=\frac{k^2U_\text{2c.max}}{X}\left(U_\text{2c.max}-\frac{U'_\text{2max}}{k}\right) \tag{6-27}$$

$$-\alpha Q_\text{c}=\frac{k^2U_\text{2c.min}}{X}\left(U_\text{2c.min}-\frac{U'_\text{2min}}{k}\right) \tag{6-28}$$

将式（6-27）联立式（6-28），可解得

$$k=\frac{\alpha U_\text{2c.max}U'_\text{2max}+U_\text{2c.min}U'_\text{2min}}{\alpha U^2_\text{2c.max}+U^2_\text{2c.min}} \tag{6-29}$$

根据式（6-29）计算得到的 $k$ 值，即可求得变压器高压侧分接头电压 $U_\text{t}=kU_\text{2N}$。再按照计算所得的 $U_\text{t}$ 选择高压侧最接近的分接头电压 $U'_\text{t}$，并确定变压器实际的变比为 $k'=U'_\text{t}/U_\text{2N}$。

将已确定的变压器变比 $k'$ 代入式（6-27），即可求得应安装的调相机容量 $Q_\text{c}$。再根据

计算得到的调相机容量 $Q_c$，从产品目录中选择合适的设备。最后按选定的变压器变比 $k'$ 和补偿设备的容量 $Q_c$，进行电压校验。

【**例 6 - 3**】简单输电系统的接线图和等值电路分别示于图 6 - 17。略去变压器励磁支路和线路电容。节点 1 归算到高压侧的电压为 118kV，且维持不变，受端低压母线电压要求保持为 10.5kV。试配合降压变压器 T2 的分接头选择，确定受端应装设静电电容器或同步调相机的容量。

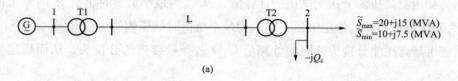

(a)

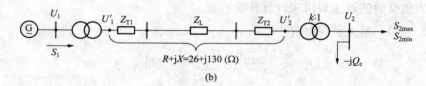

(b)

图 6 - 17　简单系统及其等值电路

（a）接线图；（b）等值电路

**解：**（1）计算补偿前受端低压母线归算到高压侧的电压。

根据题意，已知 $U'_t = 118$kV，先按额定电压计算阻抗上的功率损耗。

$$\Delta \widetilde{S}_{\max} = \frac{P_{2\max}^2 + Q_{2\max}^2}{U_N^2}(R+jX) = \frac{20^2 + 15^2}{110^2} \times (26+j130) = 1.34 + j6.72 \text{(MVA)}$$

$$\Delta \widetilde{S}_{\min} = \frac{P_{2\min}^2 + Q_{2\min}^2}{U_N^2}(R+jX) = \frac{10^2 + 7.5^2}{110^2} \times (26+j130) = 0.34 + j1.68 \text{(MVA)}$$

于是

$$S_{1\max} = S_{2\max} + \Delta S_{\max} = 20 + j15 + 1.34 + j6.72 = 21.34 + j21.72 \text{(MVA)}$$

$$S_{1\min} = S_{2\min} + \Delta S_{\min} = 10 + j7.5 + 0.34 + j1.68 = 10.34 + j9.18 \text{(MVA)}$$

利用首端功率可以算出

$$U'_{2\max} = U'_1 - \frac{P_{1\max}R + Q_{1\max}X}{U'_1} = 118 - \frac{21.34 \times 26 + 21.72 \times 130}{118} = 89.37 \text{(kV)}$$

$$U'_{2\min} = U'_1 - \frac{P_{1\min}R + Q_{1\min}X}{U'_1} = 118 - \frac{10.34 \times 26 + 9.18 \times 130}{118} = 105.61 \text{(kV)}$$

（2）选择静电电容器的容量。

1）按最小负荷时，电容器全部退出计算变压器的分接头电压

$$U_t = \frac{U'_{2\min}U_{2N}}{U_{2\min}} = \frac{11 \times 105.61}{10.5} = 110.69 \text{(kV)}$$

最接近的分接头电压为 110kV，由此可得降压变压器的变比 $k = 110/11 = 10$。

2）求补偿设备的容量

$$Q_c = \frac{k^2 U_{2c.max}}{X}\left(U_{2c.max} - \frac{U'_{2max}}{k}\right) = \frac{10^2 \times 10.5}{130} \times \left(10.5 - \frac{89.37}{10}\right) = 12.62(\text{Mvar})$$

3）取补偿容量 $Q_c = 12\text{Mvar}$，验算最大负荷时受端低压侧的实际电压

$$\Delta S_{c.max} = \frac{20^2 + (15-12)^2}{110^2} \times (26 + j130) = 0.88 + j4.4(\text{MVA})$$

$$\tilde{S}_{1c.max} = 20 + j(15-12) + 0.88 + j4.4 = 20.88 + j7.4(\text{MVA})$$

$$U'_{2c.max} = U'_1 - \frac{P_{1c.max}R + Q_{1c.max}X}{U'_1} = 118 - \frac{20.88 \times 26 + 7.4 \times 130}{118} = 105.25(\text{kV})$$

$$U_{2c.max} = \frac{U'_{2c.max}}{k} = \frac{105.25}{10} = 10.525(\text{kV})$$

最大负荷时低压母线电压与要求的 10.5kV 偏移为

$$\frac{10.525 - 10.5}{10.5} \times 100\% = 0.24\%$$

最小负荷时低压母线电压（此时补偿设备全部退出）

$$U_{2min} = \frac{U'_{2min}}{k} = \frac{105.61}{10} = 10.561(\text{kV})$$

最小负荷时低压母线电压与要求的 10.5kV 偏移为

$$\frac{10.561 - 10.5}{10.5} \times 100\% = 0.58\%$$

可见，选择的电容器容量能满足调压要求。

（3）选择同步调相机的容量。

1）按式（6 - 29）确定降压变压器的变比

$$k = \frac{\alpha U_{2c.max} U'_{2max} + U_{2c.min} U'_{2min}}{\alpha U^2_{2c.max} + U^2_{2c.min}}$$

$$= \frac{\alpha \times 10.5 \times 89.37 + 10.5 \times 105.61}{\alpha \times 10.5^2 + 10.5^2} = \frac{\alpha \times 89.37 + 105.61}{(1+\alpha) \times 10.5}$$

当 $\alpha$ 分别取为 0.5 和 0.65 时，可算出相应的变比 $k$ 分别为 9.54 和 9.45，故可选取最接近的标准分接头变比 $k = 9.5$。

2）按式（6 - 27）确定调相机容量

$$Q_c = \frac{k^2 U_{2c.max}}{X}\left(U_{2c.max} - \frac{U'_{2max}}{k}\right) = \frac{9.5^2 \times 10.5}{130} \times \left(10.5 - \frac{89.37}{9.5}\right) = 7.96(\text{Mvar})$$

选择最接近的标准容量的同步调相机，其额定容量为 7.5MVA。

3）验算受端低压侧电压。按最大负荷时调相机以额定容量满载过励磁运行

$$\Delta S_{c.max} = \frac{20^2 + (15-7.5)^2}{110^2} \times (26 + j130) = 0.98 + j4.9(\text{MVA})$$

$$S_{1c.max} = S_{c.max} + \Delta S_{c.max} = 20 + j(15-7.5) + 0.98 + j4.9 = 20.98 + j12.4 \text{(MVA)}$$

$$U_{2max} = \frac{U_1' - \dfrac{P_{1c.max}R + Q_{1c.max}X}{U_1'}}{k} = \frac{118 - \dfrac{20.98 \times 26 + 12.4 \times 130}{118}}{9.5} = 10.496 \text{(kV)}$$

最大负荷时低压母线电压与需求值 10.5kV 的偏移为

$$\frac{10.496 - 10.5}{10.5} \times 100\% = -0.038\%$$

最小负荷时调相机按 50% 额定容量欠励磁运行，所以

$$Q_c = -3.75 \text{(Mvar)}$$

$$\Delta \widetilde{S}_{c.min} = \frac{10^2 + (7.5+3.75)^2}{110^2} \times (26 + j130) = 0.487 + j2.43 \text{(MVA)}$$

$$\widetilde{S}_{1c.min} = S_{c.min} + \Delta S_{c.min} = 10 + j(7.5+3.75) + 0.487 + j2.43 = 10.487 + j13.68 \text{(MVA)}$$

$$U_{2min} = \frac{U_1' - \dfrac{P_{1c.min}R + Q_{1c.min}X}{U_1'}}{k} = \frac{118 - \dfrac{10.487 \times 26 + 13.684 \times 130}{118}}{9.5} = 10.59 \text{(kV)}$$

最小负荷时低压母线电压与要求值 10.5kV 的偏移为

$$\frac{10.59 - 10.5}{10.5} \times 100\% = 0.86\%$$

因此，所选择的调压机容量可以满足调压要求。

### 6.3.6  改变线路的参数调压

从另一个角度分析电压损耗 $\Delta U$ 的计算公式，可以发现在传输功率一定的条件下，电压损耗的大小取决于线路参数电阻 $R$ 和电抗 $X$ 的大小。可见，改变线路参数也同样能起到调压的作用。

一般来说，电阻 $R$ 是不容易减小的，要减小它只有增大导线截面积，这将多消耗有色金属，在经济上是不合理的。在高压电网中，由于 $X \gg R$，$\dfrac{PR}{U}$ 在电压损耗中所占的比例一般较 $\dfrac{QX}{U}$ 要小，因此通常都采用减小电抗来降低电压损耗。减小电抗的方法有采用分裂导线，在电力线路中串联接入静电电容器等。作为一种调压措施，下面介绍在电力线路中串联接入电容器的方法。

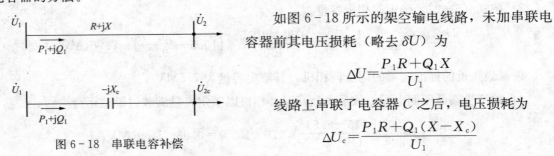

图 6-18  串联电容补偿

如图 6-18 所示的架空输电线路，未加串联电容器前其电压损耗（略去 $\delta U$）为

$$\Delta U = \frac{P_1 R + Q_1 X}{U_1}$$

线路上串联了电容器 $C$ 之后，电压损耗为

$$\Delta U_c = \frac{P_1 R + Q_1 (X - X_c)}{U_1}$$

式中：$X_c$ 为串联电容器的电抗。

串联电容器减小了线路的电抗从而减少了电压损耗，提高了线路末端的电压。电压提高的数值即为补偿前后电压损耗的差值

$$\Delta U - \Delta U_c = \frac{Q_1 X_c}{U_1} \tag{6-30}$$

即

$$X_c = \frac{U_1(\Delta U - \Delta U_c)}{Q_1} \tag{6-31}$$

根据线路末端需要提高电压的数值（$\Delta U -$ $\Delta U_c$），就可求得所需补偿电容器的容抗值 $X_c$。线路上串联接入的电容器是由许多单个电容器串、并联组合而成的电容器组（见图 6-19）。如果每台电容器的额定电流为 $I_{Nc}$，额定电压为 $U_{Nc}$，额定容量 $Q_{Nc} = U_{Nc} I_{Nc}$，则可根据通过的最大负荷电流 $I_{cmax}$ 和所需的容抗值 $X_c$ 分别计算电容器串、并

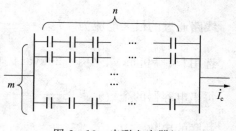

图 6-19　串联电容器组

联的台数 $n$、$m$ 以及三相电容器的总容量 $Q_c$。上述参数应满足如下条件

$$m I_{Nc} \geqslant I_{cmax} \tag{6-32}$$

$$n U_{Nc} \geqslant I_{cmax} X_c \tag{6-33}$$

$$Q_c = 3mn Q_{Nc} = 3mn U_{Nc} I_{Nc} \tag{6-34}$$

三相需要的电容器台数总计为 $3mn$ 台。安装时，全部电容器经串、并联后安装在绝缘平台上。

由式（6-30）可知，串联电容器调压效果随无功负荷 $Q$ 的大小而变化，即无功负荷大时，电压损耗大，串联电容器提升的电压也大；无功负荷小时，电压损耗小，串联电容器提升的电压也小。这一效果恰与调压的要求相一致，这是串联电容器调压的一个显著优点。但对负荷功率因数较高（$\cos\varphi > 0.95$）或导线截面小的线路，由于电压损耗中 $\frac{PR}{U}$ 所占比例大，串联电容补偿效果就不明显，所以串联电容器调压一般用在 35kV 以上供电网络，或 10kV 负荷波动大而频繁、功率因数又很低的配电线路上。

串联电容器安装地点与负荷及电源的分布有关，其选择原则是使沿线电压尽可能均匀，且各负荷点电压均在允许偏移的范围内。

电力线路采用串联补偿，也会带来一些特殊的问题，例如串联电容器的过电压保护、继电保护的复杂化、运行维护工作量的增加等。因此，在采用串联补偿时，应从技术方面和经济方面进行综合分析比较。

值得注意的是，串联电容器调压是通过改变线路参数来实现，而并联电容器调压是通过改变（减少）网络中传输的无功功率来实现。

**【例 6-4】** 35kV 线路输送功率 4MW，功率因数 0.70，线路阻抗为 13.5+j12（Ω），装设串联电容器前线路末端电压为 30.4kV，要求借串联电容器将其提高为 32kV。试求 (1) 串联电容器的容量；(2) 为达到同样调压要求所需装设的并联电容器容量，并比较两种不同调压方案的功率损耗。

**解：**(1) 由于负荷集中在线路末端，串联电容器组就设置在线路末端。

补偿所需的容抗为

$$X_c = \frac{(32-30.4) \times 32}{4 \times \tan\varphi} = \frac{1.6 \times 32}{4 \times 1.02} = 12.5(\Omega)$$

线路通过的最大电流为

$$I_{cmax} = \frac{4000}{\sqrt{3} \times 32 \times \cos\varphi} = \frac{4000}{\sqrt{3} \times 32 \times 0.7} = 103(A)$$

选用 $U_{Nc} = 0.6$kV、$Q_{Nc} = 20$kvar 的单相油浸纸质串联电容器。

每串电容器的个数 $n \geqslant \dfrac{I_{cmax} X_c}{U_{Nc}} = \dfrac{0.103 \times 12.5}{0.6} = 2.15$，选用 $n = 3$

并联的串数

$$m \geqslant \frac{I_{cmax}}{I_{Nc}} = \frac{I_{cmax}}{Q_{Nc}/U_{Nc}} = \frac{100}{20/0.6} = 3.1，选用 m=4$$

选用的三相电容器总容量为 $3mnQ_{Nc} = 3 \times 4 \times 3 \times 20 = 720$(kvar)

校验是否满足调压要求

每个电容器容抗为

$$X_{Nc} = \frac{U_{Nc}^2}{Q_{Nc}} = \frac{(0.6 \times 10^3)^2}{20 \times 10^3} = 18(\Omega)$$

电容器组的容抗为

$$X_c = \frac{n}{m} X_{Nc} = \frac{3}{4} \times 18 = 13.5(\Omega)$$

串联电容器后末端电压实际提升

$$\Delta U = \frac{X_c Q}{U_{2c}} = \frac{13.5 \times 4 \times \tan\varphi}{32} = \frac{13.5 \times 4 \times 1.02}{32} = 1.72(kV)$$

这个数值略大于要求的 32-30.4=1.6（kV），所以可以满足调压要求。

(2) 根据式（6-23）可以计算并联电容器容量

$$Q_c = \frac{U_{2c}}{X}(U_{2c} - U_2) = \frac{32}{12} \times (32-30.4) = 4.27(Mvar)$$

可见，串联电容器容量仅为并联电容器容量的 $\dfrac{0.72}{4.27} \times 100\% = 10.9\%$。

设置并联电容器后的线路功率损耗

$$\Delta P_\Sigma = \frac{P_2^2 + (P_2\tan\varphi - Q_c)^2}{U_{2c}^2}R = \frac{4^2 + (4 \times 1.02 - 4.27)^2}{32} \times 13.5 = 0.211(MW)$$

设置串联电容器后的线路功率损耗

$$\Delta P_\Sigma = \left(\frac{P_2}{U_{2c}\cos\varphi}\right)^2 R = \left(\frac{4}{32 \times 0.7}\right)^2 \times 13.5 = 0.430(MW)$$

二者相差 $\qquad\qquad$ $0.430-0.211=0.219(\text{Mvar})$

### 6.3.7 各种调压措施的合理应用

电压调整是一个比频率调整更为复杂的问题，因为整个系统每一个节点的电压都不相同，用户对电压的要求也不一样，所以不可能在一两处调整就能满足每一个节点对电压的要求，必须根据系统的具体情况，在不同的节点采用不同的调压措施。

利用发电机调压不需要增加费用，是发电机直接供电的小系统的主要调压手段。在多机系统中，调节发电机的励磁电流要引起发电机间无功功率的重新分配，应根据发电机与系统的连接方式和承担的有功负荷情况，合理地设置各发电机调压装置的整定值。利用发电机调压时，发电机的无功功率输出不应超过允许的限值。

当系统的无功功率供应比较充裕时，各变电站的调压问题可以通过合理选择变压器的分接头来解决。当最大负荷和最小负荷两种情况下的电压变化幅度不很大又不要求逆调压时，适当调整普通变压器的分接头一般就可以满足要求。当电压变化幅度比较大或要求逆调压时，宜采用有载调压变压器。有载调压变压器可以装设在枢纽变电站，也可以装设在大容量的用户处。加压调压变压器还可以串联在线路上，对于辐射形线路，其主要目的是为了调压；对于环网，还能改善功率分布。装设在系统联络线上的串联加压器，还可以起隔离作用，使两个系统的电压调整互不影响。

必须指出，在系统无功功率不足的条件下，不宜采用调整变压器分接头的办法来提高电压。因为当某一地区的电压由于变压器分接头的改变而升高后，该地区所需要的无功功率也增大了，这就更扩大了系统的无功功率缺额，从而导致整个系统的电压水平进一步下降。从全局来看，这样做的效果是不好的。从调压的角度看，并联和串联电容补偿的作用都在于减少电压损耗中的 $\dfrac{QX}{U}$ 分量。并联补偿减少 $Q$，串联补偿减少 $X$。只有在电压损耗中 $\dfrac{QX}{U}$ 分量占有较大比重时，其调压效果才明显。对于 35kV 或 10kV 的较长线路，导线截面较大（在 70mm² 以上）、负荷波动大而频繁、功率因数又偏低时，采用串联补偿调压可能比较适宜。这两种调压措施都需要增加设备费用，但采用并联补偿时可以从网损的节约中得到抵偿。对于 10kV 及以下电压等级的电网，由于负荷分散、容量不大，常按允许电压损耗来选择导线截面，以保证电压质量问题。

上述各种调压措施的具体应用，只是一种粗略的概括。对于实际电力系统的调压问题，需要根据具体情况对可能采用的措施进行技术经济比较后，才能得出合理的解决方案。最后还要指出，在处理电压调整问题时，保证系统在正常运行方式下有合乎标准的电压质量是最基本的要求。此外，还要使系统在某些特殊运行方式下（例如检修或故障后）的电压偏移不超过允许的范围。如果正常状态下的调压措施不能满足这一要求，还应考虑采取特殊运行方式下的补充调压手段。

**注意：** 电压质量问题，从全局来讲是电力系统电压水平问题。电力系统电压水平实际上与电力系统无功功率、有功功率平衡有很大的关系（潮流的分布），但主要取决于无功功率的合理分布（电源的配置、负荷的分配，也即无功优化的问题）。为了确保运行中的系统具有正常电压水平，系统拥有的无功功率电源必须满足在正常电压水平下的无功功率需求。局部电压的控制和调整也要服从于全局的平衡。电力系统电压稳定性问题已越来越引起行业的重视，第6节将简要介绍电力系统电压稳定性的一般概念。

## 第6.4节 频率调整与电压调整

### 1. 频率调整与电压调整的比较

频率调整主要是通过调整有功功率来实现的，而电压调整主要是通过无功功率的调整来实现。因而粗略地看，二者很相似。但是，从实际的系统运行来看，这两种调节却存在着较大的差别，主要表现在下列几方面：

（1）对于连成一体的电力系统，不管在系统的任何地点，系统的频率都是相同的，因而无论在系统的任何地方调节有功功率，均可起到频率调整的作用。但是，系统中各处的电压却是不相同的，在局部地区调节其无功功率，一般来说将只对该处附近地区的电压发生影响。这就是所谓"统一性"（即频率）与"局部性"（即电压）的关系。

（2）无功功率电源基本上不消耗一次能源，无论投资与运行费都较有功功率电源要低得多。所以，在考虑有功功率电源的配置与有功功率负荷的分配时，经济性的因素就较无功功率电源要更为突出。

（3）从数量级来看，容许的频率偏差比容许的电压偏差要小得多。

（4）就无功功率平衡而言，白天与晚上所遇到的问题是大不相同的。例如，在白天无功功率负荷较大时，应关注采用哪种无功功率分配方式可以将线路损耗减到最小；反之，当夜晚无功功率负荷较小时，则应考虑如何吸收过剩的无功功率。因而，从数学角度看，最优的无功功率分配比最优的有功功率分配还要复杂。

### 2. 频率调整与电压调整的关系

电力系统的有功功率和无功功率需求既同电压有关，也同频率有关。频率或电压的变化都将通过系统的负荷特性同时影响到有功功率和无功功率的平衡。

当系统频率下降时，发电机发出的无功功率将减少（因为发电机的电动势依励磁接线的不同与频率的平方或三次方成正比变化），变压器和异步电动机励磁所需的无功功率将增加，绕组漏抗的无功功率损耗将减小，线路电容充电功率和电抗的无功损耗都将减少。总的说来，频率下降时，系统的无功功率需求略有增加。如果频率正常时系统的无功功率不足，在频率下降时，将很难维持整个电力系统的电压水平。

当系统频率增高时，发电机电动势将增大，系统的无功功率需求略有减少，因此系统的电压将上升。为维持电压的正常水平，发电机输出的无功功率可以略为减少。当电网中电压水平提高时，负荷所需的有功功率将要增加，电网中的有功损耗略有减少，系统中总的有功功率需求将有所增加。如果有功功率电源不很充裕，将引起系统的频率下降。当电压水平降低时，系统中总的有功功率需求将要减少，从而导致频率的升高。

当系统由于有功功率不足和无功功率不足造成频率和电压水平都偏低时，应该首先解决有功功率平衡的问题，因为频率的提高能减少无功功率的缺额，这对于调整电压也是有利的。如果首先去提高电压，就会扩大有功功率的缺额，导致频率更加下降，而无助于改善系统的运行条件。应该指出，电力系统在额定参数（电压与频率）附近运行时，电压的变化对有功功率平衡的影响和频率变化对无功功率的影响都是次要的。正因为如此，才有可能分别处理电压调整和频率调整的问题。

## 第 6.5 节　电力系统无功功率负荷的最优分配

电力系统无功功率负荷的最优分配也可以理解为电力系统无功功率电源的最优输出，而无功功率电源的最优配置通常是指无功电源的最优选址和定容。第 5 章介绍了有功功率负荷的最优分配，以下介绍无功功率负荷的最优分配的等网损微增率准则。

优化无功功率电源分布的目的在于降低网络中的有功功率损耗。因此，这里的目标函数就是网络总损耗 $\Delta P_\Sigma$。在除平衡节点外其他节点的注入有功功率 $P_i$ 已给定的前提下，可以认为，这个网络总损耗 $\Delta P_\Sigma$ 仅与各节点注入的无功功率 $Q_i$ 有关，即与各无功功率电源输出的功率 $Q_{Gi}$ 有关。这里的 $Q_{Gi}$ 既可理解为发电机发出的感性无功功率，也可理解为无功功率补偿设备——调相机或电容器供应的感性无功功率，因为它们在改变网络总损耗方面的作用相同。于是，分析无功功率电源最优分布时的目标函数可写作

$$\Delta P_\Sigma(Q_{G1},Q_{G2},\cdots,Q_{Gn})=\Delta P_\Sigma(Q_{Gi}) \tag{6-35}$$

分析无功功率电源最优分布时的等约束条件显然就是无功功率必须保持平衡的条件。就整个系统而言，这条件为

$$\sum_{i=1}^{i=n} Q_{Gi} - \sum_{i=1}^{i=n} Q_{Li} - \Delta Q_\Sigma = 0 \tag{6-36}$$

式中：$\Delta Q_\Sigma$ 为网络中无功功率总损耗。

由于这里分析无功功率电源最优分布时，除平衡节点外其他各节点的注入有功功率已给定，这里的不等约束条件较分析有功功率负荷最优分配时少一个，即为

$$\left.\begin{array}{c} Q_{Gimin}\leqslant Q_{Gi}\leqslant Q_{Gimax} \\ U_{imin}\leqslant U_i\leqslant U_{imax} \end{array}\right\} \tag{6-37}$$

列出目标函数和约束条件后，就可运用拉格朗日乘数法求最优分布的条件。为此，先根据已列出的目标函数和等约束条件建立新的、不受约束的目标函数，即拉格朗日函数

$$C^* = \Delta P_\Sigma(Q_{Gi}) - \lambda\left(\sum_{i=1}^{i=n} Q_{Gi} - \sum_{i=1}^{i=n} Q_{Li} - \Delta Q_\Sigma\right)$$

并求其最小值。

由于这拉格朗日函数中有 $n+1$ 个变量，即 $n$ 个 $Q_{Gi}$ 和一个拉格朗日乘数，因此求其最小值时应有 $n+1$ 个条件，即

$$\left.\begin{aligned}\frac{\partial C^*}{\partial Q_{Gi}} &= \frac{\partial \Delta P_\Sigma}{\partial Q_{Gi}} - \lambda\left(1 - \frac{\partial \Delta Q_\Sigma}{\partial Q_{Gi}}\right) = 0 \\ \frac{\partial C^*}{\partial \lambda} &= \sum_{i=1}^{i=n} Q_{Gi} - \sum_{i=1}^{i=n} Q_{Li} - \Delta Q_\Sigma = 0\end{aligned}\right\} \quad (i=1,2,\cdots,n) \qquad (6\text{-}38)$$

式（6-38）可改写为

$$\left.\begin{aligned}\frac{\partial \Delta P_\Sigma}{\partial Q_{G1}}\frac{1}{(1-\partial \Delta Q_\Sigma/\partial Q_{G1})} &= \frac{\partial \Delta P_\Sigma}{\partial Q_{G2}}\frac{1}{(1-\partial \Delta Q_\Sigma/\partial Q_{G2})} = \cdots \\ &= \frac{\partial \Delta P_\Sigma}{\partial Q_{Gn}}\frac{1}{(1-\partial \Delta Q_\Sigma/\partial Q_{Gn})} = \lambda \\ \sum_{i=1}^{i=n} Q_{Gi} - \sum_{i=1}^{i=n} Q_{Li} &= 0\end{aligned}\right\} \qquad (6\text{-}39)$$

不计无功功率网络损耗时，式（6-39）又可改写为

$$\left.\begin{aligned}\frac{\partial \Delta P_\Sigma}{\partial Q_{G1}} &= \frac{\partial \Delta P_\Sigma}{\partial Q_{G2}} = \cdots = \frac{\partial \Delta P_\Sigma}{\partial Q_{Gn}} = \lambda \\ \sum_{i=1}^{i=n} Q_{Gi} - \sum_{i=1}^{i=n} Q_{Li} + Q_\Sigma &= 0\end{aligned}\right\} \qquad (6\text{-}40)$$

显然，式（6-39）、式（6-40）中的第一式就是所谓等网损微增率准则，而第二式则是无功功率平衡关系式。式（6-39）中的第一式与有功功率负荷最优分配时的协调方程式（5-40）相对应。而式中的网损微增率 $\partial \Delta P_\Sigma/\partial Q_{Gi}$ 又与有功功率负荷最优分配时的耗量微增率 $\partial F_\Sigma/\partial P_{Gi}$ 相对应；式中的乘数 $\dfrac{1}{1-\partial \Delta Q_\Sigma/\partial Q_{Gi}}$ 则与协调方程式中的有功功率网损修正系数 $\dfrac{1}{1-\partial \Delta P_\Sigma/\partial P_{Gi}}$ 相对应，因而称为无功功率网损修正系数。

## 第 6.6 节　电力系统电压稳定性概念

### 6.6.1　电压稳定性定义

GB 38755—2019《电力系统安全稳定导则》中将电压稳定定义为：电力系统受到小的或大的扰动后，系统电压能保持或恢复到容许的范围内，不发生电压崩溃的能力。

CIGRE（国际大电网会议）于 1993 年提出：电压稳定是整个电力系统稳定性的子集，如果系统受到一定的扰动后，邻近节点的负荷电压达到扰动后平衡状态的值，并且该受扰状

态处于扰动后的稳定平衡点的吸引域内，那么就认为系统是电压稳定的；与此相反，如果扰动后平衡状态下负荷邻近的节点电压低于可接受的极限值，那么就称系统电压崩溃。

因此，电压稳定性的一般概念是电力系统在受到干扰后，凭借系统本身固有的特性和控制设备的作用，维持各节点电压在可接受范围内的能力。当电力系统节点电压不能维持在可接受范围内时，就会出现电压不稳定现象，或电压崩溃。负荷特性对电压稳定性有重要的影响。

电压失稳过程的时间跨度可从几秒钟到几十分钟，因此又可按时间框架分为暂态电压稳定和中长期电压稳定。

（1）暂态电压稳定，是指在受到短路等故障、系统元件投切等干扰后的 0～10s 间，在系统元件（如发电机、感应电动机、直流换流器等）的动态特性作用下，所出现的电压变化过程。暂态电压稳定在时间的跨度上与电力系统功角暂态稳定相当，它们两者之间往往不易区分清楚，两种现象可能同时存在。

（2）中长期电压稳定，主要涉及负荷的增长或功率传输的变化过程，并由于有载调压变压器、发电机励磁电流限制、保护装置等的作用，电压会缓慢地趋于失稳状态。这个过程可持续 0.5～30min。如果适时地进行干预（如投入无功补偿设备），往往可以避免失去电压稳定。

所谓电压崩溃，是指由于电压不稳定所导致的系统内大面积、大幅度的电压下降的过程（电压也可能是由于"功角不稳定"而崩溃的，最初的起因往往仅在事故后的细心分析中才能发现）。

当出现扰动、负荷增大或系统变更使电压急剧下降或向下漂移，并且运行人员和自动系统的控制已无法终止这种电压衰落时，系统就会进入电压不稳定的状态。这种电压的衰落可能只需用几秒钟，也可能长达 10～20min，甚至更长。如果电压不停地衰落下去，静态的功角不稳定或电压崩溃就会发生。

在电压衰落期间，电力系统和用户负荷中大多自动和手动的控制装置都会动作。相关控制交互地作用于电压，使得这个期间成为所谓的"慢动态"时期。

如果电压降低到使裕量最低的电动机转矩低于负荷转矩，该电动机就将停转。这又致使电压进一步下降，并使其他的一些电动机连锁停转。伴随电压崩溃的可能是失去负荷和恢复电压，也可能是线路跳闸和受影响地区的完全停电。

此外，还有另一常用术语——电压安全性。它不仅是指一个系统稳定运行的能力，也指在出现任何适当而又可信的预想事故或有害的系统变更后，系统维持电压稳定的能力。

电压安全性的定义为在发生第一个和（或）第二个预想事故之后系统维持电压稳定的能力。当用户工作点的电压保持在所允许的选择带内时，一个系统的电压也可以被认为是静态安全的。然而，保持电压在用户工作点的容许范围内不一定就能确保系统安全，因为一个系统可能已经进入了电压不稳定状态，但其电压可能仍处于或接近额定水平。

电压安全这个术语也被广泛采用。它是指电力系统的一种能力，即不仅在当前运行条件下电压稳定，而且在可能发生的预想事故或负荷增加情况下仍能保持电压稳定。它意味着相对于可能的预想事故集合，电力系统当前运行点距离电压失稳点（或者最大功率传输点）具有足够的安全裕度。

### 6.6.2 电压稳定性一般概念

在电力系统中电压水平的高低主要受无功功率的影响，这自然而然地促使人们把电压崩溃与某种形式的无功功率的不平衡联系起来，许多文献都将电压失稳归因于系统不能满足无功功率需求的增加。这类观点的典型代表便是传统的$\dfrac{\mathrm{d}\Delta Q}{\mathrm{d}U}$判据。尽管有些学者对$\dfrac{\mathrm{d}\Delta Q}{\mathrm{d}U}$判据的正确性抱着谨慎的态度，但是它作为电压稳定问题的一种经典的直观物理解释，还是在电力系统中广为流行，并被许多教科书所采用。

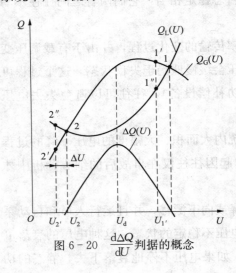

图 6-20 $\dfrac{\mathrm{d}\Delta Q}{\mathrm{d}U}$ 判据的概念

在$\dfrac{\mathrm{d}\Delta Q}{\mathrm{d}U}$中，$\Delta Q = Q_\mathrm{G} - Q_\mathrm{L}$，该判据的意义是：当电力系统某一负荷节点无功功率不平衡量对该节点电压的导数小于 0 时，该节点是电压稳定的；大于 0 时则是电压不稳定的；等于 0 时对应于静态电压稳定临界点。传统的论证过程是这样的：设讨论的为某一系统中的一个负荷节点，图 6-20 给出了向这点供电的电源的无功功率—电压静态特性曲线 $Q_\mathrm{G}(U)$ 和负荷的无功功率静态电压特性曲线 $Q_\mathrm{L}(U)$。

正常运行时，该节点输入、输出的无功功率必须平衡，即必须运行于 $Q_\mathrm{G}(U)$ 和 $Q_\mathrm{L}(U)$ 的交点。但是这样的交点有两个，系统在这两交点处是否都能稳定运行可以用小干扰法来加以分析。

（1）在点 1 运行时，如果一个微小的扰动使该节点的电压略微下降，则负荷需要的无功功率将改变到与 $1''$ 对应的值，电源供应的无功功率将改变为与 $1'$ 对应的值，该节点无功功率将有过剩，电源向该节点输送的无功功率将减少，网络中的电压降落也将相应减少，该节点电压又恢复到初始值。当系统中出现微小的扰动使该节点电压上升一个微量，即 $\Delta U > 0$ 时，该节点无功功率将有缺额，迫使电源多送无功功率，网络中的电压损耗也相应增大，导致该节点电压下降而恢复到原始值。所以，在点 1 运行时电压是静态稳定的。

（2）在点 2 运行时的情况不同，用相似的方法可以得出点 2 电压不稳定的结论。

在点 1 运行时，电压处于较高水平，而且$\dfrac{\mathrm{d}\Delta Q}{\mathrm{d}U} < 0$；在点 2 运行时，电压处于较低的水平，且$\dfrac{\mathrm{d}\Delta Q}{\mathrm{d}U} > 0$，所以合乎逻辑的结论便是上面介绍的$\dfrac{\mathrm{d}\Delta Q}{\mathrm{d}U}$判据。

### 6.6.3 电压稳定性问题基本分析

无穷大系统的供电（单一负荷）接线如图 6-21 所示。系统受端电压—功率特性表示由系统电源电动势 $E$ 经输电阻抗 $jX$ 向一受端负荷供电时的系统运行电压特性。

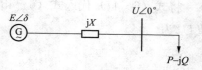

图 6-21 单负荷无穷大系统的
供电接线示意图

按单机供电方程式（6-6）、式（6-7）列出

$$\frac{PX}{E^2}=\frac{U}{E}\sin\delta \tag{6-41}$$

及

$$\frac{QX}{E^2}=\frac{U}{E}\cos\delta-\left(\frac{U}{E}\right)^2 \tag{6-42}$$

两式平方和可得

$$\left(\frac{PX}{E^2}\right)^2+\left[\frac{QX}{E^2}+\left(\frac{U}{E}\right)^2\right]^2=\left(\frac{U}{E}\right)^2 \tag{6-43}$$

解得电压与受端负荷功率的关系为

$$\left(\frac{U}{E}\right)^2=\frac{1}{2}\left[1-2\frac{QX}{E^2}\pm\sqrt{1-4\frac{QX}{E^2}-4\left(\frac{PX}{E^2}\right)^2}\right] \tag{6-44}$$

式（6-43）中，各量均为以某一电压（kV）和某一容量（MVA）为基准的标幺值。特别要说明的是：①当负荷由系统吸收无功功率时，$Q$ 为正值；而当负荷向系统送去无功功率时，$Q$ 为负值。②所有的 $P$ 和 $Q$ 值，都是对应于相应电压 $U$ 值下的标幺值，而不是额定电压 $U_N$ 下的数值。

分析式（6-44），可以进一步求得一种简洁明了的电压稳定判据。

不论系统结构如何复杂，从系统中的某一节点（变电所母线）看向系统，在任一瞬间，都可以把外部系统等价为一个电源电动势（开路电动势）经传输阻抗（到该节点的系统侧短路阻抗）向节点供电的一个单机系统。式（6-44）的唯一假定是认为传输阻抗中只有电抗成分，这一点是被广泛认可的，因此式（6-44）具有普遍意义。

由式（6-44），可解得系统中一供电节点的稳定临界电压比 $\left(\dfrac{U}{E}\right)_{cr}$ 值为

$$\left(\frac{U}{E}\right)_{cr}=\sqrt{\frac{1}{2}\left(1-2Q\frac{X}{E^2}\right)} \tag{6-45}$$

而保持该供电节点不发生电压崩溃的基本要求是

$$1-4\frac{QX}{E^2}-4\left(\frac{PX}{E^2}\right)^2=0 \tag{6-46}$$

从而，由式（6-46）可以找到该供电节点的临界系统等价电动势 $E_{cr}$ 的值为

$$\frac{E_{cr}^2}{X}=2\left[Q+\sqrt{P^2+Q^2}\right] \tag{6-47}$$

将式（6-47）代入式（6-45），即可以导出电网中某一供电节点的母线电压稳定临界值$U_{cr}$为

$$U_{cr}^2 = X\sqrt{P^2 + Q^2} \qquad (6-48)$$

利用式（6-48）来分析电网供电电压的稳定性问题，可以得出电压稳定性分析的相关结论。

（1）电网中某一节点的供电电压临界值，既是连接到该节点的负荷视在功率的函数，又是连接到该节点的系统等价阻抗的函数。电网中不同节点有不同的供电电压临界值，因而需要逐点校核。

（2）当节点的负荷固定不变，即$\sqrt{P^2 + Q^2}$不变时，该节点的稳定供电电压临界值（$U_{cr}$）只取决于外部系统结构（电网的接线方式、接入的同步机数等）所形成的到该节点的短路阻抗$X$，而与同步机组的运行方式无关。但同步机组的运行方式决定了接到该节点的系统等价机组的电动势$E$，从而决定了节点的实际运行电压值$U$。只要$N-1$或$N-2$事件后的母线电压值$U$大于按事件后的$X$计算求得的$U_{cr}$值，即可认为不会在该节点出现电压崩溃。

（3）当母线电压为$U$值，该节点的供电电压稳定性裕度$M$是

$$M = \frac{U - U_{cr}}{U_{cr}} \times 100\% \qquad (6-49)$$

由此，可以检查出在某一特定事故后，哪个节点的裕度最小，需要优先在哪些节点采取特定措施，如增加无功功率补偿等。在电网中一个节点增加无功功率补偿，不但可以提高该节点的供电电压稳定性裕度（$Q$的绝对值减小，该节点电压提高），还可以提高相邻节点的电压，从而提高相邻节点的供电电压稳定性裕度。

（4）在一个负荷集中的地区，如果因为无功功率补偿能力不足，或外部供电电压过低，在运行中导致电网枢纽点电压不断下降时，中止发生电压崩溃的最佳手段是适当地切去部分地区负荷。它的效果是双重的：①可以有效地降低临界电压$U_{cr}$。一般负荷情况下，$P$的绝对值总是显著地大于$Q$的绝对值，因而减小$P$（包含所带有的部分$Q$）对降低$U_{cr}$的作用特别显著；②由于要求电网传输的有功功率减小，同时也提高了受端枢纽点的电压$U$，因而电压稳定性裕度$M$得以显著增大。这是由式（6-48）引申出来具有重要实际意义的结论。

（5）式（6-48）中的$P$与$Q$值是对应于电压为$U_{cr}$时的值，如果$P$与$Q$值随供电电压下降而减少（负荷的电压特性），将有利于提高节点的供电电压稳定性，即允许有较低的稳定运行电压。

虽然电压稳定性问题涉及电力系统的动态特性，但在对系统的电压稳定性问题进行快速近似分析时，仍可采用基于潮流计算的静态分析方法。

电压稳定主要与下列因素有关：

（1）电网传输功率的能力，如电网传输参数，网络结构等。

（2）支撑节点电压的相关设备的动态行为及相应的限制条件，如发电机的电压和无功调节能力、无功补偿装置、变压器分接头调节等。

（3）负荷的动态行为，包括各种负荷的电压动态特性、负荷的恢复动态等。要保持电压稳定，首先要使系统具有足够容量的无功电源，以及它们相对于负荷的合理地域配置。

## 思考题与习题

6-1 发电机的运行极限是如何确定的？

6-2 电力系统中无功负荷和无功损耗主要是指什么？

6-3 电力系统无功功率平衡与电压水平有什么关系？

6-4 何为电力系统的中枢点？系统中枢点有哪三种调压方式？其要求如何？

6-5 分析说明电力系统节点电压调整可以采用哪些措施？

6-6 当电力系统无功功率不足时，是否可以通过改变变压器的变比来进行调压？为什么？

6-7 各种调压措施的适用情况如何？

6-8 电压调整与频率调整的区别？如何综合考虑？

6-9 并联电容器与串联电容器调压原理上有何区别？分别适用于怎样的场合？

6-10 如图 6-22 所示某一升压变压器，其额定容量为 31.5MVA，变比为 10.5/121±2×2.5%，归算到高压侧的阻抗 $Z_T=3+j48(\Omega)$，通过变压器的功率 $S_{max}=24+j16$（MVA），$S_{min}=13+j10$（MVA）。高压侧调压要求 $U_{max}=120kV$，$U_{min}=120kV$，发电机电压的可能调整范围为 10~11kV，试选择变压器的分接头。

6-11 35kV 电网示于图 6-23，已知线路长度 25km，$r_1=0.33\Omega/km$，$x_1=0.38\Omega/km$，变压器归算到高压侧的阻抗 $Z_T=1.63+j12.2(\Omega)$，变电站低压侧额定电压为 10kV，最大负荷 $S_{3max}=4.8+j3.6$（MVA），最小负荷 $S_{3min}=2.4+j1.8$（MVA）。调压要求是最大负荷时不低于 10.25kV，最小负荷时不高于 10.75kV。若线路首端电压维持 36kV 不变，试选择变压器分接头。

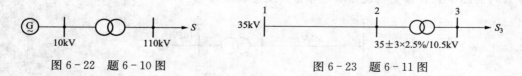

图 6-22 题 6-10 图                图 6-23 题 6-11 图

6-12 如图 6-24 所示的供电系统，若 A 点电压保持 36kV 不变，B 点调压要求为 10.2kV≤U≤10.5kV，试配合选择变压器分接头电压确定并联补偿电容器的容量（不计变压器及线路的功率损耗）。

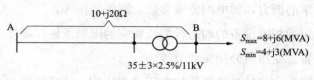

图 6-24 题 6-12 图

6-13 试选择图 6-25 所示的三绕组变压器的分接头电压。变压器各绕组等值阻抗、中压和低压侧所带的负荷、高压母线电压均示于图中。变压器的变比为 $110\pm2\times2.5\%/38.5\pm2\times2.5\%/6.6kV$，中压、低压母线的电压变化范围分别要求为 $35\sim38kV$ 和 $6\sim6.5kV$（不计变压器功率损耗）

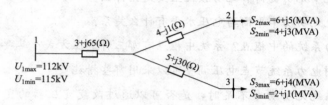

图 6-25 题 6-13 图

注：图 1、2、3 分别指高、中、低压侧。

6-14 某地区降压变电站，由长 70km 的双回 110kV 线路供电，导线参数 $r_1=0.27\Omega/km$，$x_1=0.416\Omega/km$。变电站装有两台容量为 31.5MVA、电压为 $110\pm2\times2.5\%/11kV$ 的变压器，其短路电压百分值为 10.5。最大负荷时，变电站低压母线归算到高压侧的电压为 100.5kV；最小负荷时为 112.0kV。变电站低压母线允许电压偏移为 $+2.5\%\sim+7.5\%$。当变电站低压母线上的补偿设备为并联电容器或并联同步调相机时，分别确定补偿设备的最小容量（$\alpha=0.5$）。

6-15 某 35kV 电网如图 6-26 所示。线路和变压器归算到 35kV 侧的阻抗为 $Z_L=9.9+j12(\Omega)$，$Z_T=1.3+j10(\Omega)$。变电站低压侧负荷为 $8+j6(MVA)$。线路始端电压保持 37kV，变电站低压母线要求为 10.25kV。变压器变比为 35/10.5kV 不调，试计算：

(1) 采用串联电容器和并联电容器补偿调压两种情况下所需的最小补偿容量；

(2) 若使用 $U_{NC}=6.3kV$，$Q_{NC}=12kvar$ 的单相电容器，采用串联补偿和并联补偿所需电容器的实际个数和容量（设并联电容器为星形接线）。

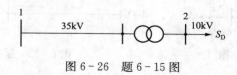

图 6-26 题 6-15 图

# 电力系统分析基础

（第二版）

# 第2篇
# 电力系统故障分析

为保证电力系统的安全、可靠运行，在电力系统规划设计、运行分析以及继电保护配置和设计中，不仅要考虑系统在正常状态下的运行情况，还应该考虑系统发生故障时，各种电气量的变化情况，以及由于故障可能产生的后果，并提示相应的对策。

电力系统的故障可分为简单故障和复杂故障。简单故障一般是指某一时刻，在电力系统的一个地方发生故障；复杂故障一般是指某一时刻，在电力系统两个及以上地方发生故障。电力系统的简单故障通常又分为短路故障（横向故障）和断线故障（纵向故障）。

所谓电力系统"短路"故障，是指电力系统某处相与相或相与地之间的"短接"。电力系统的简单短路故障主要有四种，即三相短路 $[k^{(3)}]$、单相接地 $[k^{(1)}]$、两相短路 $[k^{(2)}]$、两相接地 $[k^{(1.1)}]$。其形式如下表所示。由于三相短路故障后，三相电路的结构以及三相电压、电流仍然是对称的，所以通常将三相短路称为对称短路故障，其他的故障形式称为不对称短路故障。

| 短路类型 | 符号 | 短路形式示意图 | | 故障边界分析 |
|---|---|---|---|---|
| 三相短路 | $k^{(3)}$ | | | $\dot{U}_a = \dot{U}_b$ <br> $\dot{U}_b = \dot{U}_c$ <br> $\dot{I}_a + \dot{I}_b + \dot{I}_c = 0$ |
| 两相短路 | $k^{(2)}$ | | | $\dot{U}_a = \dot{U}_b$ <br> $\dot{I}_a + \dot{I}_b = 0$ <br> $\dot{I}_c = 0$ |
| 单相接地 | $k^{(1)}$ | | | $\dot{U}_c = 0$ <br> $\dot{I}_a = 0$ <br> $\dot{I}_b = 0$ |
| 两相接地 | $k^{(1,1)}$ | | | $\dot{U}_b = 0$ <br> $\dot{U}_c = 0$ <br> $\dot{I}_a = 0$ |

表　　各种短路故障的形式及条件

**注意：** 电力系统短路故障的特征是故障点电压降低，故障电流增大，增大的幅度主要取决于电源到短路的电气距离。

短路故障对电力系统的主要影响：

(1) 短路电流可能达到该回路额定电流的几倍到几十倍，某些场合短路电流值可达几万甚至几十万安培。当巨大的短路电流流经导体时，将使导体大量发热，造成导体熔化和绝缘损坏。同时巨大的短路电流还将产生很大的电动力作用于导体，使导体变形或损坏。

(2) 短路时往往同时有电弧产生，它不仅可能烧坏故障元件本身，也可能烧坏周围的设备。

(3) 短路将使得发电机的端电压下降，短路电流流过线路、电抗器等时还将增大电压损失。因此，短路所造成的另一个后果就是使网络电压降低，越靠近短路点降低得越大。当供电地区的电压降低到额定电压 60% 左右而又不能立即切除故障时，就可能引起电压崩溃，造成大面积停电。

(4) 短路时由于系统中功率分布的突然变化和网络电压的降低，可能导致并列运行的同步发电机组之间的稳定性的破坏。在短路切除后，系统中已失去同步的发电机在重新拉入同步的过程中可能发生振荡，以致引起继电保护装置误动作及大量甩负荷。

（5）不对称短路将产生负序电流和负序电压，汽轮发电机长期容许的负序电压一般为额定电压的 8%～10%，异步电动机长期容许的负序电压一般为额定电压的 2%～5%。

（6）不对称接地短路故障将会产生零序电流，它会在邻近的线路内产生感应电动势，造成对通信线路和信号系统等的干扰。

（7）在某些不对称短路情况下，非故障相的电压将超过额定值，引起工频电压升高的现象，从而增高了系统的过电压水平。

运行经验表明，电力系统各种短路故障中，单相接地故障占大多数，约为总短路故障数的 65%，三相短路只占 5%～10%。但三相短路故障后果最为严重（电压低、电流大），必须引起足够的重视。此外，在不对称短路故障的分析计算时，可以应用对称分量法，将其转化为对称短路的计算，因此三相短路的研究是基础，具有重要意义。

电力系统发生了短路故障，将会短接一些元件，使系统的阻抗发生变化，功率平衡也随之遭到破坏，运行状态将从原来的正常状态变化到短路后的故障状态。由于电力系统中包含有惯性元件，所以发生短路后将会出现由一种稳定状态过渡到另一种稳定状态的过渡过程，或称暂态过程。例如发电机输出的功率突然改变了，但在改变瞬间，转子旋转速度由于惯性作用来不及立刻变化，而输出的电磁功率则按照系统中已改变了的阻抗和发电机电动势而重新分配。因此，在短路发生后最初的很短时间内，电力系统状态的变化只是电流的增大、电压的降低以及由自动励磁调节器作用而引起发电机励磁电流的变化等。在这期间内，变化过程将不涉及转子角速度等机械量的变化。这时发电机、变压器、输电线路等元件电磁功率的变化过程，只是电和磁的变化过程，常称之为电磁暂态过程。

实际上，短路发生后由于电力系统中功率平衡的破坏，终将导致每一台发电机旋转速度的变化。因此，在过渡过程的后一阶段，将导致定子磁场和转子磁场相互位置的变化，即角位移等机械量的变化。这种既包括电磁参数变化，又包括机械参数变化的过渡过程，称之为机电暂态过程。

当电力系统运行状态发生突变时，电磁暂态过程和机电暂态过程虽构成电力系统暂态过程整体，但还是可以按照暂态过程的规律和特点，以及研究目的的不同，采用一些合理的假设，将电力系统暂态过程分为电磁暂态过程和机电暂态过程来分别加以研究。电力系统发生短路时，电磁暂态过程的研究，主要是研究短路电流和系统内各点电压变化的情况；而机电暂态过程的研究涉及功率和转速的变化，主要是研究电力系统运行的稳定性。

# 第7章 同步发电机基本方程及三相短路电磁暂态分析

## 第7.1节 内容概述与框架

### 7.1.1 内容概述

电力系统的电磁暂态过程取决于系统中发电机、变压器、线路、电动机等的电磁特性，其中尤以发电机为最。可以认为，发电机的电磁暂态过程影响了电力系统的电磁暂态过程。因此，为研究电力系统电磁暂态过程应首先研究发电机的电磁暂态过程。

同步发电机可分为隐极式发电机（一般为汽轮发电机）和凸极式发电机（一般为水轮发电机），主要差别在转子的结构上，电磁关系并没有本质的区别。为进行更普遍性的分析，常常以凸极式发电机为例。同步发电机的实际结构很复杂，但就电磁关系而言，它不过是若干互有电磁耦合关系的线圈。对于凸极式同步发电机，这些线圈有三个静止的定子绕组 a、b、c，以及与转子一起旋转的励磁绕组 f 和两个等效阻尼绕组 D、Q。

由于凸极式发电机转子的旋转，使得与定子绕组有关的电磁通路上的磁阻也不断发生变化，即与定子绕组有关的自感系数和互感系数均随时间作周期性的变化，这样在 abc 坐标系统下建立的同步机基本方程（电压方程和磁链方程）就是一个非线性变系数的微分方程组。直接求解和分析这样的方程有一定难度。因此，引入了 dq0 坐标，其思想是将原来静止不动的 abc 坐标下的量经过派克变换，变换到随转子转动的 dq0 坐标下的量。这样绕组与绕组之间的关系即相对静止，使得自感系数和互感系数变为常数，得到的派克方程是常系数线性微分方程。常系数线性微分方程的求解比较方便，其结果再经过派克逆变换就可得到在 abc 坐标系统下的解。

研究同步发电机三相短路故障后的电磁暂态过程，首先引入不计阻尼绕组时发电机的暂态模型（暂态电动势和暂态电抗）、计及阻尼绕组时发电机的次暂态模型（次暂态电动势和次暂态电抗）。在分析这些参数时引入了等效绕组的概念，即定子三相互成 120°角的静止绕组（ax、by、cz）用在空间互成 90°的 dq0 坐标（随转子以同步旋转）上的两个等效绕组 dd 和 qq 来等效，将定子与转子绕组之间的相互关系转变为等效绕组与转子绕组之间的关系。这样在 d 轴或 q 轴方向上各绕组之间的关系就相当于变压器各绕组之间的关系（绕组之间相对静止），于是通过等值电路的分析（或同步发电机的磁链方程）即可以建立无阻尼绕组时同步发电机的暂态模型（$E'_q$、$X'_d$）、计及阻尼绕组时同步发电机的次暂态模型（$E''_q$、$X''_d$ 和 $E''_d$、$X''_q$）。暂态电动势（$E'_q$）、次暂态电动势（$E''_q$、$E''_d$）是电力系统暂态分析中为方便计算而设定的一个变量，它同励磁绕组、阻尼绕组的磁链成正比，根据磁链守恒原理，这些电动势在运行状态发生突变的瞬间（即短路瞬间）保持不变。

值得指出的是：无阻尼绕组时同步发电机在 q 轴上只有一个等效绕组 qq，没有电枢反应，故没有 $E'_d$。同步发电机稳态模型、暂态模型、次暂态模型正常运行时都是存在的，各有其特点，只是根据研究问题的不同而取用不同的模型。

对同步发电机短路后电磁暂态过程的分析，就是按一定边界条件对发电机的基本方程式（派克方程）进行分析，求出暂态过程中这些回路的电流和电压的变化规律。分析同步发电机机端突然三相短路后电磁暂态过程的一个重要依据是磁链守恒定律。从突然短路瞬间各绕组的合成磁链不突变这一点出发进行分析，可知定子电流中将出现基频自由分量、直流自由分量和倍频自由分量，而转子电流中将出现直流自由分量和基频自由分量。定子和转子的各自由分量之间存在着相互依存关系，即定子绕组中的基频分量与转子绕组的直流分量相对应，定子绕组直流和倍频分量与转子基频分量相对应。自由分量电流产生的磁链与哪个绕组相对静止，便按该绕组（计及其他绕组的磁耦合关系）的时间常数衰减。

同步发电机强行励磁旨在尽快恢复机端电压，对短路电流基频分量的变化规律产生直接影响。

## 7.1.2　内容框架（见图7-1）

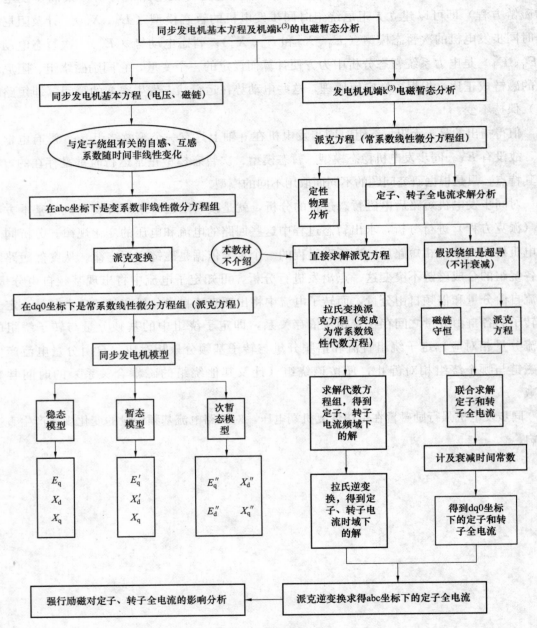

图7-1　本章内容框架

# 第 7.2 节　同步发电机的基本方程

同步发电机是电力系统中最主要的元件，其暂态过程较为复杂，并且对整个电力系统在暂态过程起主导作用。

## 7.2.1　理想电机与正方向设定

在具有阻尼绕组的凸极同步发电机中，共有六个磁耦合关系的绕组。在定子方面有静止的三个相绕组 a、b 和 c；在转子方面有一个励磁绕组 f 和等值阻尼绕组 D 和 Q，这三个转子绕组都随转子一起旋转，绕组 f 和绕组 D 位于直轴方向上，绕组 Q 位于交轴方向上。对于没有装设阻尼绕组的隐极同步电机，它的实心转子所起的阻尼作用也可以用等值的阻尼绕组来表示。

（1）理想电机假设：首先假设所研究的同步发电机为"理想电机"，即它具有对称性（三相对称）、正弦性（定子电流在气隙中产生正弦分布的磁动势、定子与转子互感磁通在气隙中正弦分布）、光滑性、不饱和性（导磁系数为常数，不计磁滞、涡流和集肤效应）。

（2）正方向的假设：为建立发电机六个回路（三个定子绕组、一个励磁绕组以及直轴和交轴阻尼绕组）的方程，首先要选定磁链、电流和电压的正方向。图 7-2 给出了发电机各绕组位置的示意图，图中标出了各相绕组的轴线 a、b、c 和转子绕组的轴线 d、q，其中，转子的 d 轴（直轴）滞后于 q 轴（交轴）90°。

本书选定定子各相绕组轴线的正方向作为各相绕组磁链的正方向。励磁绕组和直轴阻尼绕组磁链的正方向与 d 轴正方向相同；交轴阻尼绕组磁链的正方向与 q 轴正方向相同。图 7-2 中也标出了各绕组电流的正方向，定子各相绕组电流产生的磁通方向与绕组轴线的正方向相反时电流为正值；转子各相绕组电流产生的磁通方向与 d 轴或 q 轴正方向相同时电流为正值。图 7-3 示出各绕组的电路（自感），其中标明了电压的正方向。在定子回路中向负荷侧观察，电压降的正方向与定子电流的正方向一致；在励磁回路中向励磁绕组侧观察，电压降的正方向与励磁电流的正方向一致。阻尼绕组为短接回路，电压为零。

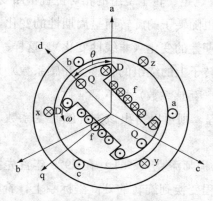

图 7-2　同步发电机各绕组示意图

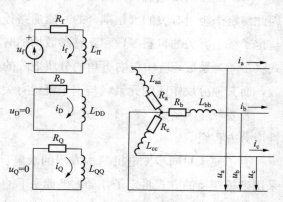

图 7-3　同步发电机各绕组电路图

### 7.2.2 同步发电机基本方程（电压方程、磁链方程）

根据以上各物理量正方向的规定，发电机电压方程可用矩阵写成（定子在 abc 坐标下）

$$
\begin{bmatrix} u_a \\ u_b \\ u_c \\ u_f \\ 0 \\ 0 \end{bmatrix} = \begin{bmatrix} R & 0 & 0 & 0 & 0 & 0 \\ 0 & R & 0 & 0 & 0 & 0 \\ 0 & 0 & R & 0 & 0 & 0 \\ 0 & 0 & 0 & R_f & 0 & 0 \\ 0 & 0 & 0 & 0 & R_D & 0 \\ 0 & 0 & 0 & 0 & 0 & R_Q \end{bmatrix} \begin{bmatrix} -i_a \\ -i_b \\ -i_c \\ i_f \\ i_D \\ i_Q \end{bmatrix} + \begin{bmatrix} \dot{\psi}_a \\ \dot{\psi}_b \\ \dot{\psi}_c \\ \dot{\psi}_f \\ \dot{\psi}_D \\ \dot{\psi}_Q \end{bmatrix} \tag{7-1}
$$

式中：$R = R_a = R_b = R_c$；$\psi$ 为各绕组磁链；$\dot{\psi}$ 为磁链对时间的导数 $\left(\dfrac{\mathrm{d}\psi}{\mathrm{d}t}\right)$。

同步发电机中各绕组的磁链（合成磁链）是由本绕组的自感磁链和绕组间的互感磁链组合而成。其磁链方程可用矩阵写成

$$
\begin{bmatrix} \psi_a \\ \psi_b \\ \psi_c \\ \psi_f \\ \psi_D \\ \psi_Q \end{bmatrix} = \begin{bmatrix} L_{aa} & M_{ab} & M_{ac} & M_{af} & M_{aD} & M_{aQ} \\ M_{ba} & L_{bb} & M_{bc} & M_{bf} & M_{bD} & M_{bQ} \\ M_{ca} & M_{cb} & L_{cc} & M_{cf} & M_{cD} & M_{cQ} \\ M_{fa} & M_{fb} & M_{fc} & L_{ff} & M_{fD} & M_{fQ} \\ M_{Da} & M_{Db} & M_{DC} & M_{Df} & L_{DD} & M_{DQ} \\ M_{Qa} & M_{Qb} & M_{Qb} & M_{Qf} & M_{QD} & L_{QQ} \end{bmatrix} \begin{bmatrix} -i_a \\ -i_b \\ -i_c \\ i_f \\ i_D \\ i_Q \end{bmatrix} \tag{7-2}
$$

式中：$L$ 为自感系数；$M$ 为互感系数，两绕组之间的互感系数是可逆，即 $M_{ab} = M_{ba}$，$M_{af} = M_{fa}$，$M_{fD} = M_{Df}$ 等。

式（7-1）和式（7-2）共有 12 个方程，包括 6 个绕组的磁链、电流和电压共 16 个运行变量。一般是把各绕组的电压（$u_a$、$u_b$、$u_c$、$u_f$）作为给定量，则剩下 6 个绕组的磁链和电流共 12 个待求量，与已有的 12 个方程数正好相等。

对于凸极式发电机（见图 7-2），由于转子旋转时，定、转子绕组的相对位置不断变化，因此与定子绕组有关的（相耦合的）磁通路径的磁导也随转子的旋转而呈周期性的变化，即与定子绕组有关的自感参数和互感参数均随时间呈周期性的变化（非线性变化）。这样一来，式（7-2）系数矩阵中仅右下角的分块矩阵的元素（转子上的绕组的自感、互感系数）是常数，而其他分块矩阵的元素（与定子绕组有关的自感、互感系数）均不是常数。

若要联立求解式（7-1）、式（7-2）的基本方程，则可以得出该方程组是变系数非线性微分方程组。

为了便于对同步发电机基本方程的求解，美国工程师派克（Park）在 1929 年首先提出采用坐标变换的方式将定子在 abc 坐标系下的基本方程变换到旋转的 dq0 坐标系上，希望使经变换后的同步发电机基本方程变为常系数线性微分方程组。

### 7.2.3  坐标变换与派克方程

#### 1. 坐标变换

在原始基本方程中，定子各电、磁变量是按三个相绕组也就是对于空间静止不动的三相abc坐标列写的，而转子各绕组的电磁变量则是对于随转子一起旋转的d、q两相坐标列写的。磁链方程式中出现变系数的原因主要是：

（1）转子的旋转使定、转子绕组间产生相对运动，致使定、转子绕组间的互感系数发生相应的周期性变化。

（2）转子在磁路上只是分别对于d轴和q轴对称而不是随意对称的，转子的旋转也导致定子各绕组的自感和互感的周期性变化。

在《电机学》中为了分析凸极电机中电枢磁动势对旋转磁场的作用，一般采用双反应理论将电枢磁动势分解为直轴（d轴）分量和交轴（q轴）分量。电机在转子的直轴方向和交轴方向磁路的磁阻都是完全确定的，这就避免了在同步发电机的稳态分析中出现变参数的问题。

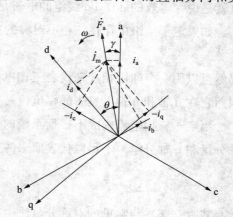

图7-4  定子电流通用相量

同步发电机稳态对称运行时，电枢磁动势幅值不变，转速恒定，对于转子相对静止。它可以用一个以同步转速旋转的矢量 $\dot{F}$ 来表示。如果定子电流用一个同步旋转的通用相量 $\dot{I}_m$ 表示（它对于定子各相绕组轴线的投影即是各相电流的瞬时值），那么相量 $\dot{I}_m$ 与矢量 $\dot{F}$ 在任何时刻都同相位，而且在数值上成比例，如图7-4所示。依照电枢磁动势的分解方法，也可以将电流相量分解为直轴分量 $i_d$ 和交轴分量 $i_q$。令 $\gamma$ 表示电流通用相量同a相绕组轴线的夹角，则有

$$\left.\begin{array}{l} i_d = I_m\cos(\theta - \gamma) \\ i_q = -I_m\sin(\theta - \gamma) \end{array}\right\} \tag{7-3}$$

定子三相电流的瞬时值则为

$$\left.\begin{array}{l} i_a = I_m\cos\gamma \\ i_b = I_m\cos(\gamma - 120°) \\ i_c = I_m\cos(\gamma + 120°) \end{array}\right\} \tag{7-4}$$

利用三角恒等式

$$\cos(\theta - \gamma) = \frac{2}{3}\left[\cos\theta\cos\gamma + \cos(\theta - 120°)\cos(\gamma - 120°) + \cos(\theta + 120°)\cos(\gamma + 120°)\right]$$

$$\sin(\theta - \gamma) = \frac{2}{3}\left[\sin\theta\cos\gamma + \sin(\theta - 120°)\cos(\gamma - 120°) + \sin(\theta + 120°)\cos(\gamma + 120°)\right]$$

即可从式(7-3)和式(7-4)得到

$$
\left.\begin{array}{l}
i_{d} = \dfrac{2}{3}\left[i_{a}\cos\theta + i_{b}\cos(\theta - 120°) + i_{c}\cos(\theta + 120°)\right] \\[3mm]
i_{q} = -\dfrac{2}{3}\left[i_{a}\sin\theta + i_{b}\sin(\theta - 120°) + i_{c}\sin(\theta + 120°)\right]
\end{array}\right\} \tag{7-5}
$$

通过这种变换，将三相电流 $i_a$、$i_b$、$i_c$ 变换成了等效的两相电流 $i_d$ 和 $i_q$。可以设想，这两个电流是定子的两个等效绕组 dd 和 qq 中的电流。这组等效的定子绕组 dd 和 qq 不像实际的 a、b、c 三相绕组那样在空间静止不动，而是随着转子一起旋转。等效绕组中的电流产生的磁动势相对转子是静止的，它所遇到的磁路磁阻恒定不变，相应的电感系数也就变为常数了。

当定子绕组内存在幅值恒定的三相对称电流时，由式（7-5）确定的 $i_d$ 和 $i_q$ 都是常数。这就是说，等效的 dd、qq 绕组的电流是直流电流。

如果定子绕组中存在三相不对称的直流，只要是一个平衡的三相系统，即满足

$$
i_{a} + i_{b} + i_{c} = 0
$$

仍然可以用一个通用相量来代表三相电流，不过这时通用相量的幅值和转速都不是恒定的，因而它在 d 轴和 q 轴上投影的幅值也是变化的。

当定子三相电流构成不平衡系统时，三相电流是三个独立的变量，仅用两个新变量（d 轴分量和 q 轴分量）不足以代表原来的三个变量。为此，需要增选第三个新变量 $i_0$，其值为

$$
i_{0} = \frac{1}{3}(i_{a} + i_{b} + i_{c}) \tag{7-6}
$$

式（7-6）与常见的对称分量法中零序电流的表达式相似。所不同的是，这里用的是电流的瞬时值，对称分量法中用的则是正弦电流的相量。$i_0$ 被称为定子电流的零轴分量。

式（7-5）和式（7-6）构成了一个从 abc 坐标系到 dq0 坐标系的变换，可用矩阵合写成

$$
\begin{bmatrix} i_{d} \\ i_{q} \\ i_{0} \end{bmatrix} = \frac{2}{3}
\begin{bmatrix}
\cos\theta & \cos(\theta - 120°) & \cos(\theta + 120°) \\
-\sin\theta & -\sin(\theta - 120°) & -\sin(\theta + 120°) \\
\dfrac{1}{2} & \dfrac{1}{2} & \dfrac{1}{2}
\end{bmatrix}
\begin{bmatrix} i_{a} \\ i_{b} \\ i_{c} \end{bmatrix} \tag{7-7}
$$

或简记为

$$
[i_{dq0}] = [P][i_{abc}] \tag{7-8}
$$

其中

$$
[P] = \frac{2}{3}
\begin{bmatrix}
\cos\theta & \cos(\theta - 120°) & \cos(\theta + 120°) \\
-\sin\theta & -\sin(\theta - 120°) & -\sin(\theta + 120°) \\
\dfrac{1}{2} & \dfrac{1}{2} & \dfrac{1}{2}
\end{bmatrix} \tag{7-9}
$$

为变换矩阵，容易验证，矩阵 $\boldsymbol{P}$ 非奇，因此存在逆阵 $\boldsymbol{P}^{-1}$，即

$$[\boldsymbol{P}]^{-1} = \begin{bmatrix} \cos\theta & -\sin\theta & 1 \\ \cos(\theta-120°) & -\sin(\theta-120°) & 1 \\ \cos(\theta+120°) & -\sin(\theta+120°) & 1 \end{bmatrix} \qquad (7-10)$$

利用逆变换可得

$$[i_{abc}] = [\boldsymbol{P}]^{-1}[i_{dq0}] \qquad (7-11)$$

或展开写成

$$\begin{bmatrix} i_a \\ i_b \\ i_c \end{bmatrix} = \begin{bmatrix} \cos\theta & -\sin\theta & 1 \\ \cos(\theta-120°) & -\sin(\theta-120°) & 1 \\ \cos(\theta+120°) & -\sin(\theta+120°) & 1 \end{bmatrix} \begin{bmatrix} i_d \\ i_q \\ i_0 \end{bmatrix} \qquad (7-12)$$

由此可见，当三相电流不平衡时，每相电流中都含有相同的零轴分量 $i_0$。由于定子三相绕组完全对称，在空间互相位移 120°，三相零轴电流在气隙中的合成磁动势为零，故不产生与转子绕组相交链的磁通。它只产生与定子绕组交链的磁通，其值与转子的位置无关。

上述变换一般称为派克（Park）变换，不仅对定子电流，而且对定子绕组的电压和磁链都可以进行这种变换，变换关系式与电流的相同。

通过研究变压器的电磁过程可见，由于变压器的一、二次绕组是相对不动的，交链一、二次绕组的磁通经过的磁回路磁导也是不变的，因此分析起来比较容易。但同步发电机与变压器不同，定子、转子绕组的相对位置是变动的，交链定子、转子绕组的磁通经过的磁回路磁导也是变动的，研究起来就很困难。对此人们想出的办法是，在分析和研究同步发电机电磁暂态过程时，设法将发电机静止不动的定子三相绕组 ax、by、cz，用与转子同步旋转的、互成 90° 的直轴（d 轴）和交轴（q 轴）方向上的两个等效绕组 dd 和 qq 来代替（此处 d 轴方向与励磁绕组轴线方向相同，q 轴则超前与 d 轴 90°）。这样，研究同步发电机实际定子和转子之间的相互关系，就可以通过研究如图 7-5 所示转子上各绕组与定子等效绕组 dd 和 qq 的相互关系来进行。等效后 d 轴上有三个绕组 ff、dd、DD，相对静止；q 轴上有两个绕组 qq、QQ，相对静止。这样，就可以按照研究变压器的方法来研究发电机。

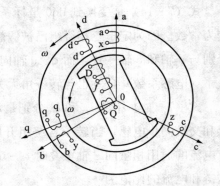

图 7-5　同步发电机假想等效绕组模型

2. 派克方程

派克变换是一种线性变换，它将 a、b、c 三相变量转换为 d、q、0 轴分量，显然，只应对定子各量进行变换即可。经变换后得到的电压方程和磁链方程，可以写为式（7-13）和式（7-14），通常称其为派克方程。它们的推导可参见其他参考书。

$$
\begin{bmatrix} u_{\mathrm{d}} \\ u_{\mathrm{q}} \\ u_{0} \\ u_{\mathrm{f}} \\ 0 \\ 0 \end{bmatrix} = \begin{bmatrix} R & 0 & 0 & 0 & 0 & 0 \\ 0 & R & 0 & 0 & 0 & 0 \\ 0 & 0 & R & 0 & 0 & 0 \\ 0 & 0 & 0 & R_{\mathrm{f}} & 0 & 0 \\ 0 & 0 & 0 & 0 & R_{\mathrm{D}} & 0 \\ 0 & 0 & 0 & 0 & 0 & R_{\mathrm{Q}} \end{bmatrix} \begin{bmatrix} -i_{\mathrm{d}} \\ -i_{\mathrm{q}} \\ -i_{0} \\ i_{\mathrm{f}} \\ i_{\mathrm{D}} \\ i_{\mathrm{Q}} \end{bmatrix} + \begin{bmatrix} \dot{\psi}_{\mathrm{d}} \\ \dot{\psi}_{\mathrm{q}} \\ \dot{\psi}_{0} \\ \dot{\psi}_{\mathrm{f}} \\ \dot{\psi}_{\mathrm{D}} \\ \dot{\psi}_{\mathrm{Q}} \end{bmatrix} - \begin{bmatrix} \omega\psi_{\mathrm{q}} \\ -\omega\psi_{\mathrm{d}} \\ 0 \\ 0 \\ 0 \\ 0 \end{bmatrix} \tag{7-13}
$$

比较式（7-13）与原来的方程组（7-1）可以看出，dd 和 qq 绕组中的电动势都包含了两个分量，一个是磁链对时间的导数，另一个是磁链同转速的乘积。前者称为变压器电动势，后者称为发电机电动势。另外还看到式（7-13）中的第三个方程是独立的，即等效的零轴绕组从磁场的意义上说，对其他绕组是隔离的。

$$
\begin{bmatrix} \psi_{\mathrm{d}} \\ \psi_{\mathrm{q}} \\ \psi_{0} \\ \psi_{\mathrm{f}} \\ \psi_{\mathrm{D}} \\ \psi_{\mathrm{Q}} \end{bmatrix} = \begin{bmatrix} L_{\mathrm{d}} & 0 & 0 & m_{\mathrm{af}} & m_{\mathrm{aD}} & 0 \\ 0 & L_{\mathrm{q}} & 0 & 0 & 0 & m_{\mathrm{aQ}} \\ 0 & 0 & L_{0} & 0 & 0 & 0 \\ \frac{3}{2}m_{\mathrm{af}} & 0 & 0 & L_{\mathrm{f}} & m_{\mathrm{r}} & 0 \\ \frac{3}{2}m_{\mathrm{aD}} & 0 & 0 & m_{\mathrm{r}} & L_{\mathrm{D}} & 0 \\ 0 & \frac{3}{2}m_{\mathrm{aQ}} & 0 & 0 & 0 & L_{\mathrm{Q}} \end{bmatrix} \begin{bmatrix} -i_{\mathrm{d}} \\ -i_{\mathrm{q}} \\ -i_{0} \\ i_{\mathrm{f}} \\ i_{\mathrm{D}} \\ i_{\mathrm{Q}} \end{bmatrix} \tag{7-14}
$$

式（7-14）是变换到 dq0 坐标系的磁链方程。可以看到，方程中的各项电感系数都已变为常数。因为定子三相绕组已被假想的等效绕组 dd 和 qq 所代替，这两个绕组的轴线总是分别与 d 轴和 q 轴一致，而 d、q 轴向的磁导系数是与转子位置无关的，因此磁链与电流的关系（电感系数）自然也与转子角无关。

式（7-14）中的 $L_{\mathrm{d}}$ 和 $L_{\mathrm{q}}$ 分别是定子的等效绕组 dd 和 qq 的电感系数，称为直轴同步电感和交轴同步电感。当转子各绕组开路（$i_{\mathrm{f}}=0$，$i_{\mathrm{D}}=0$，$i_{\mathrm{Q}}=0$），定子通以三相对称电流，且电流的通用相量同 d 轴重叠时 $i_{\mathrm{q}}=0$，气隙中仅存在直轴磁场。这时定子的任一相绕组的磁链和电流的比值为

$$
\frac{\psi_{\mathrm{a}}}{i_{\mathrm{a}}} = \frac{\psi_{\mathrm{d}}\cos\theta}{i_{\mathrm{d}}\cos\theta} = \frac{\psi_{\mathrm{d}}}{i_{\mathrm{d}}} = L_{\mathrm{d}}
$$

$L_{\mathrm{d}}$ 就是直轴同步电感系数。由于磁链 $\psi_{\mathrm{a}}$ 包含了另外两相绕组电流所产生的互感磁链，因而 $L_{\mathrm{d}}$ 是一相的等值电感。同 $L_{\mathrm{d}}$ 对应的电抗就是直轴同步电抗 $x_{\mathrm{d}}$。

如果定子电流的通用相量同 q 轴重叠，则有 $i_{\mathrm{d}}=0$，气隙中仅存在交轴磁场，定子任一相绕组的磁链和电流的比值便是交轴同步电感系数，即

$$\frac{\psi_a}{i_a} = \frac{\psi_q \sin\theta}{i_q \sin\theta} = \frac{\psi_q}{i_q} = L_q$$

同电感系数 $L_q$ 对应的电抗就是交轴同步电抗 $x_q$。

当转子各绕组开路，定子通以三相零轴电流时，定子任一相绕组（计及另两相的互感）的电感系数就是零轴电感系数 $L_0$。

还必须指出，式（7-14）右端的系数矩阵是不对称的，即定子等效绕组和转子绕组间的互感系数不能互易。从数学角度讲，这是由于所采用的变换矩阵不是正交矩阵的缘故。从物理意义上看，定子对转子的互感中出现系数 3/2，是因为定子三相合成磁动势的幅值为一相磁动势的 3/2 倍。系数矩阵的不对称给分析计算带来麻烦，为使式（7-14）的系数矩阵变为对称，常采用标幺制的方法，即通过适当选取基准值来达到目的（具体基准值的选取可参见其他书籍）。

考虑到 $\omega_* \approx 1$，则式（7-14）用标幺制表示，即可写为

$$
\begin{bmatrix} \psi_d \\ \psi_q \\ \psi_0 \\ \psi_f \\ \psi_D \\ \psi_Q \end{bmatrix} = \begin{bmatrix} X_d & 0 & 0 & X_{ad} & X_{aD} & 0 \\ 0 & X_q & 0 & 0 & 0 & X_{aQ} \\ 0 & 0 & X_0 & 0 & 0 & 0 \\ X_{ad} & 0 & 0 & X_f & X_{fD} & 0 \\ X_{aD} & 0 & 0 & X_{fD} & X_D & 0 \\ 0 & X_{aQ} & 0 & 0 & 0 & X_Q \end{bmatrix} \begin{bmatrix} -i_d \\ -i_q \\ -i_0 \\ i_f \\ i_D \\ i_Q \end{bmatrix} \tag{7-15}
$$

从 abc 坐标系到 dq0 坐标系的转换，在数学上代表了一种线性变换，而它的物理意义则在于将观察者的观察点从静止的定子上转移到了转子上。由于这一转变，定子的静止三相绕组被两个同转子一起旋转的等效绕组所代替，并且三相的对称交流变成了直流。这样就使得发电机各绕组之间的电磁关系变成了类似静止的变压器的电磁关系。派克变换并没有改变发电机内部的电磁关系，只是改变了对物理量的表达式。

习惯上常常将在 dq0 坐标系下的电压方程〔式（7-13）〕和磁链方程〔式（7-15）〕合称为同步发电机的派克方程。这组方程比较精确地描述了同步电机内部的电磁过程，它是研究同步发电机稳态和暂态分析的基础。

**注意：**同步发电机基本方程〔式（7-1）、式（7-2）〕或派克方程〔式（7-13）、式（7-15）〕中电流、电压、磁链都是用瞬时值表示的（小写）。

# 第7.3节　同步发电机模型

## 7.3.1　同步发电机稳态模型

同步发电机正常运行时采用的模型称为稳态模型。它们是用空载电动势和同步电抗来表示的。同步发电机稳态运行时（若 $r=0$），abc 坐标系下的电流 $i_a$、$i_b$、$i_c$ 和电压 $u_a$、$u_b$、$u_c$

都为三相对称的正弦分量，dq0 坐标系下的 $i_d$、$i_q$、$u_d$、$u_q$、$\psi_d$、$\psi_q$ 均为恒定不变的值（正弦量经派克变换后为常量），$\dot{\psi}_d = \dot{\psi}_q = 0$，$i_0 = 0$，$i_D = 0$，$i_Q = 0$，$\omega_* \approx 1$。

### 1. 空载运行

当发电机空载时，由于 $i_a = i_b = i_c = 0$，则 $i_d = i_q = 0$（派克变换），由磁链方程式（7-15）可得

$$\psi_d = i_f x_{ad} \overset{\Delta}{=} \psi_{fd} \tag{7-16}$$

式中：$\psi_{fd}$ 代表励磁电流对定子绕组产生的互感磁链，即工作磁链。

定义 $\psi_{fd}$ 在定子绕组上感应的电动势 $E_q = \psi_{fd}$（$\omega_* \approx 1$），通常称 $E_q$ 为空载电动势（它是由 d 轴上的磁链 $\psi_{fd}$ 在 q 轴上产生的电动势）。

**注意**：发电机空载电动势 $E_q$ 是由励磁电流 $i_f$ 决定的，而这个励磁电流是直流分量。

### 2. 正常稳态负载运行

考虑到此时 $i_d$、$i_q$、$u_d$、$u_q$、$\psi_d$、$\psi_q$ 均为恒定不变的值（正弦量经派克变换后为常量），$\dot{\psi}_d = \dot{\psi}_q = 0$，若再近似假设 $R = 0$，则由派克方程有

$$u_d = -\psi_q = x_q i_q \tag{7-17}$$

$$u_q = \psi_d = -X_d i_d + i_f X_{ad} \tag{7-18}$$

由于 $u_d$、$u_q$、$i_d$、$i_q$ 为常量，式（7-17）、式（7-18）可以改写成大写表示

$$U_d = X_q I_q \tag{7-19}$$

$$U_q = E_q - X_d I_d \tag{7-20}$$

考虑到 $U_d = U\sin\delta$，$U_q = U\cos\delta$，$I_d = I\sin(\delta+\varphi)$，$I_q = I\cos(\delta+\varphi)$，则式（7-19）、式（7-20）用矢量表示

$$\left. \begin{array}{l} \dot{U}_d = -jX_q \dot{I}_q \\ \dot{U}_q = \dot{E}_q - jX_d \dot{I}_d \end{array} \right\} \tag{7-21}$$

式（7-21）中的两式相加可得

$$\dot{U}_d + \dot{U}_q = \dot{E}_q - jX_q \dot{I}_q - jX_d \dot{I}_d$$

即

$$\dot{U} = \dot{E}_q - jX_q \dot{I}_q - jX_d \dot{I}_d \tag{7-22}$$

同步发电机稳态运行时的相量图如图 7-6 所示。

对于凸极式发电机来说，由于 $X_d \neq X_q$，所以稳态运行时必须用直轴（d 轴）和交轴（q 轴）方向的两个等值电路来表示，如图 7-7 所示。而对于隐极式发电机，由于 $X_d = X_q$，则式（7-22）可以写为

$$\dot{U} = \dot{E}_q - jX_q \dot{I} \tag{7-23}$$

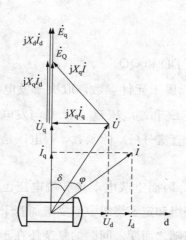

图 7 - 6　同步发电机稳态运行相量图

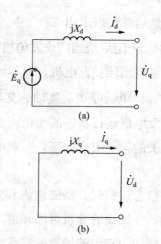

图 7 - 7　凸极式发电机等值电路

(a) 纵轴向；(b) 横轴向

对应的等值电路为图 7 - 8 的形式。

对于凸极式发电机，必须用 d 轴和 q 轴两个方向的等值电路表示，甚为不便。参照隐极机的等值电路，欲使其隐极化，可将发电机电动势用某一电抗后的电动势表示。为此，将式（7 - 21）的两式相加改写为

$$\dot{E}_q - j(X_d - X_q)\dot{I}_d - jX_q(\dot{I}_d + \dot{I}_q) = \dot{U} \quad (7 - 24)$$

若定义

$$\dot{E}_Q = \dot{E}_q - j(X_d - X_q)\dot{I}_d \quad (7 - 25)$$

则式（7 - 24）可写为

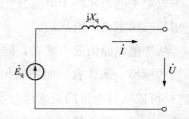

图 7 - 8　隐极式发电机等值电路

$$\dot{E}_Q - jX_q\dot{I} = \dot{U} \quad (7 - 26)$$

按式（7 - 26）的关系，可以得到凸极式发电机隐极化后的等值电路，如图 7 - 9 所示。$\dot{E}_Q$ 相量也可在图 7 - 6 的相量图中表示。

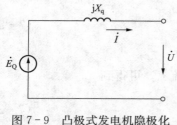

图 7 - 9　凸极式发电机隐极化
等值电路

值得注意的是，$\dot{E}_Q$ 仅仅是一个假想（虚构）电动势，没有明确的物理意义，仅仅是为了运算方便而引入的。在相量图中 $\dot{E}_Q$ 与 $\dot{E}_q$ 同相位，但是 $\dot{E}_Q$ 的数值既同 $\dot{E}_q$ 有关，又同定子电流的直轴分量 $\dot{I}_d$ 有关。因此，即使励磁电流为常数，$\dot{E}_Q$ 也会随运行状态的改变而变化。

在实际计算中，往往是已知发电机的端电压和电流（或功率）来确定 $\dot{E}_q$。此时，由于 $\dot{I}_d$、$\dot{I}_q$ 是未知量（$\delta$ 角未知）而无法利用式（7 - 24）计算 $\dot{E}_q$。为解决这一问题，可先借助式（7 - 26）计算 $\dot{E}_Q$ 的相量值，求得 $\delta$ 角从而确定 q 轴

的方向，然后就可以求出 $\dot{E}_q$。

### 7.3.2 无阻尼绕组同步发电机暂态模型

无阻尼绕组同步发电机，即不计转子上的阻尼绕组 DD 和 QQ。

由电机学知识可知，直轴、交轴同步电抗 $X_d$、$X_q$ 属于元件参数，取决于发电机的结构，不随发电机运行状态的变化而变化。但空载电动势 $E_q$ 和端电压 $U_d$、$U_q$ 是与发电机的运行状态有关的。一般情况下，空载电动势是励磁电流（直流分量）的函数，端电压是定子电流的函数。

正常稳态运行时，励磁电流和定子电流都是定值，因而空载电动势和端电压也都是定值。但是，在后面的分析可以知道，短路瞬间，励磁绕组和定子绕组中都要增加若干个电流分量，致使作为它们的函数的空载电动势和端电压也将随之而变。问题的复杂还在于，这些变量变化的多少与短路瞬间转子、定子电流增加的多少有关。而短路瞬间定子电流是待求的未知量，因而这一瞬间的空载电动势和端电压也都是待求的未知量。运用这些待求的未知量去求取定子电流和转子电流显然是不可能的。因此，在后述的发电机三相短路的暂态分析中使用稳态模型是不恰当的。

从等值电路的观点来看，同步发电机作为一个电源，可以用不同的电动势和内阻抗（即不同的模型）来代表。如果能在该发电机里找到一个电动势，它在发生短路的瞬间保持不变（这样可以从发电机的正常运行状态求得它的数值），则以这一电动势及相应的内电抗来代表同步发电机，就会给暂态过程的计算带来很大的方便。以下就按照这样的思路来研究这个问题，目的是给出更适合于暂态分析时的参数及等值电路（模型）。后面将要引入无阻尼绕组同步发电机的暂态模型（暂态电动势 $E_q'$ 和暂态电抗 $X_d'$），为方便理解，以下将从两个角度进行分析和讨论。

#### 1. 从磁链的角度分析

对于无阻尼绕组同步发电机，根据派克磁链方程式（7-15）可得

$$\left.\begin{array}{l} \psi_d = -X_d i_d + X_{ad} i_f \\ \psi_q = -X_q i_q \\ \psi_f = -X_{ad} i_d + X_f i_f \end{array}\right\} \tag{7-27}$$

如果联立式（7-27）中 $\psi_d$ 和 $\psi_f$ 两个方程，消去励磁电流 $i_f$，可得到

$$\psi_d = \frac{X_{ad}}{X_f}\psi_f - \left(X_d - \frac{X_{ad}^2}{X_f}\right)i_d \tag{7-28}$$

记

$$\psi_d = E_q' - i_d X_d'$$

即定义

$$E_q' \triangleq \frac{X_{ad}}{X_f}\psi_f \tag{7-29}$$

$$X_{\mathrm{d}}' = X_{\mathrm{d}} - \frac{X_{\mathrm{ad}}^2}{X_{\mathrm{f}}} \tag{7-30}$$

式（7-29）、式（7-30）是从磁链的角度定义的 $E_{\mathrm{q}}'$ 和 $X_{\mathrm{d}}'$。

习惯上称 $E_{\mathrm{q}}'$ 为暂态电动势，它同励磁绕组的总磁链 $\psi_{\mathrm{f}}$ 成正比。在运行状态突变瞬间（短路），励磁绕组磁链守恒，$\psi_{\mathrm{f}}$ 不能突变（即 $\psi_{\mathrm{f0-}} = \psi_{\mathrm{f0+}}$，也记为 $\psi_{\mathrm{f|0|}} = \psi_{\mathrm{f0}}$），则暂态电动势 $E_{\mathrm{q}}'$ 也就不能突变（即 $E_{\mathrm{q0-}}' = E_{\mathrm{q0+}}'$，也记为 $E_{\mathrm{q|0|}}' = E_{\mathrm{q0}}'$），$X_{\mathrm{d}}'$ 称为暂态电抗。注意：$E_{\mathrm{q}}'$ 是由 d 轴的磁链产生，但超前于 d 轴 90°，而位于 q 轴上。

下面对暂态电动势和暂态电抗的物理意义再作一些说明。由式（7-27）的第一式，定子磁链的 d 轴分量可写成

$$\psi_{\mathrm{d}} = X_{\mathrm{ad}}(i_{\mathrm{f}} - i_{\mathrm{d}}) - X_{\mathrm{a\sigma}} i_{\mathrm{d}} = \psi_{\mathrm{d\delta}} - \psi_{\mathrm{d\sigma}} \tag{7-31}$$

式中：$\psi_{\mathrm{d\delta}}$ 代表电枢反应磁链与励磁绕组电流产生的工作磁链组成的气隙磁链；$\psi_{\mathrm{d\sigma}}$ 是定子绕组的漏磁链。

将电枢反应磁链分解为

$$X_{\mathrm{ad}} i_{\mathrm{d}} = (1 - \sigma_{\mathrm{f}}) X_{\mathrm{ad}} i_{\mathrm{d}} + \sigma_{\mathrm{f}} X_{\mathrm{ad}} i_{\mathrm{d}} \tag{7-32}$$

其中，$\sigma_{\mathrm{f}} = \dfrac{X_{\mathrm{f\sigma}}}{X_{\mathrm{f\sigma}} + X_{\mathrm{ad}}} = \dfrac{X_{\mathrm{f\sigma}}}{X_{\mathrm{f}}}$，称为励磁绕组的漏磁系数。

如果将式（7-32）电枢反应磁链的一部分 $(1 - \sigma_{\mathrm{f}}) X_{\mathrm{ad}} i_{\mathrm{d}}$ 与励磁绕组电流产生的有用磁链合起来组成新的气隙磁链 $\psi_{\mathrm{d\delta}}'$；而将另一部分 $\sigma_{\mathrm{f}} X_{\mathrm{ad}} i_{\mathrm{d}}$ 与漏磁链合并为新的定子漏磁链 $\psi_{\mathrm{d\sigma}}'$，便可得到

$$
\begin{aligned}
\psi_{\mathrm{d}} &= X_{\mathrm{ad}} i_{\mathrm{f}} - X_{\mathrm{d}} i_{\mathrm{d}} = [X_{\mathrm{ad}} i_{\mathrm{f}} - (1 - \sigma_{\mathrm{f}}) X_{\mathrm{ad}} i_{\mathrm{d}}] - (X_{\mathrm{a\sigma}} + \sigma_{\mathrm{f}} X_{\mathrm{ad}}) i_{\mathrm{d}} \\
&= \frac{X_{\mathrm{ad}}}{X_{\mathrm{f}}} (x_{\mathrm{f}} i_{\mathrm{f}} - X_{\mathrm{ad}} i_{\mathrm{d}}) - X_{\mathrm{d}}' i_{\mathrm{d}} \\
&= \frac{X_{\mathrm{ad}}}{X_{\mathrm{f}}} \psi_{\mathrm{f}} - X_{\mathrm{d}}' i_{\mathrm{d}} = \psi_{\mathrm{d\delta}}' - \psi_{\mathrm{d\sigma}}'
\end{aligned} \tag{7-33}
$$

容易看到，式（7-33）就是方程式（7-28）。电动势正比于磁链，由此可见，暂态电动势 $E_{\mathrm{q}}'$ 也是某种意义下的气隙电动势，暂态电抗 $X_{\mathrm{d}}'$ 则是某种意义下的定子漏抗。由于 $0 < \sigma_{\mathrm{f}} < 1$，故可知 $X_{\mathrm{a\sigma}} < X_{\mathrm{d}}' < X_{\mathrm{d}}$；如果励磁绕组没有漏磁，即 $\sigma_{\mathrm{f}} = 0$，则 $\psi_{\mathrm{d\delta}}' = \psi_{\mathrm{d\delta}}$ 和 $\psi_{\mathrm{d\sigma}}' = \psi_{\mathrm{d\sigma}}$，暂态电动势 $E_{\mathrm{q}}'$ 就是普通意义下的气隙电动势，暂态电抗 $X_{\mathrm{d}}'$ 就是定子漏抗。

考虑到稳态时，$\omega_* \approx 1$，$\dfrac{\mathrm{d}\psi_{\mathrm{d}}}{\mathrm{d}t} = \dfrac{\mathrm{d}\psi_{\mathrm{q}}}{\mathrm{d}t} = 0$，根据派克方程，有 $\psi_{\mathrm{d}} = u_{\mathrm{q}}$，$\psi_{\mathrm{q}} = -u_{\mathrm{d}}$，则由式（7-28）和式（7-27）中的 $\psi_{\mathrm{d}}$ 可写出

$$u_{\mathrm{q}} = E_{\mathrm{q}}' - X_{\mathrm{d}}' i_{\mathrm{d}} \tag{7-34}$$

$$u_{\mathrm{d}} = -X_{\mathrm{q}} i_{\mathrm{q}} \tag{7-35}$$

这样，同步发电机也可用暂态参数（无阻尼绕组）的模型来表示，其等值电路（d、q 轴）如图 7-10 所示。

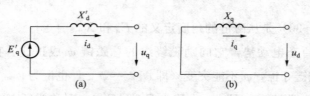

图 7-10　用暂态参数表示的同步发电机等值电路

(a) d 轴方向；(b) q 轴方向

### 2. 从等值电路的角度分析

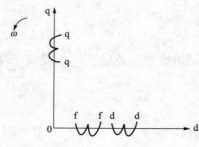

图 7-11　无阻尼绕组同步发电机

d、q 轴上的等效绕组

对于无阻尼绕组的同步发电机（没有 D、Q 绕组），将定子绕组用 dd、qq 绕组等效，则 d、q 轴上的绕组如图 7-11 所示。

在 d 轴方向上有两个绕组，即励磁绕组 ff 和定子等效绕组 dd，它们均以同步速旋转，相互之间处于静止状态。其关系类似于双绕组变压器。因此，可以仿照双绕组变压器的等值电路作出无阻尼绕组的同步发电机 d 轴方向上磁链平衡的等值电路，如图 7-12 (a)。而在 q 轴方向上只有一个定子等效绕组 qq，则磁链平衡的等值电路如图 7-12 (b) 所示。

若从等值电路的角度来看图 7-12 (a)，根据戴维南定理，从等效绕组 dd 端口看电路，实质上就可得到图 7-10 (a) 的等值电路，即 dd 端看进去的戴维南等效电动势和等效电抗即为 $E'_q$ 和 $X'_d$；而在 q 轴方向的等值电路图 7-12 (b) 即为图 7-10 (b)。

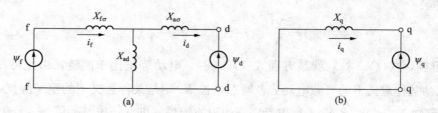

图 7-12　无阻尼绕组同步发电机的磁链平衡等值电路

(a) d 轴方向；(b) q 轴方向

需要注意的是，暂态电动势 $E'_q$ 属于运行参数，只能根据给定的运行状态（稳态或暂态）计算出来，但无法进行实测。与之相对应的暂态电抗 $X'_d$ 是同步发电机的结构参数，可根据设计资料计算出来，也可以实测。

可见，用瞬时值表示的方程式（7-27）和式（7-28）既适用于稳态分析，也适用于暂态分析。或者说，式（7-34）和式（7-35）反映了定子方面电动势、电压和电流基频分量之间的关系。但要注意，不论在稳态下还是暂态下，$E'_q$ 都不是常数（而在稳态运行时，若励磁电流不变，空载电动势 $E_q$ 则是常数）。它是随稳态或暂态的运行情况不同而变化的。只是在短路突变瞬间，即 $0_-$ 时刻到 $0_+$ 时刻，它不发生变化，故 $E'_{q0-} = E'_{q0+}$。利用它的这一特点，通过短路前的状态（稳态）来计算 $E'_{q0-}$，而后用它来计算短路突变后瞬间（$0_+$ 时刻）的短路电流。

在稳态（正常）运行时（d、q 轴的电压和电流均是常数，所以可用大写表示），式（7-34）用相量表示（注意：只有在稳态时才能用相量表示），再与式（7-21）的第二式联立，有

$$\left.\begin{array}{l}\dot{U}_q = \dot{E}'_q - jX'_d\dot{I}_d \\ \dot{U}_q = \dot{E}_q - jX_d\dot{I}_d\end{array}\right\} \tag{7-36}$$

可解得

$$\dot{E}_q - j(X_d - X'_d)\dot{I}_d = \dot{E}'_q \tag{7-37}$$

若以标量的模值表示（在 q 轴方向上）则

$$E_q - (X_d - X'_d)I_d = E'_q$$

将式（7-36）和式（7-37）在稳态相量图中表示出，如图 7-13 所示（凸极机）。根据各相量之间的关系，即可求得所需各量。

由图 7-13 可见，另一电动势 $\dot{E}'$ 与电压 $\dot{U}$ 之间的相量关系，有

$$\dot{E}' - jX'_d\dot{I} = \dot{U} \tag{7-38}$$

$\dot{E}'$ 称为暂态电抗 $X'_d$ 后的电动势，这个电动势没有什么物理意义，纯粹是一种虚构的计算用电动势，它的相位也不代表 q 轴的方向。在某些近似计算时也常用 $\dot{E}'$ 和 $X'_d$ 作为发电机的暂态模型。

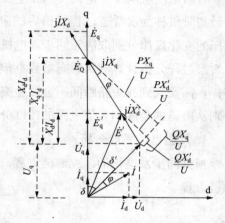

图 7-13　凸极机相量图

若已知发电机功率 $\widetilde{S} = P + jQ$，则由 $S^2 = (IU)^2 = P^2 + Q^2$，即可得

$$(IX_q)^2 = \left(\frac{PX_q}{U}\right)^2 + \left(\frac{QX_q}{U}\right)^2$$

由相量图 7-13 有

$$E_Q = \sqrt{\left(\frac{PX_q}{U}\right)^2 + \left(U + \frac{QX_q}{U}\right)^2} \tag{7-39}$$

$$E' = \sqrt{\left(\frac{PX'_d}{U}\right)^2 + \left(U + \frac{QX'_d}{U}\right)^2} \tag{7-40}$$

表 7-1 列出了不同类型同步发电机 $X_d$、$X'_d$、$X_{a\sigma}$ 的大致范围。

表 7 - 1                                同步发电机的电抗 $X_d$、$X_d'$、$X_{a\sigma}$

| 电抗 ＼ 类型 | 水轮发电机 | 汽轮发电机 | 调相机 |
|---|---|---|---|
| $X_d$ | 0.7～1.4 | 1.2～2.2 | 1.6～2.4 |
| $X_d'$ | 0.2～0.35 | 0.15～0.24 | 0.25～0.5 |
| $X_{a\sigma}$ | 0.12～0.21 | 0.08～0.225 | 0.10～0.16 |

**注意**：同步发电机的暂态模型（暂态电动势 $E_q'$、暂态电抗 $X_d'$）是在正常稳态运行时就存在的，而并非发生故障时才出现，只是常常在故障分析时才用此模型。

### 7.3.3 有阻尼绕组同步发电机次暂态模型

计及阻尼绕组后的同步发电机，在转子的直轴（d 轴）方向上有励磁绕组（ff）和阻尼绕组（DD），在交轴方向上有阻尼绕组（QQ）。结构上有阻尼绕组的同步发电机仅比无阻尼绕组的同步发电机增加了两个阻尼绕组。

有阻尼绕组同步发电机突然发生三相短路后引起的暂态过程，通常分为两个阶段。故障后最初阶段称为次暂态过程，稍后的阶段仍称作暂态过程。在这两个过程中，磁链、电流、电压的变化规律分别取决于同步发电机的次暂态参数和暂态参数。要找出适合于同步发电机次暂态过程分析计算的次暂态参数（模型），就如同研究无阻尼绕组同步发电机的暂态过程那样，需要找到在短路瞬间不会发生突变的次暂态电动势和与之相对应的次暂态电抗。下面分别从磁链的角度和等值电路的角度分析发电机的次暂态参数。

1. 从磁链的角度分析

根据同步发电机的派克磁链方程（有阻尼绕组）式（7 - 15），有 d 轴方向上三个绕组的磁链方程

$$\left.\begin{aligned}
\psi_d &= X_{ad}i_f + X_{aD}i_D - X_d i_d \\
\psi_f &= X_f i_f + X_{fD}i_D - X_{ad}i_d \\
\psi_D &= X_{fD}i_f + X_D i_D - X_{ad}i_D
\end{aligned}\right\} \tag{7-41}$$

将方程式（7 - 41）中后两个方程联立求出 $i_f$、$i_D$ 再代入第一个方程式，则有

$$\psi_d = \psi_d'' - X_d'' i_d \tag{7-42}$$

其中

$$\psi_d'' = \frac{X_{ad}}{X_D X_f - X_{ad}^2}[(X_D - X_{ad})\psi_f + (X_f - X_{ad})\psi_D] \tag{7-43}$$

$$X_d'' = X_d - \frac{X_{ad}^2(X_D + X_f - 2X_{ad})}{X_D X_f - X_{ad}^2} \tag{7-44}$$

同理，在 q 轴方向上两个绕组的磁链方程有

$$\left.\begin{array}{l}\psi_q = X_{aQ}i_Q - X_q i_q \\ \psi_Q = X_Q i_Q - X_{aQ}i_q\end{array}\right\} \qquad (7-45)$$

联立式（7-45）两个方程，可得

$$\psi_q = -\psi_q'' - X_q'' i_q \qquad (7-46)$$

其中

$$\psi_q'' = -\frac{X_{aq}}{X_Q}\psi_Q \qquad (7-47)$$

$$X_q'' = X_q - \frac{X_{aq}^2}{X_Q} \qquad (7-48)$$

若定义 $\psi_d'' \triangleq E_q''$ 和 $\psi_q'' \triangleq E_d''$，则式（7-42）、式（7-46）可以表示为

$$\left.\begin{array}{l}\psi_d = E_q'' - X_d'' i_d \\ \psi_q = -E_d'' - X_q'' i_q\end{array}\right\} \qquad (7-49)$$

考虑到稳态时，$\omega_* \approx 1$，$\dfrac{\mathrm{d}\psi_d}{\mathrm{d}t} = \dfrac{\mathrm{d}\psi_q}{\mathrm{d}t} = 0$，根据派克方程，有 $\psi_d = u_q$，$\psi_q = -u_d$，则

$$\left.\begin{array}{l}u_q = E_q'' - X_d'' i_d \\ -u_d = -E_d'' - X_q'' i_q\end{array}\right\} \qquad (7-50)$$

$E_q''$ 称为次暂态电动势的 q 轴分量，它同励磁绕组的总磁链 $\psi_f$ 和 d 轴阻尼绕组的总磁链 $\psi_D$ 呈线性关系，$E_q''$ 超前于 d 轴 $90°$，而位于 q 轴上。在运行状态突变瞬间，$\psi_f$ 和 $\psi_D$ 都不能突变，所以 $E_q''$ 也不能突变（即 $0_-$ 与 $0_+$ 时相等，$E_{q|0|}'' = E_{q0}''$）。$X_d''$ 称为 d 轴次暂态电抗。

$E_d''$ 称为次暂态电动势的 d 轴分量，它同 q 轴阻尼绕组的总磁链成 $\psi_Q$ 正比，运行状态发生突变时，$\psi_Q$ 不能突变，电动势 $E_d''$ 也就不能突变（即 $0_-$ 与 $0_+$ 时相等，$E_{d|0|}'' = E_{d0}''$）。$X_q''$ 称为 q 轴次暂态电抗。

### 2. 从等值电路角度分析

如前所述，若将定子三相绕组（ax、by、cz）用 d 轴和 q 轴上的两个等效绕组（dd 和 qq）来等效，则在有阻尼绕组的同步发电机 d 轴有 ff、dd、DD 三个绕组，在 q 轴上有 qq、QQ 两个绕组，如图 7-14 所示。

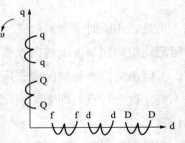

图 7-14　有阻尼绕组同步发电机 d、q 轴上的等效绕组

在 d 轴方向上的三个绕组（ff、DD、dd）相对静止，其相互间的电磁关系与三绕组变压器相似，可按类同于三绕组变压器等值电路的形式作出有阻尼绕组同步发电机在 d 轴方向上磁链平衡的等值电路，如图 7-15 所示。根据戴维南定理，可求出从 dd 端看的等效电动势、等效电抗，即 $E_q''$、$X_d''$。这样就可以得到用 $E_q''$、$X_d''$ 表示的有阻尼绕组同步发电机的 d 轴等值电路，如图 7-16 所示。具体推导略。

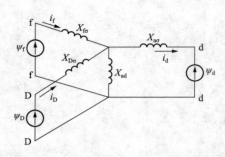

图 7-15　有阻尼绕组同步发电机 d 轴磁链
　　　　平衡等值电路

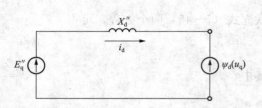

图 7-16　有阻尼绕组同步发电机 d 轴等值电路

　　类似地，在发电机的 q 轴方向上由于存在着两个绕组（qq、QQ），相当于双绕组变压器的情况，可作出在 q 轴方向上磁链平衡的等值电路如图 7-17（a）所示。根据戴维南定理，可求出从 qq 端看的等效电动势、等效电抗，即为 $E_d''$、$X_q''$。这样就可以得到用 $E_d''$、$X_q''$ 表示的有阻尼绕组同步发电机的 q 轴等值电路，如图 7-17（b）所示。具体推导略。实际上，如果有阻尼绕组同步发电机的阻尼绕组开路，就成为无阻尼绕组同步发电机。

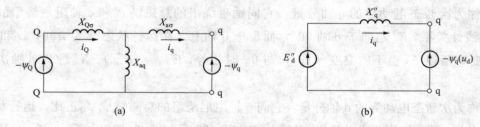

图 7-17　有阻尼绕组同步发电机 q 轴等值电路
（a）q 轴磁链平衡等值电路；（b）q 轴等值电路

　　可见，用瞬时值表示的式（7-50）既适用于稳态分析，也适用次暂态分析。应指出，有阻尼绕组的同步发电机的次暂态参数并不是在短路发生后才出现的，在稳态时它们就存在。可以由突然短路前的稳态运行情况计算得到 $E_{q|0|}''$ 和 $E_{d|0|}''$，再利用次暂态电动势短路瞬间不突变这个特点，即 $E_{q|0|}''=E_{q0+}''$ 和 $E_{d|0|}''=E_{d0+}''$，来进行故障后次暂态电流周期性分量初值的计算。

　　在稳态运行时，式（7-50）用相量表示，可以写为

$$\left.\begin{aligned}\dot{U}_q &= \dot{E}_q'' - \mathrm{j}X_d''\dot{I}_d \\ \dot{U}_d &= \dot{E}_d'' - \mathrm{j}X_q''\dot{I}_q\end{aligned}\right\} \tag{7-51}$$

将式（7-51）中的两个方程合并，得

$$\dot{E}_d'' + E_q'' - \mathrm{j}X_q''\dot{I}_q - \mathrm{j}X_d''\dot{I}_d = \dot{U}_d + \dot{U}_q$$

即

$$\dot{U} = E'' - jX_q''\dot{I}_q - jX_d''\dot{I}_d \tag{7-52}$$

式中：$E''$ 为同步发电机的次暂态电动势，$\dot{E}'' = \dot{E}_d'' + \dot{E}_q''$。

若 $X_q'' \approx X_d''$，则式（7-52）可写为

$$\dot{U} = \dot{E}'' - j(\dot{I}_q + \dot{I}_d)X_d''$$

即

$$\dot{U} = \dot{E}'' - j\dot{I}X_d'' \tag{7-53}$$

将式（7-51）、式（7-36）和式（7-21）联立，可得到以下的关系

$$\dot{U}_q = \dot{E}_q - jX_d\dot{I}_d = \dot{E}_q' - jX_d'\dot{I}_d = \dot{E}_q'' - jX_d''\dot{I}_d \tag{7-54}$$

$$\dot{U}_d = -jX_q\dot{I}_q = \dot{E}_d'' - jX_q''\dot{I}_q \tag{7-55}$$

式（7-51）～式（7-53）可以在稳态运行相量图中表示出来，如图 7-18 所示（凸极机）。式（7-53）可以用图 7-19 的等值电路表示。需要指出，正如暂态参数那样，次暂态电抗 $X_d''$、$X_q''$ 通常是发电机的实测参数，而次暂态电动势 $E_q''$、$E_d''$ 则是计算用参数。

表 7-2 列出了不同类型发电机 $X_d''$、$X_q''$、$X_q$ 的大致范围。

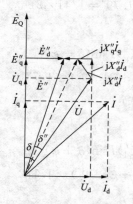

图 7-18　有阻尼绕组同步发电机相量图

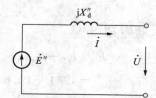

图 7-19　简化等值电路

**表 7-2** 同步发电机的电抗 $X_d''$、$X_q''$、$X_q$

| 电抗 \ 类型 | 水轮发电机 | 汽轮发电机 | 调相机 |
|---|---|---|---|
| $X_d''$ | 0.14～0.26 | 0.10～0.15 | 0.15～0.30 |
| $X_q''$ | 0.15～0.35 | 0.10～0.15 | 0.15～0.30 |
| $X_q$ | 0.45～0.70 | 1.20～2.20 | 0.80～1.20 |

各电抗、电动势的大小比较为

$$X_d > X_d' > X_d'' > X_{a\sigma}, \quad X_q > X_q'' > X_{a\sigma}, \quad E_q > E_Q > E_q' > E_q''$$

对于 $E_q''$、$E_d''$、$E''$ 的计算,无论是凸极机还是隐极机,一般有 $X_d'' \neq X_q''$,由图 7-19 可知,$\dot{E}''$ 与 $\dot{U} + j\dot{I} X_d''$ 并不相交,只有当 $X_d'' = X_q''$ 时,$E''$ 才与 $\dot{U} + j\dot{I} X_d''$ 相交。

**注意:** 以上均是在稳态情况下分析同步发电机的模型。稳态时,d、q 轴电压和电流均是常数,所以可以用大写(派克方程是微分方程,用小写的瞬时值表示)。另外,以上表示电动势、电压、电流的相量图仅是在稳态时才成立(相量法,仅针对基频分量,而故障后的暂态过程的电流则含有非周期分量和倍频分量)。

**【例 7-1】** (1)设发电机为凸极机,已知参数 $X_d = 1.0$,$X_q = 0.6$,$X_d' = 0.3$,$X_d'' = 0.21$,$X_q'' = 0.31$,$\cos\varphi = 0.85$。试求发电机额定满载运行时,$E_q$、$E_q'$、$E_q''$、$E_d''$、$E''$。

(2)设发电机为凸极机,已知参数 $X_d = 1.0$,$X_q = 0.6$,$X_d' = 0.3$。若发电机输出的有功功率 $P_N = 24\text{MW}$,视在功率 $S_N = 30\text{MVA}$,$U_N = 10.5\text{kV}$,求 $E_q$、$E_q'$、$E'$。

**解:** (1)根据图 7-20 的相量图,可以看出各量之间的关系。

发电机额定满载运行时 $U = 1.0$,$I = 1.0$。假设 $\dot{U} = 1.0\angle 0°$,因为 $\cos\varphi = 0.85$,$\varphi = 31.79°$,因此可以得到 $\dot{I} = 1.0\angle -31.79°$,则

$$\dot{E}_Q = \dot{U} + jX_q\dot{I} = 1.0\angle 0° + j0.6 \times 1.0\angle -31.79° = 1.41\angle 21°$$

空载电动势 $E_q$ 为

$$E_q = E_Q + (X_d - X_q)I_d = E_Q + (X_d - X_q)I\sin(\delta + \varphi)$$
$$= 1.41 + (1.0 - 0.6) \times 1.0 \times \sin(21° + 31.79°) = 1.73$$

(也可按 $E_q = U_q + X_d I_d$ 计算)

暂态电动势 $E_q'$ 为

$$E_q' = E_Q - (X_q - X_d')I_d = E_Q - (X_q - X_d')I\sin(\delta + \varphi)$$
$$= 1.41 - (0.6 - 0.3) \times 1.0 \times \sin(21° + 31.79°) = 1.172$$

(也可按 $E_q' = U_q + X_d' I_d$ 计算)

次暂态电动势 $E_q''$、$E_d''$ 为

$$E_q'' = U_q + X_d'' I_d = U\cos\delta + X_d'' I\sin(\delta + \varphi)$$
$$= 1 \times \cos 21° + 0.21 \times 1.0 \times \sin(21° + 31.79°) = 1.098$$

$$E_d'' = U_d - X_q'' I_q = 1.0\sin 21° - 0.31 \times \cos(21° + 31.79°) = 0.171$$

$$E'' = \sqrt{(E_q'')^2 + (E_d'')^2} = 1.112$$

(2)发电机额定无功功率为

$$Q_N = \sqrt{S_N^2 - P_N^2} = \sqrt{30^2 - 24^2} = 18(\text{Mvar})$$

则　　$P = \dfrac{P_N}{S_N} = \dfrac{24}{30} = 0.8$，　　$Q = \dfrac{Q_N}{S_N} = \dfrac{18}{30} = 0.6$，　　$U = \dfrac{U_N}{U_N} = \dfrac{10.5}{10.5} = 1.0$

发电机电动势为

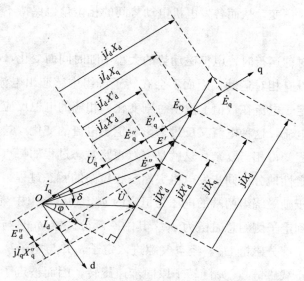

图 7-20 同步发电机正常运行时相量图

$$E_Q = \sqrt{\left(U + \frac{QX_q}{U}\right)^2 + \left(\frac{PX_q}{U}\right)^2} = \sqrt{\left(1.0 + \frac{0.6 \times 0.6}{1.0}\right)^2 + \left(\frac{0.8 \times 0.6}{1.0}\right)^2} = 1.442$$

$$\delta_0 = \arctan \frac{\dfrac{PX_q}{U}}{U + \dfrac{QX_q}{U}} = \arctan \frac{\dfrac{0.8 \times 0.6}{1.0}}{1.0 + \dfrac{0.6 \times 0.6}{1.0}} = 19.44°$$

$$I_d = \frac{E_Q - U\cos\delta_0}{X_q} = \frac{1.442 - 0.943}{0.6} = 0.832$$

$$E_q = E_Q + I_d(X_d - X_q) = 1.442 + 0.832 \times (1 - 0.6) = 1.775$$

$$E'_q = E_Q - I_d(X_q - X'_d) = 1.442 - 0.832 \times (0.6 - 0.3) = 1.192$$

$$E' = \sqrt{\left(U + \frac{QX'_d}{U}\right)^2 + \left(\frac{PX'_d}{U}\right)^2} = \sqrt{\left(1.0 + \frac{0.6 \times 0.3}{1.0}\right)^2 + \left(\frac{0.8 \times 0.3}{1.0}\right)^2} = 1.204$$

$$\delta' = \arctan \frac{\dfrac{PX'_d}{U}}{U + \dfrac{QX'_d}{U}} = \arctan \frac{\dfrac{0.8 \times 0.3}{1.0}}{1.0 + \dfrac{0.6 \times 0.3}{1.0}} = 11.497°$$

## 第 7.4 节 同步发电机突然三相短路的物理分析

电力系统的电磁暂态过程涉及的是电力系统急剧地从一种运行状态向另一种运行状态过渡时电压、电流和与之对应的磁链随时间而变化的规律。由于这种过程比较短促,在研究电磁暂态过程时,通常都设系统中旋转电机的机械运动在整个过程中没有变化。这就意味着,同步发电机保持同步速不变，从而各发电机电动势间的相位角也保持不变，异步电动机的转差率保持不变。

同步发电机稳态对称运行时，电枢磁动势的大小不随时间而变化，在空间以同步速度随转子旋转，它同转子没有相对运动，因而不会在转子绕组中感应出电流。但在暂态过程中，尤其是突然短路时，定子电流在数值上发生急剧变化，相应的电枢反应磁通也随着变化，并在转子绕组中感应出电流，这种电流又反过来影响定子电流的变化。这种定子、转子绕组间的互相影响使暂态过程变得相当复杂。这就是突然短路暂态过程的特点。

本节内容主要是定性地分析同步发电机突然三相短路的暂态过程。同步发电机正常稳态运行时，励磁机施加于励磁绕组两端的电压为恒定的 $u_f$，励磁绕组中流过大小不变的直流电流 $i_f$，它产生的归算到定子侧的总磁链为 $\psi_F$。其中一部分磁链 $\psi_{f\sigma}$ 只与励磁绕组匝链，称为励磁绕组漏磁链；另一部分磁链 $\psi_{fd}$，经过气隙进入定子，并与定子绕组匝链，称为同步发电机的工作磁链（或空载磁链）。$\psi_{fd}$ 随转子以同步速旋转，因而被定子绕组所切割，在定子绕组中感应产生空载电动势 $E_q$。当定子绕组与外部电路接通时，在 $E_q$ 的作用下，绕组中将有按同步频率交变的电流 $i_\infty$ 流通（即定子稳态基频电流）。定子三相绕组中的电流分别产生的磁场合成为一个大小不变、以同步速顺转子方向转动的旋转磁场。通常将定子电流产生的只与定子绕组匝链的部分磁链称为定子绕组漏磁链 $\psi_\sigma$；将经空气隙进入转子，并与转子绕组匝链的那部分磁链称为电枢反应磁链。后者一般又可分解为直轴（d 轴，即与转子轴线方向相同）电枢反应磁链 $\psi_{ad}$ 和交轴（q 轴，即超前于 d 轴 $90°$）电枢反应磁链 $\psi_{aq}$ 两部分。如图 7-21 所示，表示同步发电机正常稳态运行时的磁链分布示意图。在交轴（q 轴）方向，只有定子电流产生的磁链而无转子电流产生的磁链，在直轴（d 轴）方向，有转子电流产生的工作磁链 $\psi_{fd}$ 和定子电流产生的电枢反应磁链 $\psi_{ad}$，这些磁链都恒定不变，并按同步速同向旋转。

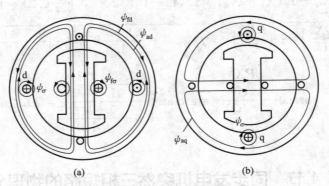

图 7-21　无阻尼绕组同步发电机正常稳态运行时磁链分解示意图

(a) 直轴方向；(b) 交轴方向

当发电机突然在机端发生三相短路时，由于外接阻抗的突然减小，定子绕阻电流将增大，相应的电枢反应磁链也增大，原来稳定状态下发电机内部的电磁平衡关系遭到破坏。但在突变瞬间，发电机各绕组中，为遵守磁链守恒定律，将保持各自的合成磁链不变，因而会出现若干新的磁链和电流分量。这些磁链和电流分量的产生和变化，形成一种由稳定运行状态过渡到另一种稳定运行状态的过渡过程，即暂态过程。

下面按图 7 - 22 示意的基本关系，分别从定子绕组、转子绕组磁链守恒的角度来分析可能出现的电流增量（或磁链增量），再讨论定子电流增量与转子电流增量的对应关系及其变化规律。

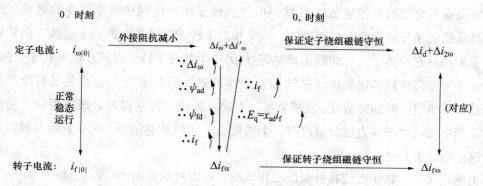

图 7 - 22　定子、转子电流故障瞬间的变化

短路瞬间（$0_+$ 时刻）由于外接阻抗的突然减小，定子电流基频分量必将增加 $\Delta i_\omega$，这样由产生的电枢反应磁链 $\psi_{ad}$，也将增加 $\Delta \psi_{ad}$。由图 7 - 21 可见，短路前 $\psi_{fd}$ 与 $\psi_{ad}$ 共同匝链定子和转子（励磁绕组合成），且互为反方向。因此从励磁绕组来看，为保持短路瞬间合成磁链守恒，必须有一个 $\psi_{fd}$ 的增量 $\Delta \psi_{fd}$，在短路瞬间 $\Delta \psi_{fd}$ 与 $\Delta \psi_{ad}$ 相抵消。对应于 $\Delta \psi_{fd}$ 的是励磁电流直流分量的增量 $\Delta i_{f\alpha}$，又因为空载电动势 $E_q = X_{ad} i_f$，则 $E_q$ 必然也有一个增量 $\Delta E_q$（即在短路瞬间，空载电动势发生跃变），与此相对应，定子电流还要有一交流分量的增量 $\Delta i'_\omega$。$\Delta i'_\omega$ 随 $\Delta i_{f\alpha}$ 的产生而产生，它们都是没有外部能源供给的自由电流分量（这些自由分量的电流仅仅是为维持励磁绕组磁链守恒而出现的）。而 $\Delta i_\omega$ 是由外接阻抗减小而产生的，由内部电源供给，因此它是定子电流的强制分量。如果忽略各绕组中的电阻，短路过程中 $\Delta i'_\omega$ 和 $\Delta i_{f\alpha}$ 的大小都将保持短路瞬间（$0_+$ 时刻）的初值不变。但实际上，由于发电机各绕组都有电阻，短路过程中，$\Delta i'_\omega$ 将随 $\Delta i_{f\alpha}$ 的定子绕组短接时励磁绕组的时间常数 $T'_d$ 按指数规律衰减至零。

从定子绕组来看，电枢反应磁链的增大（$\Delta i_\omega$ 和 $\Delta i'_\omega$ 二者所引起的磁链增量），将改变它原有磁链的大小。为保持定子绕组的合成磁链不突变，短路瞬间必须产生一大小与电枢反应磁链增量相等，方向与之相反的磁链。与这一磁链相对应的磁场在空间应静止不动。因此，为产生这样的磁场，定子绕组中应有一脉动分量电流。为了便于分析，可将每相绕组中的脉动电流分解为恒定直流电流 $\Delta i_\alpha$ 和两倍同步频率的交流电流 $\Delta i_{2\omega}$ 两个分量，它们都是没有外部能源供给的自由电流分量。如果各相绕组都没有电阻，它们的大小都将保持短路开始时的初值不变。但实际上，由于发电机各相绕组都有电阻，短路过程中，这些电流分量将以励磁绕组短接时定子绕组的时间常数 $T_a$ 按指数规律衰减至零。也可以说，这些自由分量电流是为维持定子绕组磁链守恒而出现的。或者说短路瞬间定子全电流不应突变，由于基频分量已出现增量 $\Delta i_\omega + \Delta i'_\omega$，则必须要有一个电流增量在这一瞬间与之相抵消，这一电流就是 $\Delta i_\alpha + \Delta i_{2\omega}$。

再从定子绕组和转子绕组的关系看，励磁绕组以同步转速切割定子恒定磁场，感应产生基波频率突变的交流电流增量 $\Delta i_{f\omega}$，这一电流在转子中产生同步频率脉变的磁场。通常可以将这种脉变磁场分解为两个旋转磁场，一个相对于转子以同步速逆转子旋转方向旋转，即相对定子不动（它与 $\Delta i_\alpha$ 产生的磁场相对应）；另一个相对于转子以同步速顺转子方向旋转，相对于定子为以两倍同步速旋转（它与 $\Delta i_{2\omega}$ 产生的磁场相对应）。$\Delta i_{f\omega}$ 也是没有能源供给的自由分量，故也将以时间常数 $T_a$ 衰减至零。上述过程也可以这样看，短路瞬间，励磁绕组全电流不能突变，由于其直流分量已有一个增量 $\Delta i_{f\alpha}$，因此必须有一电流在这一瞬间与其相抵消，这一电流就是 $\Delta i_{f\omega}$。

以上所述定子、转子电流各分量的变化情况，可以概括如图 7-23 所示。

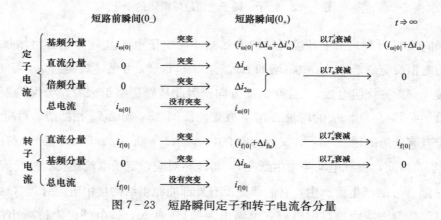

图 7-23  短路瞬间定子和转子电流各分量

# 第 7.5 节  同步发电机突然三相短路后的定子和转子全电流

同步发电机的数学模型就是派克方程［见式（7-13）、式（7-15）］。派克方程是将在 abc 坐标下定子绕组变换到 dq0 坐标下的同步发电机基本方程。瞬时值表示的派克方程不论是稳态（正常运行），还是暂态（发生短路故障）均成立。同步发电机机端突然三相短路，即仅仅是外电路突然发生变化（三相端电压突然变为零）时，电磁暂态过程的求解，实质是对派克方程的求解。

在暂态过程的分析中，常常还作一些假设，使派克方程得以简化，如：①暂态过程中，同步发电机仍以同步速旋转，即 $\omega_* \approx 1$；②定子回路的电磁暂态过程可以忽略，即 $\dfrac{d\psi_d}{dt} =$

$\dfrac{\mathrm{d}\psi_q}{\mathrm{d}t}=0$；③忽略相对比较小的定子回路电阻，即 $R=0$。因此，派克电压方程有 $\psi_d=u_q$，$\psi_q=-u_d$。

同步发电机机端突然三相短路电磁暂态过程的求解，通常有两种方法：

（1）采用拉普拉斯变换法求解派克方程。派克电压方程和磁链方程联立可得到常系数线性微分方程组（时域），经拉普拉斯变换后，变为代数方程组（频域），通过求解该代数方程组即可得到定子等效绕组（$i_d$、$i_q$）和转子（$i_f$、$i_D$、$i_Q$）绕组各电流在频域上的解；再经过拉普拉斯逆变换，就可以得到 $i_d$、$i_q$、$i_f$、$i_D$、$i_Q$ 在时域上的解；最后再将等效绕组的电流 $i_d$、$i_q$ 经过派克逆变换，最终得到定子电流 $i_a$、$i_b$、$i_c$。这种求解过程，采用的是数学的方法，严谨、清楚，但物理含义并不明确。

（2）在各绕组都是"超导体"的假设条件下，根据磁链守恒的原理，列方程求解，随后再分别考虑衰减时间常数。这种方法，物理概念较为清晰，因此在本科教学中常采用。

下面即按第二种方法简要介绍。

### 7.5.1　无阻尼绕组同步发电机三相短路电磁暂态过程

凸极式发电机均装有阻尼绕组（DD 和 QQ），而汽轮发电机转子的阻尼作用也可以用等效阻尼绕组来等值。但研究无阻尼绕组同步发电机的暂态过程仍有意义，这是因为，它的暂态过程较简单，易于理解，为进一步研究有阻尼的情况带来方便；另外，在电力系统机电暂态过程（稳定性分性）的实用计算中，常常忽略同步发电机阻尼绕组的影响。

#### 1. 不计衰减（即不计电阻）时定子三相短路电流的求解

若不计绕组中的电阻（即所谓"超导体"假设），根据磁链守恒的原理，各绕组磁链关系为

$$\left.\begin{aligned}\psi_{a|0|}&=\psi_{a0}=\psi_a\\\psi_{b|0|}&=\psi_{b0}=\psi_b\\\psi_{c|0|}&=\psi_{c0}=\psi_c\\\psi_{f|0|}&=\psi_{f0}=\psi_f\end{aligned}\right\}\tag{7-56}$$

式（7-56）的第一个等号表示绕组在短路瞬间（$0_-$ 和 $0_+$）的磁链守恒，而第二个等号表示发生短路故障后，任何时刻磁链均相等（即在"超导体"的假设下的不衰减）。

短路前瞬间（$t=0_-$），即正常稳态时有

$$\psi_{a|0|}+\psi_{b|0|}+\psi_{c|0|}=0\tag{7-57}$$

考虑到式（7-57）的关系，a、b、c 三个绕组的方程，只有两个是独立的。以下分析 a、b 两个绕组。

$$\left.\begin{aligned}\psi_{a|0|}&=\psi_a\\\psi_{b|0|}&=\psi_b\end{aligned}\right\}\tag{7-58}$$

采用派克变换改写式（7-58），可得

$$\left.\begin{array}{l} \psi_{d|0|}\cos\theta_0 - \psi_{q|0|}\sin\theta_0 = \psi_d\cos(\omega t+\theta_0) - \psi_q\sin(\omega t+\theta_0) \\ \psi_{d|0|}\cos(\theta_0-120°) - \psi_{q|0|}\sin(\theta_0-120°) = \psi_d\cos(\omega t+\theta_0-120°) - \psi_q\sin(\omega t+\theta_0-120°) \end{array}\right\}$$

$$(7-59)$$

将式（7-59）中的两个方程联立求解，即可得短路后等效绕组的磁链为

$$\left.\begin{array}{l} \psi_d = \psi_{d|0|}\cos\omega t + \psi_{q|0|}\sin\omega t \\ \psi_q = -\psi_{d|0|}\sin\omega t + \psi_{q|0|}\cos\omega t \end{array}\right\} \tag{7-60}$$

因为短路前（稳态）$i_d$、$i_q$、$i_f$ 均为恒定的直流，因此派克方程中的变压器电动势 $\dot\psi_d = \dot\psi_q = \dot\psi_f = 0(\omega_* = 1)$。由派克方程可得 $t = 0_-$ 时有

$$\left.\begin{array}{l} \psi_{d|0|} = u_{q|0|} = U_{|0|}\cos\delta_0 \\ \psi_{q|0|} = -u_{d|0|} = -U_{|0|}\sin\delta_0 \end{array}\right\} \tag{7-61}$$

则式（7-61）可以改写为

$$\left.\begin{array}{l} \psi_d = U_{|0|}\cos\delta_0\cos\omega t - U_{|0|}\sin\delta_0\sin\omega t = U_{|0|}\cos(\omega t+\delta_0) \\ \psi_q = -U_{|0|}\cos\delta_0\sin\omega t - U_{|0|}\sin\delta_0\cos\omega t = -U_{|0|}\sin(\omega t+\delta_0) \end{array}\right\} \tag{7-62}$$

另外由派克磁链方程有（无阻尼绕组）

$$\left.\begin{array}{l} \psi_d = X_{ad}i_f - X_d i_d \\ \psi_q = -X_q i_q \end{array}\right\} \tag{7-63}$$

**注意**：式（7-62）是由超导体磁链守恒得到，而式（7-63）是由故障后派克磁链方程得到。

将式（7-62）和式（7-63）一并考虑，则有

$$\left.\begin{array}{l} X_{ad}i_f - X_d i_d = U_{|0|}\cos(\omega t+\delta_0) \\ -X_q i_q = -U_{|0|}\sin(\omega t+\delta_0) \end{array}\right\} \tag{7-64}$$

又由式（7-56）中的 $\psi_{f|0|} = \psi_f$，根据派克方程，两边可写出

$$X_f i_{f|0|} - X_{ad}i_{d|0|} = X_f i_f - X_{ad}i_d \tag{7-65}$$

式（7-64）、式（7-65）三个方程中有三个未知数，联立求解可得

$$i_d = \left[\frac{E_{q|0|}}{X_d} - \left(\frac{U_{q|0|}}{X_d'} - \frac{U_{q|0|}}{X_d}\right)\right] - \frac{U_{|0|}}{X_d'}\cos(\omega t+\delta_0) \tag{7-66}$$

$$i_q = \frac{U_{|0|}}{X_q}\sin(\omega t+\delta_0) \tag{7-67}$$

$$i_f = \frac{E_{q|0|}}{X_{ad}} + \frac{X_d-X_d'}{X_{ad}}\left[\frac{U_{q|0|}}{X_d'} - \frac{U_{|0|}}{X_d'}\cos(\omega t+\delta_0)\right] \tag{7-68}$$

式中

$$X_d' = X_d - \frac{X_{ad}^2}{X_f} \tag{7-69}$$

$$E_{q|0|} = X_{ad}i_{f|0|} \tag{7-70}$$

$$i_{d|0|} = \frac{E_{q|0|} - U_{q|0|}}{X_d} \tag{7-71}$$

式（7-66）～式（7-68）以故障后增量的形式表示，还可以写成

$$i_\mathrm{d} = i_\mathrm{d|0|} + \Delta i_\mathrm{d} = i_\mathrm{d|0|} + \frac{U_\mathrm{q|0}}{X_\mathrm{d}'} - \frac{U_\mathrm{|0|}}{X_\mathrm{d}'}\cos(\omega t + \delta_0) \tag{7-72}$$

$$i_\mathrm{q} = i_\mathrm{q|0|} + \Delta i_\mathrm{q} = i_\mathrm{q|0|} - \frac{U_\mathrm{d|0|}}{X_\mathrm{q}} + \frac{U_\mathrm{|0|}}{X_\mathrm{q}}\sin(\omega t + \delta_0) \tag{7-73}$$

$$i_\mathrm{f} = i_\mathrm{f|0|} + \Delta i_\mathrm{f} = i_\mathrm{f|0|} + \frac{X_\mathrm{ad}}{X_\mathrm{f}}(i_\mathrm{d} - i_\mathrm{d|0|}) = i_\mathrm{f|0|} + \frac{X_\mathrm{ad}}{X_\mathrm{f}}\Delta i_\mathrm{d} \tag{7-74}$$

根据派克逆变换，可以求得定子绕组电流为

$$
\begin{aligned}
i_\mathrm{a} &= i_\mathrm{d}\cos(\omega t + \theta_0) - i_\omega\sin(\omega t + \theta_0) \\
&= \left[\frac{E_\mathrm{q|0|}}{X_\mathrm{d}} + \left(\frac{U_\mathrm{q|0|}}{X_\mathrm{d}'} - \frac{U_\mathrm{q|0|}}{X_\mathrm{d}}\right)\right]\cos(\omega t + \theta_0) - \frac{U_\mathrm{|0|}}{2}\frac{X_\mathrm{d}' + X_\mathrm{q}}{X_\mathrm{d}'X_\mathrm{q}}\cos(\delta_0 - \theta_0) \\
&\quad - \frac{U_\mathrm{|0|}}{2}\frac{X_\mathrm{q} - X_\mathrm{d}'}{X_\mathrm{d}'X_\mathrm{q}}\cos(2\omega t + \delta_0 + \theta_0) \\
&= \frac{E_\mathrm{q|0|}'}{X_\mathrm{d}'}\cos(\omega t + \theta_0) - \frac{U_\mathrm{|0|}}{2}\frac{(X_\mathrm{d}' + X_\mathrm{q})}{X_\mathrm{d}'X_\mathrm{q}}\cos(\delta_0 - \theta_0) - \frac{U_\mathrm{|0|}}{2}\frac{(X_\mathrm{q} - X_\mathrm{d}')}{X_\mathrm{d}'X_\mathrm{q}}\cos(2\omega t + \delta_0 + \theta_0)
\end{aligned}
$$

$$\tag{7-75}$$

**2. 计及自由分量衰减（计及电阻）时的短路电流**

随着时间的推移，由于存在电阻，所有绕组的磁链都将发生变化，逐渐过渡到新的稳态值。所有为了维持磁链初值不变而出现的自由电流都将逐渐消失，或者说按不同的时间常数衰减到零。

在一个孤立的电感线圈中，自由电流衰减时间常数等于它的电感同电阻之比，即 $T = \dfrac{L}{R}$。当存在几个互有磁耦合关系的绕组时，自由电流的衰减因子也是由电路的微分方程组的特征方程的根确定。同步发电机的定子、转子绕组间存在着磁耦合关系，用严格的数学方法进行分析计算是相当繁琐的。对于无阻尼绕组的情况，在实用计算中，为了确定自由电流的衰减，常采用以下的简化原则：

（1）在短路瞬间为了保持本绕组磁链不变而出现的自由电流，如果它产生的磁通对本绕组相对静止，那么这个自由电流即按本绕组的时间常数衰减。一切同该自由电流发生依存关系的其他自由电流（本绕组的或外绕组的）均按同一时间常数衰减。

（2）某绕组的时间常数即是该绕组的电感（同其他绕组有磁耦合关系的电感）和电阻之比，而忽略其他绕组电阻的影响。

根据以上两项原则，自由分量电流衰减的时间常数可以确定如下：

（1）定子各相电流非周期分量（直流分量）和倍频分量衰减的时间常数 $T_\mathrm{a}$。因为定子各相电流中的这两个电流的自由分量是由于定子各绕组磁链守恒所引起的，所以它们衰减的时间常数取决于定子绕组的等值电抗和等值电阻。无阻尼绕组同步发电机三相短路后定子各

绕组的电抗在 $X_d'$ 和 $X_q$ 之间波动。经推导，其等值电抗约为 $\dfrac{2X_d'X_q}{X_d'+X_q}$ ，等值电阻为 $R$，则时间常数即为

$$T_a = \frac{2X_d'X_q/(X_d'+X_q)}{R} \tag{7-76}$$

因为励磁绕组的基频自由分量与定子绕组的非周期分量和倍频分量相对应，所以它衰减的时间常数也为 $T_a$。

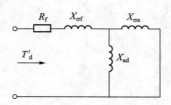

图 7-24　确定 $T_d'$ 的等值电路

（2）励磁电流非周期自由分量（直流分量）衰减时间常数 $T_d'$。因为励磁电流非周期自由分量是由于励磁绕组磁链守恒引起的，所以 $T_d'$ 由定子三相短路时励磁绕组的等值电抗和等值电阻来确定。

假设将励磁绕组作为变压器一次侧，短路的定子绕组作为二次侧，利用图 7-24 所示的变压器等值电路，可以求得时间常数 $T_d'$ 为

$$T_d' = \frac{X_{\sigma f}+(X_{\sigma a}\text{//}X_{ad})}{R_f} = \frac{1}{R_f}\left(X_{\sigma f}+\frac{X_{\sigma a}X_{ad}}{X_{\sigma a}+X_{ad}}\right)$$

$$= \frac{X_f}{R_f}\frac{1}{X_d}\left(X_d-\frac{X_{ad}^2}{X_f}\right) = T_{d0}'\frac{X_d'}{X_d} \tag{7-77}$$

式中：$T_{d0}'$ 是定子绕组开路时励磁绕组的时间常数，$T_{d0}'=\dfrac{X_f}{R_f}$。

这样，计及自由分量衰减时定子、转子短路电流为

$$i_d = \frac{E_{q|0|}}{X_d}+\left(\frac{U_{q|0|}}{X_d'}-\frac{U_{q|0|}}{X_d}\right)e^{-t/T_d'}-\frac{U_{|0|}}{X_d'}\cos(\omega t+\delta_0)e^{-t/T_a} \tag{7-78}$$

$$i_q = \frac{U_{|0|}}{X_q}\sin(\omega t+\delta_0)e^{-t/T_a} \tag{7-79}$$

$$i_f = \frac{E_{q|0|}}{X_{ad}}+\frac{X_d-X_d'}{X_{ad}}\left[\frac{U_{q|0|}}{X_d'}e^{-t/T_d'}-\frac{U_{|0|}}{X_d'}e^{-t/T_a}\cos(\omega t+\delta_0)\right] = I_{f|0|}+\Delta i_{fa}+\Delta i_\omega \tag{7-80}$$

$$i_a = \left[\frac{E_{q|0|}}{X_d}+\left(\frac{U_{q|0|}}{X_d'}-\frac{U_{q|0|}}{X_d}\right)e^{-t/T_d'}\right]\cos(\omega t+\theta_0)-\frac{U_{|0|}}{2}\frac{(X_d'+X_q)}{X_d'X_q}\cos(\delta_0-\theta_0)e^{-t/T_a}$$

$$-\frac{U_{|0|}}{2}\frac{X_q-X_d'}{X_d'X_q}\cos(2\omega t+\delta_0+\theta_0)e^{-t/T_a} \tag{7-81}$$

定子电流 $i_a$ 和励磁电流 $i_f$ 的波形如图 7-25（a）、（b）所示。

以上分析了无阻尼绕组同步发电机突然三相短路后的定子、转子以及等效绕组的全电流。以下进一步说明故障后暂态电流（$I'$）、稳态短路电流（$I_\infty$）、空载电动势（$E_q$）、暂态

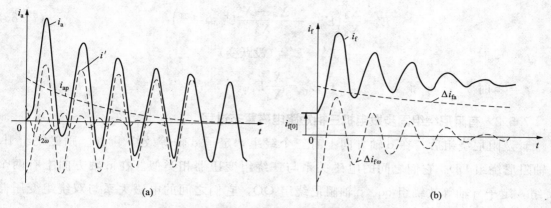

图 7 - 25 无阻尼绕组同步电机突然三相短路时的电流波形图（$\theta_0 = 0°$）

(a) 定子 a 相电流；(b) 励磁绕组电流

电动势（$E'_q$）的情况。

（1）暂态电流（$I'$）、稳态短路电流（$I_\infty$）。无阻尼绕组同步发电机机端发生三相短路后，周期（基频）分量起始有效值（$t=0$），通常称为暂态电流，用 $I'$ 表示。由式（7 - 81）可知

$$I' = \left[\frac{E_{q|0|}}{X_d} + \left(\frac{U_{q|0|}}{X'_d} - \frac{U_{q|0|}}{X_d}\right)_r\right] = \left[\frac{E_{q|0|}}{X_d} + \left(\frac{E'_{q|0|}}{X'_d} - \frac{E_{q|0|}}{X_d}\right)\right] = \frac{E'_{q|0|}}{X'_d} \qquad (7-82)$$

若短路后 $t=\infty$，即自由分量均衰减到 0 后，周期（基频）分量的有效值，通常称为故障后稳态短路电流，记为 $I_\infty$。由式（7 - 81）可知

$$I_\infty = \frac{E_{q|0|}}{X_d} \qquad (7-83)$$

（2）空载电动势 $E_q$、暂态电动势 $E'_q$。根据空载电动势的定义（它是励磁电流直流分量的函数），$E_q$ 可表示为

$$E_q = (I_{f(0)} + \Delta i_{f\alpha})X_{ad} = E_{q|0|} + \frac{X_d - X'_d}{X'_d}U_{q|0|}\mathrm{e}^{-t/T'_d} \qquad (7-84)$$

$t = 0_+$ 时 $\qquad\qquad E_{q0} = E_{q|0|} + \dfrac{X_d - X'_d}{X'_d}U_{q|0|} = \dfrac{X_d}{X'_d}E'_{q|0|}$

$t = \infty$ 时 $\qquad\qquad E_{q\infty} = E_{q|0|}$（无自动调节励磁）

根据派克方程式（7 - 13）和式（7 - 15），计及暂态分析时的条件（机端故障后 $u_q = 0$，$u_d = 0$）有

$$\left.\begin{array}{r} E_q = X_d i_d \\ E'_q = X'_d i_d \end{array}\right\}$$

则 $\qquad\qquad\qquad\qquad E'_q = \dfrac{X'_d}{X_d}E_q$

$$E_q' = \frac{X_d'}{X_d}\left(E_{q|0|} + \frac{X_d - X_d'}{X_d'}U_{q|0|}\,e^{-t/T_d}\right) \tag{7-85}$$

$t = 0_+$ 时 $\qquad\qquad\qquad E_{q0}' = E_{q|0|}'$（没跃变）

$t = \infty$ 时 $\qquad\qquad\qquad E_{q\infty}' = \dfrac{X_d'}{X_d}E_{q|0|}$

### 7.5.2 有阻尼绕组同步发电机三相短路电磁暂态过程

计及阻尼绕组后，在 d 轴方向上有三个绕组，定子 d 轴等效绕组 dd、励磁绕组 ff、d 轴阻尼绕组 DD。它们之间的电磁关系与三绕组变压器相类似。在 q 轴方向上有两个绕组，定子 q 轴等效绕组 qq、q 轴阻尼绕组 QQ，它们之间的电磁关系与双绕组变压器相类似。

**1. 不计电阻（即"超导体" 假设） 时三相短路电流的求解**

由前述的分析（类似与无阻尼绕组的情况）可知，三相短路故障后，等效绕组的磁链同样可以记为［同式（7 - 62）］

$$\left.\begin{aligned}\psi_d &= U_{|0|}\cos(\omega t + \delta_0)\\ \psi_q &= -U_{|0|}\sin(\omega t + \delta_0)\end{aligned}\right\} \tag{7-86}$$

由派克磁链方程（有阻尼绕组）有

$$\left.\begin{aligned}\psi_d &= X_{ad}i_f + X_{aD}i_D - X_d i_d = E_{q|0|}'' - X_d''i_d\\ \psi_q &= X_{aQ}i_Q - X_q i_q = -E_{d|0|}'' - X_q''i_q\end{aligned}\right\} \tag{7-87}$$

联立式（7 - 86）、式（7 - 87）可得

$$\left.\begin{aligned}E_{q|0|}'' - X_d''i_d &= U_{|0|}\cos(\omega t + \delta_0)\\ -E_{d|0|}'' - X_q''i_q &= -U_{|0|}\sin(\omega t + \delta_0)\end{aligned}\right\} \tag{7-88}$$

将式（7 - 88）中的两个方程联立求解可得

$$i_d = \frac{E_{q|0|}''}{X_d''} - \frac{U_{|0|}}{X_d''}\cos(\omega t + \delta_0) = i_{d\alpha} + \Delta i_{d\omega} \tag{7-89}$$

$$i_q = -\frac{E_{d|0|}''}{X_q''} + \frac{U_{|0|}}{X_q''}\sin(\omega t + \delta_0) = i_{q\alpha} + \Delta i_{q\omega} \tag{7-90}$$

其中，下标 $\alpha$ 是指非周期分量，下标 $\omega$ 是指基频周期分量。

式（7 - 89）、式（7 - 90）还可以写为

$$i_d = \frac{E_{q|0|}'' - U_{q|0|}}{X_d''} + \frac{U_{q|0|}}{X_d''} - \frac{U_{|0|}}{X_d''}\cos(\omega t + \delta_0) = i_{d|0|} + \Delta i_d \tag{7-91}$$

$$i_q = -\frac{E_{d|0|}'' - U_{d|0|}}{X_q''} - \frac{U_{d|0|}}{X_q''} + \frac{U_{|0|}}{X_q''}\sin(\omega t + \delta_0) = i_{q|0|} + \Delta i_q \tag{7-92}$$

根据励磁绕组、阻尼绕组磁链守恒的原理有（按磁链方程）

$$\Delta\psi_f = X_f\Delta i_f + X_{fD}\Delta i_D - X_{ad}\Delta i_d = 0 \tag{7-93}$$

$$\Delta\psi_D = x_{fD}\Delta i_f + X_D\Delta i_D - X_{aD}\Delta i_d = 0 \tag{7-94}$$

联立方程式（7-93）和式（7-94），可以推得

$$\Delta i_{\mathrm{D}} = \frac{X_{\mathrm{f}} X_{\mathrm{aD}} - X_{\mathrm{ad}} X_{\mathrm{fD}}}{X_{\mathrm{f}} X_{\mathrm{D}} - X_{\mathrm{fD}}^2} \Delta i_{\mathrm{d}} \qquad (7-95)$$

$$\Delta i_{\mathrm{f}} = \frac{X_{\mathrm{ad}} X_{\mathrm{D}} - X_{\mathrm{aD}} X_{\mathrm{fD}}}{X_{\mathrm{f}} X_{\mathrm{D}} - X_{\mathrm{fD}}^2} \Delta i_{\mathrm{d}} \qquad (7-96)$$

则（因为 $i_{\mathrm{D}|0|} = 0$）

$$i_{\mathrm{f}} = i_{\mathrm{f}|0|} + \Delta i_{\mathrm{f}} = \frac{E_{\mathrm{q}|0|}}{X_{\mathrm{ad}}} + \left[ \frac{U_{\mathrm{q}|0|}}{X_{\mathrm{d}}''} - \frac{U_{|0|}}{X_{\mathrm{d}}''} \cos(\omega t + \delta_0) \right] \frac{X_{\mathrm{f}} X_{\mathrm{aD}} - X_{\mathrm{ad}} X_{\mathrm{fD}}}{X_{\mathrm{f}} X_{\mathrm{D}} - X_{\mathrm{fD}}^2} \qquad (7-97)$$

$$i_{\mathrm{D}} = \Delta i_{\mathrm{D}} = \left[ \frac{U_{\mathrm{q}|0|}}{X_{\mathrm{d}}''} - \frac{U_{|0|}}{X_{\mathrm{d}}''} \cos(\omega t + \delta_0) \right] \frac{X_{\mathrm{ad}} X_{\mathrm{D}} - X_{\mathrm{aD}} X_{\mathrm{fD}}}{X_{\mathrm{f}} X_{\mathrm{D}} - X_{\mathrm{fD}}^2} \qquad (7-98)$$

另外，由绕组 QQ 磁链守恒有

$$\Delta \psi_{\mathrm{Q}} = X_{\mathrm{Q}} \Delta i_{\mathrm{Q}} - X_{\mathrm{aq}} \Delta i_{\mathrm{q}} = 0 \qquad (7-99)$$

$$\Delta i_{\mathrm{Q}} = \frac{X_{\mathrm{aq}}}{X_{\mathrm{Q}}} \Delta i_{\mathrm{q}} \qquad (7-100)$$

即有（因为 $i_{\mathrm{Q}|0|} = 0$）

$$i_{\mathrm{Q}} = \Delta i_{\mathrm{Q}} = \frac{X_{\mathrm{aq}}}{X_{\mathrm{Q}}} \left[ -\frac{U_{\mathrm{d}|0|}}{X_{\mathrm{q}}''} + \frac{U_{|0|}}{X_{\mathrm{q}}''} \sin(\omega t + \delta) \right] \qquad (7-101)$$

根据派克逆变换，可以求得定子绕组电流为

$$
\begin{aligned}
i_{\mathrm{a}} &= i_{\mathrm{d}} \cos(\omega t + \theta_0) - i_{\mathrm{q}} \sin(\omega t + \theta_0) \\
&= \frac{E_{\mathrm{q}|0|}''}{X_{\mathrm{d}}''} \cos(\omega t + \theta_0) + \frac{E_{\mathrm{d}|0|}''}{X_{\mathrm{q}}''} \sin(\omega t + \theta_0) - \frac{U_{|0|}}{2} \frac{(X_{\mathrm{d}}'' + X_{\mathrm{q}}'')}{X_{\mathrm{d}}'' X_{\mathrm{q}}''} \cos(\delta_0 - \theta_0) \qquad (7-102) \\
&\quad - \frac{U_{|0|}}{2} \frac{(X_{\mathrm{q}}'' - X_{\mathrm{d}}'')}{X_{\mathrm{d}}'' X_{\mathrm{q}}''} \cos(2\omega t + \delta_0 + \theta_0)
\end{aligned}
$$

### 2. 计及自由分量衰减时短路电流（计及电阻）

（1）定子非周期分量（直流分量）和倍频周期分量衰减的时间常数（$T_{\mathrm{a}}$）。有阻尼绕组同步发电机三相短路定子等效电抗可近似地等于 $\dfrac{2X_{\mathrm{d}}'' X_{\mathrm{q}}''}{X_{\mathrm{d}}'' + X_{\mathrm{q}}''}$，等效电阻为 $R$，则衰减的时间常数 $T_{\mathrm{a}}$ 为

$$T_{\mathrm{a}} = \frac{2X_{\mathrm{d}}'' X_{\mathrm{q}}'' / (X_{\mathrm{d}}'' + X_{\mathrm{q}}'')}{R} \qquad (7-103)$$

因为转子各绕组中的基频自由分量与定子绕组的非周期分量和倍频分量相对应，所以它们衰减的时间常数也为 $T_{\mathrm{a}}$。

（2）励磁绕组和 d 轴阻尼绕组中非周期自由分量（直流分量）衰减时间常数（$T_{\mathrm{d}}'$、$T_{\mathrm{d}}''$）。在实用计算中，$T_{\mathrm{d}}'$、$T_{\mathrm{d}}''$ 的近似计算式分别为

$$T_{\mathrm{d}}' \approx T_{\mathrm{d}0}' \frac{X_{\mathrm{d}}'}{X_{\mathrm{d}}} \qquad (7-104)$$

$$T''_d \approx T''_{d0} \frac{X''_d}{X'_d} \qquad (7-105)$$

式中：$T'_{d0}$ 是定子绕组和阻尼绕组都开路时，励磁绕组短路时间常数；$T''_{d0}$ 是定子绕组开路，励磁绕组短路时，d 轴阻尼绕组的时间常数。

$T'_d$ 和无阻尼绕组时的相近，$T'_d$ 也可以近似地等于定子短路、阻尼绕组开路时励磁绕组的时间常数。

$T''_d$ 近似地等于定子短路，励磁绕组短路（且 $R_f \approx 0$）时，d 轴阻尼绕组的时间常数。又因为 $T''_d \gg T''_d$，所以次暂态分量衰减得很快，暂态分量衰减较慢，可近似地将暂态过程（计及阻尼绕组）划分为两个过程：短路后最初阶段称为次暂态过程，在这个阶段，次暂态分量衰减是主要的；稍后阶段，次暂态分量已衰减为零，只有暂态分量衰减。

因为励磁电流中的非周期分量是与定子绕组基频自由分量中的 d 轴分量相对应，因此，它们衰减的时间常数也为 $T'_d$、$T''_d$。

（3）q 轴阻尼绕组非周期（直流）自由分量衰减的时间常数（$T''_q$）。阻尼绕组 QQ 中非周期（直流）自由分量是由于绕组 QQ 磁链守恒所引起的，所以相应的时间常数应由绕组 QQ 的等值电抗和等值电阻决定。其近似计算式为

$$T''_q \approx T''_{q0} \frac{X''_q}{X_q} \qquad (7-106)$$

式中：$T''_{q0}$ 是定子绕组开路时 q 轴阻尼绕阻的时间常数。

因为定子绕组基频自由分量的 q 轴分量和 q 轴阻尼绕组的非周期（直流）分量相对应，因此它也按 $T''_q$ 时间常数衰减。

这样有阻尼绕组同步发电机三相短路后等效绕组、定子绕组、转子绕组的短路全电流可以写为

$$i_d = \left( \frac{E''_{q|0|}}{X''_d} - \frac{E'_{q|0|}}{X'_d} \right) e^{-t/T''_d} + \left( \frac{E'_{q|0|}}{X'_d} - \frac{E_{q|0|}}{X_d} \right) e^{-t/T'_d} + \frac{E_{q|0|}}{X_d} - \frac{U_{|0|}}{X''_d} \cos(\omega t + \delta_0) e^{-t/T_a}$$

$$(7-107)$$

$$i_q = -\frac{E''_{d|0|}}{X''_q} e^{-t/T''_q} + \frac{U_{|0|}}{X''_q} \sin(\omega t + \delta_0) e^{-t/T_a} \qquad (7-108)$$

$$i_a = \left[ \left( \frac{E''_{q|0|}}{X''_d} - \frac{E'_{q|0|}}{X'_d} \right) e^{-t/T''_d} + \left( \frac{E'_{q|0|}}{X'_d} - \frac{E_{q|0|}}{X_d} \right) e^{-t/T'_d} + \frac{E_{q|0|}}{X_d} \right] \cos(\omega t + \theta_0) + \frac{E''_{d|0|}}{X''_q} \sin(\omega t + \theta_0) e^{-t/T''_q}$$

$$- \frac{U_{|0|}}{2} \frac{X''_d + X''_q}{X''_d X''_q} \cos(\delta_0 - \theta_0) e^{-t/T_a} - \frac{U_{|0|}}{2} \frac{X''_q - X''_d}{X''_d X''_q} \cos(2\omega t + \delta_0 + \theta_0) e^{-t/T_a}$$

$$(7-109)$$

$$i_f = \frac{E_{q|0|}}{X_{ad}} + \left( \frac{X_{ad} X_D}{X_f X_D - X_{ad}^2} \frac{U_{q|0|}}{X''_d} - \frac{X_d - X'_d}{X_{ad}} \frac{U_{q|0|}}{X'_d} \right) e^{-t/T''_d}$$

$$(7-110)$$

$$+ \frac{(X_d - X'_d)}{X_{ad}} \frac{U_{q|0|}}{X'_d} e^{-t/T'_d} - \frac{X_{ad} X_D}{X_f X_D - X_{ad}^2} \frac{U_{d|0|}}{X''_d} e^{-t/T_a} \cos(\omega t + \delta_0)$$

定子电流 $i_a$、励磁绕组电流 $i_f$、d 轴阻尼绕组电流 $i_D$ 的变化规律，如图 7 - 26 所示。阻尼绕组电流 $i_D$、$i_Q$ 随着时间的变化，终将衰减至零。

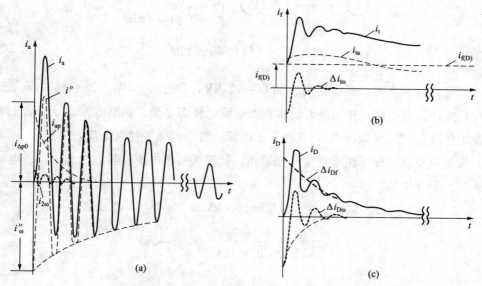

图 7 - 26 有阻尼绕组电机空载突然三相短路电流波形图（$\theta_0 = 0°$）

（a）定子 a 相电流；（b）励磁绕组电流；（c）d 轴阻尼绕组电流

有阻尼绕组同步发电机机端发生三相短路后，定子周期（基频）分量的起始（$t =$ 0s）有效值，通常称为起始次暂态电流，用 $I''$ 表示。根据式（7 - 102）或式（7 - 109）可见

$$I''_d = \frac{E''_{q|0|}}{X''_d} \tag{7 - 111}$$

$$I''_q = \frac{E''_{d|0|}}{X''_q} \tag{7 - 112}$$

则

$$I'' = \sqrt{I''^2_d + I''^2_q} \tag{7 - 113}$$

当 $X''_d = X''_q = X''$ 时，则

$$I'' = \frac{\sqrt{E''^2_{q|0|} + E''^2_{d|0|}}}{X''_d} = \frac{E''_{|0|}}{X''_d}$$

即

$$I'' = \frac{E''_{|0|}}{X''_d}$$

若短路后 $t = \infty$，即自由分量均衰减到 0 后，周期（基频）分量的有效值通常称为故障后稳态短路电流，记为 $I_\infty$，由式（7 - 109）可见

$$I_\infty = E_{q|0|} / X_d \tag{7 - 114}$$

【例 7 - 2】某系统接线如图 7 - 27 所示，同步发电机额定容量为 300MVA，其参数 $X_d = 1.2$，$X_q = 0.8$，$X'_d = 0.35$，$X''_d = 0.2$，$X''_q = 0.25$，变压器额定容量也为 300MVA，变比

为 10.5/121，短路电压百分数 $U_k\% = 15$。试完成：

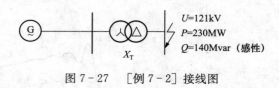

图 7 - 27 ［例 7 - 2］接线图

（1）正常运行状态时，变压器高压侧 $U = 121\text{kV}$，$P = 230\text{MW}$，$Q = 140\text{Mvar}$（感性），试求：（a）变压器高压侧三相短路时的次暂态电流、暂态电流、稳态电流。（b）若三相短路发生在发电机端（变压器低压侧），求次暂态电流、暂态电流、稳态电流。

（2）发电机空载情况下机端发生三相短路，计算次暂态电流、暂态电流、稳态电流。

**解：**（1）设基准值

$$S_B = 300\text{MVA}, \qquad U_B = 10.5\text{kV}, \qquad U_{B2} = 121\text{kV},$$

$$I_B = \frac{S_B}{\sqrt{3}U_{B2}} = \frac{300}{\sqrt{3} \times 121} = 1.43(\text{kA})$$

实际运行：

高压侧 $U_{|0|} = 1.0$，$S = \sqrt{P^2 + Q^2} = \sqrt{230^2 + 140^2} = 269.3(\text{MVA})$

$$P_* = 230/300 = 0.767, \qquad Q_* = 140/300 = 0.467$$

$$I_{|0|} = \frac{S}{S_B} = \frac{269.3}{300} = 0.898, \qquad \varphi = \arccos\frac{P}{\sqrt{P^2 + Q^2}} = 31.33°, \qquad \dot{I}_{|0|} = 0.898\angle -31.33°$$

变压器及发电机参数

$$X_T = 0.15, \qquad X_{d\Sigma} = X_d + X_T = 1.2 + 0.15 = 1.35,$$

$$X_{q\Sigma} = X_q + X_T = 0.8 + 0.15 = 0.95$$

$$X'_{d\Sigma} = X'_d + X_T = 0.35 + 0.15 = 0.5, \qquad X''_{d\Sigma} = X''_d + X_T = 0.2 + 0.15 = 0.35$$

$$X''_{q\Sigma} = X''_q + X_T = 0.25 + 0.15 = 0.4$$

$$\dot{E}_{Q|0|} = \dot{U}_{|0|} + jX_{q\Sigma}\dot{I}_{|0|} = 1.0 + j0.95 \times 0.898\angle -31.33° = 1.617\angle 26.72°, \quad \delta = 26.72°$$

$$\text{或} E_Q = \sqrt{\left(U + \frac{QX_{q\Sigma}}{U}\right)^2 + \left(\frac{PX_{q\Sigma}}{U}\right)^2} = \sqrt{(1 + 0.467 \times 0.95)^2 + (0.767 \times 0.95)^2} = 1.617$$

$$\delta = \arctan\left[\left(\frac{PX_{q\Sigma}}{U}\right)\Big/\left(U + \frac{QX_{q\Sigma}}{U}\right)\right] = 26.72°$$

短路前瞬间的空载电动势 $E_{q|0|}$ 可求得

$$E_{q|0|} = E_{Q|0|} + (X_{d\Sigma} - X_{q\Sigma})I_{d|0|} = E_{Q|0|} + (X_{d\Sigma} - X_{q\Sigma})I_{|0|}\sin(\delta + \varphi)$$

$$= 1.617 + (1.35 - 0.95) \times 0.898 \times \sin(26.72° + 31.33°) = 1.922$$

短路前瞬间的暂态电动势 $E'_{q|0|}$ 可求得

$$E'_{q|0|} = E_{Q|0|} - (X_{q\Sigma} - X'_{d\Sigma})I_{d|0|} = E_{Q|0|} - (X_{q\Sigma} - X'_{d\Sigma})I_{|0|}\sin(\delta + \varphi)$$

$$= 1.617 - (0.95 - 0.5) \times 0.898 \times \sin(26.72° + 31.33°) = 1.274$$

短路前瞬间的次暂态电动势 $E''_{q|0|}$、$E''_{d|0|}$ 可求得

$$E''_{q|0|} = U_{q|0|} + X''_{d\Sigma}I_{d|0|} = U_{|0|}\cos\delta + X''_{d\Sigma}I_{|0|}\sin(\delta + \varphi)$$

$$= 1 \times \cos 26.72° + 0.35 \times 0.898 \times \sin(26.72° + 31.33°) = 1.16$$

$$E''_{d|0|} = U_{d|0|} - X''_{q\Sigma}I_{|0|} = 1.0\sin 26.72° - 0.4 \times \cos(26.72° + 31.33°) = 0.261$$

**分析：** 由前文相关知识可知，暂态电动势 $E'_q$ 和次暂态电动势 $E''_q$、$E''_d$ 在短路运行状态突变的瞬间不会发生突变，因此可以利用短路前的各状态求得 $E_{q|0|}$、$E'_{q|0|}$、$E''_{q|0|}$、$E''_{d|0|}$，然后根据 $E'_{q|0|} = E'_{q0}$，$E''_{q|0|} = E''_{q0}$，$E''_{d|0|} = E''_{d0}$ 得到故障后瞬间 $E'_{q0}$、$E''_{q0}$、$E''_{d0}$，进而求得故障时短路电流。

(a) 变压器高压侧发生三相短路，在计算短路电流时需要将变压器阻抗看成发电机内阻抗的一部分，则

$$I'' = \sqrt{\left(\frac{E''_{q0}}{X''_{d\Sigma}}\right)^2 + \left(\frac{E''_{d0}}{X''_{q\Sigma}}\right)^2} = \sqrt{\left(\frac{E''_{q|0|}}{X''_{d\Sigma}}\right)^2 + \left(\frac{E''_{d|0|}}{X''_{q\Sigma}}\right)^2} = \sqrt{\left(\frac{1.16}{0.35}\right)^2 + \left(\frac{0.261}{0.4}\right)^2} = 3.378$$

$$I' = \frac{E'_{q0}}{X'_{d\Sigma}} = \frac{E'_{q|0|}}{X'_{d\Sigma}} = \frac{1.274}{0.5} = 2.548$$

$$I_\infty = \frac{E_{q\infty}}{X_{d\Sigma}} = \frac{E_{q|0|}}{X_{d\Sigma}} = \frac{1.922}{1.35} = 1.424$$

(b) 变压器低压侧发生三相短路，在计算短路电流时无需将变压器阻抗看成发电机内阻抗的一部分，则

$$I'' = \sqrt{\left(\frac{E''_{q0}}{X''_d}\right)^2 + \left(\frac{E''_{d0}}{X''_q}\right)^2} = 5.893$$

$$I' = \frac{E'_{q|0|}}{X'_d} = \frac{1.274}{0.35} = 3.64$$

$$I_\infty = \frac{E_{q\infty}}{X_d} = \frac{E_{q|0|}}{X_d} = \frac{1.922}{1.2} = 1.602$$

(2) 根据解 (1) 可知 $E_{q|0|} = 1.922$，因为空载电动势（ $E_q = X_{ad}i_f$ ）是由励磁电流 $i_f$ 决定的，短路前运行状态空载或负载并不影响 $E_q$ 的大小。

因为空载时 $I_{|0|} = I_{d|0|} = I_{q|0|} = 0$，则

$$\dot{E}_{Q|0|} = \dot{U}_{|0|} + j\dot{I}_{|0|}X_q = \dot{U}_{|0|} \text{，即 } \delta = 0$$

这样　　　　$E_{Q|0|} = U_{|0|} = U_{q|0|} = E_{q|0|} = 1.922$，　　　$U_{d|0|} = 0$

也即　　$E'_{q|0|} = E''_{q|0|} = U_{q|0|} = E_{q|0|} = 1.922$，　　　$E''_{d|0|} = U_{d|0|} - I_{q|0|}X''_q = 0$

则故障后电流

$$I'' = \sqrt{\left(\frac{E''_{q|0|}}{X''_d}\right)^2 + \left(\frac{E''_{d|0|}}{X''_q}\right)^2} = \frac{E''_{q|0|}}{X''_d} = \frac{1.922}{0.2} = 9.61$$

$$I' = \frac{E'_{q|0|}}{X'_d} = \frac{1.922}{0.35} = 5.49$$

$$I_\infty = \frac{E_{q\infty}}{X_d} = \frac{E_{q|0|}}{X_d} = \frac{1.922}{1.2} = 1.602$$

## 第7.6节　强行励磁对短路暂态过程的影响

前面对同步发电机暂态过程的分析，都没有考虑发电机的自动调节励磁装置的影响。现代电力系统的同步发电机均装有自动调节励磁装置，它的作用是当发电机端电压偏离给定值时，自动调节励磁电压，改变励磁电流，从而改变发电机的空载电动势，以维持发电机端电压在允许范围内。当发电机端点或端点附近发生突然短路时，端电压急剧下降，自动调节励磁装置中的强行励磁装置就会迅速动作，增大励磁电压到它的极限值，以尽快恢复系统的电压水平和保持系统运行的稳定性。下面以具有继电强行励磁的励磁系统为例，来分析强行励磁对短路电流的影响。

图 7-28 所示为具有继电强行励磁的励磁系统，发电机端点或端点附近短路，使发电机端电压下降到额定电压 85% 以下时，低电压继电器 KV 的触点闭合，接触器 KM 动作，励磁机磁场调节电阻 $R_c$ 被短接，励磁机励磁绕组 ff 两端的电压 $u_{ff}$ 升高。但由于励磁机励磁绕组具有电感，它的电流 $i_{ff}$ 不可能突然增大，因此与之对应的励磁机电压 $u_f$ 也不可能突然增高，而是开始上升慢，后来上升快，最后达到极限值 $u_{fm}$，如图 7-29 中曲线 1 所示。为了简化分析，通常近似认为 $u_f$ 按指数规律上升到最大值 $u_{fm}$，即用图 7-29 中曲线 2 所示的指数曲线代替，从而得到励磁机电压 $u_f$。其计算式为

$$u_f = u_{f|0|} + (u_{fm} - u_{f|0|})(1 - e^{-\frac{t}{T_{ff}}}) = u_{f|0|} + \Delta u_{fm}(1 - e^{-\frac{t}{T_{ff}}}) \tag{7-115}$$

式中：$T_{ff}$ 为励磁机励磁绕组的时间常数。

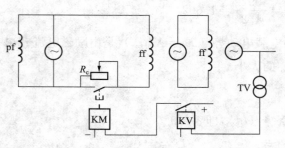

图 7-28　具有继电强行励磁的励磁系统

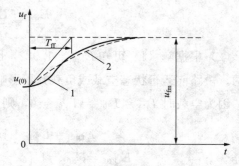

图 7-29　$u_f$ 的变化曲线

励磁电压的增大，使励磁电流产生一个相应的增量。由于强行励磁装置只在转子 d 轴方向起作用，这个电流的变化量可以从发电机 d 轴方向的等值电路求解得出。下面以无阻尼绕

组发电机为例加以说明。

图 7-30 所示是强行励磁装置动作后同步发电机 d 轴方向的等值电路（假设在发电机端点短路）。由图可以列出方程

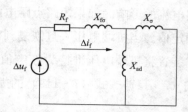

$$R_f \Delta i_f + \left( X_{f\sigma} + \frac{X_\sigma X_{ad}}{X_\sigma + X_{ad}} \right) \frac{\mathrm{d}\Delta i_f}{\mathrm{d}t} = (u_{fm} - u_{f|0|})(1 - \mathrm{e}^{-t/T_{ff}})$$

(7-116)　图 7-30　强行励磁装置动作后同步
　　　　　　　发电机 d 轴方向的等值电路

整理式 (7-116) 可得

$$\Delta i_f = (i_{fm} - i_{f|0|}) \left( 1 - \frac{T_d' \mathrm{e}^{-t/T_{ff}} - T_{ff} \mathrm{e}^{-t/T_{ff}}}{T_d' - T_{ff}} \right) = \Delta i_{fm} F(t) \qquad (7-117)$$

其中，$\Delta i_f = i_{fm} - i_{f|0|}$ 是对应于 $\Delta u_{fm}$ 的励磁电流强制分量的最大可能增量。$F(t)$ 则是一个包含 $T_d'$ 和 $T_{ff}$ 的时间常数。$T_d'$ 因短路点的远近不同而有不同的数值，短路点越远，$T_d'$ 越大，$F(t)$ 增大的速度越慢。这是因为短路点越远，故障对发电机的影响越小的缘故。

由 $\Delta i_{fm}$ 引起的空载电动势的最大增量为

$$\Delta E_q = \Delta E_{qm} F(t) \qquad (7-118)$$

$\Delta E_q$ 将产生定子电流 d 轴分量的增量。由于无阻尼绕组发电机周期分量电流无 q 轴分量，可得 $\Delta E_q$ 对应的 a 相电流周期分量为

$$\Delta i_a = \frac{\Delta E_{qm}}{x_d} F(t) \cos(\omega t + \theta_0) = \Delta i_a F(t) \cos(\omega t + \theta_0) \qquad (7-119)$$

从而使发电机的端电压也按相同的规律变化。考虑强行励磁装置动作后空载电动势和定子电流的变化曲线如图 7-31 所示。从图中看出，强行励磁装置动作的结果是在按指数规律自然衰减的电动势和电流上叠加一个强制分量，从而使发电机的端电压迅速恢复到额定值，以保证系统的稳定运行。但由于定子电流增加了一个强制分量，改变了原短路电流的变化规律，使暂态过程中的短路电流先是衰减，衰减到一定的时间反而上升，甚至稳态短路电流大于短路电流初值。

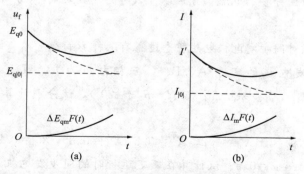

图 7-31　强行励磁装置对空载电动势和定子电源的影响

(a) 对空载电动势的影响；(b) 对定子电流的影响

以上是短路点距电源的电气距离较近，强行励磁装置动作后励磁电压达到极限值时对短路电流的影响。如果短路点距电源点较远，强行励磁装置动作后一段时间机端电压就恢复到额定值。当机端电压一旦恢复到额定值，该装置中的低电压继电器就会返回，由自动调节励磁装置将机端电压维持为额定值不变。此后，励磁电流、空载电动势、定子电流将不再按式（7-117）~式（7-119）的规律增大。

## ? 思考题与习题 ✐

7-1 电力系统短路故障（简单短路）的分类、危害以及短路计算的目的是什么？

7-2 定子绕组在 abc 坐标系下，同步发电机的基本方程（电压、磁链方程）具有怎样的特点？

7-3 为什么磁链方程中与定子有关的自感系数、互感系数随时间非线性变化？

7-4 为什么要进行派克变换？简述派克变换的物理含义？如何进行派克变换？派克方程具有怎样的特点？

7-5 写出同步发电机稳态模型的参数，并绘制等值电路。

7-6 简述暂态电动势 $E_q'$、暂态电抗 $X_d'$ 的物理含义，暂态电动势 $E_q'$ 的特点，并说明为什么没有定义 $E_d'$ 和 $X_q'$？

7-7 简述有阻尼绕组同步发电机次暂态模型的参数 $E_q''$、$X_d''$、$E_d''$、$X_q''$ 的物理含义，并绘制等值电路。

7-8 试比较同步发电机各电动势（$E_Q$、$E_q$、$E_q'$、$E_q''$、$E_d''$）、各电抗（$X_d$、$X_q$、$X_d'$、$X_d''$、$X_q''$）的大小。

7-9 无阻尼绕组同步发电机机端突然三相短路时定子、转子、等效绕组（dd、qq）中会出现哪些自由分量的电流？分别以什么时间常数衰减？（分析各自由分量 $0_-$、$0_+$、$\infty$ 三个时刻的数值。）

7-10 有阻尼绕组同步发电机机端突然三相短路时定子、转子、阻尼绕组（DD、QQ）中会出现哪些自由分量的电流？分别以什么时间常数衰减？（分析各自由分量 $0_-$、$0_+$、$\infty$ 三个时刻的数值。）

7-11 强行励磁对同步发电机电磁暂态过程有怎样影响？

7-12 设同步发电机的定子 A、B、C 三相电压为 $u_A = U_m \sin(\omega_N t + \theta_0)$，$u_B = U_m \sin(\omega_N t + \theta_0 - 120°)$，$u_C = U_m \sin(\omega_N t + \theta_0 + 120°)$，试分别计算它们经派克变换后的 $u_d$、$u_q$、$u_0$。

7-13 同步发电机参数 $X_d = 1.2$，$X_q = 0.8$，$X_d' = 0.35$，$X_d'' = 0.2$，$X_q'' = 0.25$，在额定运行时 $U = 1$，$I = 1$，$\cos\varphi = 0.9$。试计算在额定运行时的同步发电机的 $E_Q$、$E_q$、$E_q'$、$E'$、$E_q''$、$E_d''$、$E''$，并绘制出该同步发电机在额定运行状态下的相量图。

7-14 同步发电机参数 $X_d = 1.2$，$X_q = 0.8$，$X_d' = 0.35$，$X_d'' = 0.2$，$X_q'' = 0.25$，变压器

参数 $X_T=0.15$，变压器高压侧的运行参数为 $U=1$，$I=1$，$\cos\varphi=0.8$（见图 7-32）。试计算此时同步发电机的 $E_Q$、$E_q$、$E'_q$、$E'$、$E''_q$、$E''_d$、$E''$，并绘制出该发电机变压器组在此运行条件下的稳态等值电路、暂态等值电路、次暂态等值电路。

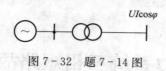

图 7-32　题 7-14 图

7-15　图 7-33 所示系统中，发电机参数 $X_d=1.2$，$X_q=0.8$，$X'_d=0.35$，$X''_d=0.2$，$X''_q=0.25$，变压器参数 $X_T=0.15$，运行状态为发电机端 $U=1$，$I=1$，$\cos\varphi=0.9$。试求：

（1）当变压器高压侧三相短路时，流过发电机定子绕组的次暂态电流 $I''$、暂态电流 $I'$、稳态电流 $I_\infty$；

（2）当发电机端三相短路时，流过发电机定子绕组的次暂态电流 $I''$、暂态电流 $I'$、稳态电流 $I_\infty$；

（3）若发电机机端三相短路前是空载，则次暂态电流 $I''$、暂态电流 $I'$、稳态电流 $I_\infty$ 是多少？

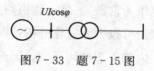

图 7-33　题 7-15 图

7-16　图 7-34 所示系统中，发电机参数 $P_N=60\mathrm{MW}$，$\cos\varphi_N=0.85$，$X_d=1.2$，$X_q=0.8$，$X'_d=0.35$，$X''_d=0.2$，$X''_q=0.25$，变压器参数 $X_T=0.15$（已统一到发电机基准值），运行状态为发电机端 $U=1$，发电机输出功率 $P=60\mathrm{MW}$，$Q=35\mathrm{Mvar}$。试求：

（1）当变压器高压三相短路时，流过发电机定子绕组的次暂态电流、暂态电流、稳态电流；

（2）求当发电机端三相短路时，流过发电机定子绕组的次暂态电流、暂态电流、稳态电流。

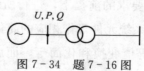

图 7-34　题 7-16 图

7-17　某有阻尼绕组同步发电机，已知 $P_N=60\mathrm{MW}$，$\cos\varphi=0.85$，$U_N=10.5\mathrm{kV}$，$X_d=1.6$，$X_q=1.6$，$X'_d=0.246$，$X''_d=0.146$，$X''_q=0.21$，$T'_{d0}=0.62\mathrm{s}$，$T''_{q0}=1.64\mathrm{s}$。发电机在额定电压下运行，带负荷 $50+\mathrm{j}30\mathrm{MVA}$，机端发生三相短路，试求：

（1）$E_q$、$E'_q$、$E''_q$、$E''_d$、$E''$ 短路前瞬时值和短路瞬时值；

（2）次暂态电流、非周期分量电流的最大初始值，倍频分量电流的初始有效值；

（3）经外接电抗 $X_e=0.5\Omega$ 后重做（2）。

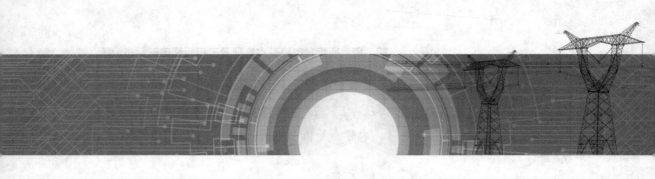

# 第8章 电力系统三相短路故障实用计算

## 第8.1节 内容概述与框架

### 8.1.1 内容概述

本章主要介绍电力系统发生三相短路故障后的实用计算。

首先介绍无限大容量电源供电系统三相短路故障的计算。无限大容量电源在实际电力系统中是不存在的，往往把电源内阻小于短路回路总阻抗10％的电源近似地看作是无限大容量电源（近似于内阻抗为零，端电压为常数）。就三相短路故障计算而言，这样计算的结果，短路电流值偏大。但是，这样的假设可以大大简化分析，因为对于内阻抗为零的发电机，定子电流的任意增大都不会在发电机内部引起任何反应，因此定子电流的周期分量便没有暂态和次暂态分量；也就是说，在整个暂态过程中，周期分量的幅值是不变的。冲击电流是指短路电流的最大瞬时值，它是由周期分量和非周期分量在某一时刻叠加的结果。在什么样的情况下短路，在什么时刻会出现短路电流的最大瞬时值，都是本章所关注的。

对于有限容量电源供电的电力系统三相短路的电磁暂态过程的计算，无论是建立它的数学模型还是从它的计算工作量来看，都是难以实现精确计算（电源多、网络结构复杂）。实际电力系统都是在一定假设和简化下采用计算机算法进行分析和计算，早期计算机技术尚未使用之前，一般是在保证工程精度要求的前提下，进行所谓"实用计算"。实用计算（通常说的"手算"）就是对发电机以及系统元件等作相应的简化，确定发电机次暂态模型、负荷（异步电动机等）的处理、网络的等值变换和化简等，而后根据电路的基本关系进行计算。它主要有两个内容：一个是起始次暂态电流 $I''$（即 $t=0$ 时短路电流周期性分量的有效值）和冲击电流 $i_{\mathrm{imp}}$（短路电流最大瞬时值）的计算；还有就是应用运算曲线法来计算短路电流的周期分量在某一时刻的数值（$I_t$）。

$t$ 时刻短路电流周期分量的有效值（$I_t$）是按照运算曲线来进行计算。首先应根据短路点在系统中的位置判断系统中的发电机应如何合并或个别处理，再经网络变换及化简，求出各等值电源到短路点的转移电抗（$X_{ik}$），然后求归算到各电源额定容量基准值的计算电抗（$X_{jk}$）。这样，根据各支路的计算电抗就可以查有关的运算曲线，得到所需的短路电流的标幺值。各支路短路电流的标幺值必须分别换算成有名值后才能相加，从而求得故障点总的短路电流。

本章介绍的主要是"手算"方法，通过学习使学生更好地理解物理概念和一般的电路推算方法。

## 8.1.2　内容框架（见图 8 - 1）

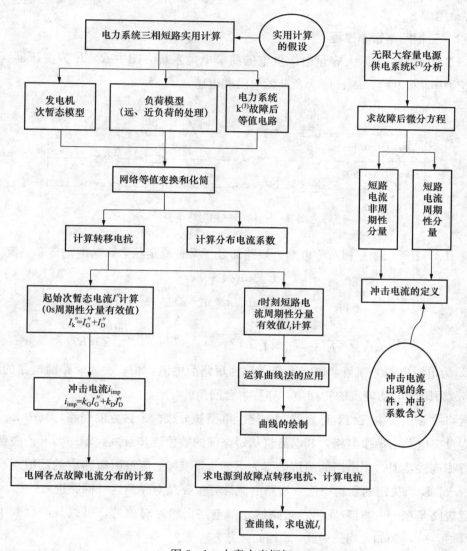

图 8 - 1　本章内容框架

# 第 8.2 节　无限大容量电源供电系统的三相短路

所谓无限大容量电源，是一种假设的理想情况，它的数学描述为 $\dot{E}_{in}=1$（标幺值），$Z_{in}=0$，也就是通常说的恒定电动势源。实际上，无论电力系统多大，它的电源容量总是有一个确定的值，其内阻抗也不可能为零。外部发生短路时，外接阻抗减小，电源电压幅值将会降低；又由于系统平衡状态被破坏，因此发电机转速改变，即电源频率改变。不过当短路发生在离电源很远的支路上时，外阻抗相对于电源内阻抗大得多，系统功率又比电源总容量小很多，这样电源电压的幅值和频率不会发生明显的变化。因此，常将这样的电源近似认为无限大容量电源。

### 8.2.1 三相短路暂态过程

图 8-2 所示为一无限大容量电源供电的简单电力系统。图中 $R$、$L$ 为变压器、线路等元件的等值电阻和电感，$R'$、$L'$ 为负荷的电阻和电感。

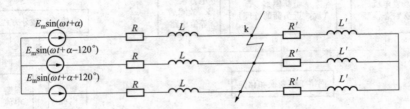

图 8-2 简单三相对称电路

假设图 8-2 所示的三相对称电路，短路前处于某种稳定状态，其电动势和电流为

$$\left.\begin{array}{l} e_a = E_m \sin(\omega t + \alpha) \\ i_a = I_m \sin(\omega t + \alpha - \varphi) \end{array}\right\} \tag{8-1}$$

其中

$$I_m = \frac{E_m}{\sqrt{(R+R')^2 + \omega^2 (L+L')^2}}, \qquad \varphi = \tan^{-1}\frac{\omega(L+L')}{R+R'}$$

式中：$E_m$ 为电源电动势幅值，恒定不变；$I_m$ 为短路前电流幅值；$\varphi$ 为短路前电路的阻抗角；$\alpha$ 为短路故障瞬间电动势 $e_a$ 的初相角，亦称为合闸角。

当电路中 k 点发生三相对称短路时，这个电路被分成两个独立的回路，其中 k 点右侧的回路变为没有电源的短接电路，其电流将从短路前的数值逐步衰减到零；而 k 点左侧的回路仍与电源相连接，但每相电路的阻抗已变为 $R+j\omega L$，其电流将由短路前的数值逐渐变化到由阻抗 $R+j\omega L$ 所决定的新稳态值。短路电流计算主要是对左侧这一回路进行的。

假定短路是在 $t=0$ 时刻发生，短路后左侧电路仍然是对称的，可以只研究其中的一相（三相对称短路），例如 a 相。为此，a 相的微分方程式为

$$Ri_a + L\frac{di_a}{dt} = E_m \sin(\omega t + \alpha) \tag{8-2}$$

解得 a 相的短路电流为

$$i_a = I_{mk}\sin(\omega t + \alpha - \varphi_k) + Ce^{-t/T_a} \tag{8-3}$$

其中

$$I_{mk} = \frac{E_m}{\sqrt{R^2 + (\omega L)^2}}, \qquad \varphi = \tan^{-1}\frac{\omega L}{R}, T_a = \frac{L}{R}$$

式中：$I_{mk}$ 为短路电流周期分量的幅值；$\varphi_k$ 为短路回路的阻抗角；$C$ 为由初始条件确定的积

分常数；$T_a$ 为非周期分量电流衰减时间常数。

由式（8-3）可见，与恒定电动势源相连电路的短路电流，在暂态过程中包含两个分量，即周期分量和非周期分量。前者属于强制电流，也是这个回路的稳态电流，其值取决于电源电动势和短路回路阻抗，它的幅值在暂态过程中不变。后者属于自由分量电流，是为保持感性电路中的磁链和电流不突变（磁链守恒）而出现的，它在暂态过程中以时间常数 $T_a$ 按指数规律衰减，最后衰减为零。

式（8-3）中的积分常数 $C$ 就是非周期分量电流的最大初始值，下面介绍该值的确定方法。

在 $t=0$ 时发生短路，由式（8-1）可得 $i_{a|0|}$ 为（即 $0_-$ 时刻的值）

$$i_{a|0|} = I_m \sin(\alpha - \varphi)$$

又由式（8-3）可得 $i_{a0}$ 为（即 $0_+$ 时刻的值）

$$i_{a0} = I_{mk} \sin(\alpha - \varphi_k) + C$$

根据电感中电流不能突变的原理（磁链守恒），短路前瞬间 a 相电流 $i_{a|0|}$ 应等于短路发生后瞬间的电流 $i_{a0}$，即 $i_{a|0|} = i_{a0}$，由此可得

$$C = I_m \sin(\alpha - \varphi) - I_{mk} \sin(\alpha - \varphi_k) \tag{8-4}$$

将式（8-4）代入式（8-3），即可得发生故障后的电流为

$$i_a = I_{mk} \sin(\omega t + \alpha - \varphi) + [I_m \sin(\alpha - \varphi) - I_{mk} \sin(\alpha - \varphi_k)] e^{-t/T_a} \tag{8-5}$$

由于是三相对称电路，用 $\alpha - 120°$、$\alpha + 120°$ 去代替式（8-5）中的 $\alpha$ 值，就可以分别得到 b 相和 c 相的短路电流的表达式。现将三相短路电流表达式综合写出如下

$$\left. \begin{aligned}
i_a &= I_{mk} \sin(\omega t + \alpha - \varphi) + [I_{m|0|} \sin(\alpha - \varphi_{|0|}) - I_{mk} \sin(\alpha - \varphi)] e^{-t/T_a} \\
i_b &= I_{mk} \sin(\omega t + \alpha - 120° - \varphi) + [I_{m|0|} \sin(\alpha - 120° - \varphi_{|0|}) - I_{mk} \sin(\alpha - 120° - \varphi)] e^{-t/T_a} \\
i_c &= I_{mk} \sin(\omega t + \alpha + 120° - \varphi) + [I_{m|0|} \sin(\alpha + 120° - \varphi_{|0|}) - I_{mk} \sin(\alpha + 120° - \varphi)] e^{-t/T_a}
\end{aligned} \right\} \tag{8-6}$$

由式（8-6）可见，三相短路电流的稳态分量分别为三个幅值相等、相角差 120° 的周期分量电流，其幅值大小取决于电源电压的幅值和短路回路的总阻抗。从短路后的暂态过程可见，每相电流还包含着逐渐衰减到零的非周期分量电流。很明显，三相的非周期分量电流在任一时刻短路都不相等。

短路电流各分量之间的关系也可以用相量图 8-3 表示。图中旋转相量 $\dot{E}_m$、$\dot{I}_m$ 和 $\dot{I}_{mk}$ 在静止的时间轴 $t$ 上的投影分别代表电源电动势、短路前电流和短路后周期电流的瞬时值，图中所示的是故障发生瞬间 $t=0$ 时（$0_+$ 时刻）的情况。此时，短路前电流瞬时值 $i_{a|0|}$ 即为

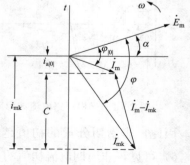

图 8-3　简单三相电路短路时相量图

相量 $\dot{I}_{\mathrm{m}}$（大小为 $I_{\mathrm{m}|0|}$）在时间轴的投影；而短路后的周期电流瞬时值 $i_{\mathrm{ap0}}$ 即为相量 $\dot{I}_{\mathrm{mk}}$ 在时间轴的投影。为了保持电感性电路在短路瞬间总电流不发生突变，电路中必须产生一个非周期自由电流，它的初始值为 $C$，即为 $i_{\mathrm{a}|0|}$ 和 $i_{\mathrm{ap0}}$ 之差。在相量图中，即 $\dot{I}_{\mathrm{m}}-\dot{I}_{\mathrm{mk}}$ 在时间轴上的投影。

由此可见，非周期电流初值 $C$ 的大小与短路发生的时刻有关，亦即与短路发生时电源电动势的初始相角（或合闸角）$\alpha$ 有关。当 $\dot{I}_{\mathrm{m}}-\dot{I}_{\mathrm{mk}}$ 相量与时间轴平行时，$C$ 最大。而当 $\dot{I}_{\mathrm{m}}-\dot{I}_{\mathrm{mk}}$ 相量与时间轴垂直时，$C$ 最小（等于 0），即自由分量不存在；也就是说在短路发生瞬间，短路前电流的瞬时值刚好等于短路后强制电流的瞬时值，电路从一种稳态直接进入另一种稳态，而不经历过渡过程。

三相短路时，只有短路电流的周期分量才是对称的，而各相短路电流的非周期分量并不相等。可见，非周期分量有最大初始值或零的情况只可能在一相出现。通常所说三相对称短路的"对称"是指周期性分量，也就是考虑到非周期分量衰减完后的情况。

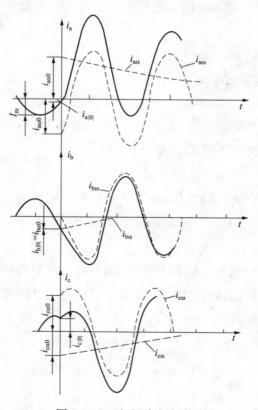

图 8-4 三相短路电流波形图

### 8.2.2 三相短路冲击电流

图 8-4 示出了三相短路电流变化的情况（在初相角为 $\alpha$ 时）。图中，$i_{\mathrm{a}|0|}$、$i_{\mathrm{b}|0|}$、$i_{\mathrm{c}|0|}$ 分别为 a、b、c 相短路前瞬间的电流；$i_{\mathrm{a\alpha0}}$、$i_{\mathrm{b\alpha0}}$、$i_{\mathrm{c\alpha0}}$ 分别为 a、b、c 相短路电流的非周期分量初值；$i_{\mathrm{a\omega0}}$、$i_{\mathrm{b\omega0}}$、$i_{\mathrm{c\omega0}}$ 分别为 a、b、c 三相短路电流周期分量初值。

由图可见，由于有了非周期分量，短路电流曲线将不以时间轴对称，而非周期分量曲线本身就是短路电流的对称轴，因此短路后将出现比短路电流周期分量还大的短路电流最大瞬时值。短路电流在电气设备中产生的机械应力与其平方成正比。为了校验电气设备的动稳定度，必须计算这个短路电流的最大瞬时值。通常把短路电流最大瞬时值称为短路冲击电流，用 $i_{\mathrm{imp}}$ 表示。

在电源电压幅值和短路回路阻抗恒定的情况下，短路电流周期分量的幅值是一定的，而短路电流非周期分量则是按指数规律单调衰减的直流。因此，非周期分量的初值越大，暂态过程中短路电流的最大瞬时值也就越大。由式（8-6）可见，非周期电流初值的大小不仅与短路前（$I_{\mathrm{m}}$）和短路后的电路情况（即故障点位置）有关，还同短路发生的时刻（即合闸角 $\alpha$）有关。

一般电力系统中，短路前后的电流都是滞后的，而且短路后，由于回路中 $\omega L \gg R$，故阻抗角 $\varphi \approx 90°$。根据式（8-4）的分析可见，当短路前电路空载（即 $I_{m|0|}=0$）、短路瞬间电压的初相角等于 0 时（即合闸角 $\alpha=0°$），短路瞬间非周期分量的初始值 $C=I_{mk}$ 将达到最大值。也就是说冲击电流最大值出现的条件是：①短路前电路处于空载状态（$I_{m|0|}=0$）；②短路瞬间电压的初相角等于 0（即合闸角 $\alpha=0°$）。

非周期分量有最大值的情况在每次短路时，只可能在其中一相出现。按非周期分量为最大值的条件，设置 $I_{m|0|}=0$，$\alpha=0°$，$\varphi \approx 90°$，则由式（8-5）可得

$$i_a = I_{mk}\sin(\omega t - 90°) + I_{mk}e^{-t/T_a} = -I_{mk}\cos\omega t + I_{mk}e^{-t/T_a} \tag{8-7}$$

电流的波形图示于图 8-5。从图中可见，短路电流的最大值，即短路冲击电流，将在短路发生后经半个周期（当 $f=50\text{Hz}$ 时，此时间约为 0.01s）时出现。由此可得冲击电流计算式为

$$i_{imp} = I_{mk} + I_{mk}e^{-0.01/T_a} = \tag{8-8}$$
$$I_{mk}(1+e^{-0.01/T_a}) = K_{imp}I_{mk}$$

其中：$K_{imp}$ 为冲击系数，即冲击电流对于周期电流幅值的倍数。

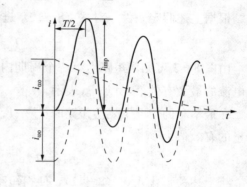

图 8-5　非周期分量最大的短路电流波形

由式（8-8）可知，冲击系数与 $T_a$ 有关，也就是与每回路中电感和电阻的大小有关。回路中只有电阻时，$L=0$，$T_a=0$，$K_{imp}=1$；回路中只有电感 $L$ 时，$R=0$，$T_a=\infty$，$K_{imp}=2$。因此，$K_{imp}$ 的范围为

$$1 \leqslant K_{imp} \leqslant 2 \tag{8-9}$$

在实用计算中，当短路发生在发电机端时，$K_{imp}$ 一般为 1.8～1.9。直接由大容量发电机（12MW 以上）供电的母线发生短路时，取 $K_{imp}=1.9$。当短路发生在其他地点时取 $T_a=0.05s$，则 $K_{imp}=1.8$。

冲击电流主要用于校验电气设备和载流导体的动稳定。

很多短路电流的计算方法，例如以后将要学到的短路电流实用计算法、运算曲线法以及利用计算机计算短路电流，计算的结果都是短路电流的周期分量，如果需要的是冲击电流值（例如为校验电气设备的动稳定），就需要再乘以冲击系数 $K_{imp}$。

### 8.2.3　短路全电流最大有效值

在短路暂态过程中，任一时刻 $t$ 的短路电流有效值 $I_t$，是指以时刻 $t$ 为中心的一个周期内瞬时电流的均方根值，即

$$I_t = \sqrt{\frac{1}{T}\int_{t-\frac{T}{2}}^{t+\frac{T}{2}} i_t^2 \, dt} = \sqrt{\frac{1}{T}\int_{t-\frac{T}{2}}^{t+\frac{T}{2}} (i_{\omega t} + i_{at})^2 \, dt} \tag{8-10}$$

式中：$i_t$、$i_{\omega t}$、$i_{at}$ 分别为 $t$ 时刻短路电流、短路电流的周期分量与非周期分量的瞬时值。

非周期分量电流是随时间衰减的。在实际的电力系统中，短路电流周期分量的幅值只有在无限大容量电源供电时才是恒定的，在一般情况下也是衰减的（在第 7 章已介绍）。因此，按式（8-10）进行计算是相当复杂的。为了简化计算，通常假定非周期分量电流在以时间 $t$ 为中心的一个周期内恒定不变，因而它在时间 $t$ 的有效值就等于它的瞬时值，即

$$I_{\alpha t} = i_{\alpha t}$$

对于周期分量电流，也认为它在所计算的周期内幅值是恒定的，其数值等于周期分量电流包络线所确定的 $t$ 时刻的幅值。因此，$t$ 时刻的周期电流有效值应为

$$I_{\omega t} = I_{\omega m t} / \sqrt{2}$$

根据上述假定条件，对式（8-10）进一步推演可得

$$I_t = \sqrt{i_{\omega t}^2 + i_{\alpha t}^2} \tag{8-11}$$

由图 8-5 可见，短路后第一个周期内短路电流的有效值最大，这一有效值称之为短路全电流的最大有效值，以 $I_{\max}$ 表示。

在最不利的情况下发生短路时 $I_{\alpha 0} = I_m$，而第一个周期的中心为 $t = 0.01\text{s}$，这时非周期分量的有效值为

$$I_\alpha = I_m e^{-0.01/T_a} = (K_{\text{imp}} - 1) I_m$$

将上述关系代入式（8-11），便得短路电流最大有效值 $I_{\max}$ 的计算公式为

$$I_{\max} = \sqrt{\frac{I_m^2}{2} + \left[(K_{\text{imp}} - 1) I_m\right]^2} = \frac{I_m}{\sqrt{2}} \sqrt{1 + 2(K_{\text{imp}} - 1)^2} \tag{8-12}$$

当 $K_{\text{imp}} = 1.8$ 时，$I_{\max} = 1.52 I_m / \sqrt{2}$；当 $K_{\text{imp}} = 1.9$ 时，$I_{\max} = 1.62 I_m / \sqrt{2}$。

若在式（8-9）所示的 $K_{\text{imp}}$ 范围内，短路电流的最大有效值与短路电流周期分量有效值之比 $\dfrac{I_{\max}}{I_m / \sqrt{2}}$ 的范围为

$$1 \leqslant \frac{I_{\max}}{I_m / \sqrt{2}} \leqslant \sqrt{3}$$

短路电流的最大有效值常用于校验某些电气设备的断流能力或耐压强度。

以上介绍的是无限大容量电源供电的电力系统三相短路分析，其目的主要是介绍起始次暂态电流、冲击电流、短路电流非周期分量、短路电流的有效值等基本概念。

### 8.2.4  短路容量（短路功率）

有些情况下需要用到短路容量的概念。短路容量等于短路电流有效值与短路处的正常工作电压（一般用平均额定电压）的乘积，即

$$S_k = \sqrt{3} U_{\text{av}} I_k \tag{8-13}$$

用标幺值表示时

$$S_{k*} = \frac{\sqrt{3} U_{\text{av}} I_k}{\sqrt{3} U_n I_n} = \frac{I_k}{I_n} = I_{k*} \tag{8-14}$$

短路容量主要用来校验开关的切断能力。将短路容量定义为短路电流和工作电压的乘积，是因为开关不仅要能切断短路电流，而且在断流时其触头应能经受工作电压的作用。在短路实用计算中，常只用周期分量电流的初始有效值来计算短路容量。

**注意：** 短路容量是一个实用参数，因它是故障后电流与故障前电压的乘积，并不具有物理含义。

从上述分析可见，为了确定冲击电流、短路电流非周期分量、短路电流的有效值以及短路容量等，都必须计算短路电流周期分量。实际上，大多数情况下短路计算的任务也只是计算短路电流周期分量。对于有限容量电源供电的电力系统，短路电流周期分量的计算只是一个求解稳态正弦交流电路的问题。具体的计算方法将在后面介绍。

# 第 8.3 节　电力系统三相短路电流的实用计算

现代电力系统包含有众多的火力发电厂、水力发电厂、核电站、大型枢纽变电站以及各种类型的负荷。每个电厂又有若干台同步发电机组并列运行，而每台发电机均装有自动励磁调节装置。当系统的负荷变化时，会引起系统电压的波动，如果电压的变化超过了预先整定的电压值时，发电机的励磁调节装置便会动作，调节发电机转子励磁电流的大小，来维持系统电压稳定运行。当电力系统某处发生短路或断线故障时，整个电力系统的正常稳态运行就会遭到干扰和破坏，系统的电压、电流和电机的磁通、转速等参数将会发生大幅度的变化，系统由稳态运行状态过渡到一个新的运行状态。

由第 7 章的分析可知，一台同步发电机机端突然三相短路时暂态过程的分析计算已颇为困难，而要对一个庞大的电力系统某处三相短路的电磁暂态过程进行精确计算，无论是建立它的数学模型还是从它的计算工作量来看，都是难以实现的。所以在保证工程计算一定精度的前提下，对发电机及系统元件等作相应的简化和假设，是很有必要的。

电力系统短路故障分析计算时的基本假设：

（1）不计发电机之间的摇摆现象。由故障引起的电磁暂态过程要比引起发电机摇摆的机电暂态过程快得多，前者约零点几秒，后者可长达几秒。当发电机之间摇摆时，发电机电动势相角增大，导致发电机之间支路的电流增加，而短路支路的电流却减少。在简化的实用计算中，认为所有发电机的电动势均同相，这样对于短路支路来说，所计算得到的短路电流的数值是偏大的。

（2）负荷用恒定阻抗表示。在电力系统各种类型的负荷中，异步电动机占了很大比重，因此可以认为异步电动机的特性就近似地代表了电力系统负荷的特性。异步电动机的等值阻抗随转速而变化。为简化计算起见，通常用恒阻抗来表示。在短路开始瞬间离短路点较近的异步电动机的机端电压下降得较多，只有当可能使异步电动机变成为一个能提供短路电流的电源时，才需要对异步电动机另作处理。

（3）不计发电机、变压器等元件的磁路饱和现象。在简化计算中，认为系统中各元件的参数都是线性的，是一个恒定的数值，因此系统的分析计算可以采用叠加原理。

（4）不计倍频分量。短路电流中的倍频分量略去不计，非周期分量仅作近似的计算。

（5）各发电机短路电流变化规律一致。有多台同步发电机的电力系统中，短路电流周期分量的变化规律，看作是与一台同步发电机短路电流周期分量的变化规律相同。

（6）对称三相系统。除不对称故障处出现局部的不对称之外，实际的电力系统通常都可当作是对称的。

（7）忽略高压输电线的电阻和电容，忽略变压器的电阻和励磁电流（三相三柱式变压器的零序等值电路除外）。这就是说，发电、输电、变电和用电的元件均用电抗表示，即采用第 2 章第 2.5 节介绍的近似计算的电力系统等值电路。这时若考虑所有发电机电动势都同相位，就可以避免复数运算。

（8）不计过渡电阻的影响，即认为过渡电阻等于零。当系统发生短路故障时，通常在故障相之间或故障相与地之间存在着电弧电阻或接触电阻等，将它们通称为过渡电阻。略去过渡电阻的短路故障，称作金属性短路故障。在实用计算中，通常认为故障是属于金属性短路故障。

电力系统三相短路故障的简化计算有两种手段。一种是实用计算，俗称"手算"。手算计算内容分为两个方面，一方面是计算短路瞬间（$t=0$）短路电流周期分量的有效值，一般称为起始次暂态电流（$I''$）以及冲击电流（$i_{imp}$）；另一方面是考虑周期分量衰减时，在三相短路的暂态过程中不同时刻短路电流周期分量有效值的计算。前者主要用于校验断路器的开断容量和继电保护的整定计算，还用于设备动稳定的校验；后者用于电气设备的热稳定的校验。另一种为计算机计算，通过建立数学模型，寻找解算方法，编写程序，借助计算机快速准确的计算功能，求得所需的故障电流。

本教材主要介绍电力系统三相短路故障的实用计算方法。先介绍起始次暂态电流（$I''$）和冲击电流（$i_{imp}$）的计算。

### 8.3.1 起始次暂态电流（$I''$）的计算

起始次暂态电流是指电力系统发生三相短路瞬间（$t=0$），短路电流周期分量的有效值，用 $I''$ 表示。计算起始次暂态电流，通常按照如下步骤进行。

1. 确定系统各元件的次暂态参数

（1）同步发电机。在突然短路瞬间，同步发电机的次暂态电动势保持着短路前瞬间的数值（$E_0''=E_{|0|}''$）。根据图 8-6 所示简化相量图，取同步发电机在短路前瞬间的端电压为 $U_{|0|}$，电流为 $I_{|0|}$ 和功率因数角 $\varphi_{|0|}$，利用下式即可计算出次暂态电动势

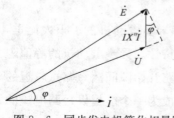

图 8-6 同步发电机简化相量图

$$\dot{E}_0''=\dot{E}_{|0|}''=\dot{U}_{|0|}+jX''\dot{I}_{|0|} \tag{8-15}$$

式（8-15）可以近似地用标量的形式表示为

$$E_0'' = E_{|0|}'' \approx U_{|0|} + X'' I_{|0|} \sin\varphi_{|0|} \tag{8-16}$$

在实用计算中，汽轮发电机和有阻尼绕组的凸极发电机，次暂态电抗可以取为 $X'' \approx X_d''$。假定发电机在短路前额定满载运行，$U_{|0|} = 1$，$I_{|0|} = 1$，$\sin\varphi_{|0|} = 0.53$，$X'' = 0.13 \sim 0.20$，则有

$$E_0'' \approx 1 + (0.13 \sim 0.20) \times 1 \times 0.53 = 1.07 \sim 1.11$$

如果在实用计算中不能确定同步发电机短路前的运行参数，则可以近似地取 $E_0'' \approx 1.08$。不计负载影响时，常取 $E_0'' \approx 1$。

（2）异步电动机。电力系统的负荷中包含有大量的异步电动机。在正常运行情况下，异步电动机的转差率很小（$s = 2\% \sim 5\%$），可以近似地认为是同步速运行。根据短路瞬间转子绕组磁链守恒的原则，异步电动机也可以用与转子绕组的总磁链成正比的次暂态电动势以及相应的次暂态电抗来代表。异步电动机次暂态电抗在额定基准下的标幺值计算式为

$$X'' = 1/I_{st} \tag{8-17}$$

其中，$I_{st}$ 是异步电机起动电流的标幺值（以额定电流为基准），一般为 $4 \sim 7$，因此可近似地取 $X'' = 0.2$。

图 8-7 示出异步电动机的次暂态参数简化相量图。由图可计算它的次暂态电动势为

$$\dot{E}_0'' = \dot{E}_{|0|}'' = \dot{U}_{|0|} - jX'' \dot{I}_{|0|} \tag{8-18}$$

式（8-18）可以近似地用标量形式表示为

$$E_0'' = E_{|0|}'' \approx U_{|0|} - X'' I_{|0|} \sin\varphi_{|0|} \tag{8-19}$$

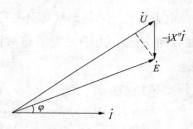

图 8-7　异步电动机次
暂态参数简化相量图

式中：$U_{|0|}$、$I_{|0|}$、$\varphi_{|0|}$ 分别为短路前异步电动机端的电压、电流以及电压和电流间的相角差。

在正常运行时，异步电动机的次暂态电动势低于它的端电压，而当发生短路故障后，系统电压普遍降低。若在短路点附近的大容量电动机的端电压（俗称残压），低于次暂态电动势，电动机就会作为电源向系统提供较大的短路电流。由于异步电动机的次暂态电动势在短路故障后很快就衰减为零，因此只有在计算起始次暂态电流（$I''$）并且机端残压小于按式（8-19）计算的电动势时，才将其作为电源对待，向短路点提供短路电流，否则均作为综合负荷考虑。

在实用计算中，若将短路点附近的大型异步电动机作为电源对待，而又不能确定其短路前的运行参数时，则可以近似地取 $E_0'' = 0.9$，$X'' = 0.2$（均以电动机额定容量为基准）。

（3）综合负荷。由于配电网络中电动机的数目很多，要查明它们在短路前的运行状态和故障后的机端残压是很困难的，加之电动机所提供的短路电流数值也不大。所以，在实用计算中，只对于短路点附近能显著地供给短路电流的大型异步电动机，才按式（8-17）和式

(8-19) 算出次暂态电抗和次暂态电动势（或取 $E_0''=0.9$，$X''=0.2$）。其他的电动机则仍看作是系统中负荷节点的综合负荷的一部分。综合负荷的参数须由该地区用户的典型成分及配电网典型线路的平均参数来确定。在短路瞬间，这个综合负荷也可以近似地用一个含次暂态电动势和次暂态电抗的等值支路来表示。以额定运行参数为基准，综合负荷的电动势和电抗的标幺值可取为 $E_0''=0.8$ 和 $X''=0.35$。

在电力系统三相短路故障的实用计算时，对于距离短路点较远（电气距离较大）的负荷，为简化计算，有时也只用一个电抗 $X''=1.2$ 来表示。对于远离短路点（电气距离很大）的负荷，进一步的简化计算，甚至可以略去不计（相当于负荷支路断开）。

（4）变压器、电抗器和线路的次暂态电抗。变压器、电抗器和线路属于静止元件，它们的次暂态电抗即等于稳态的正序电抗。按照第 2 章介绍的方法就可以计算得到。

### 2. 作电力系统故障后等值电路

电力系统三相短路故障的实用计算，通常是采用标幺制计算。等值电路中的参数一般采用近似计算方法（电压均用相应电压等级的平均额定电压计算）。

若选定全系统的基准值为 $S_B$（常取 $S_B=100\text{MVA}$）和 $U_B=U_{av}$，则应注意发电机和负荷（异步电动机）参数的换算，因为已知的标幺值参数通常是以其自身额定容量为基准的。

电力系统三相短路故障是一种对称故障，因此只要计算一相即可。作出的等值电路是一相的等值电路。由于三相短路故障时，故障点电压为零，因此等值电路中故障点相当于接地。

### 3. 网络变换及化简

由于实际电力系统的接线复杂，在三相短路的实际计算中，通常是将原始等值电路进行适当的网络变换及化简，以求得电源到短路点的转移电抗，而后再计算短路电流。以下介绍几种主要的网络等值变换、化简方法和转移电抗的基本概念。

（1）网络的等值变换。网络的等值变换是简化网络的一种基本的方法。等值变换的原则是网络未被变换部分的状态（指电压和电流分布）应保持不变。除了常用的阻抗支路的串联和并联以外，短路计算中用得最多的主要有星三角变换、电源合并、电动势源或短路点分裂。

1）星三角（Y/△）变换。根据《电工基础》的有关知识，Y 形接线［见图 8-8（a）］与△形接线［见图 8-8（b）］的等值变换关系如下

$$\left.\begin{array}{l} X_{12}=X_1+X_2+\dfrac{X_1 X_2}{X_3} \\[2mm] X_{23}=X_2+X_3+\dfrac{X_2 X_3}{X_1} \\[2mm] X_{31}=X_3+X_1+\dfrac{X_3 X_1}{X_2} \end{array}\right\} \qquad (8-20)$$

$$\left.\begin{array}{l} X_1 = \dfrac{X_{21}X_{31}}{X_{12}+X_{23}+X_{31}} \\[3mm] X_2 = \dfrac{X_{21}X_{23}}{X_{12}+X_{23}+X_{31}} \\[3mm] X_3 = \dfrac{X_{31}X_{23}}{X_{12}+X_{23}+X_{31}} \end{array}\right\} \qquad (8-21)$$

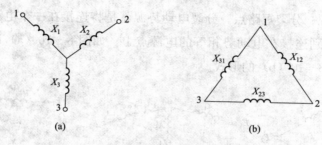

图 8-8　Y 形和△形接线

(a) Y 接电路；(b) △接电路

2) 电源的合并。多电源并列接在同一母线上时 [见图 8-9 (a)]，可以等值变换为图 8-9 (b) 所示的形式，其等值电动势和等值电抗按式 (8-22) 和式 (8-23) 计算。

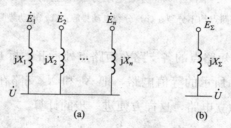

图 8-9　并联电源合并

(a) 接线图；(b) 等值电路

因为

$$\frac{\dot{E}_1-\dot{U}}{jX_1}+\frac{\dot{E}_2-\dot{U}}{jX_2}+\cdots+\frac{\dot{E}_n-\dot{U}}{jX_n}=\frac{\dot{E}_\Sigma-\dot{U}}{jX_\Sigma}$$

$$\frac{\dot{E}_1}{jX_1}+\frac{\dot{E}_2}{jX_2}+\cdots+\frac{\dot{E}_n}{jX_n}-\dot{U}\left(\frac{1}{jX_1}+\frac{1}{jX_2}+\cdots+\frac{1}{jX_n}\right)=\frac{\dot{E}_\Sigma-\dot{U}}{jX_\Sigma}$$

$$\frac{\dfrac{1}{\dfrac{1}{jX_1}+\dfrac{1}{jX_2}+\cdots+\dfrac{1}{jX_n}}\left(\dfrac{\dot{E}_1}{jX_1}+\dfrac{\dot{E}_2}{jX_2}+\cdots+\dfrac{\dot{E}_n}{jX_n}\right)-\dot{U}}{\dfrac{1}{\dfrac{1}{jX_1}+\dfrac{1}{jX_2}+\cdots+\dfrac{1}{jX_n}}}=\frac{\dot{E}_\Sigma-\dot{U}}{jX_\Sigma}$$

所以

$$\dot{E}_\Sigma = \mathrm{j}X_\Sigma \left( \frac{\dot{E}_1}{\mathrm{j}X_1} + \frac{\dot{E}_2}{\mathrm{j}X_2} + \cdots + \frac{\dot{E}_n}{\mathrm{j}X_n} \right) \tag{8$'$-22}$$

$$X_\Sigma = \frac{1}{\left( \dfrac{1}{X_1} + \dfrac{1}{X_2} + \cdots + \dfrac{1}{X_n} \right)} \tag{8-23}$$

3）分裂电动势源、分裂短路点。分裂电动势源就是将连接在一个电源点上的各支路拆开，分开后各支路分别连接在电动势相等的电源点上。如图 8-10（a）所示电路，将电源 $E_1$ 和 $E_2$ 分裂后为图 8-10（b）的形式。

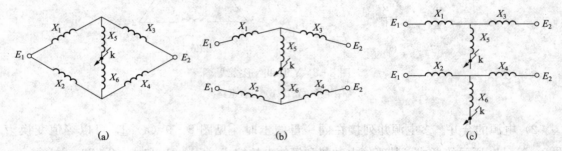

图 8-10　分裂电动势源和短路点

（a）电动势源和短路点均不分裂；（b）分裂电动势源；（c）电动势源和短路点均分裂

分裂短路点就是将接于短路点的各支路在短路点处拆开，拆开后的各支路仍带有原来的短路点。对于图 8-10（b）所示的等值电路，把 $X_5$ 和 $X_6$ 支路在短路点 k 处分开，便得到图 8-10（c）所示的两个独立电路，这样方便进一步的计算。

（2）转移电抗（$X_{ik}$）、电流分布系数（$C_i$）。

1）转移电抗（$X_{ik}$）。转移电抗是指网络中某一电源和短路点之间直接相连的电抗，也称为该电源到短路点之间的转移电抗（$X_{ik}$）。如图 8-11（a）所示，经过网络变换及化简后可得图 8-11（b）的形式，$x_{ik}$ 即为电源 $i$ 到短路点 k 的转移电抗。这样，总的短路电流即为各电源供给的短路电流之和。

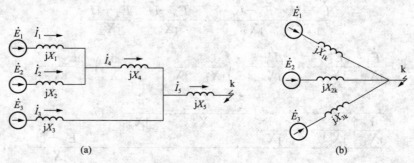

图 8-11　转移电抗求解示意图

（a）原网络；（b）化简后

如果网络中的电动势不止三个，而是有任意多个，电动势分别为 $\dot{E}_1$，$\dot{E}_2$，$\cdots$，$\dot{E}_n$，则短路电流的一般算式可以写成

$$\dot{I}_k = \frac{\dot{E}_1}{jx_{1k}} + \frac{\dot{E}_2}{jx_{2k}} + \cdots + \frac{\dot{E}_i}{jx_{ik}} + \cdots + \frac{\dot{E}_n}{jx_{nk}} \tag{8-24}$$

式中：$\dot{E}_i$ 为网络中某一电源的电动势；$x_{ik}$ 为网络中某一电源和短路点之间直接相连的电抗，称为某电源与短路点之间的转移电抗。

2）电流分布系数（$C_i$）。在电力系统三相电路实用计算中，总的短路电流算出后，常常还要计算某一支路的短路电流，网络中短路电流的分布常用电流分布系数（$C_i$）来表示。定义电流分布系数见式（8-25），它也表明电流分布系数（$C_i$）与转移电抗（$X_{ik}$）的关系，它们主要取决于网络的结构（接线形式）。

$$C_i = \frac{I_i}{I_k} = \frac{X_{k\Sigma}}{X_{ik}} \tag{8-25}$$

其中
$$X_{k\Sigma} = X_{1k} // X_{2k} // \cdots // X_{nk}$$

各支路短路电流之和等于总的短路电流，由式（8-26）可见，电流分布系数（$C_i$）虽为电流的比值，但其具有方向性，且符合节点电流规律。

$$\frac{X_{k\Sigma}}{X_{1k}} + \frac{X_{k\Sigma}}{X_{2k}} + \cdots + \frac{X_{k\Sigma}}{X_{nk}} = C_1 + C_2 + \cdots + C_n = 1 \tag{8-26}$$

式中：$C_1$，$C_2$，$\cdots$，$C_n$ 称电流分布系数，表示该支路电流占总短路电流的比值。显然，某一支路的短路电流应为

$$I_{ik} = C_i I_k = I_k \frac{X_{k\Sigma}}{X_{ik}} \qquad (i=1,2,\cdots,n) \tag{8-27}$$

3）用网络变换法计算转移电抗。如图 8-12（a）所示的等值电路，经多次 Y/△ 变换，即可求得电源 $E_1$、$E_2$ 到短路点的转移电抗 $X_{1k}$、$X_{2k}$。在变换过程中，凡两电源直接相连的

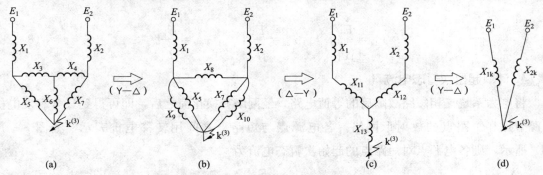

图 8-12　计算转移电抗时网络的简化

(a) 原电路；(b) $X_3$、$X_4$、$X_6$ 作 Y—△ 变换；(c) $X_9 // X_5$、$X_7 // X_{10}$、$X_8$ 作 △—Y 变换；

(d) $X_1 + X_{11}$、$X_2 + X_{12}$、$X_{13}$ 作 Y—△ 变换

电抗，因其不影响短路电流的大小故常常不画出。

4）用单位电流法计算转移电抗。在没有闭合回路的网络中，应用单位电流法求转移电抗较为简捷。那么什么是单位电流法呢？根据转移电抗的概念，$i$ 节点与 k 节点之间的转移电抗，是指仅在 $i$ 节点加电动势 $\dot{E}_i$ 的情况下，$\dot{E}_i$ 与在 k 支路中所产生的电流之比值。又由电路的互易定理可知，$i$ 节点与 k 节点之间的转移电抗也等于仅在 k 节点加电动势 $\dot{E}_k$ 的情况下，$\dot{E}_k$ 与在 $i$ 支路中所产生的电流之比值。因此，在计算 $i$ 节点与 k 节点之间的转移电抗时，从上述两种思路的任一思路出发进行计算都是可以的。

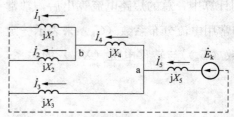

图 8-13　用单位电流法求转移电抗

以图 8-11（a）为例，当求各电源节点对短路节点的转移电抗时，便可以从图 8-13 的电路入手进行计算。图 8-13 是在图 8-11（a）中令各电源支路原有的电动势为零，即 $\dot{E}_1=\dot{E}_2=\dot{E}_3=0$，并仅在短路支路加电动势 $\dot{E}_k$ 的情况。具体计算时有两种方式：一种方式是，设 $\dot{E}_k$ 为某一已知值，计算各电源支路中的电流，求转移电抗；另一种方式是，设某一支路的电流为某一已知数值，为方便计算，通常取之为 1（单位电流），再推算其他支路中的电流以及短路支路应加的电动势 $\dot{E}_k$ 值，并进而求得转移电抗。这后一种求转移电抗的方式就称为单位电流法。以图 8-13 为例，设支路 $x_1$ 中流有单位电流，从图中可以得出

$$\dot{U}_b=\mathrm{j}\dot{I}_1 x_1=\mathrm{j}x_1, \qquad \dot{I}_2=\frac{\dot{U}_b}{\mathrm{j}x_2}=\frac{x_1}{x_2}, \qquad \dot{I}_4=\dot{I}_1+\dot{I}_2, \qquad \dot{U}_a=\dot{U}_b+\mathrm{j}\dot{I}_4 x_4$$

$$\dot{I}_3=\frac{\dot{U}_a}{\mathrm{j}x_3}, \qquad \dot{I}_k=\dot{I}_4+\dot{I}_3, \qquad \dot{E}_k=\dot{U}_a+\mathrm{j}\dot{I}_k x_5$$

已知 $\dot{I}_1$、$\dot{I}_2$ 和 $\dot{I}_3$，又已知了产生这些电流所需要的短路支路中的电动势 $\dot{E}_k$，根据转移电抗的定义，电源支路对短路点之间的转移电抗，便可很方便地按下式求出

$$x_{1k}=\frac{\dot{E}_k}{\mathrm{j}\dot{I}_1}, \qquad x_{2k}=\frac{\dot{E}_k}{\mathrm{j}\dot{I}_2}, \qquad x_{3k}=\frac{\dot{E}_k}{\mathrm{j}\dot{I}_3} \qquad (8-28)$$

**4. 计算起始次暂态电流（$I''$）**

将电力系统三相短路故障后的等值电路，经网络变换化简之后，即可得到只含有发电机电源节点和短路点的放射形网络。各电源点与短路点之间用转移电抗表示，如图 8-12（d）所示，则各电源点对短路点的起始次暂态电流为

$$I''_i=\frac{E''_i}{X_{ik}} \qquad (8-29)$$

式中：$E''_i$ 为电源节点 $i$ 的次暂态电动势（有时将上标"$''$"省略）；$X_{ik}$ 为次暂态参数表示的电源节点 $i$ 到短路点 k 的转移电抗。

总的起始次暂态电流（即短路电流）即为

$$I'' = I''_1 + I''_2 + \cdots + I''_n = \frac{E''_1}{X_{1k}} + \frac{E''_2}{X_{2k}} + \cdots + \frac{E''_n}{X_{nk}} \tag{8-30}$$

当然，在网络变换化简的过程中，有时也可将某些电源点按前述的方法用式（8-22）、式（8-23）加以合并，最后得到一个等效电源支路，如图 8-9（b）所示，则起始次暂态电流（即短路电流）可按式（8-31）计算

$$I'' = \frac{E''_\Sigma}{X_\Sigma} \tag{8-31}$$

如果还需要计算网络各节点电压和起始次暂态电流的分布，则需将求得的短路电流 $I''$ 按网络变换化简的步骤逐步还原回去并加以计算。

由于短路计算通常采用的是标幺值，因此求得的短路电流（或电压）为标幺值。最后还必须将其乘以各级的基准值，从而计算出实际的短路电流有名值（或电压有名值）。

### 8.3.2　冲击电流（$i_{imp}$）的计算

三相短路电流的最大瞬时值即称为冲击电流 $i_{imp}$。在先前无限大容量电源供电系统三相短路时，介绍了冲击电流出现的条件和大约的时刻。而对于有限容量电源供电系统来说，提供的冲击电流数值一般总是略小于式（8-8）的计算结果。在实用计算时，同步发电机（电源）提供的冲击电流仍然按式（8-8）计算。

当短路点附近有大容量的异步电动机时，由前述的分析可知，在一定条件下（残压小于次暂态电动势），它也将有反馈电流流向短路点（此时电动机也相当于是电源）。由于异步电动机的电阻较大，由异步电动机供给的电流周期分量和非周期分量都将迅速衰减，如图 8-14 所示。而且两个分量衰减的时间常数很接近，其数值约为百分之几秒。

综合上述各种因素，在实用计算中，冲击电流计算式为

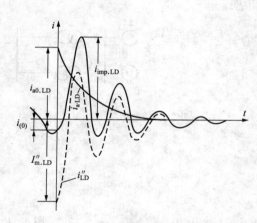

图 8-14　异步电机短路电流波形图

$$i_{imp} = K_{imp}\sqrt{2}\,I'' + K_{imp.LD}\sqrt{2}\,I''_{LD} \tag{8-32}$$

其中，第一项为同步发电机提供的冲击电流，如前所述，同步发电机冲击系数 $K_{imp}$ 的取值范围是 $1 \leqslant K_{imp} \leqslant 2$，（通常 $K_{imp}$ 取 1.8）。$I''$ 为同步发电机提供的起始次暂态电流周期分量的有效值。第二项为负荷提供的冲击电流，它包括异步电动机、同步电动机和同步调相机提供的冲击电流。$I''_{LD}$ 为负荷提供的起始次暂态电流周期分量的有效值；对于小容量的电动机和综合负荷，取 $K_{imp.LD} = 1$；容量为 $200 \sim 500\text{kW}$ 的异步电动机，取 $K_{imp.LD} = 1.3 \sim 1.5$；容量为 $500 \sim 1000\text{kW}$ 的异步电动机，取 $K_{imp.LD} = 1.5 \sim 1.7$；容量为 1000kW 以上的异步电动

机，取 $K_{\text{imp.LD}} = 1.7 \sim 1.8$。同步电动机和调相机冲击系数取值和相同容量的同步发电机大约相等。

如果在实际计算时，负荷距离短路点较远，而不计其反馈的起始次暂态电流时，冲击电流就可以只按式（8-32）的第一项计算。

有时在计算电力系统的某个发电厂（或变电站）内的短路电流时，常常缺乏整个系统的详细数据。在这种情况下，可以把整个系统（该发电厂或变电站除外）或它的一部分看作是一个由无限大功率电源供电的网络。例如，在图 8-15 的电力系统中，母线 c 以右的部分实际包含有许多发电厂、变电站和线路，可以表示为经一定的电抗 $X_s$ 接于母线 c 的无限大功率电源。如果在网络中的母线 c 发生三相短路时，该部分系统提供的短路电流 $I_s$（或短路功率 $S_s$）是已知的，则无限大功率电源到母线 c 的电抗 $X_s$ 可以推算出来

$$X_{s*} = \frac{1}{I_{s*}} = \frac{I_B}{I_s} = \frac{S_B}{S_s} \tag{8-33}$$

式中：$I_s$、$S_s$ 都用有名值；$X_s$ 是以 $S_B$ 为基准功率的电抗标幺值。

如果图 8-15 所示系统的短路电流 $I_s$ 和 $S_s$ 都未知，那么还可以从与该部分连接的变电站装设的断路器的切断容量来近似地计算系统的电抗。这种计算方法将通过〔例 8-2〕作具体说明。

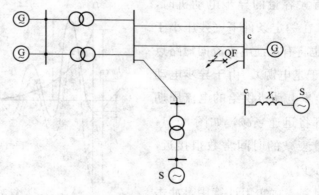

图 8-15　电力系统图

【例 8-1】如图 8-16（a）所示的电力系统，节点 k 发生三相短路，试计算短路处的起始次暂态电流和冲击电流。已知系统各元件的参数：发电机 G1，100MW，$X_d'' = 0.183$，$\cos\varphi = 0.85$；发电机 G2，50MW，$X_d'' = 0.163$，$\cos\varphi = 0.8$。变压器 T1，150MVA，$U_{k(\text{I}-\text{II})}\% = 24.6$，$U_{k(\text{I}-\text{III})}\% = 14.3$，$U_{k(\text{II}-\text{III})}\% = 9.45$；变压器 T2，60MVA，$U_k\% = 10.15$。线路 L1，160km，$X_{L1} = 0.3\Omega/\text{km}$；线路 L2，120km，$X_{L2} = 0.417\Omega/\text{km}$；线路 L3，80km，$X_{L3} = 0.4\Omega/\text{km}$。负荷 LD1，40MW，$\cos\varphi = 0.7$；负荷 LD2，80MW，$\cos\varphi = 0.75$。

**解：** 采用标幺制计算，选取 $S_B=100\text{MVA}$，$U_B=U_{av}$。

（1）发电机 G1 和 G2 的次暂态电动势取 $E_1=E_2=1.08$，负荷全部计入，LD1 和 LD2 的次暂态电动势取 $E_3=E_4=0.8$，额定标幺值电抗为 0.35。

1）计算各元件参数（根据各自容量的不同进行归算，计算结果保留三位小数）。

发电机 G1　　　$X_1=X_d''\dfrac{S_B}{P_N/\cos\varphi_N}=0.183\times\dfrac{100}{100/0.85}=0.156$

发电机 G2　　　$X_2=X_d''\dfrac{S_B}{P_N/\cos\varphi_N}=0.163\times\dfrac{100}{50/0.8}=0.261$

变压器 T1

$$U_{k1}\%=\frac{1}{2}[U_{k(Ⅰ-Ⅱ)}\%+U_{k(Ⅲ-Ⅰ)}\%-U_{k(Ⅱ-Ⅲ)}\%]=\frac{1}{2}\times(24.6+14.3-9.45)=14.7$$

$$U_{k2}\%=\frac{1}{2}[U_{k(Ⅰ-Ⅱ)}\%+U_{k(Ⅱ-Ⅲ)}\%-U_{k(Ⅲ-Ⅰ)}\%]=\frac{1}{2}\times(24.6+9.45-14.3)=9.875$$

$$U_{k3}\%=\frac{1}{2}[U_{k(Ⅱ-Ⅲ)}\%+U_{k(Ⅲ-Ⅰ)}\%-U_{k(Ⅰ-Ⅱ)}\%]=\frac{1}{2}\times(9.45+14.3-24.6)=-0.425$$

所以

$$X_3=\frac{U_{k1}\%}{100}\frac{S_B}{S_N}=\frac{14.7}{100}\times\frac{100}{150}=0.098$$

$$X_4=\frac{U_{k2}\%}{100}\frac{S_B}{S_N}=\frac{9.875}{100}\times\frac{100}{150}=0.066$$

$$X_5=0（由于 U_{k3}\%=-0.425<0，因此为 0）$$

变压器 T2　　　$X_9=\dfrac{U_k\%}{100}\dfrac{S_B}{S_N}=\dfrac{10.15}{100}\times\dfrac{100}{60}=0.169$

线路 L1　　　$X_6=x_{L1}l_1\dfrac{S_B}{U_B^2}=0.3\times160\times\dfrac{100}{230^2}=0.091$

线路 L2　　　$X_7=x_{L2}l_2\dfrac{S_B}{U_B^2}=0.417\times120\times\dfrac{100}{230^2}=0.095$

线路 L3　　　$X_8=x_{L3}l_3\dfrac{S_B}{U_B^2}=0.41\times80\times\dfrac{100}{230^2}=0.062$

负荷 LD1　　　$X_{10}=X_{LD}\dfrac{S_B}{P_N/\cos\varphi}=0.35\times\dfrac{100}{40/0.7}=0.613$

负荷 LD2　　　$X_{11}=X_{LD}\dfrac{S_B}{P_N/\cos\varphi}=0.35\times\dfrac{100}{80/0.75}=0.328$

2）作系统等值电路，并化简网络。根据求得的各元件参数，作出系统的等值电路，如图 8-16（b）所示。

**提示：** 根据系统等值电路图，采用星三变换对阻抗支路进行化简，采用电源合并将多电源合并为单电源，简化网络。

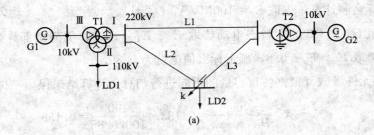

(a)

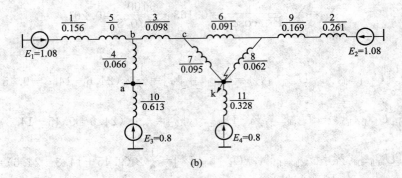

(b)

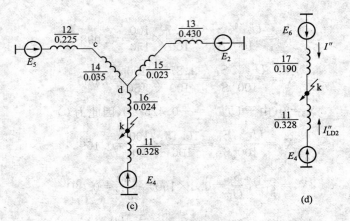

(c)　　　　　　　　(d)

图 8-16　［例 8-1］的电力系统及其等值电路

(a) 接线图；(b) 等值电路；(c) 简化后的网络；(d) 最简化网络

进行网络变换及化简

$$X_{12}=[(X_4+X_{10})//X_1]+X_3=\frac{0.679\times0.156}{0.679+0.156}+0.098=0.225$$

$$E_5=\frac{E_1(X_4+X_{10})+E_3X_1}{X_4+X_{10}+X_1}=\frac{1.08\times0.679+0.8\times0.156}{0.679+0.156}=1.028$$

$$X_{13}=X_2+X_9=0.261+0.169=0.430$$

$$X_{14}=\frac{X_6X_7}{X_6+X_7+X_8}=\frac{0.091\times0.095}{0.091+0.095+0.062}=0.035$$

$$X_{15}=\frac{X_6 X_8}{X_6+X_7+X_8}=\frac{0.091\times0.062}{0.091+0.095+0.062}=0.023$$

$$X_{16}=\frac{X_7 X_8}{X_6+X_7+X_8}=\frac{0.095\times0.062}{0.091+0.095+0.062}=0.024$$

化简后的网络如图 8 - 16 （c） 所示，进一步化简为

$$X_{17}=[(X_{12}+X_{14})//(X_{13}+X_{15})]+X_{16}=\frac{0.26\times0.453}{0.26+0.453}+0.024=0.19$$

$$E_6=\frac{E_5(X_{13}+X_{15})+E_2(X_{12}+X_{14})}{X_{13}+X_{15}+X_{12}+X_{14}}=\frac{1.032\times0.453+1.08\times0.26}{0.453+0.26}=1.05$$

则进一步化简的网络，如图 8 - 16 （d） 所示。

3）计算起始次暂态电流。由系统提供的起始次暂态电流为（远处负荷也归入系统）

$$I''=\frac{E_6}{X_{17}}=\frac{1.05}{0.19}=5.526$$

由负荷 LD2 供给的起始次暂态电流为

$$I''_{LD2}=\frac{E_4}{X_{11}}=\frac{0.8}{0.328}=2.439$$

短路点总的起始次暂态电流（短路电流）为

$$I''_k=I''+I''_{LD2}=5.526+2.439=7.965$$

有名值为

$$I''_k=7.965\times\frac{100}{\sqrt{3}\times230}=7.965\times0.251=1.999(kA)$$

4）计算冲击电流。因为负荷容量均大于 1000kW，所以发电机和负荷的冲击系数都取 1.8，短路点的冲击电流为

$$i_{imp}=1.8\times\sqrt{2}\times(I''+I''_{LD2})I_B=1.8\times\sqrt{2}\times(5.526+2.439)\times0.251=5.089(kA)$$

（2）近似计算。发电机 G1 和 G2 的次暂态电动势取 $E_1=E_2=1$。由于负荷 LD1 离短路点较远，故略去不计，则

$$X_{12}=X_1+X_3=0.156+0.098=0.254$$

$$X_{17}=[(X_{12}+X_{14})//(X_{13}+X_{15})]+X_{16}=0.2004$$

由系统提供的起始次暂态电流为

$$I''=\frac{E_6}{X_{17}}=\frac{1}{0.2004}=4.989$$

负荷 LD2 提供的起始次暂态电流仍为 $I''_{LD}=2.439$，则可得短路点总的起始次暂态电流（短路电流）有名值为

$$I''_k=(I''+I''_{LD2})I_B=(4.989+2.439)\times0.251=1.864(kA)$$

短路点的冲击电流为

$$i_{imp} = 1.8 \times \sqrt{2} \times (I'' + I''_{LD})I_B = 1.8 \times \sqrt{2} \times 1.864 = 4.745(kA)$$

将前后两种计算方法所得到的结果相比较误差为：

起始次暂态电流 $\dfrac{1.864 - 1.999}{1.999} \times 100\% = -6.76\%$

冲击电流 $\dfrac{4.745 - 5.089}{5.089} \times 100\% = -6.76\%$

在工程实用计算中，这样的误差一般还是容许的。

**【例 8 - 2】** 系统如图 8 - 17 所示，S1、S2、S3 为三个等值电源。其中 $S_{s1}=75MVA$，$X_{s1}=0.38$；$S_{s2}=535MVA$，$X_{s2}=0.304$；电源 S3 容量和电抗值不详，只知 QF 的开断容量为 3500MVA。线路 L1、L2、L3 的长度分别为 10、5、24km，单位长度电抗均为 $0.4\Omega/$km。试计算在母线 1 处三相短路时的起始次暂态电流和冲击电流。

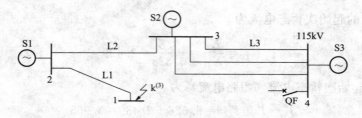

图 8 - 17  系统接线图

**解：** 取基准容量 $S_B = 1000MVA$，其准电压 $U_B = U_{av}$。

在题目中某元件参数若直接以标幺值给出，通常均是以其自身容量为基准，则各元件参数计算如下（取各电源次暂态电动势 $E'' = E''_{s1} = E''_{s2} = E''_{s3} = 1$）

$$X_1 = X_{s1}\frac{S_B}{S_{S1}} = 0.38 \times \frac{1000}{75} = 5.07$$

$$X_2 = X_L l_2 \frac{S_B}{U_{av}^2} = 0.4 \times 5 \times \frac{1000}{115^2} = 0.151$$

$$X_3 = X_{s2}\frac{S_B}{S_{S2}} = 0.304 \times \frac{1000}{535} = 0.568$$

$$X_4 = X_L l_3 \frac{S_B}{U_{av}^2} \times \frac{1}{3} = 0.4 \times 24 \times \frac{1000}{115^2} \times \frac{1}{3} = 0.242$$

$$X_6 = X_L l_1 \frac{S_B}{U_{av}^2} = 0.4 \times 10 \times \frac{1000}{115^2} = 0.302$$

作等值电路如图 8 - 18 所示。

根据母线 4 上的切断容量可以确定电源 S3 的等值电抗。假设在母线 4 处断路器 QF 之后发生三相短路，则 S1、S2、S3 各自供给的短路电流都要通过 QF，其中 S1、S2 供给的

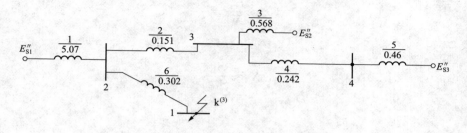

图 8-18　等值电路

短路电流取决于电抗

$$X = [(X_1 + X_2)//X_3] + X_4 = [(5.07 + 0.151)//0.568] + 0.242 = 0.754$$

短路瞬间，这两个电源供给的短路功率为

$$S'' = \frac{E}{X}S_B = \frac{1}{0.754} \times 1000 = 1326 \text{ (MVA)}$$

此时断路器 QF 允许电源 S3 供给的短路功率为 3500−1326 = 2174 （MVA）。由此，电源 S3 的等值电抗为（折算到基准容量下的标幺值电抗）

$$X_5 = \frac{1000}{2174} = 0.46$$

则可作出等值电路如图 8-18 所示。

母线 1 处发生三相短路总电抗计算为

$$X_\Sigma = \{\{[(X_4 + X_5)//X_3] + X_2\} \parallel X_1\} + X_6$$
$$= \{\{[(0.46 + 0.242)//0.568] + 0.151\}//5.07\} + 0.302 = 0.728$$

短路点处起始超瞬态电流标幺值为

$$I_k'' = \frac{E''}{X_\Sigma} = \frac{1}{0.728} = 1.373$$

有名值为

$$I_k'' = 1.373 \times \frac{1000}{\sqrt{3} \times 115} = 6.9 \text{(kA)}$$

冲击电流（取 $K_{imp} = 1.8$）的有名值为

$$i_{imp} = \sqrt{2} K_{imp} I'' = \sqrt{2} \times 1.8 \times 6.9 = 17.57 \text{(kA)}$$

讨论：

本题 QF 的开断容量实质上相当于母线 4 （见图 8-18）发生三相短路时的短路容量，其大小直接由三个电源 S1、S2、S3 提供的短路电流决定。若化简图 8-18 可得图 8-19，则 $X_7$、$X_8$、$X_5$ 即为各电源到短路点的转移电抗。如果 S1、S2 到短路点的电气距离较远（即 $X_7$、$X_8$ 较大），则点 4 三相短路时，可以近似认为

$$I''_{k*} \approx \frac{E''_{s3}}{X_5} = \frac{S_{QF}}{S_B}$$

可求得

$$X_5 \approx \frac{S_B}{S_{QF}}$$

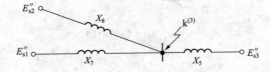

图 8-19　4 母线短路等值电路

如若本算例中 L3 只是单回线，重做本题（1 母线处三相短路）：

$$X_3 = 0.726, \qquad X = [(X_1 + X_2)//X_3] + X_4 = 1.238$$

$$S'' = \frac{S_B}{X} = 807(\text{MVA})$$

$$X_5 = \frac{S_B}{S_{QF} - S''} = \frac{1000}{3500 - 807} = 0.371$$

可计算得

$$X_\Sigma = 0.787$$

$$I''_k = \frac{E}{X_\Sigma} = \frac{1}{0.787} = 1.27$$

此题若采用近似计算，认为 S1、S2 距离 QF 电气距离较远，4 母线的短路容量（即 QF 的开断容量）近似等于由 S3 提供，则

$$X_5 \approx \frac{S_B}{S_{QF}} = \frac{1000}{3500} = 0.285$$

可求得 　　　　　　$$X_\Sigma = 0.771, \qquad I''_k = \frac{1}{0.771} = 1.297$$

可见这样的近似计算在工程上是可以接受的。

# 第 8.4 节　运算曲线法计算任意时刻的短路电流周期分量

电力系统发生三相短路后任意时刻的短路电流周期分量的准确计算是非常复杂的，工程上均使用近似的实用计算法。目前常用的是运算曲线法，即应用事先制定的三相短路电流周期分量的曲线进行计算。下面介绍运算曲线和使用方法。

## 8.4.1　运算曲线的制定

运算曲线是根据图 8-20（a）的电路绘制的。计算条件为：三相短路前发电机以额定电

压满载运行；高压母线负荷 LD 为发电机额定容量的一半，$\cos\varphi = 0.9$（滞后）；其余的一半负荷在短路点 k 以外；同步发电机参数取有代表性的典型参数。计算 k 点三相短路的等值电路示于图 8 - 20 (b)，其中负荷 LD 用恒定阻抗 $Z_{LD}$ 代替。根据这个等值电路，对不同 $X_k$ 值（表示短路远近）分别计算出不同时刻短路电流周期分量 $I$。最后以电流标幺值 $I_*$ 为纵坐标，计算电抗 $X_c = X''_d + X_T + X_k$ 为横坐标，以时间 $t$ 为参数绘制出短路电流曲线簇，即得到运算曲线。这里 $X_c$ 和 $I_*$ 都是以发电机额定容量和平均额定电压为基准的标幺值。

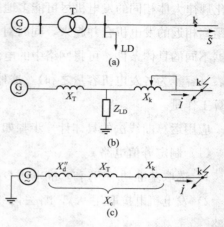

图 8 - 20　绘制运算曲线的电路
(a) 系统图；(b) 三相短路的等值电路；
(c) 计算短路电流的等值电路

　　本书附录中附图 1～附图 9，是我国 1980 年绘制的运算曲线，其中附图 1～附图 5 是汽轮发电机的运算曲线，附图 6～附图 9 为水轮发电机的运算曲线，两者都已计及强行励磁的影响。绘制运算曲线所用的发电机参数，是根据我国常用的各种容量同步发电机参数，用概率统计的方法计算得到的"标准参数"。因此这些运算曲线可用来计算具有不同容量发电机的电力系统的三相短路电流，一般不需要对计算结果进行修正。

　　采用计算电抗 $X_c$ 为横坐标是为了使运算曲线使用更为方便。例如计算图 8 - 20 (a) 中 k 点三相短路电流时，只需绘出图 8 - 20 (c) 的等值电路（其中发电机电抗用 $X''_d$ 表示，负荷全部略去），然后求出发电机对短路点的计算电抗 $X_c$，便可在运算曲线上查得某时刻 $t$ 的短路电流周期分量的标幺值。

　　运算曲线只做到 $X_c = 3.4$ 为止，因为 $X_c > 3$ 时，短路电流周期分量中次暂态和暂态自由分量的初值已经很小，实际上任意时刻短路电流的周期分量值为 $I_* = \dfrac{1}{X_c}$。

　　运算曲线主要用来计算短路点及其邻近支路的短路电流周期分量值。

### 8.4.2　运算曲线的应用

　　在制作运算曲线所采用的网络［见图 8 - 20 (a)］中只含一台发电机，而计算电抗又与负荷支路无关。电力系统的实际接线是比较复杂的，在应用运算曲线之前，首先必须将略去负荷支路后的原系统等值电路通过变换成只含有短路点和若干个电源点的完全网形电路，然后略去所有电源点之间的支路（因为这些支路对短路点的电流没有影响），便得到以短路点为中心的各电源点为顶点的放射形网络（即化简成各电源到短路点之间用转移电抗表示的电路）。最后，对放射形电路的每一支路分别应用运算曲线。

　　实际电力系统中，发电机的数目很多，如果每一台发电机都用一个电源点来代替，计算工作将变得非常繁重。因此，在工程计算中常采用合并电源的方法来简化网络。将短路电流变化规律大体相同的发电机尽可能多地合并起来，即把发电机类型和参数相近，距短路点电气距离相近的发电机合并起来，同时对于条件比较特殊的某些发电机给以个别考虑。这样，根据不同的具体条件，可将网络中的电源分成为数不多的几组，每组都用一个等值发电机来代表（容量为各发电机容量之和）。这种方法既能保证必要的计算精确度，又可大量地减少计算工作量。

应用运算曲线法的具体计算步骤如下：

（1）制定等值电路。

1）选取基准功率 $S_B$ 和基准电压 $U_B = U_{av}$。

2）发电机电抗取用 $X''_d$，略去网络各元件的电阻、输电线路的电容和变压器的励磁支路。

3）无限大容量电源的内阻抗为零。

4）略去电力系统中的负荷。

（2）进行网络变换及化简，求转移电抗。按前所讲的原则，将网络中的电源合并成若干组，例如，共有 $n$ 组，每一组用一个等值发电机代表，无限大容量电源（如果有的话）另成一组，一起进行网络变换及化简，求出各等值发电机对短路点的转移电抗 $X_{1k}, X_{2k}, \cdots, X_{nk}$ 以及无限大容量电源对短路点的转移电抗 $X_{sk}$。

（3）求取计算电抗。将前面求得的转移电抗按各相应的等值发电机的容量进行归算，以便得到各等值发电机对短路点的计算电抗

$$X_{ci} = X_{ik} \frac{S_{Ni}}{S_B} \qquad (i = 1, 2, \cdots, n) \tag{8-34}$$

其中，$S_{Ni}$ 为第 $i$ 台等值发电机的额定容量，即由它们所代表的那部分发电机的额定容量之和。对于无限容量电源支路不必进行以上的归算。

（4）求短路电流标幺值。由计算电抗 $X_{c1}, X_{c2}, \cdots, X_{cn}$ 分别根据适当的计算曲线找出指定时刻 $t$ 各等值发电机提供的短路电流周期分量的标幺值为：$I_{t1}, I_{t2}, \cdots, I_{tm}$。网络中无限容量电源供给的短路电流周期分量是不衰减的，并由下式确定

$$I_s = \frac{1}{X_{sk}} \tag{8-35}$$

（5）计算短路电流周期性分量的有名值

$$I_t = \sum_{i=1}^{n} I_{ti} \frac{S_{Ni}}{\sqrt{3} U_{av}} + I_s \frac{S_N}{\sqrt{3} U_{av}} \tag{8-36}$$

其中，$U_{av}$ 应取短路点所处电压级的平均额定电压。

**注意：** 各电源提供的短路电流之和，必须是有名值相加，而不能用标幺值相加，这是因为各电源提供的短路电流标幺值的基准值不同。

**【例 8-3】** 在图 8-21（a）所示的电力系统中，当 k 点发生三相短路时，试计算在

$t$＝0.2，2s 时的短路电流。发电机 G1 和 G2 为水轮发电机，每台的参数是 50MW，$X''_d$＝0.163，$\cos\varphi$＝0.85；G3 和 G4 为水轮发电机，每台的参数是 25MW，$X''_d$＝0.176，$\cos\varphi$＝0.8；变压器 T1 和 T2 各为 63MVA，$U_k\%$＝10.5；T3 的参数是 63MVA，$U_{k(\text{I}-\text{II})}\%$＝10.5，$U_{k(\text{III}-\text{I})}\%$＝18.5，$U_{k(\text{II}-\text{III})}\%$＝6.5；线路 L 为 80km，单位长度电抗为 0.4Ω/km；系统 S 为无限大容量，$X$＝0。

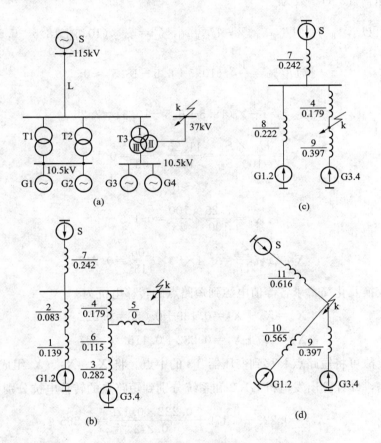

图 8-21　电力系统及其等值电路

(a) 接线图；(b) 等值电路；(c) 简化网络；(d) 最终网络

　**解：** 按标幺制进行计算，取 $S_B$＝100MVA，$U_B$＝$U_{av}$。

　(1) 作等值电路，求各元件参数。根据电源合并的原则和图 8-21 (a) 所示系统电路结构的对称性，可以将发电机 G1 和 G2 合并，G3 和 G4 合并，将变压器 T1 和 T2 合并。作出其等值电路，如图 8-21 (b) 所示。

　计算各元件的参数。发电机 G1 和 G2 的等值电抗为

$$X_1 = \frac{1}{2}X''_{d1}\frac{S_B}{P_{N1}/\cos\varphi} = \frac{1}{2}\times 0.163\times\frac{100}{50/0.85} = 0.139$$

发电机 G3 和 G4 的等值电抗为

$$X_3 = \frac{1}{2} X''_{d3} \frac{S_B}{P_{N3}/\cos\varphi} = \frac{1}{2} \times 0.176 \times \frac{100}{25/0.8} = 0.282$$

变压器 T1 和 T2 的等值电抗为

$$X_2 = \frac{1}{2} \frac{U_k\%}{100} \frac{S_B}{S_N} = \frac{1}{2} \times \frac{10.5}{100} \times \frac{100}{63} = 0.083$$

三绕组变压器 T3 的参数为

$$U_{k1}\% = \frac{1}{2} [U_{k(I-II)}\% + U_{k(III-I)}\% - U_{k(II-III)}\%] = \frac{1}{2} \times (10.5 + 18.5 - 6.5) = 11.25$$

$$U_{k2}\% = \frac{1}{2} \times (10.5 + 6.5 - 18.5) \approx 0$$

$$U_{k3}\% = \frac{1}{2} \times (18.5 + 6.5 - 10.5) = 7.25$$

$$X_4 = \frac{U_{k1}\%}{100} \frac{S_B}{S_N} = \frac{11.25}{100} \times \frac{100}{63} = 0.179$$

$$X_5 \approx 0$$

$$X_6 = \frac{7.25}{100} \times \frac{100}{63} = 0.115$$

线路 L 为

$$X_7 = x_1 l \frac{S_B}{U_B^2} = 0.4 \times 80 \times \frac{100}{115^2} = 0.242$$

（2）网络变换及化简，求各等值电源到短路点的转移电抗为

$$X_8 = X_1 + X_2 = 0.139 + 0.083 = 0.222$$
$$X_9 = X_3 + X_6 = 0.282 + 0.115 = 0.397$$

因 $X_5 = 0$，故可将短路点 k 移到变压器 T3 的中点。将 $X_4$、$X_7$、$X_8$ 组成的星形网络变换成三角形网络，即计算出发电机 G1.2 和系统分别到短路点的转移电抗分别为

$$X_{10} = 0.222 + 0.179 + \frac{0.222 \times 0.179}{0.242} = 0.565$$

$$X_{11} = 0.242 + 0.179 + \frac{0.242 \times 0.179}{0.222} = 0.616$$

电源 G3.4 到短路点的转移电抗即为

$$X_9 = 0.397$$

（3）求短路电流。等值发电机 G1.2 和 G3.4 支路的计算电抗为

$$X_{c1.2} = X_{10} \frac{S_{N1.2}}{S_B} = 0.565 \times \frac{2 \times 50/0.85}{100} = 0.665$$

$$X_{c3.4} = X_9 \frac{S_{N3.4}}{S_B} = 0.397 \times \frac{2 \times 25/0.8}{100} = 0.248$$

根据 $X_{c1.2}$ 和 $X_{c3.4}$ 查运算曲线，可得短路电流标幺值，见表 8-1。

**表 8-1**　　　　　　　　　　　　　短 路 电 流 计 算 结 果

| 电源 | 计算电抗 | 短路电流标幺值 | | 短路电流有名值（kA） | |
|---|---|---|---|---|---|
| | $X_c$ | $I_{0.2}$ | $I_2$ | $I_{0.2}$ | $I_2$ |
| G1.2 | 0.665 | 1.627 | 1.759 | 2.987 | 3.230 |
| G3.4 | 0.397 | 2.214 | 2.057 | 2.159 | 2.006 |
| S | — | — | — | 2.533 | 2.533 |
| 总和 | — | — | — | 7.679 | 7.769 |

无限大容量电源提供的短路电流标幺值为

$$I_s = \frac{1}{X_{11}} = \frac{1}{0.616} = 1.623$$

各时刻短路电流有名值为

$$I_{0.2} = I_{0.2}^{G1} \times \frac{2P_{1N}/\cos\varphi_1}{\sqrt{3}U_{av}} + I_{0.2}^{G3} \times \frac{2P_{3N}/\cos\varphi_3}{\sqrt{3}U_{av}} + I_{0.2}^{S} \frac{S_B}{\sqrt{3}U_{av}}$$

$$= 1.627 \times \frac{2\times 50/0.85}{\sqrt{3}\times 37} + 2.214 \times \frac{2\times 25/0.8}{\sqrt{3}\times 37} + 1.623 \times \frac{100}{\sqrt{3}\times 37}$$

$$= 7.679 (\text{kV})$$

同理　　　$$I_2 = 1.759 \times \frac{2\times 50/0.85}{\sqrt{3}\times 37} + 2.057 \times \frac{2\times 25/0.8}{\sqrt{3}\times 37} + 1.623 \times \frac{100}{\sqrt{3}\times 37}$$

$$= 7.769 (\text{kA})$$

计算结果汇总在表 8-1 中。

## ？思考题与习题

8-1　无限大容量电源的数学描述？由这样电源供电的系统三相短路时，短路电流包括几种分量？有什么特点？

8-2　无限大容量电源供电系统，短路电流非周期分量初始值与哪些因素有关？

8-3　简述短路电流冲击电流的定义，它出现的条件和时刻，冲击系数 $K_{imp}$ 的大小与什么有关。

8-4　简述短路功率（短路容量）定义。在三相短路计算时，对于某一短路点，短路功率的标幺值与短路电流的标幺值是否相等？为什么？

8-5　什么是短路电流的最大有效值？它与冲击系数 $K_{imp}$ 有何关系？

8-6　网络变换和化简主要有哪些方法？转移电抗是指什么？如何计算？

8-7　电力系统三相短路实用计算时，起始次暂态电流 $I''$ 的计算步骤？

8-8　我国制作的运算曲线的假设条件是什么？应用运算曲线法计算短路电流周期性分量的主要步骤是什么？

8-9 供电系统如图 8-22 所示。已知各元件参数：线路 L，50km，$x_L = 0.4\Omega/\text{km}$；变压器 T，$S_N = 10\text{MVA}$，$U_k\% = 10.5$，$k_T = 110/11$。假定供电点电压为 106.5kV，保持恒定，当空载运行时变压器低压母线发生三相短路。试计算短路电流周期分量、冲击电流、短路电流最大有效值及短路容量的有名值。

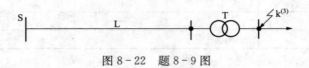

图 8-22 题 8-9 图

8-10 某电力系统的等值电路如图 8-23 所示。已知元件参数的标幺值为 $E_1 = 1.0$，$E_2 = 1.1$，$X_1 = X_2 = 0.2$，$X_3 = X_4 = X_5 = 0.6$，$X_6 = 0.9$，$X_7 = 0.3$，试用网络变换法求电源对短路点的等值电动势和转移电抗。

8-11 在图 8-24 所示的网络中，已知 $X_1 = 0.3$，$X_2 = 0.4$，$X_3 = 0.6$，$X_4 = 0.3$，$X_5 = 0.5$，$X_6 = 0.2$。试求：（1）各电源对短路点的转移电抗；（2）各电源及各支路的电流分布系数。

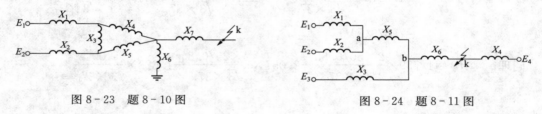

图 8-23 题 8-10 图　　　　　　　　图 8-24 题 8-11 图

8-12 一台同步发电机参数为 50MVA、10.5kV，$X''_d = 0.125$，经过一串联的电抗器后发生三相短路，电抗器的电抗值是 0.44Ω。现在新增一台同样的发电机与原有发电机并联运行，若要使同一短路点的短路容量不变，问电抗器的电抗值应改为多少？

8-13 系统接线如图 8-25 所示，已知各元件参数：发电机 G，$S_N = 600\text{MVA}$，$X''_d = 0.14$；变压器 T，$S_N = 300\text{MJVA}$，$U_k\% = 8$；线路 $l_1 = 20\text{km}$，$x_1 = 0.38\Omega/\text{km}$。试求 k 点三相短路时的起始次暂态电流、冲击电流、短路电流最大有效值和短路功率的有名值。（取 $E'' = 1.08$。）

8-14 简单电力系统如图 8-26 所示，已知各元件参数：发电机 G1，$S_N = 60\text{MVA}$，$X''_d = 0.15$；发电机 G2，$S_N = 150\text{MVA}$，$X''_d = 0.2$；变压器 T1，$S_N = 60\text{MVA}$，$U_k\% = 12$；变压器 T2，$S_N = 90\text{MVA}$，$U_k\% = 12$；线路 L 每回路 $l = 80\text{km}$，$x_1 = 0.4\Omega/\text{km}$；负荷 LD，$S_{LD} = 120\text{MVA}$，$X''_{LD} = 0.35$。试分别计算 $k_1$ 点和 $k_2$ 点发生三相短路时起始次暂态电流和冲击电流的有名值。（取 $E''_1 = E''_2 = 1.08$，$E''_{LD} = 0.8$。）

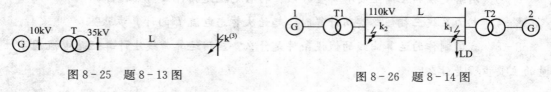

图 8-25 题 8-13 图　　　　　　　图 8-26 题 8-14 图

8-15　电力系统接线如图 8-27 所示。电力系统 S 的数据分别如下：系统 S 接入点的变电站断路器 QF 的额定切断容量 $S_b = 1000\text{MVA}$；在电力系统 S 变电站的母线发生三相短路时，系统 S 供给的短路电流是 1.5kA；系统 S 是无穷大系统。试计算 k 点发生三相短路时，$t = 0\text{s}$ 的短路电流周期分量的有名值。

8-16　图 8-28 所示网络接线图中，已知当 $k_1$ 点三相短路时短路容量为 $S_{F1} = 1500\text{MVA}$，当 $k_2$ 点三相短路时短路容量为 $S_{F2} = 1000\text{MVA}$。试求当 $k_3$ 点三相短路时的短路容量。

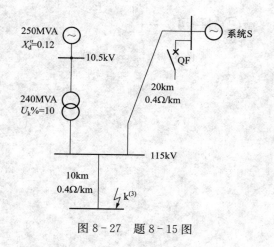

图 8-27　题 8-15 图

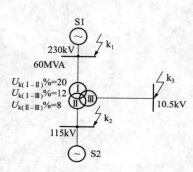

图 8-28　题 8-16 图

8-17　图 8-29 所示为某一电力系统的等值电路，当 k 点发生三相短路时，试计算短路电流 $I_k$，以及支路 5 的短路电流 $I_5$。已知 $E_1 = 1.46$，$E_2 = 1.4$，$X_1 = 0.3$，$X_2 = 0.4$，$X_3 = 0.15$，$X_4 = 0.15$，$X_5 = 0.2$，$X_6 = 0.26$，$X_7 = 0.2$。

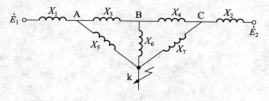

图 8-29　题 8-17 图

8-18　在图 8-30 所示系统中，已知各元件参数：发电机 G1、G2，$S_N = 60\text{MVA}$，$x''_d = 0.15$；变压器 T1、T2，$S_N = 60\text{MVA}$，$U_{k(\text{I}-\text{II})}\% = 17$，$U_{k(\text{II}-\text{III})}\% = 6$，$U_{k(\text{III}-\text{I})}\% = 10.5$；外部系统 S，$S_N = 300\text{MVA}$，$X''_s = 0.4$。试分别计算 220kV 母线 $k_1$ 和 110kV 母线 $k_2$ 点发生三相短路时短路点的起始次暂态电流的有名值。（取 $E''_G = E''_S = 1.050$。）

8-19　电力系统接线如图 8-31 所示。其中：发电机 G1，$S_{NG1} = 250\text{MVA}$，$X''_d = 0.4$；G2，$S_{NG2} = 60\text{MVA}$，$X''_d = 0.125$；变压器 T1，$S_{NT1} = 250\text{MVA}$，$U_k\% = 10.5$；T2，$S_{NT2} = 60\text{MVA}$，$U_k\% = 10.5$；线路 L1，50km，$x_1 = 0.4\Omega/\text{km}$；L2，40km，$x_1 = 0.4\Omega/\text{km}$；

L3，30km，$x_1 = 0.4\Omega/\mathrm{km}$。当在 k 点发生三相短路时，求短路点总的短路电流（$I''$）和各发电机支路短路电流。（取 $E_1 = E_2 = 1.08$。）

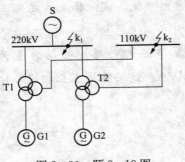

图 8-30　题 8-18 图

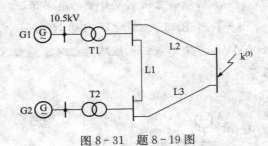

图 8-31　题 8-19 图

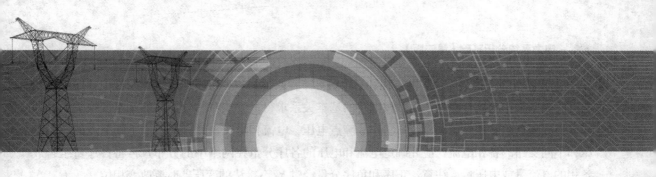

# 第9章 电力系统不对称故障分析计算

## 第9.1节 内容概述与框架

### 9.1.1 内容概述

简单不对称故障一般是指某时刻在电力系统的一个地方发生不对称故障。通常将电力系统不对称短路故障称为横向不对称故障，将电力系统断线故障称为纵向不对称故障。

电力系统对称运行方式遭到破坏后，三相电压和电流将不对称，而且波形也发生不同程度的畸变，即除了基波（50Hz）以外，还含有一系列谐波分量。在暂态过程中谐波成分更复杂，而且还会出现非周期分量。本章将只分析电压和电流的基波分量，并且在暂态过程的任一瞬间都将它们当作正弦波形看待。这样，不对称运行方式的分析计算就可以简化为正弦电动势作用下的不对称电路的分析计算，也就可以用相量法来进行分析计算。由于只是个别地方发生不对称短路或断线，导致系统局部的不对称，而系统其他各元件的三相阻抗及三相之间互感仍然保持相等，因此可以近似地采用对称分量法进行分析计算，而不是直接求解复杂的三相不对称电路。

对称分量法实质上是将 A、B、C 三相不对称的电压或电流变换成三组分别对称的正序分量、负序分量和零序分量，其变换是可逆的。依据对称分量法的独立性原理研究电力系统的不对称故障是最常用的一种方法。

电力系统发生不对称故障时，按照对称分量法的独立性原理，除故障端外，由于三相电路的其他部分仍然是对称的，因此可以将原电力系统分解成三个分别对称的正序系统、负序系统和零序系统。这样，三个对称系统的分析计算就只需要分析计算一相即可。其实质是将一个不对称系统的问题转化成三个对称系统的问题来进行分析计算。

在制作电力系统正序、负序、零序等值电路前，首先要理解电力系统元件的序参数的基本概念，三个序等值电路（序网）中比较特殊的是零序等值电路，学习中应引起重视。电力系统发生简单不对称故障时，是按电路理论中端口网络用戴维南定理等效化简网络，从而可以得到三个序网方程。注意：三个序网方程与故障形式无关。

电力系统简单不对称故障的分析计算方法一般可以按七步进行：①选择三相中最特殊的相作为基准相；②制定各序等值电路，并用戴维南定理等效成各序等值网络，写出三个序网方程；③根据故障形式，列写反映故障点电压和电流关系的边界条件；④用基准相的对称分量表示边界条件，并化简得到三个解算方程；⑤计算故障点基准相的各序电流和各序电压；可以通过联立求解六个方程（三个序网方程和三个解算方程）得到，也可以通过解算条件中各序电压和电流的关系来作出复合序网，而后按电路的基本关系求得；⑥按对称分量法的基本变换关系，即可求得故障点的三相电压和电流；⑦作故障点电压、电流相量图。计算网络中不同节点的各相电压和不同支路的各相电流，应先确定电流和电压的各序分量在网络中的分布，再将各序量组合成各相的电流量或电压量。注意，正序和负序分量经过 Y/△接法的变压器时要改变相位。

电力系统断线故障的解析计算方法与简单不对称短路故障解析计算方法类似（注意：由于故障端口的不同，其计算结果有较大差别）。

### 9.1.2 内容框架（见图9-1）

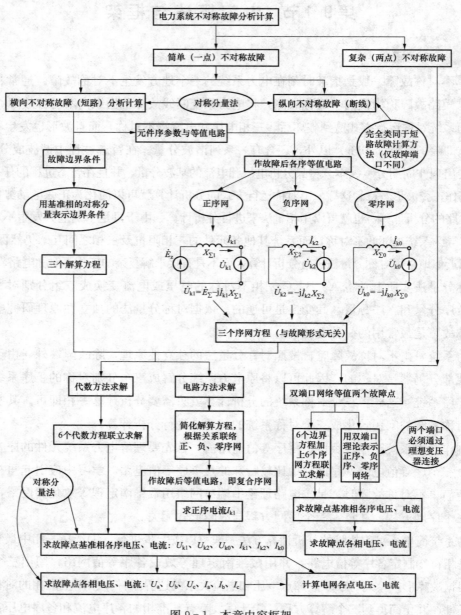

图9-1 本章内容框架

## 第 9.2 节 应用对称分量法分析电力系统的不对称故障

对称分量法实质上是将 A、B、C 三相不对称的相量变换成三组分别对称的正序分量、负序分量和零序分量，其变换是可逆的。

### 9.2.1 对称分量法

对于任意不对称的三相相量 $\dot{F}_a$、$\dot{F}_b$、$\dot{F}_c$ [见图 9 - 2 (a)]，均可以分解成三相相序不同的对称分量，即正序分量 $\dot{F}_{a1}$、$\dot{F}_{b1}$、$\dot{F}_{c1}$ [见图 9 - 2 (b)]，负序分量 $\dot{F}_{a2}$、$\dot{F}_{b2}$、$\dot{F}_{c2}$ [见图 9 - 2 (c)]，零序分量 $\dot{F}_{a0}$、$\dot{F}_{b0}$、$\dot{F}_{c0}$ [见图 9 - 2 (d)]，并存在如下关系

$$\left.\begin{array}{l} \dot{F}_a = \dot{F}_{a1} + \dot{F}_{a2} + \dot{F}_{a0} \\[2mm] \dot{F}_b = \dot{F}_{b1} + \dot{F}_{b2} + \dot{F}_{b0} = a^2 \dot{F}_{a1} + a \dot{F}_{a2} + \dot{F}_{a0} \\[2mm] \dot{F}_c = \dot{F}_{c1} + \dot{F}_{c2} + \dot{F}_{c0} = a \dot{F}_{a1} + a^2 \dot{F}_{a2} + \dot{F}_{a0} \end{array}\right\} \tag{9-1}$$

其中

$$a = e^{j120°} = -\frac{1}{2} + j\frac{\sqrt{3}}{2}, \qquad a^2 = e^{j240°} = e^{-j120°} = -\frac{1}{2} - j\frac{\sqrt{3}}{2}, \qquad a^2 + a + 1 = 0$$

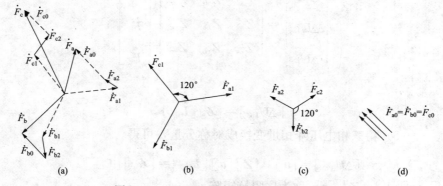

图 9 - 2 三相不对称相量分解为对称分量

(a) 三相不对称相量；(b) 正序分量；(c) 负序分量；(d) 零序分量

式 (9-1) 用矩阵形式表示为

$$\begin{bmatrix} \dot{F}_a \\ \dot{F}_b \\ \dot{F}_c \end{bmatrix} = \begin{bmatrix} 1 & 1 & 1 \\ a^2 & a & 1 \\ a & a^2 & 1 \end{bmatrix} \begin{bmatrix} \dot{F}_{a1} \\ \dot{F}_{a2} \\ \dot{F}_{a0} \end{bmatrix} \tag{9-2}$$

可以缩写成

$$[\dot{F}_{abc}] = [a][\dot{F}_{120}] \tag{9-3}$$

式中，矩阵$[a]$是一个非奇异矩阵，它存在逆矩阵，所以式（9-1）也可以写成

$$
\begin{bmatrix} \dot{F}_{a1} \\ \dot{F}_{a2} \\ \dot{F}_{a0} \end{bmatrix} = \frac{1}{3} \begin{bmatrix} 1 & a & a^2 \\ 1 & a^2 & a \\ 1 & 1 & 1 \end{bmatrix} \begin{bmatrix} \dot{F}_a \\ \dot{F}_b \\ \dot{F}_c \end{bmatrix} \tag{9-4}
$$

缩写成

$$
[\dot{F}_{120}] = [a]^{-1}[\dot{F}_{abc}] \tag{9-5}
$$

三相电路中的电压和电流均具有这样的变换和逆变换的关系。

### 9.2.2　序阻抗的概念

以输电线（静止元件）的三相电路为例来说明序阻抗的概念。如图9-3所示，各相线路的自阻抗分别为$Z_{aa}$、$Z_{bb}$、$Z_{cc}$，相间互阻抗为$Z_{ab}=Z_{ba}$，$Z_{bc}=Z_{cb}$，$Z_{ca}=Z_{ac}$。当三相线路通过不对称的三相电流$\dot{I}_a$、$\dot{I}_b$、$\dot{I}_c$时，其压降为

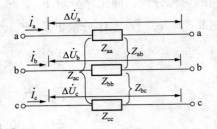

图9-3　静止三相电路元件

$$
\begin{bmatrix} \Delta\dot{U}_a \\ \Delta\dot{U}_b \\ \Delta\dot{U}_c \end{bmatrix} = \begin{bmatrix} Z_{aa} & Z_{ab} & Z_{ac} \\ Z_{ba} & Z_{bb} & Z_{bc} \\ Z_{ca} & Z_{cb} & Z_{cc} \end{bmatrix} \begin{bmatrix} \dot{I}_a \\ \dot{I}_b \\ \dot{I}_c \end{bmatrix} \tag{9-6}
$$

或写为

$$
[\Delta\dot{U}_{abc}] = [Z][\dot{I}_{abc}] \tag{9-7}
$$

应用式（9-5）将三相电压降相量变换成对称分量，可得

$$
[\Delta\dot{U}_{120}] = [a]^{-1}[Z][a][\dot{I}_{120}] = [Z_{sc}][\dot{I}_{120}] \tag{9-8}
$$

式中：$[Z_{sc}] = [a]^{-1}[Z][a]$称为序阻抗矩阵。

当元件结构参数完全对称，即$Z_{aa}=Z_{bb}=Z_{cc}=Z_s$，$Z_{ab}=Z_{bc}=Z_{ca}=Z_m$时

$$
[Z_{sc}] = \begin{bmatrix} Z_s - Z_m & 0 & 0 \\ 0 & Z_s - Z_m & 0 \\ 0 & 0 & Z_s + 2Z_m \end{bmatrix} = \begin{bmatrix} Z_1 & 0 & 0 \\ 0 & Z_2 & 0 \\ 0 & 0 & Z_0 \end{bmatrix} \tag{9-9}
$$

式（9-9）为一对角线矩阵。将式（9-8）展开，得

$$
\left.\begin{array}{l} \Delta\dot{U}_{a1} = Z_1\dot{I}_{a1} \\ \Delta\dot{U}_{a2} = Z_2\dot{I}_{a2} \\ \Delta\dot{U}_{a0} = Z_0\dot{I}_{a0} \end{array}\right\} \tag{9-10}
$$

式（9-10）表明，在三相参数对称的线性电路中，各序对称分量具有独立性。也就是说，当电路通以某序对称分量的电流时，只产生同一序对称分量的电压降。反之，当电路施加某序对称分量的电压时，电路中也只产生同一序对称分量的电流。这样，便可以对正序、负序分量和零序分量分别进行计算。

如果三相参数不对称，则矩阵 $[\boldsymbol{Z}_{sc}]$ 的非对角元素将不全为零，因而各序对称分量将不具有独立性。也就是说，通以正序电流所产生的电压降中，不仅包含正序分量，还可能有负序分量或零序分量。这时，就不能按序进行独立计算了，这样的情况对称分量法不适用。

根据以上的分析可知，所谓元件的序阻抗，是指元件三相参数对称时，元件两端某一序的电压降与通过该元件同一序电流的比值，即

$$\left.\begin{array}{l} Z_1 = \Delta\dot{U}_{a1}/\dot{I}_{a1} \\ Z_2 = \Delta\dot{U}_{a2}/\dot{I}_{a2} \\ Z_0 = \Delta\dot{U}_{a0}/\dot{I}_{a0} \end{array}\right\} \tag{9-11}$$

式中：$Z_1$、$Z_2$ 和 $Z_0$ 分别称为该元件的正序、负序阻抗和零序阻抗；电力系统每个元件的正序、负序、零序阻抗可能相同，也可能不同，视元件的结构而定。

### 9.2.3　对称分量法在不对称故障计算中的应用

某一等效电力系统如图 9-4（a）所示，假设仅在 k 点发生了不对称故障。如果电力系统除故障点外的三相参数都是对称的线性电路，则根据对称分量所具有的独立性，可以将故障网络分成三个独立的序网来研究，k 点局部的不对称可通过故障边界表示。例如，k 点发生了 a 相接地短路，即 $U_a = 0$，$U_b \neq 0$，$U_c \neq 0$；故障点对地电压的不对称，可以看作是在故障点接有不对称的接地阻抗，即 $Z_a = 0$，$Z_b = \infty$，$Z_c = \infty$。

根据电路理论中的替代原理，可用一组不对称电动势 $U_a$、$U_b$、$U_c$ 来代替故障点的不对称阻抗，该组电动势的大小与故障点对地电压相等，用对称分量来表示时，如图 9-4（b）所示。

应用对称分量法，将不对称电动势 $U_a$、$U_b$、$U_c$ 和不对称电流 $I_a$、$I_b$、$I_c$，按式（9-4）的形式分解成正序、负序、零序三组对称分量。根据对称分量所具有的独立性，把故障网络图 9-4（b）分为正序网、负序网、零序网三个独立的序网，如图 9-4（c）、(d)、(e) 所示。

在正序网图 9-4（c）中包含有发电机的电源电动势（正序）和故障点的正序电压分量，在这样正序电源的作用下，电力系统三相正序网中流有正序电流，系统各元件对应的阻抗就是正序阻抗。在负序网图 9-4（d）或零序网图 9-4（e）中，由于发电机没有负序和零序电源（无源），只有故障点的负序或零序电压分量，因此电力系统三相负序网或零序网中流有负序或零序电流，电路中对应的是负序或零序阻抗。

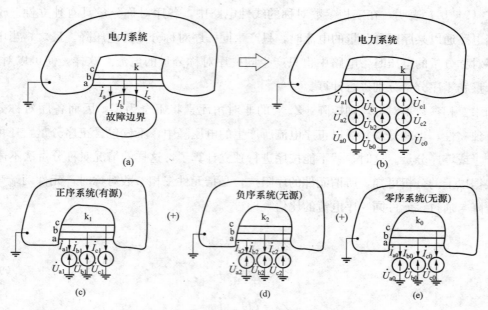

图 9-4  对称分量表示的故障系统

对于每一个序网，由于三相都是对称的，故可以只取一相来进行分析计算，通常称此相为基准相。基准相原则上可以选择三相中的任意一相，但在电力系统故障分析计算中，一般是选择最特殊的一相作为基准相。例如，a 相接地故障时，取 a 相为基准相，这样就可以作出 a 相的正序网、负序网和零序网。

在正序网、负序网、零序网中（仅分析基准相），分别将各序网络从故障端口用戴维南定理等值，就得到图 9-5（a）、（b）、（c）所表示的基准相正序、负序、零序等值电路。它们所对应的序网方程为（以 a 相为基准相）

$$\left.\begin{aligned}
\dot{U}_{a1} &= \dot{E}_{a\Sigma1} - Z_{\Sigma1}\dot{I}_{a1} \\
\dot{U}_{a2} &= 0 - Z_{\Sigma2}\dot{I}_{a2} \\
\dot{U}_{a0} &= 0 - Z_{\Sigma0}\dot{I}_{a0}
\end{aligned}\right\} \tag{9-12}$$

式中：$\dot{E}_{a\Sigma1}$ 为 a 相正序等值电路的电动势，等于故障前故障点对地的开路电压；$\dot{U}_{a1}$、$\dot{U}_{a2}$、$\dot{U}_{a0}$ 分别为故障点 a 相对地的正序、负序、零序电压；$\dot{I}_{a1}$、$\dot{I}_{a2}$、$\dot{I}_{a0}$ 分别为故障点 a 相的正序、负序、零序电流，由故障点流入大地；$Z_{\Sigma1}$、$Z_{\Sigma2}$、$Z_{\Sigma0}$ 分别为正序、负序、零序等值网络对故障点每相的入端阻抗。

式（9-12）称为三个序网方程，它们是针对基准相（此处选择 a 相）而推出的，与故障形式无关（而与故障点位置有关），反映了各种不对称短路的共性，即说明当系统发生各种不对称短路故障时各序网络的序电压和序电流都应遵循的相互关系。

式（9-12）只有三个方程式，但有六个未知数（$U_{a1}$、$U_{a2}$、$U_{a0}$、$I_{a1}$、$I_{a2}$、$I_{a0}$），所以

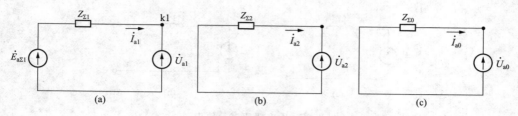

图 9-5　基准相三序网等值电路

（a）正序；（b）负序；（c）零序

还必须寻找另外三个方程才能联立求解得到六个未知数。另外三个方程可以根据短路故障的边界条件（即故障形式）得到。再利用对称分量法的基本变换式（9-3）的关系，即可求得故障点三相电压和电流（$U_a$、$U_b$、$U_c$、$I_a$、$I_b$、$I_c$）。

# 第 9.3 节　电力系统各元件的序参数及等值电路

电力系统中的元件可以分为静止元件和旋转元件两大类型，它们的序阻抗各有特点。

对于静止元件（主要有输电线路、变压器、电抗器等），如三相输电线路，当在线路上分别施加正序或负序电压时，由于三相线路的自感和互感的电磁关系相同，所以正序阻抗等于负序阻抗。当在线路上施加零序电压时，由于三相的零序电流是同相位的，三相间互感彼此加强，故零序阻抗不等于正序阻抗或负序阻抗。一般情况下，$Z_1 = Z_2 \neq Z_0$。

对于旋转元件（主要有同步发电机、电动机等），如同步发电机，在定子侧通以不同序的电流时，所产生的电磁关系完全不相同。正序电流产生的旋转磁场与转子旋转方向相同，负序电流产生的旋转磁场则在转子旋转方向相反，零序电流产生的磁场却与转子位置无关。所以，旋转元件的正序、负序阻抗和零序阻抗是不相等的。

在短路电流的实用计算中，一般只计及各元件的电抗，而略去电阻。

## 9.3.1　同步发电机的序电抗及等值电路

### 1. 正序电抗及等值电路

发电机在正序电动势源的作用下，定子绕组中流过的是三相对称正序电流，相应的电抗就是正序电抗。发电机的正序等值电路应根据分析求解问题的不同而取用不同的模型。例如在计算次暂态短路电流时，用图 9-6（a）所示的等值电路和参数。计算暂态短路电流时，用图 9-6（b）所示的等值电路和参数。图 9-6 中各种模型参数的定义以及求解与第 7 章介绍的相同。

### 2. 负序电抗及等值电路

发电机没有负序电源，当同步发电机定子绕组中流过同步频率的负序电流时，它产生的

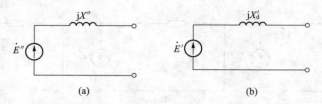

图9-6　发电机正序等值电路

（a）次暂态参数的等值电路；（b）暂态参数的等值电路

旋转磁场与转子的转向相反，对转子的相对转速为同步转速的2倍。因此，在转子的励磁绕组和阻尼绕组中感应产生二倍同步频率的交流电流，并将负序电枢反应磁通排挤到各自的漏磁通路径上通过。可见，定子绕组对负序电流的等值电抗，即负序电抗 $X_2$ 应为 $X_d''$ 和 $X_q''$ 的某种平均值，一般近似地取用算术平均值，即

$$X_2 \approx \frac{1}{2}(X_d'' + X_q'') \tag{9-13}$$

当 $X_d'' \approx X_q''$ 时，$X_2 \approx X_d''$。发电机负序等值电路如图9-7（a）所示。

### 3. 零序电抗及等值电路

同步发电机定子绕组中的零序电流不产生气隙磁通，只存在定子绕组的漏磁通，所以定子零序电抗 $X_0$ 实为零序漏抗。定子零序漏磁与正序或负序电流产生的漏磁很不一样，这是因为定子的许多槽中嵌有相邻两相绕组的导线且绕向相反，而各相零序电流大小相等、相位相同，所以零序漏磁比正序漏磁小，减小的程度视绕组的型式而定。由于上述原因，同步发电机的零序电抗标幺值差别很大，一般 $X_0 = (0.15 \sim 0.6) X_d''$，发电机零序等值电路如图9-7（b）所示。

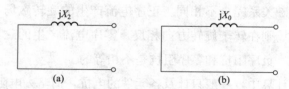

图9-7　发电机负序和零序等值电路

（a）负序等值电路；（b）零序等值电路

表9-1列出不同类型同步发电机 $X_2$ 和 $X_0$ 标幺值的大致范围和数值。

表9-1　　　　　　　　　　不同类型同步发电机 $X_2$ 和 $X_0$ 的标幺值

| | 汽轮发电机 | 水轮发电机 | 同步调相机和大型同步电动机 |
|---|---|---|---|
| $X_2$ | 0.134~0.18 | 0.15~0.35 | 0.24 |
| $X_0$ | 0.036~0.08 | 0.04~0.125 | 0.08 |

### 9.3.2　异步电动机、综合负荷的序电抗及等值电路

电力系统的负荷主要是工业负荷。大多数工业负荷是异步电动机，因此在电力系统不对称短路故障的分析计算中，异步电动机的各序电抗可以近似代表综合负荷的电抗。

根据电机学的知识，异步电动机的正序阻抗与电动机的转差 $s$ 有关，在正常运行时，电动机的转差与机端电压及电动机的受载系数（即机械转矩与电动机额定转矩之比）有关。在系统短路过程中，因电动机的转差与它的端电压有关，而端电压是随着短路电流的变化而变化的，所以精确计算十分困难。在不对称短路故障的实用计算中，正序电抗常取 $X_1 = 1.2$（以其自身容量为基准的标幺值），等值电路如图 9-8 所示（只计电抗）。

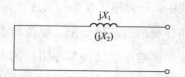

图 9-8　异步电动机或综合负荷的
正序（或负序）等值电路

异步电动机是旋转元件，其负序电抗不等于正序电抗。当电动机端施加基频负序电压时，流入定子绕组的负序电流将在气隙中产生一个与转子转向相反的旋转磁场，对电动机产生制动性的转矩。若转子相对于正序旋转磁场的转差为 $s$，则转子相对于负序旋转磁场的转差为 $2-s$。因此，负序电抗也是转差 $s$ 的函数。在实用计算中，常取 $X_2 = 0.2$。如果计及降压变压器和线路的电抗，常取 $X_2 = 0.35$（均是以其自身容量为基准的标幺值）。其等值电路也如图 9-8 所示。

异步电动机三相绕组一般接成不接地星形或三角形，综合负荷一般用 Yd 接法的变压器供电，所以零序电流不能流通，相当于 $X_0 = \infty$，在零序网络中不用画出。

### 9.3.3　电抗器的序电抗及等值电路

电抗器是静止元件，它的正序电抗等于负序电抗。电抗器是无铁芯的空芯线圈，各相间的互感很小，它的电抗主要取决于各相线圈的自感。因此，零序电抗可以认为也等于正序电抗。由式（9-9）可知，当互感抗 $Z_m = 0$ 时，略去电阻，则有

$$X_1 = X_2 = X_0 \tag{9-14}$$

电抗器的等值电路如图 9-9 所示。

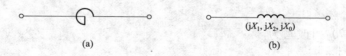

       (a)           (b)

图 9-9　电抗器及各序等值电路

（a）图形符号；（b）等值电路

### 9.3.4　电力线路的序阻抗及等值电路

#### 1. 单回架空线路

架空线路是属于静止元件，它的正序阻抗等于负序阻抗。一般单位长度线路的正、负序

阻抗计算式为

$$z_1 = z_2 = r + \mathrm{j}0.1445\lg\frac{D_{\mathrm{eq}}}{D_{\mathrm{s}}} \quad (\Omega/\mathrm{km}) \tag{9-15}$$

式中：$r$ 为相导线单位长度电阻，$\Omega/\mathrm{km}$；$D_{\mathrm{eq}}$ 为三相导线的几何均距，cm 或 mm；$D_{\mathrm{s}}$ 为一相导线的自几何均距，单位与 $D_{\mathrm{eq}}$ 相同。

影响输电线路零序阻抗的大小的相关因素主要有：①输电线路是单回线路还是双回线路架设；②线路是否装设架空地线；③架空地线的材料。

三相单回架空线路单位长度零序阻抗一般计算式为

$$z_0 = r + 3r_{\mathrm{n}} + \mathrm{j}0.1445\lg\frac{D_{\mathrm{e}}^3}{D_{\mathrm{s}}D_{\mathrm{eq}}^2} \quad (\Omega/\mathrm{km}) \tag{9-16}$$

式中：$D_{\mathrm{e}}$ 为地中虚拟导线的深度。

前面介绍的序阻抗基本概念时已说明了三相架空输电线路的正序、负序、零序阻抗的概念。根据式（9-9），当三相施以正（或负）序电流时，互感磁通是起到去磁作用的，这时正（或负）序阻抗为 $Z_{\mathrm{s}} - Z_{\mathrm{m}}$，小于单相线路的自阻抗；当三相施以零序电流时，各相零序电流大小相等、相位相同，互感磁通是助磁作用，这时零序阻抗为 $Z_{\mathrm{s}} + 2Z_{\mathrm{m}}$，故零序阻抗要大于正序阻抗。

2. 平行架设的双回架空线路

电力线路平行架设时，三相零序电流之和不为零，并且双回路都以同一大地作为零序电流的返回通路，因此不能像正（负）序电流那样忽略平行回路间的影响。

图 9-10（a）表示两端共母线的双回输电线路，它们的电压降分别为

$$\left.\begin{aligned}
\Delta\dot{U}_{\mathrm{I}0} &= \Delta\dot{U}_0 = Z_{\mathrm{I}0}\dot{I}_{\mathrm{I}0} + Z_{\mathrm{I}-\mathrm{II}0}\dot{I}_{\mathrm{II}0} \\
\Delta\dot{U}_{\mathrm{II}0} &= \Delta\dot{U}_0 = Z_{\mathrm{II}0}\dot{I}_{\mathrm{II}0} + Z_{\mathrm{I}-\mathrm{II}0}\dot{I}_{\mathrm{I}0}
\end{aligned}\right\} \tag{9-17}$$

式中：$\dot{I}_{\mathrm{I}0}$、$\dot{I}_{\mathrm{II}0}$ 分别为线路 I 和 II 中的零序电流；$Z_{\mathrm{I}0}$、$Z_{\mathrm{II}0}$ 分别为不计两回线路间互相影响时线路 I 和 II 的一相零序等值阻抗；$Z_{\mathrm{I}-\mathrm{II}0}$ 分别为平行线路 I 和 II 之间的零序互阻抗。

方程式（9-17）可改写为

$$\left.\begin{aligned}
\Delta\dot{U}_0 &= (Z_{\mathrm{I}0} - Z_{\mathrm{I}-\mathrm{II}0})\dot{I}_{\mathrm{I}0} + Z_{\mathrm{I}-\mathrm{II}0}(\dot{I}_{\mathrm{I}0} + \dot{I}_{\mathrm{II}0}) \\
\Delta\dot{U}_0 &= (Z_{\mathrm{II}0} - Z_{\mathrm{I}-\mathrm{II}0})\dot{I}_{\mathrm{I}0} + Z_{\mathrm{I}-\mathrm{II}0}(\dot{I}_{\mathrm{I}0} + \dot{I}_{\mathrm{II}0})
\end{aligned}\right\} \tag{9-18}$$

根据式（9-18）可以绘出双回平行输电线路的零序等值电路，如图 9-10（b）所示。如果双回路完全相同，即 $Z_{\mathrm{I}0} = Z_{\mathrm{II}0} = Z_0$，则 $\dot{I}_{\mathrm{I}0} = \dot{I}_{\mathrm{II}0}$，此时计及平行回路间相互影响后每一回路一相的零序等值阻抗为

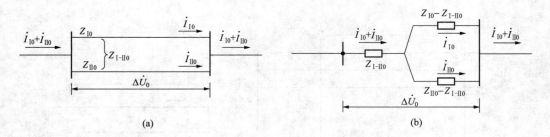

图 9-10 双回平行输电线路及其零序等值电路

$$Z_0' = Z_0 + Z_{I-II0} \tag{9-19}$$

由此可见，平行线路间的互阻抗的影响，使输电线路的零序等值阻抗增大了。

在以上各式中，$Z_{I0}$ 和 $Z_{II0}$ 的单位长度值可用式（9-16）计算。$z_{I-II0}$ 的单位长度值的计算式为

$$z_{I-II0} = 3\left(r_e + j0.1445 \lg \frac{D_e}{D_{I-II}}\right) \quad (\Omega/km) \tag{9-20}$$

式（9-20）等号右边出现系数 3 是因为线路之间的互阻抗电压降是由 3 倍的单相零序电流产生的。

线路 I 和 II 之间的互几何均距 $D_{I-II}$ 等于线路 I 中每一导线（设为 $a_1$、$b_1$、$c_1$）到线路 II 中每一导线（设为 $a_2$、$b_2$、$c_2$）的所有九个轴间距离连乘积的九次方根，即

$$D_{I-II} = \sqrt[9]{D_{a_1 a_2} D_{a_1 b_2} D_{a_1 c_2} D_{b_1 a_2} D_{b_1 b_2} D_{b_1 c_2} D_{c_1 a_2} D_{c_1 b_2} D_{c_1 c_2}}$$

**3. 避雷线对架空线路零序参数的影响**

有避雷线的架空线路，当三相导线流过零序电流时，其磁场将在避雷线上感应三个同方向的零序电动势，该零序电动势将在避雷线与大地形成的回路中产生零序电流 $I_w$。三相导线流过正序、负序电流时，在避雷线感应的三个电动势之和为零（近似认为三相与避雷线距离相等），因此避雷线没有正序、负序电流流过。如图 9-11（a）所示，避雷线也是一个"导线—地"回路，它的自阻抗 $Z_w$ 以及它与各相"导线—地"回路间的互阻抗为 $Z_{CW}$。根据图 9-11（b）可以写出一相导线和避雷线的回路零序电压方程为

$$\left.\begin{array}{l} \Delta\dot{U}_0 = Z_0 \dot{I}_0 + Z_{CW} \dot{I}_w \\ 0 = Z_w \dot{I}_w + 3Z_{CW} \dot{I}_0 \end{array}\right\}$$

由上述方程的第二式求出 $\dot{I}_w$，代入第一式可得

$$\Delta\dot{U}_0 = \left(Z_0 - \frac{3Z_{CW}^2}{Z_w}\right)\dot{I}_0 = Z_0^{(w)} \dot{I}_0$$

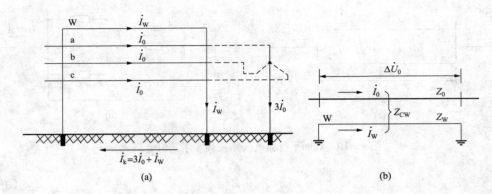

图 9 - 11  有避雷线的架空线路

(a) 三相导线；(b) 单相导线

式中

$$Z_0^{(\mathrm{W})}=Z_0-\frac{3Z_{\mathrm{CW}}^2}{Z_{\mathrm{W}}}=r_0^{(\mathrm{w})}+\mathrm{j}x_0^{(\mathrm{w})} \tag{9-21}$$

即有避雷线时线路每相的零序阻抗 $Z_0^{(\mathrm{W})}$ 小于无避雷线时的 $Z_0$。

避雷线相当于一个与三相导线有磁耦合的短路线圈，所以其会使导线电抗 $X_0^{(\mathrm{W})}$ 减小、电阻 $R_0^{(\mathrm{W})}$ 增大，影响程度与避雷线的材料有关。钢芯铝绞线避雷线的自阻抗 $Z_{\mathrm{W}}$ 较小，所以对零序阻抗的影响很大；铝绞线避雷线对 $Z_0^{(\mathrm{W})}$ 影响较小。

有的线路具有两根避雷线，可以用一根等值避雷线代替，其等值半径可按分裂导线的等值半径公式计算。

有避雷线的同杆两回平行架空线路的零序参数简述如下：设不计避雷线作用时，两回路的零序自阻抗和互阻抗分别为 $Z_{\mathrm{I}0}$、$Z_{\mathrm{II}0}$、$Z_{\mathrm{I-II}0}$，避雷线自阻抗为 $Z_{\mathrm{W}}$，避雷线与两回路每相之间的互阻抗分别为 $Z_{\mathrm{IW}}$ 和 $Z_{\mathrm{IIW}}$，则三个回路零序电压方程式可表示为

$$\left.\begin{aligned}\Delta\dot{U}_{\mathrm{I}0}&=Z_{\mathrm{I}0}\dot{I}_{\mathrm{I}0}+Z_{\mathrm{I-II}0}\dot{I}_{\mathrm{II}0}+Z_{\mathrm{IW}}\dot{I}_{\mathrm{w}}\\ \Delta\dot{U}_{\mathrm{II}0}&=Z_{\mathrm{II}0}\dot{I}_{\mathrm{II}0}+Z_{\mathrm{I-II}0}\dot{I}_{\mathrm{I}0}+Z_{\mathrm{IIW}}\dot{I}_{\mathrm{w}}\\ 0&=Z_{\mathrm{W}}\dot{I}_{\mathrm{w}}+3Z_{\mathrm{IW}}\dot{I}_{\mathrm{I}0}+3Z_{\mathrm{IIW}}\dot{I}_{\mathrm{II}0}\end{aligned}\right\}$$

由第三式求出 $\dot{I}_{\mathrm{w}}$，代入前两式，可得

$$\left.\begin{aligned}\Delta\dot{U}_{\mathrm{I}0}&=Z_{\mathrm{I}0}^{(\mathrm{W})}\dot{I}_{\mathrm{I}0}+Z_{\mathrm{I-II}0}^{(\mathrm{W})}\dot{I}_{\mathrm{II}0}\\ \Delta\dot{U}_{\mathrm{II}0}&=Z_{\mathrm{II}0}^{(\mathrm{W})}\dot{I}_{\mathrm{II}0}+Z_{\mathrm{I-II}0}^{(\mathrm{W})}\dot{I}_{\mathrm{I}0}\end{aligned}\right\} \tag{9-22}$$

式中

$$Z_{\mathrm{I}0}^{(\mathrm{W})} = Z_{\mathrm{I}0} - \frac{3Z_{\mathrm{I}\,\mathrm{W}}^2}{Z_{\mathrm{W}}}, \qquad Z_{\mathrm{II}0}^{(\mathrm{W})} = Z_{\mathrm{II}0} - \frac{3Z_{\mathrm{II}\,\mathrm{W}}^2}{Z_{\mathrm{W}}}, \qquad Z_{\mathrm{I}-\mathrm{II}0}^{(\mathrm{W})} = Z_{\mathrm{I}-\mathrm{II}0} - \frac{3Z_{\mathrm{I}\,\mathrm{W}} Z_{\mathrm{II}\,\mathrm{W}}}{Z_{\mathrm{W}}}$$

式（9 - 22）和没有避雷线的式（9 - 17）具有相同的形式，因此相关计算可参考无避雷线时的处理方法。

表 9 - 2 列出架空线路零序电抗与正序电抗比值的约值，可供规划设计及近似计算使用。表中双回路的零序电抗是指两回完全相同并联运行的线路。

**表 9 - 2　　　　　　　　　　架空线路零序电抗与正序电抗比值的约值**

| 线路类型 | 单回线路 $x_0/x_1$ | 双回线路 $x_0/x_1$ |
|---|---|---|
| 无避雷线 | 3.5 | 5.5 |
| 有铁磁导体避雷线 | 3.0 | 4.7 |
| 有良导体避雷线 | 2.0 | 3.0 |

#### 4. 电缆线路

电缆线路是静止元件，它的正序电抗等于负序电抗。由于电缆的三相芯线的距离远比架空线路的线间距离要小得多，所以电缆线路的正序电抗小于架空线路的正序电抗。

电缆线路的零序电抗一般由试验确定。

在近似计算中，电缆线路的参数也可以采用表 9 - 2 给出的数值。

电缆线路的正序、负序、零序等值电路，均可用一电抗参数表示。

### 9.3.5　变压器的序电抗及等值电路

变压器是静止元件，其正序参数及等值电路与负序的是相同的。变压器的正序参数及等值电路在第 2 章已作介绍。在短路电流计算中，常略去励磁支路以及阻抗中的电阻，仅用一电抗参数表示。本节着重讨论变压器的零序等值电路和参数，以及在零序网络中变压器等值电路与外电路的连接问题。

#### 1. 普通变压器的零序电抗及等值电路

变压器的等值电路表征了某相一、二次绕组间的电磁关系。不论变压器通以哪一序的电流，都不会改变某相一、二次绕组间的电磁关系，因此变压器的正序、负序和零序等值电路具有相同的形式。图 9 - 12 为不计绕组电阻和铁芯损耗时变压器的零序等值电路。

变压器的漏抗，反映了一、二次绕组间磁耦合的紧密情况。漏磁通的路径与所通电流的序别无关，因此变压器的正序、负序和零序的等值漏抗也相等。

变压器的励磁电抗，取决于主磁通路径的磁导。当变压器通以负序电流时，主磁通的路径与通以正序电流时完全相同。因此，负序励磁电抗与正序的相同。由此可见，变压器正序、负序等值电路及其参数是完全相同的。这个结论适用于电力系统中的一切静止元件。变

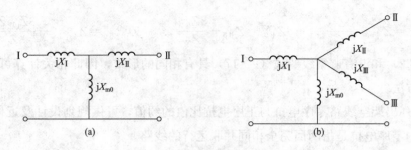

图 9-12　变压器的零序等值电路

（a）双绕组变压器；（b）三绕组变压器

压器的零序励磁电抗与变压器的铁芯结构密切相关。图 9-13 所示为三种常见的变压器铁芯结构与零序励磁磁通的路径。

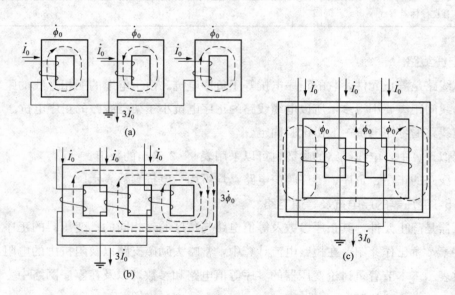

图 9-13　零序主磁通的磁路

（a）三个单相的组式；（b）三相四柱式；（c）三相三柱式

对于由三个单相变压器组成的三相变压器组，每相的零序主磁通与正序主磁通一样，都有独立的铁芯磁路 ［见图 9-13（a）］，因此零序励磁电抗与正序的相等。对于三相四柱式（或五柱式）变压器 ［见图 9-13（b）］ 零序主磁通也能在铁芯中形成回路，磁阻很小，因而零序励磁电抗的数值很大。以上两种变压器，在短路计算中都可以取 $X_{m0} \approx \infty$，即忽略励磁电流，把励磁支路断开。

对于三相三柱式变压器，由于三相零序磁通大小相等、相位相同，因而不能像正序（或负序）主磁通那样某相的主磁通可以经过另外两相的铁芯形成回路，它们被迫经过绝缘介质和外壳形成回路［见图 9－13（c）］，遇到很大的磁阻。因此，这种变压器的零序励磁电抗比正序励磁电抗小很多。在短路计算中，应视为有限值，其值一般用实验方法确定，大致是 $X_{m0} \approx 0.3 \sim 1.0$。

### 2. 变压器零序等值电路与外电路的连接

变压器的零序等值电路与外电路的连接，取决于零序电流的流通路径，因而与变压器三相绕组连接形式及中性点是否接地有关。不对称短路时，零序电压（电动势）是施加在故障点的线和大地之间。根据这一点，可以从以下三方面来讨论变压器零序等值电路与外电路的连接情况。

（1）当外电路向变压器某侧三相绕组施加零序电压时，如果能在该侧绕组产生零序电流，则等值电路中该侧绕组端点与外电路接通；如果不能产生零序电流，则从电路等值的观点看，可以认为变压器该侧绕组端点与外电路断开。根据这个原则，只有中性点接地的星形接法（用 YN 表示）的绕组才能与外电路接通。

（2）当变压器绕组具有零序电动势（由另一侧绕组的零序电流感生的）时，如果它能将零序电动势施加到外电路上去，则等值电路中该侧绕组端点与外电路接通，否则与外电路断开。据此，也只有中性点接地的 YN 接法绕组才能与外电路接通。至于能否在外电路产生零序电流，则应由外电路中的元件是否提供零序电流的通路而定。

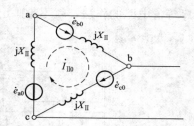

图 9－14　三角形侧的零序环流

（3）在三角形接法（用 D 表示）的绕组中，绕组的零序电动势虽然不能作用到外电路去，但能在三相绕组中形成零序环流，如图 9－14 所示。此时，零序电动势将被零序环流在绕组漏抗上的电压降所平衡，相绕组两端电压为零。这种情况，与变压器绕组短接是等效的。因此，在等值电路中该侧绕组端点接零序等值中性点（等值中性点与地同电位时则接地）。

根据以上三点，变压器零序等值电路与外电路的连接，可用图 9－15 的开关电路来表示。

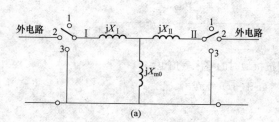

| 变压器绕组接法 | 开关位置 | 绕组端点与外电路的连接 |
| --- | --- | --- |
| Y | 1 | 与外电路断开 |
| YN | 2 | 与外电路接通 |
| D | 3 | 与外电路断开，但与励磁支路并联 |

(a)　　　　　　　　　　　　　(b)

图 9－15　变压器零序等值电路与外电路的连接

(a) 等值电路；(b) 与外电路的连接

上述各点及开关电路也完全适用于三绕组变压器。

顺便指出，由于三角形接法的绕组漏抗与励磁支路并联，不管何种铁芯结构的变压器，一般励磁电抗总比漏抗大得多。因此，在短路计算中，当变压器有三角形接法绕组时，都可以近似地取 $X_{m0} \approx \infty$。

### 3. 变压器中性点经阻抗接地时的零序等值电路

变压器中性点经阻抗接地时，零序等值电路必须计及这一阻抗。这点与正序或负序等值电路不同（变压器中性点经阻抗接地时，在正序或负序等值电路中不必画出，因为此时流过中性点阻抗的电流为零）。例如图 9-16（a）的 YNynd 接线的变压器，Ⅰ 侧中性点经阻抗 $Z_n$ 接地，Ⅱ 侧直接接地。假设不对称故障在 Ⅰ 侧（即 Ⅰ 侧加零序电压），为了正确地作出零序等值电路，首先要查明零序电流的分布情况（注意到此时中性点接地阻抗上将流过三倍的零序电流）和中性线 $Z_n$ 上的零序电压降（$3Z_n \dot{I}_0$）。在保持零序电流分布不变，各回路零序电压方程不变的条件下，可作出图 9-16（b）的等值图。再参考前述的变压器零序等值电路的作法，就不难画出图 9-16（c）所示的零序等值电路，其中 $X_{m0}$ 支路可以除去（$X_{m0} \approx \infty$）。

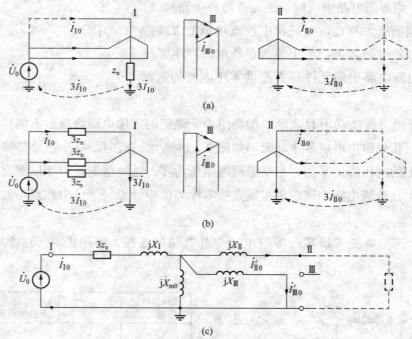

图 9-16　中性点经阻抗接地时的零序等值电路

（a）接线图；（b）等值图；（c）等值电路

### 4. 自耦变压器零序等值电路

自耦变压器一般用于联系两个中性点接地的电网，它本身的中性点一般也是接地的。中性点直接接地的自耦变压器的零序等值电路及其参数、等值电路与外电路的连接情况、短路

计算中励磁电抗 $X_{m0}$ 的处理等，都与普通变压器的情况相同。但应注意，由于两个自耦绕组共用一个中性点和接地线，因此不能直接从等值电路中已折算的电流值求出中性点的入地电流。中性点的入地电流应等于两个自耦绕组零序电流实际有名值之差的 3 倍，如图 9 - 17 所示，即 $\dot{I}_n = 3(\dot{I}_{I0} - \dot{I}_{II0})$。

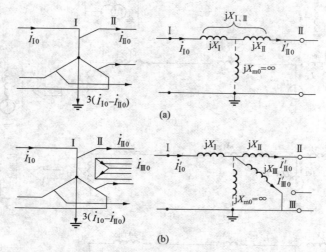

图 9 - 17　中性点直接接地自耦变压器零序等值电路（$X_{m0} \approx \infty$）

(a) 双绕组自耦变压器；(b) 三绕组自耦变压器

# 第 9.4 节　电力系统的各序等值电路

掌握了电力系统各元件的序电抗及等值电路，就可以制定电力系统不对称故障后的各序等值电路。以图 9 - 18（a）所示的简单电力系统为例，假设在 k 点发生某种形式的不对称短路故障，除了抽出来的故障端口不对称外，从故障端口看原电力系统，其电路结构仍然是对称的。因此根据对称分量法，可以作出对应各序分量的电力系统等值电路。在作等值电路时，一般从故障点开始（尤其是作零序网络），相当于在故障点施加某一序电压，逐一查明各序电流所能流通的路径，凡各序电流所流经的元件，都应包括在各等值电路中。以下分别介绍各序等值电路的作法及注意事项。

## 9.4.1　正序等值电路

（1）将各元件的正序等值电路按电力系统的连接形式连接起来，其中，正序电流不流经变压器 T1 的中性点电抗 $X_n$ 和空载变压器 T3，所以在正序等值电路中相应的电抗不必画出。应注意，元件参数用标幺值表示时应归算到统一的基准值。

（2）发电机模型（$E_G$、$X_G$）应根据求解问题的要求而取用相应的参数模型。

（3）短路点要接正序电压 $U_{k1}$。

（4）作正序等值电路如图 9 - 18（b）所示，在故障端口可用戴维南定理等效成右侧图的形

式，其中 $X_{\Sigma 1}=(X_{G1}+X_{T1.1})//(X_{L1}+X_{T2.1}+X_{LD1})$；$E_{\Sigma}=U_{k|0|}$（即短路前 k 点的电压）。

（5）正序等值电路的方程为 $\dot{U}_{k1}=\dot{E}_{\Sigma}-j\dot{I}_{k1}X_{\Sigma 1}$。

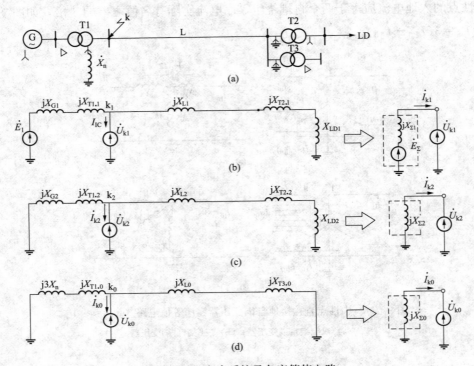

图 9-18　电力系统及各序等值电路

（a）系统图；（b）正序等值电路；（c）负序等值电路；（d）零序等值电路

### 9.4.2　负序等值电路

（1）将元件的负序等值电路按电力系统的连接形式连接起来。其中，负序电流不流经变压器 T1 的中性点电抗 $X_n$ 和空载变压器 T3，所以在负序等值电路中不必画出。

（2）发电机没有负序电动势源，但可以流通负序电流。

（3）静止元件负序参数与正序参数相等，旋转元件负序参数原则上不同于正序参数。

（4）故障点接负序电压 $\dot{U}_{k2}$。

（5）作负序等值电路如图 9-18（c）所示，在故障端口可用戴维南定理等效成右侧图的形式，其中 $X_{\Sigma 2}=(X_{G2}+X_{T1.2})//(X_{L2}+X_{T2.2}+X_{LD2})$。

（6）负序等值电路的方程为 $\dot{U}_{k2}=-j\dot{I}_{k2}X_{\Sigma 2}$。

### 9.4.3　零序等值电路

（1）从故障点开始（特别注意），先画上零序电压 $\dot{U}_{k0}$ 后，再查明零序电流可能流通的路径，有零序电流流过的元件按原电力系统的连接形式画出，没有零序电流流过的元件不必画出（变压器 T2 二次侧为 Y 接法，零序电流不能流通；当 $X_{m0}\approx\infty$ 时，该支路仍然相当于断开）。

（2）发电机没有零序电动势源，零序电流也不流通。

（3）不论是旋转元件（发电机、电动机等）还是静止磁耦合元件（线路、变压器等），其零序参数原则上与正、负序参数是不相等的。

（4）作零序等值电路如图9-18（d）所示。在故障端口可用戴维南定理等效成右侧图形式，其中 $X_{\Sigma 0} = (3X_n + X_{T1.0}) // (X_{L0} + X_{T3.0})$。若没有特别说明，通常认为 $X_{m0} \approx \infty$。

（5）零序等值电路的方程为 $\dot{U}_{k0} = -jX_{\Sigma 0}\dot{I}_{k0}$。

根据三个序网，以故障端口按戴维南定理等值，即可得到三个序网方程式

$$\left.\begin{aligned} \dot{U}_{k1} &= \dot{E}_{k\Sigma 1} - jX_{\Sigma 1}\dot{I}_{k1} \\ \dot{U}_{k2} &= 0 - jX_{\Sigma 2}\dot{I}_{k2} \\ \dot{U}_{k0} &= 0 - jX_{\Sigma 0}\dot{I}_{k0} \end{aligned}\right\} \tag{9-23}$$

式（9-23）所列三个方程有六个未知数（基准相的三个电压、三个电流序分量），所以还必须寻找三个方程才能联立求解得到六个未知数。另三个方程可以根据短路故障的边界条件（即故障形式）得到。

**【例9-1】** 如图9-19所示电力系统，试分别作出在 $k_1$、$k_2$、$k_3$ 点发生不对称故障时的正序、负序、零序等值电路，并写出 $X_{\Sigma 1}$、$X_{\Sigma 2}$、$X_{\Sigma 0}$ 的表达式（计及 $X_{m0} \approx \infty$）。

**解：**（1）在 $k_1$ 点发生不对称短路故障时。

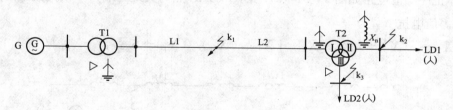

图9-19 电力系统

1）作正序等值电路如图9-20（a）所示。以 $k_1$ 点与大地为端口，根据戴维南定理，可求得正序等值电抗为

$$X_{\Sigma 1} = (X_{G1} + X_{T1.1} + X_{L1.1}) // [(X_{L2.1} + X_{I1}) + (X_{II1} + X_{LD1.1}) // (X_{III1} + X_{LD2.1})]$$

2）作负序等值电路如图9-20（b）所示。以 $k_1$ 点与大地为端口，根据戴维南定理可求得负序等值电抗为

$$X_{\Sigma 2} = (X_{G2} + X_{T1.2} + X_{L1.2}) // [(X_{I2.2} + X_{I2}) + (X_{II2} + X_{LD1.2}) // (X_{III2} + X_{LD2.2})]$$

3）作零序等值电路如图9-20（c）所示。变压器T2的Ⅱ绕组虽然是经电抗 $X_n$ 接地，但由于外接负载LD1是不接地的，所以零序电流仍然不能流通，故在零序网络中不画出。以 $k_1$ 点与大地为端口，根据戴维南定理，可求得零序等值电抗为

$$X_{\Sigma 0} = (X_{T1.0} + X_{L1.0}) // (X_{L2.0} + X_{I0} + X_{III0})$$

（2）在 $k_2$ 点发生不对称短路故障时。

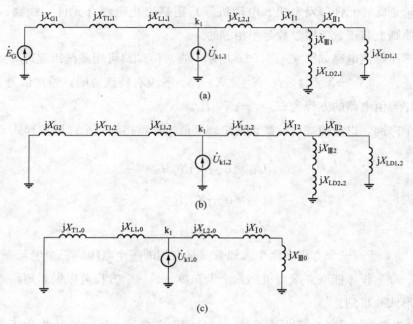

图 9-20 当 k1 点故障时正序、负序、零序等值电路

(a) 正序等值电路；(b) 负序等值电路；(c) 零序等值电路

1）作正序等值电路如图 9-21（a）所示。以 $k_2$ 点与大地为端口，根据戴维南定理，可求得正序等值电抗 $X_{\Sigma 1}$ 为

$$X_{\Sigma 1} = [(X_{G1} + X_{T1.1} + X_{L1.1} + X_{L2.2} + X_{I1}) // (X_{III1} + X_{LD2.1}) + X_{II1}] // X_{LD1.1}$$

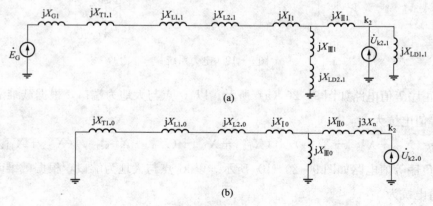

图 9-21 当 $k_2$ 点故障时正、零序等值电路

(a) 正序等值电路；(b) 零序等值电路

2）作负序等值电路，求等值电抗 $X_{\Sigma 2}$。等值电路的形式类似于图 9-21（a）所示。但在负序等值电路中发电机没有负序电源电动势但有负序电流（短接）。故障点应接负序电压 $\dot{U}_{k2.2}$。根据戴维南定理可求得 $X_{\Sigma 2}$ 为

$$X_{\Sigma2}=[(X_{G2}+X_{T1.2}+X_{L1.2}+X_{L2.2}+X_{II2})//(X_{II2}+X_{LD2.2})+X_{III2}]//X_{LD1.2}$$

3）作零序等值电路，如图 9-21（b）所示。

根据戴维南定理可求得 $X_{\Sigma0}$ 为

$$X_{\Sigma0}=[(X_{T1.0}+X_{L1.0}+X_{L2.0}+X_{I0})//X_{III0}]+(X_{II0}+3X_n)$$

（3）在 $k_3$ 点发生不对称短路故障时。

1）作正序等值电路如图 9-22 所示。以 $k_3$ 点与大地为端口，根据戴维南定理，可求得正序等值电抗为

$$X_{\Sigma1}=\{[(X_{G1}+X_{T1.1}+X_{L1.1}+X_{L2.1}+X_{I1})//(X_{II1}+X_{LD1.1}]+X_{III1}\}//X_{LD2.1}$$

图 9-22 当 $k_3$ 点故障时正序等值电路。

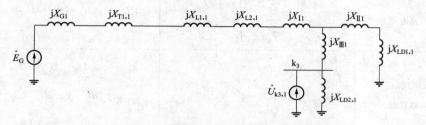

图 9-22　$k_3$ 点故障时正序等值电路

2）作负序等值电路，求等值电抗 $X_{\Sigma2}$。负序等值电路的形式类似于图 9-22，但在负序等值电路中没有电源电动势、各元件参数用负序参数、故障点接负序电压 $U_{k3.2}$（图略）。按戴维南定理可求 $X_{\Sigma2}$ 为

$$X_{\Sigma2}=\{[(X_{G2}+X_{T1.2}+X_{L1.2}+X_{L2.2}+X_{I2})//(X_{II2}+X_{LD1.2})]+X_{III2}\}//X_{LD2.2}$$

3）作零序等值电路。因为不对称故障是发生在变压器 T2 的三角形绕组侧，零序电流不能流通，所以 $X_{\Sigma0}=\infty$。

# 第 9.5 节　简单不对称短路故障的分析计算

假设电力系统 k 点发生不对称故障时，根据对称分量法可以将故障网络分成三个独立的序网（正、负、零序）来研究。因为正序、负序、零序网络三相分别是对称的，因此故障分析计算时只需计算一相即可。通常将所分析计算的这一相称为"基准相"。

基准相的选择：按故障边界条件，选择最特殊的一相为基准相（原则上选择任何一相均可，但选择最特殊的相作为基准相，分析计算较为方便）。

根据前面介绍过的知识，三个序网络（对应三个序网方程）与故障形式无关；但有六个未知数（$U_{a1}$、$U_{a2}$、$U_{a0}$、$I_{a1}$、$I_{a2}$、$I_{a0}$），为求解六个未知数，还需寻找三个方程。这三个方程可以从故障边界条件得到。三种不对称短路故障的边界条件见表 9-3（金属性短路，即故障点过渡电阻为零）。

求得故障点的六个未知数（$U_{a1}$、$U_{a2}$、$U_{a0}$、$I_{a1}$、$I_{a2}$、$I_{a0}$）后，再按照对称分量的关系式$[\dot{F}_{abc}=]=[a][\dot{F}_{120}]$，即可求得故障点三相电压和电流（$U_a$、$U_b$、$U_c$、$I_a$、$I_b$、$I_c$）。

表 9-3                      故 障 边 界 条 件

| 故障形式 | 故障边界条件 | 解算条件（基准相的对称分量表示） |
|---|---|---|
| 单相接地［如 $k_a^{(1)}$］<br><br>（选 a 相为基准相） | $\dot{I}_b=0$ | $a^2\dot{I}_{a1}+a\dot{I}_{a2}+\dot{I}_{a0}=0$ |
| | $\dot{I}_c=0$ | $a\dot{I}_{a1}+a^2\dot{I}_{a2}+\dot{I}_{a0}=0$ |
| | $\dot{U}_a=0$ | $\dot{U}_{a1}+\dot{U}_{a2}+\dot{U}_{a0}=0$ |
| 两相短路［如 $k_{bc}^{(2)}$］<br><br>（选 a 相为基准相） | $\dot{I}_a=0$ | $\dot{I}_{a1}+\dot{I}_{a2}+\dot{I}_{a0}=0$ |
| | $\dot{U}_b=\dot{U}_c$ | $a^2\dot{U}_{a1}+a\dot{U}_{a2}+\dot{U}_{a0}=a\dot{U}_{a1}+a^2\dot{U}_{a2}+\dot{U}_{a0}$ |
| | $\dot{I}_b=-\dot{I}_c$ | $a^2\dot{I}_{a1}+a\dot{I}_{a2}+\dot{I}_{a0}=-(a\dot{I}_{a1}+a^2\dot{I}_{a2}+\dot{I}_{a0})$ |
| 两相接地［如 $k_{ab}^{(1\cdot1)}$］<br><br>（选 c 相为基准相） | $\dot{U}_a=0$ | $a^2\dot{U}_{c1}+a\dot{U}_{c2}+\dot{U}_{c0}=0$ |
| | $\dot{U}_b=0$ | $a\dot{U}_{c1}+a^2\dot{U}_{c2}+\dot{U}_{c0}=0$ |
| | $\dot{I}_c=0$ | $\dot{I}_{c1}+\dot{I}_{c2}+\dot{I}_{c0}=0$ |

### 9.5.1 单相接地故障

电力系统发生简单不对称短路故障分析计算，通常可以按以下七个步骤进行。

（1）确定基准相。假设电力系统中 k 点发生图 9-23 所示的 a 相接地故障［$k_a^{(1)}$］，因此选择最特殊的 a 相为基准相。

（2）作故障后各序等值电路。a 相（基准相）三个序网按照戴维南定理等值，可以得到故障端口的三个序网方程式（9-23）。

（3）列出边界条件。根据故障端口电压和电流的情况，列写出三相电压和电流的特点以及相互关系，即故障边界条件为

图 9-23   a 相接地故障

$$\left.\begin{array}{l} \dot{U}_a=0 \\ \dot{I}_b=0 \\ \dot{I}_c=0 \end{array}\right\} \qquad (9-24)$$

（4）列写解算方程。按照对称分量法 a、b、c 分量与 1、2、0 分量的基本关系，用基准相的对称分量来表示边界条件，可得解算方程为

$$\left.\begin{array}{l} \dot{U}_{a1}+\dot{U}_{a2}+\dot{U}_{a0}=0 \\ a^2\dot{I}_{a1}+a\dot{I}_{a2}+\dot{I}_{a0}=0 \\ a\dot{I}_{a1}+a^2\dot{I}_{a2}+\dot{I}_{a0}=0 \end{array}\right\} \qquad (9-25)$$

（5）计算故障点基准相各序电压和电流（$U_{a1}$、$U_{a2}$、$U_{a0}$、$I_{a1}$、$I_{a2}$、$I_{a0}$）。计算故障点基准相各序电压和电流可以有两种方法，一种代数方法，另一种电路方法。

1）代数方法：联立求解式（9-23）和式（9-25）的六个方程，即可求得故障点基准相电压和电流的六个未知数（$U_{a1}$、$U_{a2}$、$U_{a0}$、$I_{a1}$、$I_{a2}$、$I_{a0}$）。

2）电路方法：将式（9-25）确定的解算条件化简，找出三个序网电压和电流之间的关系，以确定三个序网的连接形式（即复合序网）。复合序网实际上就是电力系统发生不对称故障后的等值电路。然后再按电路的基本关系式求解（$U_{a1}$、$U_{a2}$、$U_{a0}$、$I_{a1}$、$I_{a2}$、$I_{a0}$）。具体做法如下：

a. 化简解算方程式（9-25），可以得到

$$\left. \begin{array}{l} \dot{U}_{a1} + \dot{U}_{a2} + \dot{U}_{a0} = 0 \\ \dot{I}_{a1} = \dot{I}_{a2} = \dot{I}_{a0} \end{array} \right\} \tag{9-26}$$

b. 根据式（9-26）的条件，将经过戴维南定理等效后的序网连接起来，就可以得到复合序网，如图9-24所示。

c. 按复合序网的电路图9-24，求解基准相各序对称分量为

$$\dot{I}_{a1} = \dot{I}_{a2} = \dot{I}_{a0} = \frac{\dot{E}_\Sigma}{\mathrm{j}(X_{\Sigma1} + X_{\Sigma2} + X_{\Sigma0})} \tag{9-27}$$

$$\left. \begin{array}{l} \dot{U}_{a1} = \dot{E}_\Sigma - \mathrm{j}X_{\Sigma1}\dot{I}_{a1} = \mathrm{j}(X_{\Sigma2} + X_{\Sigma0})\dot{I}_{a1} \\ \dot{U}_{a2} = -\mathrm{j}X_{\Sigma2}\dot{I}_{a2} \\ \dot{U}_{a0} = -\mathrm{j}X_{\Sigma0}\dot{I}_{a0} \end{array} \right\} \tag{9-28}$$

（6）计算故障点各相电压和电流（$U_a$、$U_b$、$U_c$、$I_a$、$I_b$、$I_c$）。利用对称分量法的基本变换的关系$[\dot{F}_{abc} =] = [a][\dot{F}_{120}]$，可求得故障点三相电压和电流（$U_a$、$U_b$、$U_c$、$I_a$、$I_b$、$I_c$）如下

$$\dot{I}_a = \dot{I}_{a1} + \dot{I}_{a2} + \dot{I}_{a0} = 3\dot{I}_{a1}$$

$$\dot{I}_b = 0, \quad \dot{I}_c = 0, \quad \dot{U}_a = 0$$

$$\dot{U}_b = a^2\dot{U}_{a1} + a\dot{U}_{a2} + \dot{U}_{a0} = \mathrm{j}[(a^2-a)X_{\Sigma2} + (a^2-1)X_{\Sigma0}]\dot{I}_{a1}$$

$$= \frac{\sqrt{3}}{2}[(2X_{\Sigma2} + X_{\Sigma0}) - \mathrm{j}\sqrt{3}X_{\Sigma0}]\dot{I}_{a1}$$

$$\dot{U}_c = a\dot{U}_{a1} + a^2\dot{U}_{a2} + \dot{U}_{a0} = \mathrm{j}[(a-a^2)X_{\Sigma2} + (a-1)X_{\Sigma0}]\dot{I}_{a1}$$

$$= \frac{\sqrt{3}}{2}[-(2X_{\Sigma2} + X_{\Sigma0}) - \mathrm{j}\sqrt{3}X_{\Sigma0}]\dot{I}_{a1}$$

（7）作故障点电压和电流相量图。先以基准相的某一对称分量电流（如$I_{a1}$）为参考相

量的方向，再按照式（9-27）和式（9-28）的关系，确定各对称分量电流、电压相量的位置，随后再按相叠加便可得到故障点各相电流、电压的相量关系，如图9-25所示。

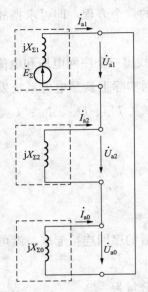

图9-24 单相接地短路的复合序网

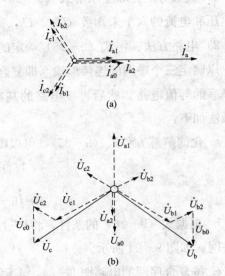

图9-25 单相接地短路时短路处的电流和电压相量图

(a) 电流相量图；(b) 电压相量图

以上是分析求解电力系统不对称故障时几个主要步骤。下面进一步分析和讨论单相接地故障的某些特例。

（1）故障点经过渡电阻短路。如果故障点 a 相经过渡电阻 $R_g$ 发生短路，如图9-26所示，三个序网方程还是式（9-23），但边界条件为

$$\left.\begin{array}{c} \dot{I}_b = 0 \\ \dot{I}_c = 0 \\ \dot{U}_a = \dot{I}_a R_g \end{array}\right\} \qquad (9-29)$$

图9-26 a相经过渡电阻短路

用基准相（a相）对称分量表示的解算方程为

$$\left.\begin{array}{c} a^2 \dot{I}_{a1} + a \dot{I}_{a2} + \dot{I}_{a0} = 0 \\ a \dot{I}_{a1} + a^2 \dot{I}_{a2} + \dot{I}_{a0} = 0 \\ \dot{U}_{a1} + \dot{U}_{a2} + \dot{U}_{a0} = (\dot{I}_{a1} + \dot{I}_{a2} + \dot{I}_{a0}) R_g \end{array}\right\} \qquad (9-30)$$

化简为

$$\left.\begin{array}{c} \dot{I}_{a1} = \dot{I}_{a2} = \dot{I}_{a0} \\ \dot{U}_{a1} + \dot{U}_{a2} + \dot{U}_{a0} = 3 \dot{I}_{a1} R_g \end{array}\right\}$$

根据式（9-30）简化后的解算方程可以作出复合序网，如图9-27所示。故障点基准

相各序电流和电压的计算以及故障点各相电流和电压的计算均如前述。

如上所述，经过渡电阻短路的分析计算方法并没有太大的区别，仅仅是在故障边界条件中计及过渡电阻的因素即可。

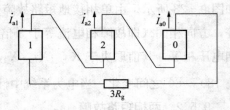

图 9-27 a 相经过渡电阻短路复合序网

（2）故障点非故障相电压的变化。电力系统发生单相（a 相）接地故障时，假设 $X_{\Sigma1}=X_{\Sigma2}$，令 $K_0=X_{\Sigma0}/X_{\Sigma1}$，则可得

$$\dot{U}_b=a^2\dot{U}_{a1}+a\dot{U}_{a2}+\dot{U}_{a0}$$

$$=a^2(\dot{E}_{a\Sigma}-j\dot{I}_{a1}X_{\Sigma1})+a(-j\dot{I}_{a2}X_{\Sigma2})+(-j\dot{I}_{a0}X_{\Sigma0})$$

$$=a^2\dot{E}_{a\Sigma}-(a^2+a)j\dot{I}_{a1}X_{\Sigma1}-j\dot{I}_{a0}X_{\Sigma0} \tag{9-31}$$

$$=\dot{E}_{b\Sigma}-\frac{\dot{E}_{a\Sigma}}{j(2X_{\Sigma1}+X_{\Sigma0})}j(X_{\Sigma0}-X_{\Sigma1})$$

$$=\dot{E}_{b\Sigma}-\dot{E}_{a\Sigma}\frac{K_0-1}{2+K_0}=\dot{U}_{b|0|}-\dot{U}_{a|0|}\frac{K_0-1}{2+K_0}$$

同理，可得 c 相的电压为

$$\dot{U}_c=\dot{E}_{c\Sigma}-\dot{E}_{a\Sigma}\frac{K_0-1}{2+K_0}=\dot{U}_{c|0|}-\dot{U}_{a|0|}\frac{K_0-1}{2+K_0} \tag{9-32}$$

以上两式中，$\dot{E}_{a\Sigma}$、$\dot{E}_{b\Sigma}$、$\dot{E}_{c\Sigma}$ 分别为故障点故障前的三相电压 $\dot{U}_{a|0|}$、$\dot{U}_{b|0|}$、$\dot{U}_{c|0|}$。

当 $K_0<1$ 时，$X_{0\Sigma}<X_{1\Sigma}$，非故障相电压较正常时电压有所降低。

当 $K_0=0$ 时

$$\dot{U}_b=\dot{U}_{b|0|}+\frac{1}{2}\dot{U}_{a|0|}=\frac{\sqrt{3}}{2}\dot{U}_{b|0|}\angle30°$$

$$\dot{U}_c=\dot{U}_{c|0|}+\frac{1}{2}\dot{U}_{a|0|}=\frac{\sqrt{3}}{2}\dot{U}_{c|0|}\angle-30°$$

当 $K_0=1$ 时，$X_{0\Sigma}=X_{1\Sigma}$，则 $\dot{U}_b=\dot{U}_{b|0|}$，$\dot{U}_c=\dot{U}_{c|0|}$，即故障后非故障相电压不变。

当 $K_0>1$ 时，$X_{0\Sigma}>X_{1\Sigma}$，故障时非故障相电压较正常时升高；当 $X_{0\Sigma}=\infty$ 时，非故障相电压升高最为严重，这时有

$$\dot{U}_b=\dot{U}_{b|0|}-\dot{U}_{a|0|}=\sqrt{3}\dot{U}_{b|0|}\angle-30°$$

$$\dot{U}_c=\dot{U}_{c|0|}-\dot{U}_{a|0|}=\sqrt{3}\dot{U}_{c|0|}\angle30°$$

$X_{0\Sigma}=\infty$，相当于中性点不接地系统，当发生单相接地故障时，非故障相电压将升高 $\sqrt{3}$ 倍。

根据 a 相接地故障的边界条件及相量之间的关系，可以画出非故障相电压的变化轨迹，

如图 9-28 所示。由单相接地短路故障分析可知：①电路点基准相正、负、零序电流大小相等，方向相同（即故障相电流等于 3 倍的正序电流）；②短路点故障相电压等于零，非故障相电压相等，其值取决于 $K_0 = X_{0\Sigma}/X_{1\Sigma}$。当 $K_0$ 在零到无穷大之间变化时，非故障相电压相位 $180° \sim 60°$ 之间变化。当电力系统中性点不接地时，即 $X_{0\Sigma} = \infty$，非故障相电压升高 $\sqrt{3}$ 倍。

### 9.5.2 两相短路故障

（1）确定基准相。假设电力系统某一点发生图 9-29 所示的 ab 两相短路故障 $[k_{ab}^{(2)}]$，因此选择最特殊的 c 相为基准相。

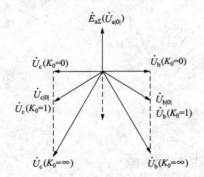

图 9-28 单相接地时非故障相电压

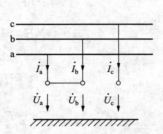

图 9-29 ab 两相短路故障

（2）作故障后各序等值电路。c 相（基准相）三个序网按照戴维南定理等值，可以得到故障端口的三个序网方程式为

$$\left.\begin{aligned}
\dot{U}_{c1} &= \dot{E}_{c\Sigma 1} - jX_{\Sigma 1}\dot{I}_{c1} \\
\dot{U}_{c2} &= 0 - jX_{\Sigma 2}\dot{I}_{c2} \\
\dot{U}_{c0} &= 0 - jX_{\Sigma 0}\dot{I}_{c0}
\end{aligned}\right\} \tag{9-33}$$

（3）列出边界条件。边界条件为

$$\left.\begin{aligned}
\dot{U}_a &= \dot{U}_b \\
\dot{I}_c &= 0 \\
\dot{I}_a + \dot{I}_b &= 0
\end{aligned}\right\} \tag{9-34}$$

（4）列写解算方程。用基准相的对称分量来表示边界条件，可得解算方程

$$\left.\begin{aligned}
a^2\dot{U}_{c1} + a\dot{U}_{c2} + \dot{U}_{c0} &= a\dot{U}_{c1} + a^2\dot{U}_{c2} + \dot{U}_{c0} \\
\dot{I}_{c1} + \dot{I}_{c2} + \dot{I}_{c0} &= 0 \\
a^2\dot{I}_{c1} + a\dot{I}_{c2} + \dot{I}_{c0} + a\dot{I}_{c1} + a^2\dot{I}_{c2} + \dot{I}_{c0} &= 0
\end{aligned}\right\} \tag{9-35}$$

（5）计算故障点基准相各序电压和电流。

1) 代数方法：联立求解式（9-33）和式（9-35），即可求得故障点基准相电压和电流的六个未知数 $\dot{U}_{c1}$、$\dot{U}_{c2}$、$\dot{U}_{c0}$、$\dot{I}_{c1}$、$\dot{I}_{c2}$、$\dot{I}_{c0}$。

2) 电路方法：首先，将式（9-35）确定的解算条件化简，找出三个序网电压和电流之间的关系，确定复合序网。然后，再按电路的基本关系式求解 $\dot{U}_{c1}$、$\dot{U}_{c2}$、$\dot{U}_{c0}$、$\dot{I}_{c1}$、$\dot{I}_{c2}$、$\dot{I}_{c0}$。

a. 化简式（9-35）可以得到

$$\left.\begin{array}{l} \dot{U}_{c1}=\dot{U}_{c2} \\ \dot{I}_{c1}+\dot{I}_{c2}=0 \\ \dot{I}_{c0}=0 \end{array}\right\} \qquad (9-36)$$

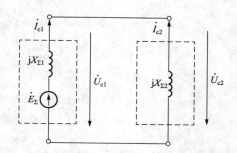

b. 根据式（9-36）的条件，将经过戴维南定理等效后的各序网络连接起来，就可以得到复合序网，如图 9-30 所示。

图 9-30　两相短路的复合序网

c. 按复合序网的电路形式，求解基准相的各对称分量，即

$$\dot{I}_{c1}=\frac{\dot{E}_{\Sigma}}{\mathrm{j}(X_{\Sigma 1}+X_{\Sigma 2})}=-\dot{I}_{c2} \qquad (9-37)$$

$$\dot{U}_{c1}=\dot{U}_{c2}=-\mathrm{j}X_{\Sigma 2}\dot{I}_{c2}=\mathrm{j}X_{\Sigma 2}\dot{I}_{c1} \qquad (9-38)$$

（6）计算故障点各相电压和电流。按照对称分量法的基本关系

$$\begin{bmatrix} \dot{F}_{a} \\ \dot{F}_{b} \\ \dot{F}_{c} \end{bmatrix}=\begin{bmatrix} a^2 & a & 1 \\ a & a^2 & 1 \\ 1 & 1 & 1 \end{bmatrix}\begin{bmatrix} \dot{F}_{c1} \\ \dot{F}_{c2} \\ \dot{F}_{c0} \end{bmatrix} \qquad (9-39)$$

可求得故障点三相电压和电流

$$\dot{I}_{a}=a^2\dot{I}_{c1}+a\dot{I}_{c2}+\dot{I}_{c0}=(a^2-a)\dot{I}_{c1}=-\mathrm{j}\sqrt{3}\dot{I}_{c1}$$

$$\dot{I}_{b}=-\dot{I}_{a}=\mathrm{j}\sqrt{3}\dot{I}_{c1}, \qquad \dot{I}_{c}=0$$

$$\dot{U}_{a}=a^2\dot{U}_{c1}+a\dot{U}_{c2}+\dot{U}_{c0}=(a^2+a)\dot{U}_{c1}=-\dot{U}_{c1}=-\frac{1}{2}\dot{U}_{c}$$

$$\dot{U}_{b}=\dot{U}_{a}=-\dot{U}_{c1}=-\frac{1}{2}\dot{U}_{c}$$

$$\dot{U}_{c}=\dot{U}_{c1}+\dot{U}_{c2}+\dot{U}_{c0}=2\dot{U}_{c1}=\mathrm{j}2X_{\Sigma 2}\dot{I}_{c1}$$

（7）作故障点相量图。先以基准相的某一对称分量电流（如 $\dot{I}_{c1}$）为参考相量，再按照式（9-37）和式（9-38）的基本关系，确定各对称分量电流、电压相量的位置，随后再按相叠加，即可得到故障点各相电流和电压的相量关系，如图 9-31 所示。

由两相短路故障分析可知：①短路电流及电压中不存在零序分量。②基准相电流（非故障相）中正序分量与负序分量大小相等、方向相反；两故障相的短路电流大小相等、方向相

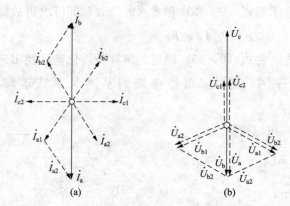

图 9 - 31 两相短路时短路处电流和电压相量图

（a）电流相量图；（b）电压相量图

反，数值上等于基准相正序电流的 $\sqrt{3}$ 倍。③短路点非故障相电压为基准相正序电压的 2 倍，而故障相电压（两相大小相等、方向相同）只有非故障相电压的一半而且方向相反。④当 $X_{1\Sigma}=X_{2\Sigma}$ 时，同一点的两相短路电流是三相短路电流的 $\sqrt{3}/2$ 倍。

### 9.5.3　两相接地故障

（1）确定基准相。假设电力系统某一点发生图 9 - 32 所示的两相接地故障 $[k_{bc}^{(1.1)}]$，因此选择最特殊的 a 相为基准相。

（2）作故障后各序等值电路。a 相（基准相）三个序网按照戴维南定理等值，可以得到故障端口的三个序网方程式（9 - 23）。

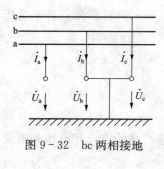

（3）列出边界条件。边界条件为

$$\left.\begin{array}{l} \dot{I}_a=0 \\[6pt] \dot{U}_b=\dot{U}_c \\[6pt] \dot{U}_b=0 \end{array}\right\} \tag{9-40}$$

图 9 - 32　bc 两相接地

（4）列写解算方程。用基准相（a 相）的对称分量来表示边界条件，可得解算方程

$$\left.\begin{array}{l} \dot{I}_{a1}+\dot{I}_{a2}+\dot{I}_{a0}=0 \\[6pt] a^2\dot{U}_{a1}+a\dot{U}_{a2}+\dot{U}_{a0}=a\dot{U}_{a1}+a^2\dot{U}_{a2}+\dot{U}_{a0} \\[6pt] a^2\dot{U}_{a1}+a\dot{U}_{a2}+\dot{U}_{a0}=0 \end{array}\right\} \tag{9-41}$$

（5）计算故障点基准相各序电压和电流。

1）代数方法：联立求解式（9 - 23）和式（9 - 41），即可求得故障点基准相电压和电流的六个未知数 $U_{a1}$、$U_{a2}$、$U_{a0}$、$I_{a1}$、$I_{a2}$、$I_{a0}$。

2）电路方法：首先将式（9 - 41）确定的解算方程化简，找出三个序网电压和电流之间的关系，确定复合序网（电力系统发生不对称故障后的等值电路）。然后再按电路的基本关系式求解 $U_{a1}$、$U_{a2}$、$U_{a0}$、$I_{a1}$、$I_{a2}$、$I_{a0}$。

a. 化简解算方程式（9-41），可以得到

$$\left. \begin{array}{l} \dot{I}_{a1} + \dot{I}_{a2} + \dot{I}_{a0} = 0 \\ \dot{U}_{a1} = \dot{U}_{a2} = \dot{U}_{a0} \end{array} \right\} \tag{9-42}$$

b. 根据式（9-42）的条件，将经过戴维南定理等效后的序网连接起来，就可以得到复合序网，如图9-33所示。

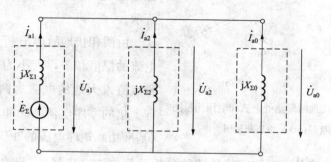

图9-33　两相接地故障的复合序网

c. 按复合序网的电路图9-33，求解基准相的各序对称分量为

$$\left. \begin{array}{l} \dot{I}_{a1} = \dfrac{\dot{E}_{\Sigma}}{\mathrm{j}(X_{\Sigma 1} + X_{\Sigma 2} // X_{\Sigma 0})} \\[3mm] \dot{I}_{a2} = -\dfrac{X_{\Sigma 0}}{X_{\Sigma 2} + X_{\Sigma 0}} \dot{I}_{a1} \\[3mm] \dot{I}_{a0} = -(\dot{I}_{a1} + \dot{I}_{a2}) = -\dfrac{X_{\Sigma 2}}{X_{\Sigma 2} + X_{\Sigma 0}} \dot{I}_{a1} \end{array} \right\} \tag{9-43}$$

$$\dot{U}_{a1} = \dot{U}_{a2} = \dot{U}_{a0} = \mathrm{j} \frac{X_{\Sigma 2} X_{\Sigma 0}}{X_{\Sigma 2} + X_{\Sigma 0}} \dot{I}_{a1} \tag{9-44}$$

（6）计算故障点各相电压和电流。利用对称分量法的基本变换的关系 $[\dot{F}_{abc}] = [a][\dot{F}_{120}]$，可求得故障点三相电压和电流

$$\dot{I}_a = 0, \quad \dot{U}_b = 0, \quad \dot{U}_c = 0$$

$$\dot{I}_b = a^2 \dot{I}_{a1} + a \dot{I}_{a2} + \dot{I}_{a0} = \left( a^2 - \frac{X_{\Sigma 2} + a X_{\Sigma 0}}{X_{\Sigma 2} + X_{\Sigma 0}} \right) \dot{I}_{a1}$$

$$\dot{I}_c = a \dot{I}_{a1} + a^2 \dot{I}_{a2} + \dot{I}_{a0} = \left( a - \frac{X_{\Sigma 2} + a^2 X_{\Sigma 0}}{X_{\Sigma 2} + X_{\Sigma 0}} \right) \dot{I}_{a1}$$

故障相（b、c相）电流的绝对值可以写为

$$I_b = I_c = \sqrt{3} \ I_{a1} \sqrt{1 - \frac{X_{\Sigma 2} X_{\Sigma 0}}{X_{\Sigma 2} + X_{\Sigma 0}}} \tag{9-45}$$

则

$$\dot{U}_{\mathrm{a}}=\dot{U}_{\mathrm{a}1}+\dot{U}_{\mathrm{a}2}+\dot{U}_{\mathrm{a}0}=3\dot{U}_{\mathrm{a}1}=\mathrm{j}\frac{3X_{\Sigma2}X_{\Sigma0}}{X_{\Sigma2}+X_{\Sigma0}}\dot{I}_{\mathrm{a}1}$$

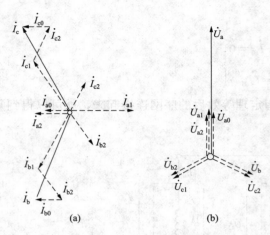

图 9-34　两相短路接地时短路处电流和电压相量图
(a) 电流相量图；(b) 电压相量图

（7）作故障点电压、电流相量图。先以基准相的某一对称分量电流（如 $I_{\mathrm{a}1}$）为参考相量，再按照式（9-43）和式（9-44）的基本关系，确定各对称分量电流、电压相量的位置，随后再按相叠加，即可得到故障点各相电流和电压的相量关系，如图 9-34 所示。

由两相接地故障分析可知：①两故障相电流的幅值相等，大小为式（9-45）。②故障点流入大地的电流为两故障相电流之和，即 3 倍的零序电流。③非故障相电压为该相（基准相）正序电压的 3 倍。

以上介绍了三种简单不对称短路故障的分析计算方法（步骤）。若故障点是经过渡电阻的（电弧电阻等）短路，则故障点电流和电压的分析计算方法完全可以按前述的步骤进行。

### 9.5.4　正序等效定则

由上述各种不对称短路故障的分析可知，短路点基准相电流的正序分量的计算式（9-27）、式（9-37）、式（9-43）可以统一写为

$$\dot{I}_{\mathrm{k}1}^{(n)}=\frac{\dot{E}_{\Sigma}}{\mathrm{j}(X_{\Sigma1}+X_{\Delta}^{(n)})} \tag{9-46}$$

其中，上标"$(n)$"表示短路类型；$X_{\Delta}^{(n)}$ 表示附加电抗，它的值取决于短路类型，见表 9-4；下标"k"表示故障基准相的量。

此外，由式（9-28）、式（9-38）、式（9-44）可以归纳得到短路点基准相电压的正序分量的通式为

$$\dot{U}_{\mathrm{k}1}=\mathrm{j}X_{\Delta}^{(n)}\dot{I}_{\mathrm{k}1} \tag{9-47}$$

式（9-46）和式（9-47）表明：在不对称短路时，短路点的电流和电压的正序分量与短路点每一相中加上附加电抗 $X_{\Delta}^{(n)}$ 后发生三相短路时的电流和电压相等。这就是不对称短路的正序等效定则。它阐明了一个重要的概念，即不对称短路可以转化为对称短路来计算。

例如图 9-35（a）所示的系统，若在 k 点发生不对称短路故障，则按正序等效定则，可作出图 9-35（b）的等值电路（又称为正序增广网络，实质上就是不对称故障时的复合序网）。通过图 9-35（b），即可求得不对称故障时基准相的正序电流 $\dot{I}_{\mathrm{k}1}$（即附加电抗 $X_{\Delta}^{(n)}$ 后发生三相短路时的电流）。

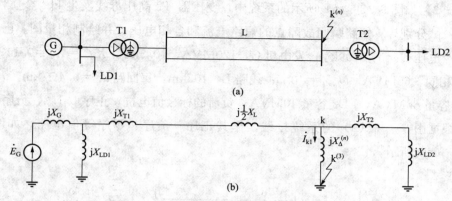

图 9-35　某系统以及 k 点不对称故障时正序增广网络

（a）系统图；（b）等值电路（正序增广网络）

在各种不对称短路时，短路点故障相电流的算式也可以写成通式

$$I^{(n)} = m^{(n)} I_{k1}^{(n)} \tag{9-48}$$

式中：$m^{(n)}$ 为比例系数，其值取决于短路类型，见表 9-4；$I^{(n)}$ 为短路点故障相短路电流的绝对值。

表 9-4　　　　　　　　　　　　各种短路故障的 $X^{(n)}$ 和 $m^{(n)}$

| 短路类型 | $X_{\Delta}^{(n)}$ | $m^{(n)}$ |
|---|---|---|
| 单相接地 $k^{(1)}$ | $X_{\Sigma 2} + X_{\Sigma 0}$ | 3 |
| 两相短路 $k^{(2)}$ | $X_{\Sigma 2}$ | $\sqrt{3}$ |
| 两相接地 $k^{(1.1)}$ | $X_{\Sigma 2} // X_{\Sigma 0}$ | $\sqrt{3}\sqrt{1 - \dfrac{X_{\Sigma 2} X_{\Sigma 0}}{(X_{\Sigma 2} + X_{\Sigma 0})^2}}$ |
| 三相短路 $k^{(3)}$ | 0 | 1 |

式（9-48）表明，短路点故障相电流的绝对值与短路电流的正序分量成正比。另外，由式（9-27）、式（9-37）、式（9-43）可知，短路点基准相电流的负序分量和零序分量也与短路点基准相正序电流分量成正比，且短路点基准相电压的正序、负序、零序分量也都与短路点正序电流成正比。因此，在短路电流计算中，至关紧要的是先求出短路点基准相的正序电流 $\dot{I}_{k1}$。

由以上分析可知，根据正序等效定则，若要将不对称短路计算转化为对称短路来计算，只需要先求出系统对短路点的负序等效电抗 $X_{\Sigma 2}$ 和零序等效电抗 $X_{\Sigma 0}$，然后按照短路类型，由表 9-4 计算出附加电抗 $X_{\Delta}^{(n)}$。将其接入短路点，就可以计算出短路点正序电流分量 $\dot{I}_{k1}$，再解得短路点的负序和零序电流分量 $\dot{I}_{k2}$、$\dot{I}_{k0}$ 以及各序电压分量 $\dot{U}_{k1}$、$\dot{U}_{k2}$、$\dot{U}_{k0}$，最后应用对称分量法将各序电流、电压分量逐相合成，求出短路点电压和电流。

【**例9-2**】如图9-36（a）所示的系统中，变压器T2高压母线发生$k_b^{(1)}$金属性不对称短路故障，试分别计算短路瞬间故障点的短路电流和各相电压，并绘制相量图。已知参数：故障前k点电压$U_{k|0|}=109\text{kV}$；发电机G，120MVA，10.5kV，$X_d''=X_2=0.14$；变压器T1和T2相同，60MVA，$U_k\%=10.5$；线路L，105km，每回路$x_1=0.4\Omega/\text{km}$，$x_0=3x_1$。负荷LD1容量60MVA，LD2容量40MVA；负荷的标幺值电抗，正序取1.2，负序取0.35。

**解**：根据图9-36（a）的系统接线，作其正序、负序、零序等值电路，如图9-36（b）、（c）、（d）所示。

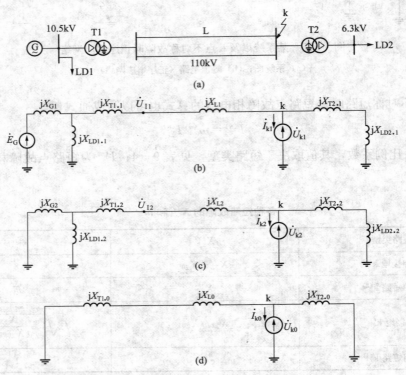

图9-36 系统以及正序、负序、零序等值电路

(a) 系统接线；(b) 正序；(c) 负序；(d) 零序

根据以上三个序网，以故障端口用戴维南定理等值，可得图9-37所示等值电路。

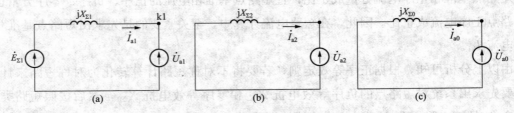

图9-37 三个序网等值电路

(a) 正序；(b) 负序；(c) 零序

取 $S_B = 120MVA$，$U_B = U_{av}$。

发电机 G　　　　　　　　　　$X_{G1} = 0.14$，　$X_{G2} = 0.14$

负荷 LD1　　$X_{LD1.1} = X_{LD1}\dfrac{S_B}{S_N} = 1.2 \times \dfrac{120}{60} = 2.4$，　　　$X_{LD1.2} = X_{LD2}\dfrac{S_B}{S_N} = 0.35 \times \dfrac{120}{60} = 0.7$

变压器 T1　　$X_{T1.1} = \dfrac{U_k\% S_B}{100 S_N} = \dfrac{10.5 \times 120}{100 \times 60} = 0.21 = X_{T1.2} = X_{T1.0}$

线路 L1　　$X_{L1} = X_{L2} = x_1 l \times \dfrac{S_B}{U_N^2} \times \dfrac{1}{2} = 0.4 \times 105 \times \dfrac{120}{115^2} \times \dfrac{1}{2} = 0.1905$

$$X_{L0} = 3X_{L1} = 3 \times 0.1905 = 0.572$$

负荷 LD2　　$X_{LD2.1} = X_{LD1}\dfrac{S_B}{S_N} = 1.2 \times \dfrac{120}{40} = 3.6$，$X_{LD2.2} = X_{LD2}\dfrac{S_B}{S_N} = 0.35 \times \dfrac{120}{40} = 1.05$

则　　　　　$X_{\Sigma 1} = [(X_{G1}//X_{LD1.1}) + X_{T1.1} + X_{L1}]//(X_{T2.1} + X_{LD2.1}) = 0.468$

$$X_{\Sigma 2} = [(X_{G2}//X_{LD1.2}) + X_{T1.2} + X_{L2}]//(X_{T2.2} + X_{LD2.2}) = 0.367$$

$$X_{\Sigma 0} = (X_{T1.0} + X_{L0})//X_{T2.0} = 0.166$$

故障前 k 点的电压　　　$\dot{U}_{k|0|} = 109/115 = 0.948\angle 0°$

**注意**：当已知条件未给出故障前 k 点电压或电源电动势时，通常取 $\dot{U}_{k|0|} = 1\angle 0°$。

单相接地故障 $k_b^{(1)}$ 计算如下：

1）确定基准相，由于 b 相故障，因此选择 b 相为基准相。

2）作故障后各序等值电路，求得三个序网方程。

各序等值电路如图 9-36 所示，三个序网方程见式（9-23）。这三个方程与故障形式无关。

3）列写边界条件

$$\dot{I}_a = 0, \qquad \dot{I}_c = 0, \qquad \dot{U}_b = 0$$

4）列写解算方程 [用基准相的对称分量来表示边界条件，可以写出解算方程]

$$\left.\begin{array}{l} \dot{U}_{b1} + \dot{U}_{b2} + \dot{U}_{b0} = 0 \\[4pt] a^2 \dot{I}_{b1} + a \dot{I}_{b2} + \dot{I}_{b0} = 0 \\[4pt] a \dot{I}_{b1} + a^2 \dot{I}_{b2} + \dot{I}_{b0} = 0 \end{array}\right\}$$

5）计算故障点基准相各序电压和电流（$U_{b1}$、$U_{b2}$、$U_{b0}$、$I_{b1}$、$I_{b2}$、$I_{b0}$）。

a. 代数方法：联立求解三个序网方程和三个解算方程，即可求得故障点基准相电压和电流的六个未知数（略）。

b. 电路方法：将第 4）步求得的解算方程化简，找出三个序网电压和电流之间的关系，以确定三个序网的连接形式（即复合序网）。由解算方程化简得

$$\left.\begin{array}{l} \dot{I}_{b1} = \dot{I}_{b2} = \dot{I}_{b0} \\ \dot{U}_{b1} + \dot{U}_{b2} + \dot{U}_{b0} = 0 \end{array}\right\}$$

由此确定复合序网如图 9-38 所示。

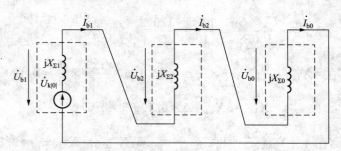

图 9-38　b 相接地复合序网

按复合序网电路图求解基准相的各序对称分量并计算序电流、序电压为

$$\dot{I}_{b1} = \dot{I}_{b2} = \dot{I}_{b0} = \frac{U_{k|0|}}{j(X_{\Sigma1} + X_{\Sigma2} + X_{\Sigma0})} = \frac{0.948}{j(0.468 + 0.367 + 0.166)} = -j0.947$$

$$\dot{U}_{b1} = j\dot{I}_{b1}(X_{\Sigma2} + X_{\Sigma0}) = j(0.367 + 0.166) \times (-j0.947) = 0.505$$

$$\dot{U}_{b0} = -j\dot{I}_{b0}X_{\Sigma0} = -j(-j0.947) \times 0.166 = -0.157$$

$$\dot{U}_{b2} = -j\dot{I}_{b2}X_{\Sigma2} = -j(-j0.947) \times 0.367 = -0.348$$

6) 计算故障点各相电压和电流

$$\begin{bmatrix} \dot{I}_a \\ \dot{I}_b \\ \dot{I}_c \end{bmatrix} = \begin{bmatrix} a & a^2 & 1 \\ 1 & 1 & 1 \\ a^2 & a & 1 \end{bmatrix} \begin{bmatrix} \dot{I}_{b1} \\ \dot{I}_{b2} \\ \dot{I}_{b0} \end{bmatrix} = \begin{bmatrix} 0 \\ -j2.84 \\ 0 \end{bmatrix}$$

$$\begin{bmatrix} \dot{U}_a \\ \dot{U}_b \\ \dot{U}_c \end{bmatrix} = \begin{bmatrix} a & a^2 & 1 \\ 1 & 1 & 1 \\ a^2 & a & 1 \end{bmatrix} \begin{bmatrix} \dot{U}_{b1} \\ \dot{U}_{b2} \\ \dot{U}_{b0} \end{bmatrix} = \begin{bmatrix} 0.775\angle107.7° \\ 0 \\ 0.775\angle-107.7° \end{bmatrix}$$

短路电流有效值

$$I_b = 2.84 \times \frac{120}{\sqrt{3} \times 115} = 1.71(\text{kA})$$

非故障电压有效值

$$U_a = U_c = 0.775 \times \frac{115}{\sqrt{3}} = 51.5(\text{kV})$$

7）短路点电压、电流相量图。

以故障前 k 点电压为相量图基准，首先根据计算结果画出基准相各序电压和序电流，并在此基础上根据对称相量法画出非故障相各序电压和序电流，如图 9-39 所示。

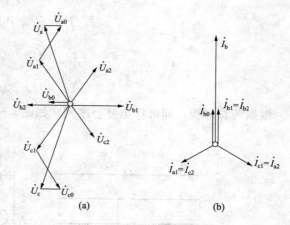

图 9-39　b 相接地相量图

（a）电压相量图；（b）电流相量图

【例 9-3】设电网中 k 点三相短路电流为 6kA，两相短路电流为 $4\sqrt{3}$ kA，单相接地短路电流为 9kA，试求该点两相接地短路时流入地中的电流。

**解**：可根据各种故障时，故障电流与正序分量的关系以及正序电流的计算方法加以推算，即

$$I_k^{(3)} = I_{k1}^{(3)} = \frac{E_{\Sigma1}}{X_{\Sigma1}} = 6(\text{kA}) \quad \rightarrow \quad E_{\Sigma1} = 6X_{\Sigma1}$$

$$I_k^{(1)} = 3I_{k1}^{(1)} = \frac{3E_{\Sigma1}}{X_{\Sigma1} + X_{\Sigma2} + X_{\Sigma0}} = 9(\text{kA}) \quad \rightarrow \quad E_{\Sigma1} = 3(X_{\Sigma1} + X_{\Sigma2} + X_{\Sigma0})$$

$$I_k^{(2)} = \sqrt{3} I_{k1}^{(2)} = \frac{\sqrt{3} E_{\Sigma1}}{X_{\Sigma1} + X_{\Sigma2}} = 4\sqrt{3}(\text{kA}) \quad \rightarrow \quad E_{\Sigma1} = 4(X_{\Sigma1} + X_{\Sigma2})$$

即

$$X_{\Sigma1} = \frac{1}{6}E_{\Sigma1}, \quad X_{\Sigma2} = \frac{1}{12}E_{\Sigma1}, \quad X_{\Sigma0} = \frac{1}{12}E_{\Sigma1}$$

则

$$I_k^{(1.1)} = \sqrt{3} \times \sqrt{1 - [X_{\Sigma2}X_{\Sigma0}/(X_{\Sigma2} + X_{\Sigma0})^2]} \times \frac{E_{\Sigma1}}{X_{\Sigma1} + X_{\Sigma2}//X_{\Sigma0}}$$

$$= \sqrt{3} \times \sqrt{1 - (6\times6)/(12\times12)} \times \frac{1}{\frac{1}{6} + \frac{6}{12\times12}} = 7.2(\text{kA})$$

【例 9-4】电力系统故障边界如图 9-40（a）所示。当 bc 两相经 $R_g$ 短路接地时，求短路点的各相电流、电压，并作短路点相量图。已知 $\dot{E}_{1\Sigma} = j1$，$X_{1\Sigma} = 0.4$，$X_{2\Sigma} = 0.5$，$X_{0\Sigma} = 0.25$，$R_g = 0.35$。

**解**：根据图 9-40（a），选取 a 相为基准相，则边界条件为

$$\left.\begin{array}{l} \dot{I}_a = 0 \\ \dot{U}_b = \dot{U}_c \\ \dot{U}_b = (\dot{I}_b + \dot{I}_c)R_g \end{array}\right\}$$

解算方程为

$$\left.\begin{array}{l} \dot{I}_{a1}+\dot{I}_{a2}+\dot{I}_{a0}=0 \\ \dot{U}_{a1}=\dot{U}_{a2} \\ \dot{U}_{a1}=\dot{U}_{a0}-3\dot{I}_0 R_g \end{array}\right\}$$

根据解算方程，即可作出复合序网，如图 9-40（b）所示。

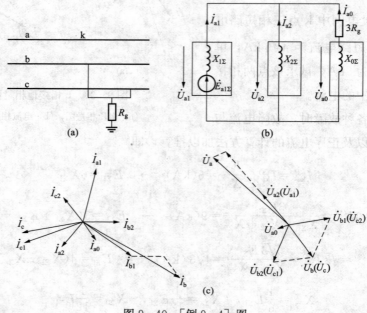

图 9-40 ［例 9-4］图

由复合序网可求出短路点各序电流和电压为

$$\dot{I}_{a1}=\frac{\dot{E}_{a1\Sigma}}{jX_{1\Sigma}+\dfrac{jX_{2\Sigma}(jX_{0\Sigma}+3R_g)}{jX_{2\Sigma}+jX_{0\Sigma}+3R_g}}=\frac{j1}{j0.4+\dfrac{j0.5(j0.25+3\times0.35)}{j0.5+j0.25+3\times0.35}}=0.42\angle68°$$

$$\dot{I}_{a2}=-\dot{I}_{a1}\frac{jX_{0\Sigma}+3R_g}{jX_{2\Sigma}+jX_{0\Sigma}+3R_g}=-0.42\angle68°\times\frac{(j0.25+3\times0.35)}{j0.5+j0.25+3\times0.35}=0.35\angle226°$$

$$\dot{I}_{a0}=-\dot{I}_{a1}\frac{jX_{2\Sigma}}{jX_{2\Sigma}+jX_{0\Sigma}+3R_g}=-0.42\angle68°\times\frac{j0.5}{j0.5+j0.25+3\times0.35}=0.16\angle303°$$

各相电流为

$$\dot{I}_a=0$$

$$\dot{I}_b=a^2\dot{I}_{a1}+a\dot{I}_{a2}+\dot{I}_{a0}=0.42\angle(68°+240°)+0.35\angle(226°+120°)+0.16\angle303°$$

$$=0.26-j0.33+0.34-j0.08+0.087-j0.13$$

$$=0.687-j0.54=0.87\angle-38°$$

$$\dot{I}_c = a\dot{I}_{a1} + a^2\dot{I}_{a2} + \dot{I}_{a0} = 0.42\angle(68°+120°) + 0.35\angle(226°+240°) + 0.16\angle303°$$
$$= 0.416 - 0.058 - 0.096 + j0.336 + 0.087 - j0.13$$
$$= -0.425 + j0.148 = 0.45\angle161°$$

各序电压为

$$\dot{U}_{a1} = \dot{U}_{a2} = \dot{I}_{a1}\frac{jX_{2\Sigma}(jX_{0\Sigma}+3R_g)}{jX_{2\Sigma}+jX_{0\Sigma}+3R_g} = 0.42\angle68° \times \frac{j0.5(j0.25+3\times0.35)}{j0.5+(j0.25+3\times0.35)}$$
$$= 0.42\angle68° \times 0.42\angle68° = 0.176\angle136°$$

$$\dot{U}_{a0} = \dot{I}_{a1}\frac{jX_{2\Sigma}\cdot jX_{0\Sigma}}{jX_{2\Sigma}+jX_{0\Sigma}+3R_g} = 0.42\angle68° \times \frac{j0.5\times j0.25}{j0.5+j0.25+3\times0.35} = 0.04\angle213°$$

各相电压

$$\dot{U}_a = \dot{U}_{a1} + \dot{U}_{a2} + \dot{U}_{a0} = 0.176\angle136° + 0.176\angle136° + 0.04\angle213°$$
$$= 0.363\angle142°$$

$$\dot{U}_b = \dot{U}_c = 3\dot{I}_0 R_g = -3\dot{I}_{a1}\frac{jX_{2\Sigma}R_g}{jX_{2\Sigma}+jX_{0\Sigma}+3R_g}$$
$$= -3\times0.42\angle68° \times \frac{j0.5\times0.35}{j0.5+j0.25+3\times0.35}$$
$$= -3\times0.42\angle68° \times 0.135\angle55° = 0.17\angle303°$$

电流和电压相量图如图 9-40 （c）所示。

## 第 9.6 节　电力系统故障电流和电压的分布计算

电力系统在设计、运行，特别是继电保护的整定中，除了需要知道故障点的短路电流和电压以外，还需要知道网络中某些支路的电流和某些节点的电压，这一要求可通过对故障后各序网络的电流和电压分布计算得到。计算方法是，在求得了故障点基准相各序电压、电流（前节介绍）之后，分别按照各序等值电路求所需支路的电流和所需节点的电压，然后将各序对称分量合成，以求得所需的各相电流和电压。值得注意的是，电压、电流的对称分量经过变压器后，可能要发生相位移动。根据电机学的知识，这取决于变压器绕组的连接组别。

### 9.6.1　对称分量经变压器后的相位变化

现以变压器的两种常用连接方式 Yy12 和 Yd11 来介绍对称分量过变压器后的相位变化。

#### 1. Yy12 连接的变压器

图 9-41 （a）表示 Yy12 连接的变压器，用 A、B、C 表示变压器绕组 I 的出线端，用 a、b 和 c 表示绕组 II 的出线端。如果在 I 侧施加以正序电压，则 II 侧绕组的相电压与 I 侧绕组的相电压同相位，如图 9-41 （b）所示。如果在 I 侧施加负序电压，则 II 侧的相电压与 I 侧的相电压也是同相位，如图 9-41 （c）所示。Yy12 连接的变压器，当所选择的基准值使变比 $k_* = 1$ 时，两侧相电压的正序分量或负序分量的标幺值分别相等、相位相同，即

$$\dot{U}_{a1}=\dot{U}_{A1}, \quad \dot{U}_{a2}=\dot{U}_{A2} \tag{9-49}$$

对于两侧相电流的正序或负序分量，亦存在上述关系。

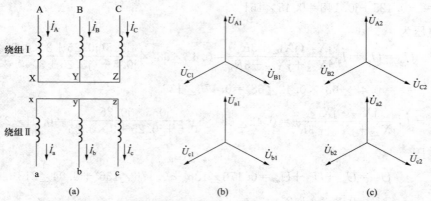

图 9-41　Yy12 接法变压器两侧电压的正序和负序分置的相位关系

（a）接线图；（b）正序电压相量图；（c）负序电压相量图

　　如果变压器接成 YNyn12，而又存在零序电流的通路时，则变压器两侧的零序电流（或零序电压）也是同相位的。因此，电压和电流的各序对称分量经过 YNyn12 连接的变压器时，并不发生相位偏移。

### 2. Yd11 连接的变压器

　　Yd11 连接组的变压器接线如图 9-42（a）所示。如在丫侧施加以正序电压，△侧的线电压虽与丫侧的相电压同相位（同一铁芯柱的绕组电压同相位），但△侧的相电压（等效丫接法时的相电压）却超前于丫侧相电压30°，如图 9-42（b）所示。当丫侧施加以负序电压时，△侧的相电压落后于丫侧相电压30°，如图 9-42（c）所示。变压器两侧相电压的正序和负序分量（用标幺值表示，且变比 $k_*=1$ 时）存在以下的关系（这里是以两侧相电压的比，也可以是两侧线电压的比）

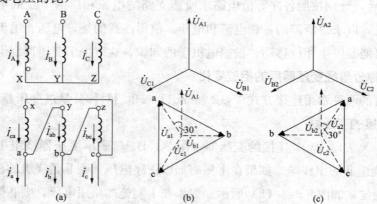

图 9-42　Yd11 接法变压器两侧电压的正、负序分量的相位关系

（a）接线图；（b）正序电压相量图；（c）负序电压相量图

$$\dot{U}_{a1}=\dot{U}_{A1}\,e^{j30°},\quad \dot{U}_{a2}=\dot{U}_{A2}\,e^{-j30°} \tag{9-50}$$

电流也有类似的情况，△侧的正序线电流超前于Y侧正序线电流30°，△侧的负序线电流则落后于Y侧负序线电流30°，如图9-43所示。当用标幺值表示电流，且变比 $k_*=1$ 时，便有

$$\dot{I}_{a1}=\dot{I}_{A1}\,e^{j30°},\quad \dot{I}_{a2}=\dot{I}_{A2}\,e^{-j30°} \tag{9-51}$$

Yd11 连接的变压器，在三角形侧的外电路中总是不含零序分量电流的。

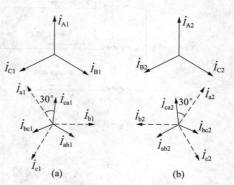

图 9-43　Yd11 接法变压器两侧电流的
正序和负序分量的相位关系

(a) 正序电流相量图；(b) 负序电流相量图

由此可见，经过 Yd11 接法的变压器并且由星形侧到三角形侧时，正序系统逆时针方向转过 30°，负序系统顺时针转过 30°；反之，由三角形侧到星形侧时，正序系统顺时针方向转 30°，负序系统逆时针方向转过 30°。因此，当已求得星形侧的序电流 $\dot{I}_{A1}$、$\dot{I}_{A2}$ 时，三角形侧各相（不是各绕组）的电流分别为

$$\dot{I}_a=\dot{I}_{a1}+\dot{I}_{a2}=\dot{I}_{A1}\,e^{j30°}+\dot{I}_{A2}\,e^{-j30°}=-j[a\,\dot{I}_{A1}+a^2(-\dot{I}_{A2})]$$

$$\dot{I}_b=a^2\dot{I}_{a1}+a\,\dot{I}_{a2}=a^2\dot{I}_{A1}\,e^{j30°}+a\,\dot{I}_{A2}\,e^{-j30°}=-j[a\,\dot{I}_{A1}+(-\dot{I}_{A2})]$$

$$\dot{I}_c=a\,\dot{I}_{a1}+a^2\dot{I}_{a2}=a\,\dot{I}_{A1}\,e^{j30°}+a^2\dot{I}_{A2}\,e^{-j30°}=-j[a^2\dot{I}_{A1}+a(-\dot{I}_{A2})]$$

更一般的表示，当 Yd $(i)$（括号内的 $i$ 表示连接组数）接法时（$k_*=1$），两侧电压、电流的关系分别可以表示为

$$\left.\begin{aligned} \dot{U}_{A1}&=\dot{U}_{a1}\,e^{-ji\times30°}\\ \dot{U}_{A2}&=\dot{U}_{a2}\,e^{-ji\times30°} \end{aligned}\right\} \tag{9-52}$$

$$\left.\begin{aligned} \dot{I}_{A1}&=\dot{I}_{a1}\,e^{ji\times30°}\\ \dot{I}_{A2}&=\dot{I}_{a2}\,e^{-ji\times30°} \end{aligned}\right\} \tag{9-53}$$

式中：$\dot{U}_{A1}$、$\dot{U}_{A2}$ 和 $\dot{I}_{A1}$、$\dot{I}_{A2}$ 分别为Y侧的每相正序、负序电压和正序、负序电流；$\dot{U}_{a1}$、$\dot{U}_{a2}$ 分别为△侧等效Y接法的每相正序、负序电压；$\dot{I}_{a1}$、$\dot{I}_{a2}$ 分别为△侧出线的正序、负序电流。

电流的正方向规定为：Y侧流向变压器为正，△侧流出变压器为正。

**【例 9-5】** 在图9-44所示的系统接线图中，假设在 YNd11 变压器的高压侧母线上发生 B、C 相短路，若低压△侧母线电压为 10.5kV，试求△侧低压母线上短路瞬间的各相电流和电压。

**解：** 所有元件的电抗均以 $S_B=100\text{MVA}$，$U_B=U_{av}$ 为基准的标幺值表示，则

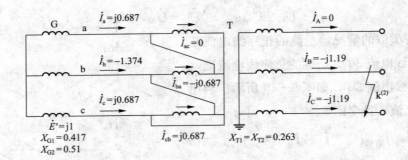

图 9-44 ［例 9-5］的接线图

$$X_{G1}=0.417, \quad X_{G2}=0.51, \quad E''=j1$$

$$X_{T1}=X_{T2}=0.263$$

$$X_{1\Sigma}=X_{G1}+X_{T1}=0.417+0.263=0.68$$

$$X_{2\Sigma}=X_{G2}+X_{T2}=0.51+0.263=0.773$$

选 A 相为基准相，当两相短路时，短路点处的各序电流和电压分别为

$$\dot{I}_{A1}=\frac{\dot{E}''}{j(X_{1\Sigma}+X_{2\Sigma})}=\frac{j1}{j(0.68+0.773)}=0.687$$

$$\dot{I}_{A2}=-\dot{I}_{A1}=-0.687$$

$$\dot{I}_{B}=-j\sqrt{3}\dot{I}_{A1}=-j1.19$$

$$\dot{I}_{C}=j\sqrt{3}\dot{I}_{A1}=j1.19$$

$$\dot{U}_{A1}=\dot{U}_{A2}=-j\dot{I}_{A2}X_{2\Sigma}=-j(-0.687)\times0.773=j0.532$$

△侧低压母线上的各序电流和电压分别为

$$\dot{I}_{a1}=\dot{I}_{A1}e^{j30°}=0.687e^{j30°}$$

$$\dot{I}_{a2}=\dot{I}_{A2}e^{-j30°}=-0.687e^{-j30°}$$

$$\dot{U}_{a1}=(\dot{U}_{A1}+\dot{I}_{A1}jX_{T1})e^{j30°}=-(j0.532+j0.687\times0.263)e^{j30°}=0.713e^{j30°}$$

$$\dot{U}_{a2}=(\dot{U}_{A2}+\dot{I}_{A2}jX_{T2})e^{-j30°}=-(j0.532-j0.687\times0.263)e^{-j30°}=0.351e^{j60°}$$

△侧低压母线上各相电流、电压的标幺值分别为：

相电流

$$\dot{I}_{a}=\dot{I}_{a1}+\dot{I}_{a2}=0.687e^{j30°}-0.687e^{-j30°}=j0.687$$

$$\dot{I}_{b}=a^2\dot{I}_{a1}+a\dot{I}_{a2}=0.687e^{j270°}-0.687e^{j90°}=-j1.374$$

$$\dot{I}_{c}=a\dot{I}_{a1}+a^2\dot{I}_{a2}=0.687e^{j150°}-0.687e^{-j210°}=j0.687$$

相电压

$$\dot{U}_a = \dot{U}_{a1} + \dot{U}_{a2} = 0.713e^{j30°} + 0.351e^{j60°} = 0.939e^{j101.1°}$$

$$\dot{U}_b = a^2\dot{U}_{a1} + a\dot{U}_{a2} = 0.713e^{j360°} + 0.351e^{j180°} = 0.362$$

$$\dot{U}_c = a\dot{U}_{a1} + a^2\dot{U}_{a2} = 0.713e^{j240°} + 0.351e^{j300°} = 0.939e^{-j101.1°}$$

相间电压

$$\dot{U}_{ab} = \dot{U}_a - \dot{U}_b = 0.939e^{j101.1°} - 0.362 = 1.07e^{j120.5°}$$

$$\dot{U}_{bc} = \dot{U}_b - \dot{U}_c = 0.362 - 0.939e^{-j101.1°} = 1.07e^{j59.5°}$$

$$\dot{U}_{ca} = \dot{U}_c - \dot{U}_a = 0.939e^{-j101.1°} - 0.939e^{j101.1°} = -j1.842$$

△侧低压母线上各相电流、电压的有名值分别为

$$I_a = I_c = 0.687 \times \frac{100}{\sqrt{3} \times 10.5} = 3.78(\text{kA})$$

$$I_b = 1.374 \times \frac{100}{\sqrt{3} \times 10.5} = 7.56(\text{kA})$$

$$U_{ab} = U_{bc} = 1.07 \times \frac{10.5}{\sqrt{3}} = 6.49(\text{kV})$$

$$U_{ca} = 1.842 \times \frac{10.5}{\sqrt{3}} = 11.18(\text{kV})$$

由以上计算可以看出，Y侧发生两相短路时，△侧三相中均有电流流过，a、c 相电流大小相等，方向相同，而 b 相电流最大，其值为 a、c 相电流的两倍，且与 a、c 相电流方向相反。若Y侧为其他相别短路时，可以得出：两相中的超前相电流最大，而其他两相电流大小相等，方向相同。△侧的电压情况是：相间电压都很大，但总有一相对地的电压为零（当不考虑变压器压降时），或为较小的数值，如本例中的 $\dot{U}_b$。

变压器两侧的电压、电流的相位关系如图 9-45 所示。

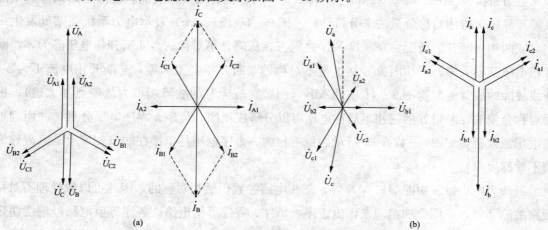

(a)　　　　　　　　　　　　　　　　(b)

图 9-45　［例 9-5］变压器两侧电压、电流相量图
(a) Y侧电压、电流；(b) △侧电压、电流

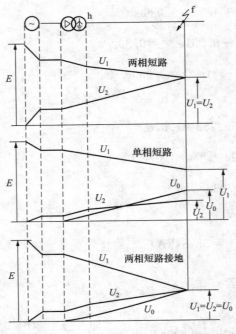

图 9-46　各种不对称短路时各序电压的分布

### 9.6.2　故障后各序电压的分布

图 9-46 画出了某一简单网络在发生各种不对称短路时各序电压的分布情况。电源点的正序电压最高。随着对短路点的接近，正序电压将逐渐降低，到短路点即等于短路处的正序电压。短路点的负序、零序电压最高，电源点的负序电压为零。由于变压器是 YNd 接法，所以零序电压在变压器△侧的出线端已经降为 0。

网络中各点电压的不对称程度主要由负序分量大小决定。负序分量越大，电压越不对称。比较图 9-46 中的各种不对称短路电压分布图形可以看出，单相短路时电压的不对称程度要比其他类型的不对称短路时小些。不管发生何种不对称短路，短路点的电压最不对称，电压不对称程度将随着与短路点的距离增大而逐渐减弱。

# 第 9.7 节　电力系统断线（非全相）故障分析计算

电力系统在运行过程中，除了可能发生前述的各种不对称短路故障外，还可能出现断线故障（也称非全相运行）。所谓非全相运行状况就是指三相电路中的一相或两相断开时的运行状态。它也是属于一种不对称（故障）运行方式。通常将电力系统发生断线故障称作纵向不对称故障。

电力系统发生断线故障（纵向不对称故障）时。同样可以像前面叙述的短路故障（横向故障）那样，应用对称分量法来分析计算。图 9-47（a）、（b）表示电力系统在某处发生一相（或两相）断开的情况。在断口 MN 之间三相压降是不对称的，非断开相电压降为零，断开相电压降不为零；三相电流显然也是不对称的，断开相电流为零，非断开相电流不为零。断线故障的故障端口为图 9-47 中的 MN（而短路故障时的故障端口为故障点和大地）。根据对称分量法，断口处的三相不对称电压可以分解成正序、负序、零序电压分量，并用理想的电压源代替，如图 9-47（c）所示。每一相的三个序电压是串接在端口 MN 上的（故称纵向不对称故障）。

若认为电力系统中除端口 MN 外，三相电路参数仍然是对称的，因此可以像处理不对称短路故障那样，应用叠加定理来作出正序、负序、零序等值电路。各序等值电路经戴维南定理等值后如图 9-48 所示。正序等值电路包含有等值电源电动势 $\dot{E}_{d\Sigma}$ 和正序等值电抗 $X_{d\Sigma 1}$，如图 9-48（a）所示。负序、零序等值电路均是无源网络，分别用等值电抗 $X_{d\Sigma2}$ 和 $X_{d\Sigma0}$ 表示，如图 9-48（b）、（c）所示，下标 "d" 表示断线故障（以下分析均以 a 相为基准相，下标略）。

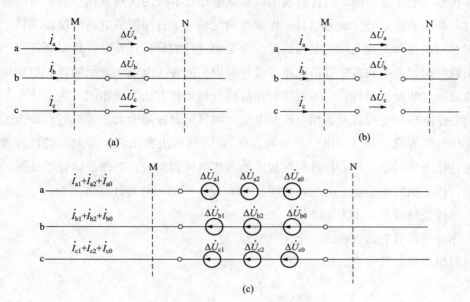

图 9-47　一相或两相断线示意图

（a）一相断线；（b）两相断线；（c）用对称分量表示

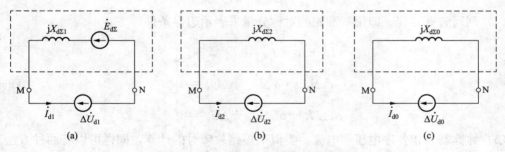

图 9-48　非全相运行时各序等值电路

（a）正序；（b）负序；（c）零序

对应于图 9-48 所示的正序、负序和零序等值电路，可以写出三个序网方程

$$\left.\begin{aligned}\Delta\dot{U}_{d1} &= \dot{E}_{d\Sigma} - jX_{d\Sigma1}\dot{I}_{d1} \\ \Delta\dot{U}_{d2} &= -jX_{d\Sigma2}\dot{I}_{d2} \\ \Delta\dot{U}_{d0} &= -jX_{d\Sigma0}\dot{I}_{d0}\end{aligned}\right\} \tag{9-54}$$

式中：$\dot{E}_{d\Sigma}$ 为正序等值电路以 MN 为端口的等值电动势 $\dot{E}_{d\Sigma} = \dot{E}_{M|0|} - \dot{E}_{N|0|}$，即表示断线前 M、N 两侧基准相电动势的差值；$\Delta\dot{U}_{d1}$、$\Delta\dot{U}_{d2}$、$\Delta\dot{U}_{d0}$ 分别表示 MN 端口的正序、负序、零

序电压（基准相）；$\dot{I}_{d1}$、$\dot{I}_{d2}$、$\dot{I}_{d0}$ 分别表示流过 MN 端口的正序、负序、零序电流（基准相）。

应当指出：非全相运行时的序网方程式（9-54），与不对称短路故障时的序网方程式（9-23）在形式上完全相同，但各自表示的相应量却有本质的区别。在不对称短路故障的分析计算时，是以短路点与大地为端口，用戴维南定理等效各序等值电路中接在端口上的各序电压，表示短路点和大地之间的电压。而在非全相运行的分析计算时，是以断开点的两端为端口，用戴维南定理等效各序等值电路中接在端口上的各序电压，表示端口 MN 的电压降。

断线故障（非全相运行）与不对称短路故障分析计算方法完全相同。为了计算 MN 端口基准相的各序电压和电流以及各相电压和电流，同样可以按照七大步骤进行，即：①确定基准相；②作各序等值电路（列出三个序网方程）；③列写边界条件；④列写解算方程；⑤计算基准相各序电压和电流；⑥计算断线故障处各相电压和电流；⑦作故障处相量图。

例如，以 a 相断线为例 $\left[d_a^{(1)}\right]$，如图 9-47（a）所示，分析计算方法为：

（1）选择最特殊的 a 相为基准相。

（2）作各序等值电路（列出三个序网方程）。

（3）列出边界条件为

$$\left.\begin{array}{l} \dot{I}_a = 0 \\ \Delta\dot{U}_b = 0 \\ \Delta\dot{U}_c = 0 \end{array}\right\} \tag{9-55}$$

（4）列写解算方程。即用基准相的对称分量来表示边界条件

$$\left.\begin{array}{l} \dot{I}_{a1} + \dot{I}_{a2} + \dot{I}_{a0} = 0 \\ a^2\Delta\dot{U}_{a1} + a\Delta\dot{U}_{a2} + \Delta\dot{U}_{a0} = 0 \\ a\Delta\dot{U}_{a1} + a^2\Delta\dot{U}_{a2} + \Delta\dot{U}_{a0} = 0 \end{array}\right\} \tag{9-56}$$

（5）计算基准相各序电压和电流。类似于短路故障时的计算，同样可以有两种方法。

1）代数方法：联立求解式（9-54）和式（9-56），即可求得基准相的各序电压和电流 $\Delta\dot{U}_{a1}$、$\Delta\dot{U}_{a2}$、$\Delta\dot{U}_{a0}$、$\dot{I}_{a1}$、$\dot{I}_{a2}$、$\dot{I}_{a0}$。

2）电路方法：化简解算方程式（9-56），可得

$$\left.\begin{array}{l} \dot{I}_{a1} + \dot{I}_{a2} + \dot{I}_{a0} = 0 \\ \Delta\dot{U}_{a1} = \Delta\dot{U}_{a2} = \Delta\dot{U}_{a0} \end{array}\right\} \tag{9-57}$$

根据式（9-57）所列电压和电流的关系，将三个等值序网可以连接成图 9-49 的复合序网。按照图 9-49 复合序网的电路连接形式，可以计算各序电流和电压为

$$\dot{I}_{a1} = \frac{\dot{E}_{d\Sigma}}{j(X_{d\Sigma1} + X_{d\Sigma2} + X_{d\Sigma0})}$$

$$\dot{I}_{a2} = -\frac{X_{d\Sigma0}}{X_{d\Sigma2} + X_{d\Sigma0}}\dot{I}_{a1} \tag{9-58}$$

$$\dot{I}_{a0} = -\frac{X_{d\Sigma2}}{X_{d\Sigma2} + X_{d\Sigma0}}\dot{I}_{a1}$$

$$\Delta\dot{U}_{a1} = \Delta\dot{U}_{a2} = \Delta\dot{U}_{a0} = j(X_{d\Sigma2}//X_{d\Sigma0})\dot{I}_{a1} \tag{9-59}$$

（6）计算断线故障处各相电压和电流。按对称分量的基本变换关系式（9-2），就可以求得断线故障点的各相电压和电流。

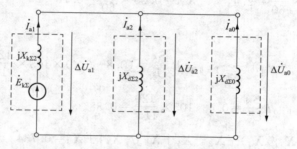

图 9-49　单相断线时复合序网

（7）作断线故障点的相量图。以基准相的某一对称分量电流（如 $I_{a1}$）为参考相量，再按式（9-58）和式（9-59），确定各对称分量电流、电压相量的位置，随后逐相叠加，即可得到各相电压、电流相量图。

从以上单相断线故障的分析可见，它与两相接地故障相似。同理，分析两相断线的情况可见，它与单相接地故障的分析计算相似（边界条件以及复合序网的形式相似）。

另外，根据对短路故障和断线故障的分析可见，由于故障端口的区别，各序等效电抗参数（$X_{\Sigma1}$、$X_{\Sigma2}$、$X_{\Sigma0}$）和等效电动势（$E_\Sigma$）的不同，尤其是 $\dot{E}_{k\Sigma} \gg \dot{E}_{d\Sigma}$。因此，一般情况下，短路故障要比断线故障严重得多，即短路电流大、电压低，这是值得注意的。

【例 9-6】如图 9-50（a）所示的电力系统，当在双回线的首端 d 处发生单相断线故障时，试计算断开相的断口电压和非断开相电流。系统各元件参数：发电机 G，$S_N = 120\text{MVA}$，$U_N = 10.5\text{kV}$，$E_G = 1.67$，$X_1 = 0.9$，$X_2 = 0.45$；变压器 T1，$S_N = 60\text{MVA}$，$U_k\% = 10.5$，$10.5/115\text{kV}$；变压器 T2，$S_N = 60\text{MVA}$，$U_k\% = 10.5$，$115/6.3\text{kV}$；线路，$l = 105\text{km}$，$x_1 = 0.4\Omega/\text{km}$，$x_{I(0)} = 0.8\Omega/\text{km}$，$x_{I-II(0)} = 0.4\Omega/\text{km}$；负荷 LD1：$S_N = 60\text{MVA}$，$X_1 = 1.2$，$X_2 = 0.35$；负荷 LD2，$S_N = 40\text{MVA}$，$X_1 = 1.2$，$X_2 = 0.35$。

**解：** 取基准值为 $S_B = 120\text{MVA}$，$U_B = U_{av}$。作故障后各序等值电路及复合序网如图 9-50（b）所示。

参数计算如下

$$X_1 = 0.9$$

$$X_2 = X_9 = X_{15} = \frac{U_k \% S_B}{100 S_N} = \frac{10.5 \times 120}{100 \times 60} = 0.21$$

$$X_3 = X_4 = X_{10} = X_{11} = 105 \times 0.4 \times \frac{120}{115^2} = 0.38$$

$$X_5 = X_{12} = \frac{U_k \% S_B}{100 S_N} = \frac{10.5 \times 120}{100 \times 60} = 0.21$$

$$X_6 = 1.2 \times \frac{120}{40} = 3.6, \qquad X_{13} = 0.35 \times \frac{120}{40} = 1.05$$

$$X_7 = 1.2 \times \frac{120}{60} = 2.4, \qquad X_{14} = 0.35 \times \frac{120}{60} = 0.70$$

$$X_8 = 0.45$$

$$X_{16} = X_{18} = [x_{I(0)} - x_{I-II(0)}] l \frac{S_N}{U_N^2} = (0.8 - 0.4) \times 105 \times \frac{120}{115^2} = 0.38$$

$$X_{17} = x_{I-II(0)} l \frac{S_N}{U_N^2} = 0.4 \times 105 \times \frac{120}{115^2} = 0.38$$

$$X_{\Sigma 1} = \{[(X_1 // X_7) + X_2 + X_5 + X_6] // X_4\} + X_3 = 0.734$$

$$X_{\Sigma 2} = \{[(X_8 // X_{14}) + X_9 + X_{12} + X_{13}] // X_{11}\} + X_{10} = 0.76$$

$$X_{\Sigma 0} = X_{16} + X_{18} = 0.76$$

求故障断口断开前电压 $\dot{U}_{dd|0|}$（即 d1—d1′ 断口的开路电压）为

$$\dot{U}_{dd|0|} = j \dot{I}_2 X_4 = \frac{(E/X_1)(X_1 // X_7)}{(X_1 // X_7) + X_2 + X_5 + X_6} X_4 = j0.091\,4$$

则故障端口的正序、负序、零序电流可按图 9-50（b）的复合序网计算为

$$\dot{I}_{d1} = \frac{\dot{U}_{dd|0|}}{j(X_{\Sigma 1} + X_{\Sigma 2} // X_{\Sigma 0})} = \frac{j0.091\,4}{j(0.734 + 0.692 // 0.76)} = 0.083\,5$$

$$\dot{I}_{d2} = -\frac{X_{\Sigma 0}}{X_{\Sigma 2} + X_{\Sigma 0}} \dot{I}_{d1} = -0.043\,7$$

$$\dot{I}_{d0} = -(\dot{I}_{d1} + \dot{I}_{d2}) = -(0.083\,5 - 0.043\,7) = -0.039\,8$$

故障断口的电压为

$$\dot{U}_{dd} = \dot{U}_{dd1} + \dot{U}_{dd2} + \dot{U}_{dd0} = 3\dot{U}_{dd1} = j3(X_{\Sigma 2} // E_{\Sigma 0}) \dot{I}_{d1} \frac{U_N}{\sqrt{3}}$$

$$= j3 \times (0.76 // 0.692) \times 0.083\,5 \times \frac{115}{\sqrt{3}} = j5.02 \, (kV)$$

非故障相电流为

$$\dot{I}_{db} = \frac{-3X_{\Sigma 2} - j\sqrt{3}(X_{\Sigma 2} + 2X_{\Sigma 0})}{2(X_{\Sigma 2} + X_{\Sigma 0})} \dot{I}_{d1} \frac{S_B}{\sqrt{3} U_B} = -0.075\,1 e^{j61.6°} \, (kA)$$

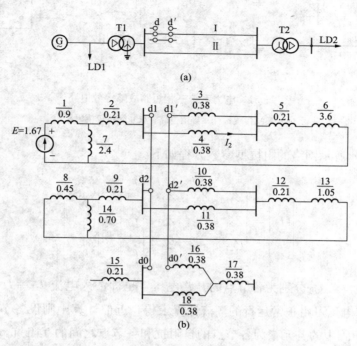

图 9-50 [例 9-6] 图

(a) 系统接线图；(b) 单相断开时的复合序网

同理可以计算得

$$\dot{I}_{dc} = -0.075\ 1e^{j61.6°}(kA)$$

## 第9.8节 电力系统短路故障计算机算法简介

对于大电力系统短路电流计算，由于其结构复杂，因此均采用计算机进行计算。以下简要介绍计算机算法的数学模型。

### 9.8.1 三相短路的计算机算法

图 9-51 (a) 所示的电力系统有三条母线，标为①②③，其等值电路如图 9-51 (b) 所示，$Z_{LD}$ 代表母线③的负荷阻抗，$Z_f$ 代表故障阻抗，故障发生在母线③。图 9-51 (b) 也可简化表示为图 9-51 (c)，是一个有三个节点的有源网络。其中，$\dot{U}_1$、$\dot{U}_2$、$\dot{U}_3$ 是节点电压，$\dot{I}_1$、$\dot{I}_2$、$\dot{I}_3$ 是节点注入电流，故障阻抗 $Z_f$ 是外加到节点③的三相对称阻抗（当 $Z_f = 0$ 时，三相直接短路）。图 9-51 (c) 也可以看成是三个端口的有源网络，每个节点与零电位点构成一个端口，按叠加定理可以通过阻抗型参数方程或导纳型参数方程来表示其电压和电流的关系，下面主要介绍用阻抗矩阵计算三相短路电流的方法。

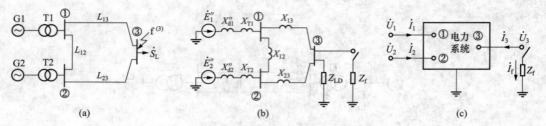

图 9-51  电力系统三相短路故障等效电路

(a) 系统接线；(b) 等值电路；(c) 简化等值电路

图 9-51（c）所示网络的阻抗型参数方程如下

$$\begin{bmatrix} \dot{U}_1 \\ \dot{U}_2 \\ \dot{U}_3 \end{bmatrix} = \begin{bmatrix} Z_{11} & Z_{12} & Z_{13} \\ Z_{21} & Z_{22} & Z_{23} \\ Z_{31} & Z_{32} & Z_{33} \end{bmatrix} \begin{bmatrix} \dot{I}_1 \\ \dot{I}_2 \\ \dot{I}_3 \end{bmatrix} + \begin{bmatrix} \dot{U}_{1(0)} \\ \dot{U}_{2(0)} \\ \dot{U}_{3(0)} \end{bmatrix} \qquad (9-60)$$

式中：$\dot{U}_{1(0)}$、$\dot{U}_{2(0)}$、$\dot{U}_{3(0)}$ 分别为各节点的开路电压（也即注入电流 $\dot{I}_1 = \dot{I}_2 = \dot{I}_3 = 0$ 时各节点的电压）。开路电压可由正常运行的潮流计算求得，近似计算中则设各节点开路电压标幺值为 1.0。阻抗矩阵中的各元素为各节点的自阻抗和各节点之间的互阻抗。按照各元素的物理意义可以确定其数值如下

$$Z_{11} = \frac{\dot{U}_1}{\dot{I}_1}, \qquad Z_{12} = \frac{\dot{U}_1}{\dot{I}_2}, \qquad Z_{13} = \frac{\dot{U}_1}{\dot{I}_3}$$

其余类推。

当在节点③发生三相故障时，相当于在节点③接上故障阻抗 $Z_f$，流过 $Z_f$ 的故障电流 $\dot{I}_f$ 的正方向如图 9-51（c）所示，其他节点没有外接电路所以其注入电流为零，因此节点③故障时的边界条件是

$$\left. \begin{aligned} \dot{U}_3 &= \dot{I}_f Z_f \\ \dot{I}_1 &= \dot{I}_2 = 0 \\ \dot{I}_3 &= -\dot{I}_f \end{aligned} \right\} \qquad (9-61)$$

将式（9-60）与式（9-61）联立求解得

$$\dot{U}_3 = Z_{31}\dot{I}_1 + Z_{32}\dot{I}_2 + Z_{33}\dot{I}_3 + \dot{U}_{3(0)} = -Z_{33}\dot{I}_f + \dot{U}_{3(0)} = Z_f \dot{I}_f$$

则

$$\dot{I}_f = \frac{\dot{U}_{3(0)}}{Z_{33} + Z_f} \qquad (9-62)$$

式（9-62）即为计算故障电流的数学模型。当 $Z_f$ 给定时，只要知道故障点的开路电压

$\dot{U}_{3(0)}$ 和自阻抗 $Z_{33}$ 便可以算得 $\dot{I}_{f}$。求出 $\dot{I}_{f}$ 后代入式（9-60）可求得各节点的电压为

$$\dot{U}_1 = \dot{U}_{1(0)} - \dot{I}_f Z_{13}$$

$$\dot{U}_2 = \dot{U}_{2(0)} - \dot{I}_f Z_{23}$$

$$\dot{U}_3 = \dot{U}_{3(0)} - \dot{I}_f Z_{33}$$

将上述关系推广到有 $n$ 个节点的电力系统，则其阻抗型参数方程为

$$
\begin{bmatrix} \dot{U}_1 \\ \dot{U}_2 \\ \dot{U}_3 \\ \vdots \\ \dot{U}_k \\ \vdots \\ \dot{U}_n \end{bmatrix}
=
\begin{bmatrix}
Z_{11} & Z_{12} & \cdots & Z_{1k} & \cdots & Z_{1n} \\
Z_{21} & Z_{22} & \cdots & Z_{2k} & \cdots & Z_{2n} \\
\vdots & \vdots & \vdots & \vdots & \vdots & \vdots \\
Z_{k1} & Z_{k2} & \cdots & Z_{kk} & \cdots & Z_{kn} \\
\vdots & \vdots & \vdots & \vdots & \vdots & \vdots \\
Z_{n1} & Z_{n2} & \cdots & Z_{nk} & \cdots & Z_{nn}
\end{bmatrix}
\begin{bmatrix} \dot{I}_1 \\ \dot{I}_2 \\ \vdots \\ \dot{I}_k \\ \vdots \\ \dot{I}_n \end{bmatrix}
+
\begin{bmatrix} \dot{U}_{1(0)} \\ \dot{U}_{2(0)} \\ \vdots \\ \dot{U}_{k(0)} \\ \vdots \\ \dot{U}_{n(0)} \end{bmatrix}
\tag{9-63}
$$

当在节点 $k$ 发生三相故障，故障阻抗为 $Z_f$ 时，其边界条件为

$$
\left.
\begin{aligned}
\dot{U}_k &= \dot{I}_f Z_f \\
\dot{I}_k &= -\dot{I}_f \\
\dot{I}_j &= 0
\end{aligned}
\right\}
\qquad (j = 1, 2, \cdots, n; \quad j \neq k)
\tag{9-64}
$$

联立求解式（9-63）和式（9-64）得

$$\dot{I}_f = \frac{\dot{U}_{k(0)}}{Z_{kk} + Z_f} \tag{9-65}$$

故障电流求得后，可按下式求各支路电流

$$\dot{U}_i = \dot{U}_{i(0)} - \dot{I}_f Z_{iK} \qquad (i = 1, 2, \cdots, n) \tag{9-66}$$

各节点电压求得后，可按下式求各支路电流

$$\dot{I}_{ij} = \frac{\dot{U}_i - \dot{U}_j}{Z_{ij}} \tag{9-67}$$

式中：$Z_{ij}$ 为节点 $i$ 与 $j$ 的支路阻抗。在略去输电线电容电流的条件下，支路电流也就是输电线电流。

式（9-65）～式（9-67）即为计算三相故障的基本数学模型。由式中可见，当 $Z_f$ 给定后，只需知道节点的开路电压 $\dot{U}_{k(0)}$ 和阻抗矩阵中的元素 $Z_{ik}$，就可以求出需要的结果。节点的开路电压可以由正常运行条件的潮流计算得出，阻抗矩阵中的所有元素可以用支路追加

法求得。当这些量都已求出并储存在计算机中，计算短路电流的工作就很简单。当需计算任一节点的短路电流和电压、电流分布时，只要按上述公式编好程序，取出有关的开路电压、自阻抗、互阻抗进行计算便可。

以上是节点阻抗矩阵进行三相断路故障计算机计算的基本方法。实际上，电力系统常常易于形成的是节点导纳矩阵（而且是高度稀疏矩阵），节点阻抗矩阵实际上就是节点导纳矩阵的逆矩阵。此处不再赘述。

### 9.8.2 简单不对称短路故障的计算机算法

电力系统简单不对称短路故障的计算机算法，同样是根据对称分量法的基本原理，构建正序、负序、零序网络的数学模型进行分析计算。

#### 1. 电力系统的序网

一个有 $n$ 个节点的电力系统，若将代表故障的电路除外，则系统本身是三相阻抗对称的，可以用三个互相独立的序网来代表，如图 9-52 所示。其中负序和零序网都是无源网络，而正序网络则是有源网络。

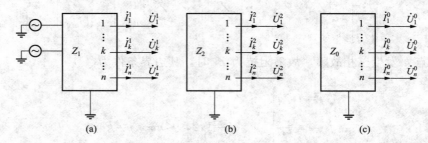

图 9-52　正序、负序、零序等效网络

(a) 正序网；(b) 负序网；(c) 零序网

根据图中所标电流的正方向，正序网的阻抗型矩阵方程可写成

$$
\begin{pmatrix}
\dot{U}_1^1 \\
\vdots \\
\dot{U}_k^1 \\
\vdots \\
\dot{U}_n^1
\end{pmatrix}
=
\begin{pmatrix}
\dot{U}_{1(0)}^1 \\
\vdots \\
\dot{U}_{k(0)}^1 \\
\vdots \\
\dot{U}_{n(0)}^1
\end{pmatrix}
-
\begin{pmatrix}
Z_{11}^1 & \cdots & Z_{1k}^1 & \cdots & Z_{1n}^1 \\
\vdots & & \vdots & & \vdots \\
Z_{k1}^1 & & Z_{kk}^1 & & Z_{kn}^1 \\
\vdots & & \vdots & & \vdots \\
Z_{n1}^1 & \cdots & Z_{nk}^1 & \cdots & Z_{nn}^1
\end{pmatrix}
\begin{pmatrix}
\dot{I}_1^1 \\
\vdots \\
\dot{I}_k^1 \\
\vdots \\
\dot{I}_n^1
\end{pmatrix}
\tag{9-68}
$$

式中各符号的下标代表节点编号，上标代表相序号，等号右边第一项代表各节点开路电压。式（9-68）可简写成

$$
\boldsymbol{U}_1 = \boldsymbol{E} - \boldsymbol{Z}_1 \boldsymbol{I}_1
\tag{9-69}
$$

式中，下标代表相序号，$\boldsymbol{E}$ 代表各节点开路电压的列阵。

对于负序网，因为是无源网络，可写成矩阵方程为

$$\boldsymbol{U}_2 = -\boldsymbol{Z}_2 \boldsymbol{I}_2 \qquad (9-70)$$

对于零序网，同样可写出矩阵方程为

$$\boldsymbol{U}_0 = -\boldsymbol{Z}_0 \boldsymbol{I}_0 \qquad (9-71)$$

## 2. 单相接地故障的计算方法

设在 $k$ 点 a 相经阻抗 $Z_f$ 接地，则 $k$ 点的故障电流分解为对称分量后就是各序网中 $k$ 点的注入电流 $\dot{I}_k^1$、$\dot{I}_k^2$、$\dot{I}_k^0$。根据故障形式得边界条件为

$$\dot{I}_k^0 = \dot{I}_k^1 = \dot{I}_k^2 \qquad (9-72)$$

$$\dot{U}_k^0 + \dot{U}_k^1 + \dot{U}_k^2 = 3Z_f \dot{I}_k^1 \qquad (9-73)$$

其他节点都没有注入电流，故

$$\dot{I}_i^0 = \dot{I}_i^1 = \dot{I}_i^2 = 0 \qquad (i=1,2,\cdots,n, \quad i \neq K) \qquad (9-74)$$

将式 (9-74) 代入式 (9-69) ～ 式 (9-71)，得出

$$\dot{U}_k^1 = \dot{U}_{k(0)}^1 - Z_{kk}^1 \dot{I}_k^1 \qquad (9-75)$$

$$\dot{U}_k^2 = -Z_{kk}^2 \dot{I}_k^2 \qquad (9-76)$$

$$\dot{U}_k^0 = -Z_{kk}^0 \dot{I}_k^0 \qquad (9-77)$$

将式 (9-75) ～式 (9-77) 和式 (9-72) 代入式 (9-68) 得

$$\dot{U}_{k(0)}^1 - (Z_{kk}^1 + Z_{kk}^2 + Z_{kk}^0) \dot{I}_k^1 = 3Z_f \dot{I}_k^1$$

则

$$\dot{I}_k^1 = \frac{\dot{U}_{k(0)}^1}{Z_{kk}^1 + Z_{kk}^2 + Z_{kk}^0 + 3Z_f} \qquad (9-78)$$

计算各序网中任一节点 $i$ 的电压时，有

$$\dot{U}_i^1 = \dot{U}_{i(0)}^1 - Z_{ik}^1 \dot{I}_k^1 \qquad (9-79)$$

$$\dot{U}_i^2 = -Z_{ik}^2 \dot{I}_k^2 \qquad (9-80)$$

$$\dot{U}_i^0 = -Z_{ik}^0 \dot{I}_k^0 \qquad (9-81)$$

式 (9-78) ～式 (9-81) 即为计算单相接地故障的数学模型。

## 3. 两相短路故障的计算方法

设 $k$ 点 b、c 相经阻抗 $Z_f$ 短路，则根据故障形式得边界条件为

$$\dot{I}_k^0 = 0, \qquad \dot{I}_k^1 = -\dot{I}_k^2 \qquad (9-82)$$

$$\dot{U}_k^1 - \dot{U}_k^2 = Z_f \dot{I}_k^1 \qquad (9-83)$$

由于其他节点电流为零，故由式 (9-69) ～式 (9-71) 得

$$\dot{U}_k^1 = \dot{U}_{k(0)}^1 - Z_{kk}^1 \dot{I}_k^1 \qquad (9-84)$$

$$\dot{U}_k^2 = -Z_{kk}^2 \dot{I}_k^2 \tag{9-85}$$

$$\dot{U}_k^0 = -Z_{kk}^0 \dot{I}_k^0 \tag{9-86}$$

联立求解式（9-82）～式（9-86）得

$$\dot{I}_k^1 = \frac{\dot{U}_{k(0)}^1}{Z_{kk}^1 + Z_{kk}^2 + Z_f} \tag{9-87}$$

然后利用式（9-84）～式（9-86）便可算出各序网中任一节点 $i$ 的电压。

4. 两相短路接地故障的计算方法

设 $k$ 点 b、c 相短路后再经阻抗 $Z_f$ 接地，由故障形式得边界条件为

$$\dot{I}_k^0 + \dot{I}_k^1 + \dot{I}_k^2 = 0 \tag{9-88}$$

$$\dot{U}_k^1 = \dot{U}_k^2 \tag{9-89}$$

$$\dot{U}_k^0 - \dot{U}_k^1 = 3Z_f \dot{I}_k^0 \tag{9-90}$$

因为其他节点电流为零，故式（9-84）～式（9-86）仍存在，将其与式（9-88）～式（9-90）联立求解得

$$\dot{I}_k^1 = \frac{\dot{U}_{k(0)}^1 (Z_{kk}^2 + Z_{kk}^0 + 3Z_f)}{Z_{kk}^1 Z_{kk}^2 + Z_{kk}^1 (Z_{kk}^0 + 3Z_f) + Z_{kk}^2 (Z_{kk}^0 + 3Z_f)} \tag{9-91}$$

$$\dot{I}_k^2 = -\frac{Z_{kk}^0 + 3Z_f}{Z_{kk}^2 + Z_{kk}^0 + 3Z_f} \dot{I}_k^1 \tag{9-92}$$

$$\dot{I}_k^2 = -\frac{Z_{kk}^2}{Z_{kk}^2 + Z_{kk}^0 + 3Z_f} \dot{I}_k^1 \tag{9-93}$$

各序网中任一节点 $i$ 的电压仍用式（9-84）～式（9-86）的形式计算。

## 第9.9节　电力系统复杂故障分析简介

电力系统中两处以上同时发生故障称为复杂故障。它的分析方法也是以对称分量法和叠加定理为基础。现以双重故障为例，利用双端口理论来等效说明分析计算的基本方法。

图 9-53 表示三相电力系统在 $k$ 点发生不对称短路故障，同时在 F 处发生非全相开断的情况。这种情况和简单不对称故障相同之处是，也可用正序、负序网络和零序网络分别求解三序电流和电压分量，不同之处是各序网络都有两个端口，如图 9-54 所示。正序网络含有全部发电机

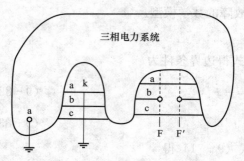

图 9-53　复杂故障示意图

的电动势，是有源的双口网络，负序网络和零序网络则都是无源的双口网络。各序网络可用 $Y$ 参数、$Z$ 参数或 $H$（混合）参数表示的双口网络方程描述。

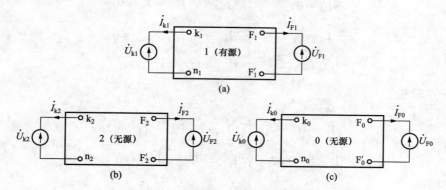

图 9-54　复杂故障各序等值网络

下面以用 $H$ 参数表示各序网络为例进行介绍。

（1）正序网络方程

$$\begin{bmatrix} \dot{U}_{k1} \\ \dot{I}_{F1} \end{bmatrix} = \begin{bmatrix} H_{11(1)} & H_{12(1)} \\ H_{21(1)} & H_{22(1)} \end{bmatrix} \begin{bmatrix} \dot{I}_{k1} \\ \dot{U}_{F1} \end{bmatrix} + \begin{bmatrix} \dot{U}_{k(0)} \\ \dot{I}_{F(0)} \end{bmatrix} \tag{9-94}$$

式中：$\dot{U}_{k(0)}$ 为端口 $k_1 - n_1$ 开路、$F_1 - F_1'$ 短路时，$k_1 - n_1$ 端口的开路电压；$\dot{I}_{F(0)}$ 为同样情况下，端口 $F_1 - F_1'$ 的短路电流。

$\dot{U}_{k(0)}$ 和 $\dot{I}_{F(0)}$ 实质上是正常运行时 $k$ 点的相电压和流过 $F$ 处的电流。

（2）负序网络方程

$$\begin{bmatrix} \dot{U}_{k2} \\ \dot{I}_{F2} \end{bmatrix} = \begin{bmatrix} H_{11(2)} & H_{12(2)} \\ H_{21(2)} & H_{22(2)} \end{bmatrix} \begin{bmatrix} \dot{I}_{k2} \\ \dot{U}_{F2} \end{bmatrix} \tag{9-95}$$

（3）零序网络方程

$$\begin{bmatrix} \dot{U}_{k0} \\ \dot{I}_{F0} \end{bmatrix} = \begin{bmatrix} H_{11(0)} & H_{12(0)} \\ H_{21(0)} & H_{22(0)} \end{bmatrix} \begin{bmatrix} \dot{I}_{k0} \\ \dot{U}_{F0} \end{bmatrix} \tag{9-96}$$

以上三个序网方程与故障形式无关（选定基准相后，以上各序电压、电流即指基准相电压、电流）。

由三个序网分别得到 6 个方程，但却有 12 个未知数（分别为两个端口的各序电压和电流），另外 6 个方程可以由两个故障点的边界条件得到。

例如，$k$ 点发生 a 相接地故障，$F$ 处发生 b 相断线故障，则若以 a 相为基准相，其边界条件和解算方程如下：

a 相 k 点接地

$$\begin{cases} \dot{I}_{kb}=0 \\ \dot{I}_{kc}=0 \\ \dot{U}_{ka}=0 \end{cases} \rightarrow \begin{cases} a^2\dot{I}_{ka1}+a\,\dot{I}_{ka2}+\dot{I}_{ka0}=0 \\ a\,\dot{I}_{ka1}+a^2\dot{I}_{ka2}+\dot{I}_{ka0}=0 \\ \dot{U}_{ka1}+\dot{U}_{ka2}+\dot{U}_{ka0}=0 \end{cases} \tag{9-97}$$

b 相 F 点断线

$$\begin{cases} \dot{I}_{Fb}=0 \\ \dot{U}_{Fa}=0 \\ \dot{U}_{Fc}=0 \end{cases} \rightarrow \begin{cases} a^2\dot{I}_{Fa1}+a\dot{I}_{Fa2}+\dot{I}_{Fa0}=0 \\ \dot{U}_{Fa1}+\dot{U}_{Fa2}+\dot{U}_{Fa0}=0 \\ a\dot{U}_{Fa1}+a^2\dot{U}_{Fa2}+\dot{U}_{Fa0}=0 \end{cases} \tag{9-98}$$

联立求解 6 个序网方程式(9-94)～式(9-96)和 6 个边界条件〔解算方程式(9-97)、式(9-98)〕,即可得到故障点的 12 个未知数。

电力系统复杂故障也可以应用复合序网进行分析计算。图 9-55 所示的三个序网,可以根据两个故障点的边界条件,将其连接起来。例如 k 点 a 相接地、F 点 b 相断线时,复合序网如图 9-55 所示。

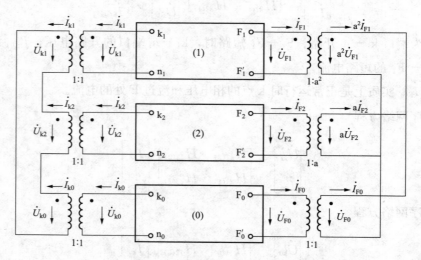

图 9-55 k 点 a 相接地、F 点 b 相断线的复合序网

应指出的是,三个序网必须经过理想移相变压器后再连接,这是因为:

(1)保证每个端口流进与流出的电流相等(双端口网络的要求)。

(2)不同故障点的故障形式可能有各种情况,而复合序网只能选择一个基准相进行计算,因此需通过引入理想移相变压器,以起到移相的作用。

根据图 9-55 所示的复合序网,通过联立求解 12 个方程就可以求得基准相各序电压、电流,然后再利用对称分量法的基本关系即可求得故障端口各相电压、电流。

## 思考题与习题

9-1 什么是对称分量法？ABC分量与正序、负序、零序分量具有什么关系？

9-2 如何应用对称分量法分析不对称短路故障？

9-3 电力系统元件序参数的基本概念如何？

9-4 旋转元件（同步发电机、异步电动机）的序参数有何特点？

9-5 变压器的零序参数主要由哪些因素决定？零序等值电路有何特点？

9-6 架空输电线路的正序、负序、零序参数各有什么特点？

9-7 如何制定电力系统的各序等值电路形式？

9-8 三个序网方程是否与不对称故障的形式有关？为什么？

9-9 电力系统不对称故障的边界条件指的是什么？

9-10 试述电力系统不对称故障（短路和断线故障）的分析计算步骤。

9-11 如何制定电力系统不对称故障的复合序网（简单故障和经过渡电阻故障)？

9-12 何谓正序等效定则？

9-13 电力系统不对称故障时，电压和故障电流的分布如何计算？

9-14 为什么说短路故障通常比断线故障要严重？

9-15 电力系统不对称故障电流、电压经变压器后，其对称分量将发生怎样的变化？如何计算？

9-16 电力系统发生不对称故障时，何处的正序电压、负序电压、零序电压最高？何处最低？

9-17 电力系统两处同时发生复杂故障时，应怎样计算？为什么复合序网的连接必须要经过理想移相变压器？

9-18 图9-56所示电力系统，在k点发生单相接地故障，试作正序、负序、零序等值电路。

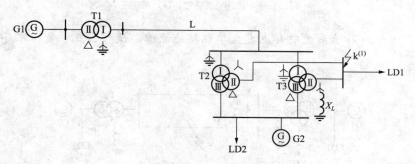

图9-56 题9-18图

9-19 如图9-57所示电力系统，试作出k点发生单相接地故障时的正序、负序、零序等值电路；d 点发生单相断线故障时正序、负序、零序等值电路。

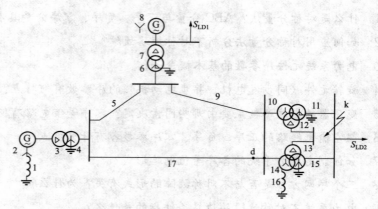

图 9-57　题 9-19 图

9-20　当图 9-58 (a)、(b)、(c) 所示的三个系统在 k 点发生不对称短路故障时，试画出它们的零序等值电路（不用化简），写出零序电抗 $X_{\Sigma 0}$ 的表达式（$X_{m0} = \infty$）。

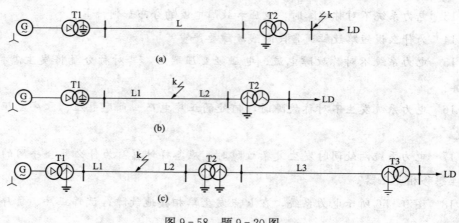

图 9-58　题 9-20 图

(a) 系统一；(b) 系统二；(c) 系统三

9-21　图 9-59 所示系统中 k 点发生单相接地故障，试作出正、负、零序网，并组成它的复合序网。

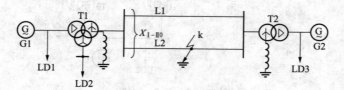

图 9-59　题 9-21 图

9-22　简单电力系统如图 9-60 所示，已知元件参数如下：发电机，$S_N = 60\text{MVA}$，

$X''_d=0.16$，$X_2=0.19$；变压器，$S_N=60MVA$，$U_k\%=10.5$。k 点分别发生单相接地、两相短路、两相接地和三相短路时，试计算短路点短路电流的有名值，并进行比较分析。

9-23　在图9-60的系统中，若变压器中性点经 30Ω 的电抗接地，试进行题 9-22 所列的各类短路电流的计算，并对两题的计算结果作比较。

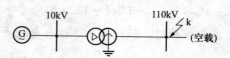

图9-60　题9-22图

9-24　图9-61所示系统 k 点发生 B 相接地，试求：（1）故障相电流 $I_{kB}$；（2）M 母线各序电压；（3）通过 T2 高压绕组中性点电流；（4）通过发电机的负序电流。

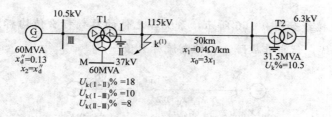

图9-61　题9-24图

9-25　如图9-62所示的系统中 k 点发生两相短路接地，求变压器中性点电抗分别为 $X_n=0$ 和 $X_n=46\Omega$ 时，故障点的各序电流以及各相电流，并回答：（1）$X_p$ 中有正序、负序电流通过吗？（2）$X_p$ 的大小对正序、负序电流有影响吗？

9-26　试计算图9-63所示网络中 k 点发生两相接地短路时，发电机母线上的三相电压和电流。（取 $S_B=45MVA$）

图9-62　题9-25图　　　　　　　　　　　图9-63　题9-26图

9-27　如图9-64所示简化系统，当在 k 点发生不对称短路故障时，试写出故障边界条件，并画出其复合序网。

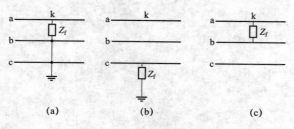

图9-64　题9-27图

9-28  系统接线示于图 9-65，已知各元件参数：发电机 G，$S_N=300\text{MVA}$，$X_d''=X_2=0.22$；变压器 T1，$S_N=360\text{MVA}$，$U_k\%=12$；变压器 T2，$S_N=360\text{MVA}$，$U_k\%=12$；线路 L，每回路 $l=120\text{km}$，$x_1=0.4\Omega/\text{km}$，$x_0=3x_1$；负荷 $S_{LD}=300\text{MVA}$，当 d 点发生单相断开时，试计算各序组合电抗并作出复合序网。

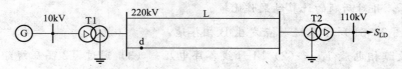

图 9-65  题 9-28 图

9-29  某系统接线如图 9-66 所示，系统各元件的参数标幺值均标注在图中。如在 q、k 间发生 b、c 相断线，试求非故障 a 相的电流标幺值。

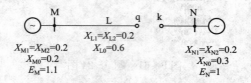

图 9-66  题 9-29 图

# 电力系统
## 分析基础
### （第二版）

# 第 3 篇
# 电力系统运行稳定性分析

电力系统运行稳定性是指电力系统在遭受外来干扰后，凭借系统本身固有的能力和控制设备的作用，恢复到原始稳态运行方式或达到新的稳态运行方式的能力。保证电力系统运行的稳定是电力系统正常运行的必要条件，只有在保持电力系统运行稳定的情况下，电力系统才能不间断地向各类用户提供合乎质量要求的电能。

电力系统运行稳定性问题主要包括同步运行稳定性和电压稳定性。本教材主要介绍简单电力系统同步运行稳定性的基本概念和分析计算方法。而电压稳定性的机理比较复杂，本教材不作详细讨论（一般概念已在第 6.6 节中作介绍）。

交流电力系统具有统一的频率。频率和发电机转速有对应关系，发电机转速的变化主要决定于作用在发电机转轴上的转矩，当原动力矩（对应于原动机的输出功率）与阻力矩（对应于发电机的电磁功率）平衡时，发电机就以恒定转速工作。也就是说电力系统为维持统一频率，所有发电机组都应该以相同的转速（相同极对数下）运行，即所谓的同步运行。电力系统在小扰动（正常运行时的负荷波动或设备切换等）下是否能保持同步运行，属于静态稳定问题。电力系统在大扰动（发生故障等）下是否能保持同步运行，属于暂态稳定问题。同步运行稳定性问题既包括电磁参数变化，又包括机械参数变化的过渡过程，因此又称为机电暂态过程。

发电机组如果不能保持同步运行而进入异步运行，将给发电机本身和系统带来一些严重的问题：①由于定子电流和转子电流增大引起过度发热和过大应力，造成发电机损伤；②异步运行时从系统吸收大量无功功率，当系统无功功率备用不足时，可能导致"电压崩溃"；③异步运行时由于发电机电磁功率、定子电流和励磁电流随功角而发生波动，导致有些地方电压极低，使该地区电动机停止转动而脱离系统；④电流、电压变化情况复杂，导致继电保护动作，事故进一步扩大。

电压稳定性一般是指电力系统受到干扰后，凭借系统本身固有的特性和控制设备的作用，维持各节点电压在可接受范围内的能力。当电力系统节点电压不能维持在可接受范围内时，就会出现电压不稳定现象，或电压崩溃。电压稳定性问题一般是区域性质的，但在一定条件下，由区域性的电压稳定性问题开始，诱发其他关联性的事件，有可能扩大为全网性的系统大停电事故。

电力系统供电节点的电压偏移额定值过大，会使用户电气设备的性能恶化。电压偏低时，照明发光不足，电炉发热量减少从而生产率降低（由于电热设备的发热量与电压的平方成正比），如果电压降低到使裕量最低的电动机转矩低于负荷转矩，该电动机就将停转。这又致使电压进一步下降，并使其他的一些电动机联锁停转。电压偏高会缩短用电设备的使用寿命，使绝缘受损，甚至烧坏设备。伴随电压崩溃的可能是失去负荷和恢复电压，也可能是线路跳闸和受影响地区的完全停电。

# 第10章  电力系统同步运行稳定性分析

## 第10.1节  内容概述与框架

### 10.1.1  内容概述

由电机学知识可知，同步发电机的转速取决于作用在其轴上转矩的平衡，当转矩平衡变化时，转速也将发生相应的变化。正常运行时，原动机的功率与发电机的输出功率是平衡的，从而保证了发电机以恒定的同步转速运行。对于电力系统中并列运行的所有发电机组来说，这种功率的平衡状况是相对的、暂时的。由于电力系统的负荷随时都在变化，甚至还有偶然事故的发生，因此随时都将打破这种平衡状态。发电机将因输入、输出功率的不平衡而发生转速的变化。在一般情况下，由于各发电机组的这种功率不平衡的程度不同，因此转速变化的程度也不同，有的变化较大，有的变化较小，甚至导致一部分发电机加速时，另一部分发电机减速，从而在各发电机组转子之间将产生相对运动，此时各发电机的输出功率将不是定值，全系统各节点的电压及支路的功率也不再保持定值，都将发生很大的波动。如果不能使系统中各发电机间恢复同步运行，系统将持续地处于失步状态，即该系统将失去稳定的状态。

研究简单电力系统静态稳定性和暂态稳定性，首先要了解电力系统的机电特性，即发电机组的转子运动方程和电力系统的有功功率功角特性（发电机输出的电磁功率随功角 $\delta$ 而变化的规律）。发电机组的转子运动方程建立了电气量与机械量之间的关系（值得注意的是：功角 $\delta$ 也称为转子位置角，既有电气量的含义又有机械量的含义）。发电机转子运动方程是研究电力系统稳定性的一个基本方程，应熟练掌握方程及各变量的单位。多机系统中发电机的功率特性，与所有发电机电动势及其相对角有关，因此任何一台发电机运行状态的变化，都要影响到其余发电机的运行状态。

发电机同步运行稳定性一般按电力系统遭受干扰的大小分为静态稳定性和暂态稳定性。所谓小干扰或大干扰的区别只是相对的和有条件的，很难用具体的数量值来界定。

电力系统静态稳定性是指电力系统在运行中受到小干扰后，能否恢复至原来的运行状态的能力。小干扰一般是指正常运行时负荷或参数的正常变动，如少量电动机负荷的接入或切除、架空输电线因风吹摆动引起线间距离（影响线路电抗）的微小变化等。小干扰对系统行为特性的影响一般与干扰的大小和发生的地点无关，可以保持在原始运行状态附近，这样便可使描述系统特性的微分方程线性化。其研究结果不是确定运行参数对原始稳态运行值的偏移大小，而是确定运行参数变化的性质，从而得出系统静态稳定或不稳定的结论。通常采用所谓"小干扰法"来进行分析研究。提高电力系统静态稳定性的根本措施是缩短从电源到负荷的"电气距离"，从而达到提高极限功率的目的。缩短"电气距离"就是减小各电气元件的阻抗，主要是输电线路的电抗，以提高系统的功率极限。

电力系统暂态稳定性是指电力系统在运行中受到大干扰后，能否恢复到原始稳态运行状态或达到一个新的稳态运行状态的能力。大干扰主要包括发生短路故障或断线故障，大负荷的突然变化，主要元件切除或投入（如发电机、变压器、输电线）等。等面积定则的原理能较好说明暂态过程的物理现象。大干扰后，电力系统将发生很大的状态偏移和振荡，所以必须考虑系统元件的非线性特性，从系统的机电暂态过程来分析和研究其暂态稳定性。通常是采用"分段计算法"或"改进欧拉法"来求解非线性的转子运动方程，得到发电机功角 $\delta$ 随时间变化的规律 $\delta = f(t)$，从而来判断电力系统的暂态稳定性。提高电力系统暂态稳定性的根本措施是减小功率差额（即减小 $\Delta P$），也即根据等面积定则的原理，采取措施减小加速面积（转子动能的增加是由 $\Delta P$ 决定的）或扩大减速面积。这些措施多是暂时性的。

### 10.1.2 内容框架（见图 10-1）

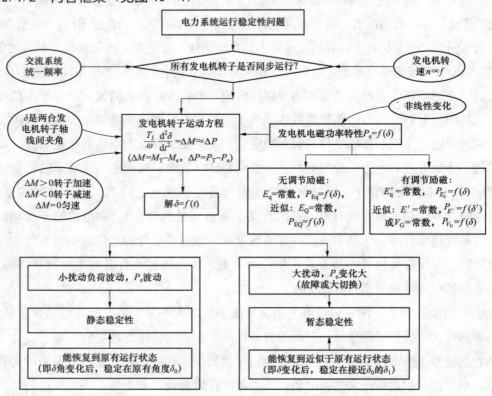

图 10-1 本章内容框架

## 第 10.2 节　发电机转子运动方程

分析和研究电力系统同步运行的稳定性，首先应介绍同步发电机组的转子运动方程，因为它是研究电力系统同步运行稳定性最基本的模型（方程式）。

根据旋转物体的力学定律，同步发电机组转子的机械角加速度与作用在转子轴上的不平衡转矩之间有如下关系

$$J\alpha = \Delta M \tag{10-1}$$

式中：$J$ 为发电机及原动机转子的转动惯量，$kg/m^2$；$\Delta M$ 为作用在转子轴上的不平衡转矩，即原动机的机械转矩 $M_\text{T}$ 和发电机的电磁转矩 $M_\text{e}$ 之差，$N \cdot m$；$\alpha$ 为转子的机械角加速度，$\alpha = d\Omega/dt$（$rad/s^2$）。

由于电力系统同步运行的稳定性计算需要计算各发电机转子间电的相对转速和相对角度，所以对式（10-1）可做一些变换。

机械角速度 $\Omega$ 和电角速度 $\omega$ 关系式为

$$\Omega = \frac{\omega}{p} \tag{10-2}$$

式中：$\Omega$ 为转子的机械角速度，$rad/s$；$p$ 为同步发电机转子磁极的极对数。

图 10-2 所示的角度间的关系中，空间静止的固定参考轴为 a，同步参考轴是以同步角速度 $\omega_0$ 在空间旋转的轴线，转子 q 轴以角速度 $\omega$ 在空间旋转。

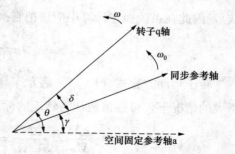

图 10-2　同步机转子的相对角度

由图 10-2 可见，转子 q 轴与固定参考轴间的夹角 $\theta = \int_0^t \omega dt + \theta_0$，同步参考轴与固定参考轴间的

夹角 $\gamma = \omega_0 t + \gamma_0$，转子 q 轴与同步参考轴间的夹角 $\delta = \theta - \gamma$，所以

$$\theta = \delta + \gamma = \delta + \omega_0 t + \gamma_0$$

转子的电角速度

$$\omega = \frac{d\theta}{dt} = \frac{d\delta}{dt} + \omega_0$$

即

$$\frac{d\delta}{dt} = \omega - \omega_0 \tag{10-3}$$

转子的电角加速度

$$\frac{d\omega}{dt} = \frac{d^2\theta}{dt^2} = \frac{d^2\delta}{dt^2} \tag{10-4}$$

这样，式（10-1）可以改写为

$$J \frac{\mathrm{d}\omega}{p\,\mathrm{d}t} = J \frac{\mathrm{d}^2\delta}{p\,\mathrm{d}t^2} = \Delta M \tag{10-5}$$

取下式所定义的发电机额定转矩 $M_N$ 作为转矩的基准值 $M_B$，即

$$M_B = M_N = \frac{S_N}{\Omega_0} = \frac{S_N}{\omega_0/p} = \frac{pS_N}{\omega_0} \tag{10-6}$$

式中：$S_N$ 为发电机额定容量，VA 或 N·m/s。

用 $M_B$ 去除式（10-5）的两边，可得

$$\frac{J\omega_0^2}{p^2 S_N} \frac{1}{\omega_0} \frac{\mathrm{d}^2\delta}{\mathrm{d}t^2} = \Delta M_*$$

或

$$\frac{T_J}{\omega_0} \frac{\mathrm{d}^2\delta}{\mathrm{d}t^2} = \Delta M_* \tag{10-7}$$

式中：$T_J$ 称为电机的惯性时间常数，$T_J = \dfrac{J\omega_0^2}{p^2 S_N}$ (s)。

额定惯性时间常数 $T_{JN}$ 是指在发电机的转轴上施加额定转矩（$\Delta M_* = 1$）后，转子从停顿状态（$\omega = 0$）升速到额定转速（$\omega = \omega_0$）所需要的时间。

已知条件给出的往往是额定惯性时间常数 $T_{JN}$（其标幺值是以发电机自身额定容量为基准），因此在系统稳定计算中应该把它换算到系统统一的功率基准值 $S_B$ 之下

$$T_J = T_{JN} \frac{S_N}{S_B} \tag{10-8}$$

转子运动方程式（10-7）表示了电角加速度和不平衡转矩的关系。在角速度变化范围不大的情况下，可近似地认为转矩的标幺值等于功率的标幺值，即

$$\Delta M_* = \frac{\Delta M}{M_B} = \frac{\Delta M}{S_B/\Omega_0} \approx \frac{\Delta M \Omega_0}{S_B} = \frac{\Delta P}{S_B} = \Delta P_* = P_{T*} - P_{e*}$$

则式（10-7）可以写为

$$\frac{T_J}{\omega_0} \frac{\mathrm{d}^2\delta}{\mathrm{d}t^2} = P_{T*} - P_{e*} = \Delta P_* \tag{10-9}$$

式（10-9）还可以写成状态方程的形式

$$\begin{cases} \dfrac{\mathrm{d}\delta}{\mathrm{d}t} = \Delta\omega = \omega - \omega_0 \\[2mm] \dfrac{\mathrm{d}\Delta\omega}{\mathrm{d}t} = \dfrac{\omega_0}{T_J}(P_{T*} - P_{e*}) \end{cases} \tag{10-10}$$

转子运动方程初看似乎简单，但方程式的右边，即作用在转子上的不平衡转矩（或功率）却是很复杂的非线性函数。不平衡转矩中的 $M_T$（或功率 $P_T$），主要取决于本台发电机的原动机及其调速系统的特性；发电机电磁转矩 $M_e$（或功率 $P_e$），不单与本台发电机的功角特性、励磁调节系统特性等有关，而且还与其他发电机的功角特性、负荷特性、网络结构

等有关，是电力系统稳定分析计算中最为复杂的部分。

在研究电力系统稳定性时，功角 $\delta$ 是一个很重要的参数，具有双重的物理含义：

（1）它是送端发电机电动势与受端系统电压之间的相位角（电气量的含义）；

（2）若将受端无穷大系统看成一个内阻为零的等值发电机，则 $\delta$ 即可看成是送端和受端两个发电机转子间的相对位置角（机械量的含义）。

因此，可以将转子运动方程看成是联络机械量与电气量的桥梁。

# 第 10.3 节　电力系统电磁功率（功角）特性

### 10.3.1　简单电力系统发电机功角特性

本章讨论的简单电力系统是指发电机通过变压器、输电线路与无穷大容量母线连接（即所谓单机—无穷大系统），且不计各元件电阻和导纳的输电系统（见图 10-3）。同步发电机功—角特性是指发电机组输出的有功功率 $P$ 随转子位置角 $\delta$ 变化的关系，即 $P = f(\delta)$ 的关系，也称为发电机电磁功率特性或发电机机电特性。

电力系统稳定性分析，通常是基于某一运行状态的初始。例如，对于简单电力系统，可以给定系统电压 $U$、发电机输送到系统的功率 $P_U$、$Q_U$（或 $I$、$\cos\varphi$）等。对于图 10-3 所示简单电力系统，因 $R = 0$，故 $P_{Eq} = P_U$，即简单电力系统的电磁功率特性即是同步发电机功角特性。

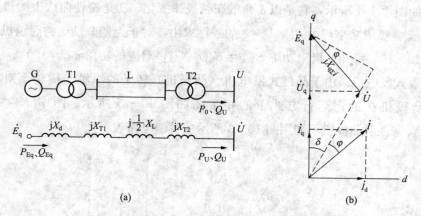

图 10-3　简单电力系统的等值电路及相量图

### 1. 无自动调节励磁时发电机功角特性

无自动调节励磁时，发电机可以保持空载电动势 $E_q$ = 常数（$E_q = X_{ad} i_f$），其功角特性记为 $P_{Eq} = f(\delta)$。

（1）隐极式发电机。对于隐极式发电机有 $X_d = X_q$。系统的等值电路如图 10-3 所示，系统总电抗为

$$X_{q\Sigma} = X_{d\Sigma} = X_d + X_{T1} + \frac{1}{2}X_L + X_{T2} = X_d + X_c \tag{10-11}$$

给定稳态运行条件下的相量图如图 10-3（b）所示，有

$$\dot{E}_q = \dot{U} + j\dot{I}X_{d\Sigma} \tag{10-12}$$

记相量 $\dot{U} = U_d + jU_q$，$\dot{I} = I_d + jI_q$，$\dot{E}_q = jE_q$，则

$$P_{Eq} = \mathrm{Re}[\dot{E}_q \overset{*}{\dot{I}}] = E_q I_q = E_q I \cos(\delta + \varphi) \tag{10-13}$$

由相量图可知

$$U_d = IX_{q\Sigma} \cos(\delta + \varphi) = U \sin\delta$$

因此

$$P_{Eq} = \frac{E_q U_d}{X_{d\Sigma}} = \frac{E_q U}{X_{d\Sigma}} \sin\delta \tag{10-14}$$

由相量图可知

$$E_q \sin\delta = IX_{q\Sigma} \cos\varphi$$

即

$$I\cos\varphi = \frac{E_q}{X_{q\Sigma}} \sin\delta \tag{10-15}$$

式（10-15）两边同乘以 $U$，即可得

$$P_U = UI\cos\varphi = \frac{E_q U}{X_{q\Sigma}} \sin\delta \tag{10-16}$$

发电机输送到系统的功率为式（10-16）。因假设电路中 $R = 0$，不计沿线损耗，故 $P_{Eq} = P_U$。

当电动势 $E_q$ 及电压 $U$ 恒定时，可以作出以稳极式发电机为电源的简单电力系统的功角特性曲线，如图 10-4 所示，它是以 $\delta$ 角的正弦规律变化。功角特性曲线上的最大值，称为极限功率 $P_{Eqm}$。极限功率可由 $dP/d\delta = 0$ 的条件求出。对于无调节励磁的隐极机，$P_{Eqm} = $ 常数。由式（10-16）可知，极限功率 $S_{Eqm} = E_q U/X_{q\Sigma}$，对应的功角 $\delta_{Eqm} = 90°$。

（2）凸极式发电机。由于凸极式发电机（凸极机）转子的纵轴与横轴不对称，其电抗 $X_d \neq X_q$，凸极机在给定运行方式下的相量图如图 10-5 所示。图中 $X_{d\Sigma} = X_d + X_c$，$X_{q\Sigma} = X_q + X_c$（注意凸极机不能用图 10-3 所示的等值电路表示）。

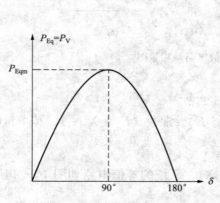

图 10-4 隐极机的功角特性

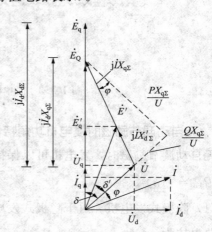

图 10-5 凸极机相量图

忽略电阻，发电机输出的有功功率为

$$P_{Eq} = P_U = \mathrm{Re}[\dot{U}\overset{*}{I}] = U_d I_d + U_q I_q \tag{10-17}$$

由相量图 10-5 可知

$$E_q = U_q + I_d X_{d\Sigma}, \qquad U_d = I_q X_{q\Sigma}$$

则

$$I_d = \frac{E_q - U_q}{X_{d\Sigma}}, \qquad I_q = \frac{U_d}{X_{q\Sigma}}$$

将 $I_d$、$I_q$ 代入式（10-17），可得

$$P_{Eq} = P_U = U_q \frac{U_d}{X_{q\Sigma}} + U_d \frac{E_q - U_q}{X_{d\Sigma}} = \frac{E_q U_d}{X_{d\Sigma}} + U_d U_q \left( \frac{1}{X_{q\Sigma}} - \frac{1}{X_{d\Sigma}} \right)$$

计及 $U_d = U\sin\delta$，$U_q = U\cos\delta$，则

$$P_{Eq} = P_U = \frac{E_q U}{X_{d\Sigma}} \sin\delta + \frac{U^2}{2} \frac{X_{d\Sigma} - X_{q\Sigma}}{X_{d\Sigma} X_{q\Sigma}} \sin 2\delta \tag{10-18}$$

当发电机无调节励磁，$E_q =$ 常数时，由式（10-18）可作出以凸极机为电源的简单电力系统功角特性，如图 10-6 所示。由图可看出凸极机的功角特性与隐极机不同，多了一项以两倍功角正弦规律变化的功率，它的存在是由于发电机纵、横轴磁阻的不同而引起的，故又称为磁阻功率。磁阻功率的出现，使功率与功角 $\delta$ 成非正弦的关系。极限功率所对应的功角 $\delta_{Egm}$ 仍可由 $\mathrm{d}P/\mathrm{d}\delta = 0$ 的条件来确定。由图 10-6 可见，$\delta_{Egm}$ 将小于 $90°$。

在电力系统稳定性的分析计算时，常常为了简化计算，取 $E_Q$、$X_q$ 作为发电机模型（即 $E_Q =$ 常数，在等值电路中它是 $X_q$ 后面的电动势），则简单电力系统可用图 10-7 所示的等值电路表示。其功角特性以正弦规律变化，表达式为

$$P_{EQ} = \frac{E_Q U}{X_{q\Sigma}} \sin\delta \tag{10-19}$$

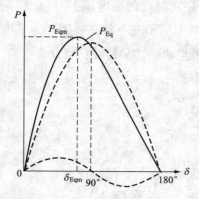

图 10-6　凸极发电机的功角特性

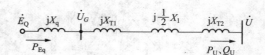

图 10-7　凸极发电机隐极化的等值电路

在计算功角特性时，可根据图 10-5 所示相量图和对应的先决条件，按以下几个公式来求解

$$E_Q = \sqrt{\left(U + \frac{Q_U X_{q\Sigma}}{U}\right)^2 + \left(\frac{P_U X_{q\Sigma}}{U}\right)^2}$$

$$\delta = \tan^{-1} \frac{P_U X_{q\Sigma}/U}{U + Q_U X_{q\Sigma}/U} \tag{10-20}$$

$$I_d = \frac{E_Q - U\cos\delta}{X_{q\Sigma}}$$

$$E_q = E_Q + I_d(X_{d\Sigma} - X_{q\Sigma})$$

或

$$\dot{E}_Q = \dot{U} + j\dot{I}X_{q\Sigma} = E_Q \angle \delta$$

$$I_d = I\sin(\delta + \varphi) \tag{10-21}$$

$$E_q = U_q + I_d X_{d\Sigma}$$

### 2. 计及自动调节励磁时发电机功角特性

现代电力系统中发电机一般都配备有不同型式的自动调节励磁装置，它对改变发电机的功角特性能起到显著的作用。当不调节励磁而保持电动势 $E_q$ 不变，随着发电机输出功率的缓慢增加，功角 $\delta$ 也增大，发电机端电压 $U_G$ 便要减小。如图 10-8 所示，为具有隐极机的简单电力系统的相量图。在给定运行条件下，发电机端电压 $\dot{U}_{G0}$ 的端点，位于电压降 $jX_d\dot{I}_0$ 上，位置按 $X_c$ 与 $X_d$ 的比例确定。当输送功率增大，$\delta$ 由 $\delta_0$ 增到 $\delta_1$ 时，相量 $\dot{U}_{G1}$ 的端点应位于电压降 $jX_d\dot{I}_1$ 上，其位置仍按 $X_c$ 与 $X_d$ 的比例确定。由于 $E_q = E_{q0}$ 常数，随着 $E_{q0}$ 向功角增大方向转动，$\dot{U}_G$ 也随着转动，而且幅值减小了。

发电机装设的自动调节励磁装置，通常是按照发电机端电压 $\dot{U}_G$（或定子电流 $I$ 等参数）的变化而调节励磁电流的。当发电机输出的有功功率增加时，功角 $\delta$ 增大，$U_G$ 降低，自动调节励磁装置会自动调节发电机的励磁电流，以使发电机的端电压 $U_G$ 恢复到正常值。这时表征发电机运行情况的相量图如图 10-9 所示。图中所示三个状态表明，为了维持 $U_G$ 值不变，随输出有功功率的增加，$E_q$ 值应增大。这时发电机的功角特性仍可以表示为

$$P_{Eq} = \frac{E_q U}{X_{d\Sigma}}\sin\delta \tag{10-22}$$

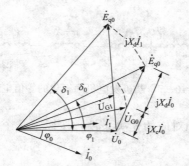
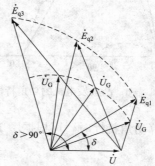

图 10-8　无自动励磁时发电机端电压相量的变化　　图 10-9　有自动调节励磁时发电机端电压相量的变化

但式（10-22）中的 $E_q$ 是随功角 $\delta$ 的增大而增大的。当 $\delta$ 超过 $90°$ 后，虽然 $\sin\delta$ 开始减小，但如果 $E_q$ 随 $\delta$ 的增大而增大的程度超过 $\sin\delta$ 下降的程度，那么发电机的功角特性仍然是上升的。实际上，电力系统中的发电机所采用的自动励磁调节装置，多数都不能完全保持发电机端电压 $U_G$ 不变，而只能保持发电机内某一电动势恒定。例如，我国以往建造的许多发电厂中使用的带电压校正器的复式励磁装置，只能保持对应直轴暂态电抗 $X'_d$ 的电动势 $E'_q$ 为常数。

保持暂态电动势 $E'_q$ 为常数的功角特性，可以按照图 10-5 的相量关系先求得 $E'_q$，然后参照式（10-18）的推导过程就可求得 $P_{E'_q}$ 的表达式

$$P_{E'_q} = \frac{E'_q U}{X_{d\Sigma}}\sin\delta + \frac{U^2}{2}\frac{X'_{d\Sigma} - X_{q\Sigma}}{X'_{d\Sigma}X_{q\Sigma}}\sin2\delta \tag{10-23}$$

式（10-23）形式对隐极机或凸极机均是一样的，简单记忆方法是用 $E'_q$ 和 $X'_{d\Sigma}$ 代替式（10-18）中的 $E_q$ 和 $X_{d\Sigma}$。

分别保持暂态电动势 $E'_q$、发电机端电压 $U_G$、发电厂升压变压器高压侧电压 $U_L$ 不变的功角特性曲线如图 10-10 所示。从图上很容易看出不同性能的自动调节励磁装置对功角特性的影响。

以上简述了发电机装有自动调节励磁装置后的功角特性曲线。极限功率 $P_{E'qm}$ 对应的功角 $\delta_{E'qm}$ 同样可由 $dP_{E'q}/d\delta = 0$ 的条件来确定，即 $\delta_{E'qm} > 90°$。也就是说，输出的极限功率增大了，极限功率对应的功角也增大了。

由式（10-23）可见，$P_{E'q} = f(\delta)$ 表示的功角特性不再是正弦函数（畸变了）。为简化计算，常常采用 $X'_d$ 后的电动势 $E' =$ 常数来代替 $E'_q =$ 常数。这样计及自动调节励磁装置后发电机功角特性可以写为

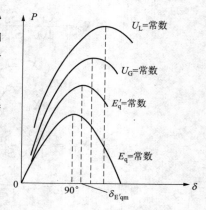

图 10-10　使用各种自动励磁调节装置的功角特性

$$P_{E'} = \frac{E'U}{X'_{d\Sigma}}\sin\delta' \tag{10-24}$$

值得注意的是，式（10-24）中的 $\delta'$ 是相量 $\dot{E}'$ 与 $\dot{U}$ 的夹角，与原功角 $\delta$ 是不同的。$\delta'$ 仅是反映电磁关系的参数而没有机械参数的意义，但它的变化仍可以反映发电机转子相对运动的特点。

【例 10-1】如图 10-11 所示电力系统，试分别计算发电机保持 $E_q$、$E'_q$、$E'$ 不变时的功角特性、极限功率。各元件参数如下：发电机，$S_{GN} = 352.5\text{MVA}$，$P_{GN} = 300\text{MW}$，$U_{GN} = 10.5\text{kV}$，$X_d\% = 100$，$X_q\% = 60$，$X'_d\% = 25$，$X_2\% = 20$，$T_{JN} = 8\text{s}$；变压器 T1，$S_{TN} = 360\text{MVA}$，$U_k\% = 14$，$K_{T1} = 10.5/242$；变压器 T2，$S_{TN} = 360\text{MVA}$，$U_k\% = 14$，$K_{T2} = 220/121$；线路，$l = 250\text{km}$，$U_N = 220\text{kV}$，$x_1 = 0.41$，$x_0 = 5x_1$。运行条件 $U_{|0|} =$

115kV，$P_{|0|}=250MW$，$\cos\varphi_{|0|}=0.95$。

**解：**（1）网络参数及运行参数计算。

取 $S_B=250MVA$，$U_{B(\text{III})}=115kV$，则各段的基准电压为

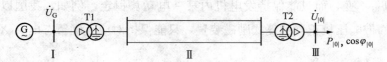

图 10-11　简单电力系统

$$U_{B(\text{II})}=U_{B(\text{III})}K_{T2}=115\times\frac{220}{121}=209.1(kV)$$

$$U_{B(\text{I})}=U_{B(\text{II})}K_{T1}=209.1\times\frac{10.5}{242}=9.07(kV)$$

各元件参数的标幺值为

$$X_d=\frac{X_d\%}{100}\frac{S_B}{S_{GN}}\frac{U_{GN}^2}{U_{B(\text{I})}^2}=\frac{100}{100}\times\frac{250}{352.5}\times\frac{10.5^2}{9.07^2}=0.95$$

$$X_q=\frac{X_q\%}{X_d\%}X_d=\frac{60}{100}\times0.95=0.57$$

$$X_d'=\frac{X_d'\%}{X_d\%}X_d=\frac{25}{100}\times0.95=0.238$$

$$X_{T1}=\frac{U_k\%}{100}\frac{S_B}{S_{TN}}\frac{U_{TN}^2}{U_{B(\text{II})}^2}=\frac{14}{100}\times\frac{250}{360}\times\frac{242^2}{209.1^2}=0.13$$

$$X_L=x_1l\frac{S_B}{U_{B(\text{II})}^2}=0.41\times250\times\frac{250}{209.1^2}=0.586$$

$$X_{T2}=\frac{U_k\%}{100}\frac{S_B}{S_{TN}}\frac{U_{TN}^2}{U_{B(\text{II})}^2}=\frac{14}{100}\times\frac{250}{360}\times\frac{220^2}{209.1^2}=0.108$$

$$X_c=X_{T1}+\frac{1}{2}X_L+X_{T2}=0.13+\frac{1}{2}\times0.586+0.108=0.531$$

$$X_{d\Sigma}=X_d+X_c=0.95+0.531=1.481$$

$$X_{q\Sigma}=X_q+X_c=0.57+0.531=1.101$$

$$X_{d\Sigma}'=X_d'+X_c=0.238+0.531=0.769$$

运行参数计算

$$U_{|0|}=\frac{115}{U_{B(\text{III})}}=\frac{115}{115}=1.0,\qquad \varphi_{|0|}=\cos^{-1}0.95=18.19°$$

$$P_{|0|}=\frac{250}{250}=1.0,\qquad Q_{|0|}=P_{|0|}\tan\varphi_{|0|}=1\times\tan18.19°=0.329$$

$$E_{Q|0|}=\sqrt{\left(U_{|0|}+\frac{Q_{|0|}X_{q\Sigma}}{U_{|0|}}\right)^2+\left(\frac{P_{|0|}X_{q\Sigma}}{U_{|0|}}\right)^2}$$

$$=\sqrt{(1+0.329\times1.101)^2+(1\times1.101)^2}=1.752$$

$$\delta_{|0|} = \tan^{-1} \frac{1 \times 1.101}{1 + 0.329 \times 1.101} = 38.95°$$

$$I_{d|0|} = \frac{E_{Q|0|} - U_{|0|} \cos\delta_{|0|}}{X_{q\Sigma}} = \frac{1.752 - 1 \times \cos 38.95°}{1.101} = 0.885$$

$$E_{q|0|} = E_{Q|0|} + I_{d|0|}(X_{d\Sigma} - X_{q\Sigma})$$

$$= 1.752 + 0.885 \times (1.481 - 1.101) = 2.088$$

$$E'_{q|0|} = E_{Q|0|} - I_{d|0|}(X_{q\Sigma} - X'_{d\Sigma})$$

$$= 1.752 - 0.885 \times (1.101 - 0.769) = 1.458$$

$$E'_{|0|} = \sqrt{\left(U_{|0|} + \frac{Q_{|0|} X'_{d\Sigma}}{U_{|0|}}\right)^2 + \left(\frac{P_{|0|} X'_{d\Sigma}}{U_{|0|}}\right)^2}$$

$$= \sqrt{(1 + 0.329 \times 0.769)^2 + (1 \times 0.769)^2} = 1.47$$

$$\delta'_{|0|} = \tan^{-1} \frac{1 \times 0.769}{1 + 0.329 \times 0.769} = 31.54°$$

（2）当保持 $E_q = E_{q|0|} =$ 常数时（凸极机）

$$P_{Eq} = \frac{E_{q|0|} U_{|0|}}{X_{d\Sigma}} \sin\delta + \frac{U_{|0|}^2}{2} \left(\frac{X_{d\Sigma} - X_{q\Sigma}}{X_{d\Sigma} X_{q\Sigma}}\right) \sin 2\delta$$

$$= \frac{2.088}{1.481} \times \sin\delta + \frac{1}{2} \times \left(\frac{1.481 - 1.101}{1.481 \times 1.101}\right) \times \sin 2\delta$$

$$= 1.41 \sin\delta + 0.117 \sin 2\delta$$

计算极限功率对应的功角 $\delta_{Eqm}$，由 $dP_{Eq}/d\delta = 0$ 有

$$1.41 \cos\delta + 2 \times 0.117 \cos 2\delta = 0$$

$$\cos\delta = \frac{-1.41 \pm \sqrt{1.41^2 + 4 \times 0.468 \times 0.234}}{2 \times 0.468}$$

上式中取正号，可求得 $\qquad \delta_{Eqm} = 80.93°$

则极限功率为

$$P_{Eqm} = 1.41 \sin\delta_{Eqm} + 0.117 \sin 2\delta_{Eqm} = 1.429$$

（注意：如果是隐极机，$X_d = X_q$，则 $E_{q|0|} = E_{Q|0|}$，$P_{Eq} = \frac{E_{q|0|} U_{|0|}}{X_{d\Sigma}} \sin\delta$，$P_{Eqm} = \frac{E_{q|0|} U_{|0|}}{X_{d\Sigma}}$）

（3）当保持 $E'_q = E'_{q|0|} =$ 常数时

$$P_{Eq} = \frac{E'_{q|0|} U_{|0|}}{X'_{d\Sigma}} \sin\delta + \frac{U_{|0|}^2}{2} \left(\frac{X'_{d\Sigma} - X_{q\Sigma}}{X'_{d\Sigma} X_{q\Sigma}}\right) \sin 2\delta$$

$$= \frac{1.458 \times 1}{0.769} \sin\delta + \frac{1}{2} \times \left(\frac{0.769 - 1.101}{0.769 \times 1.101}\right) \times \sin 2\delta$$

$$= 1.896 \sin\delta - 0.196 \sin 2\delta$$

计算极限功率对应的功角 $\delta_{E'qm}$，由 $dP_{Eq}/d\delta = 0$ 得

$$1.896 \cos\delta - 2 \times 0.196 \cos 2\delta = 0$$

$$1.896\cos\delta - 0.392(2\cos^2\delta - 1) = 0$$

$$\cos\delta = \frac{-1.896 \pm \sqrt{1.896^2 - 4 \times (-2 \times 0.392) \times 0.392}}{2 \times (-2 \times 0.392)}$$

上式中取正号可求得 $\qquad \delta_{E'_{qm}} = 101.05°$

则极限功率 $\qquad P_{E'_{qm}} = 1.896\sin101.05° - 0.196\sin(2 \times 101.05°) = 1.935$

（4）当保持 $E' = E'_{|0|} = $ 常数时

$$P_{E'} = \frac{E'_{|0|}U_{|0|}}{X'_{d\Sigma}}\sin\delta' = \frac{1.47 \times 1}{0.769}\sin\delta' = 1.912\sin\delta'$$

$$\delta_{E'm} = 90°$$

极限功率为 $\qquad P_{E'm} = 1.912$

## 10.3.2 复杂电力系统发电机功角特性

实际电力系统均是由许多发电厂和负荷等组成的，通常将这种多机电力系统称为复杂电力系统。下面以三个电厂构成的电力系统为例来进行介绍。图 10 - 12 表示一个简化的三机电力系统。

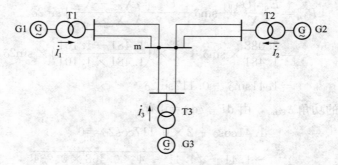

图 10 - 12　简化的三机电力系统

根据图 10 - 12 所示的接线形式，作等值电路，并化简可得图 10 - 13（a）所示的形式。由叠加原理，图 10 - 13（a）又可表示成图 10 - 13（b）三个等值电路的叠加。根据图 10 - 13（a）各电源输出的电流可以表示成如下形式

$$\left.\begin{aligned}
\dot{I}_1 &= \dot{I}_{11} - \dot{I}_{12} - \dot{I}_{13} = \frac{\dot{E}_1}{Z_{11}} - \frac{\dot{E}_2}{Z_{12}} - \frac{\dot{E}_3}{Z_{13}} \\[2mm]
\dot{I}_2 &= \dot{I}_{22} - \dot{I}_{21} - \dot{I}_{23} = \frac{\dot{E}_2}{Z_{22}} - \frac{\dot{E}_1}{Z_{21}} - \frac{\dot{E}_3}{Z_{23}} \\[2mm]
\dot{I}_3 &= \dot{I}_{33} - \dot{I}_{31} - \dot{I}_{32} = \frac{\dot{E}_3}{Z_{33}} - \frac{\dot{E}_1}{Z_{31}} - \frac{\dot{E}_2}{Z_{32}}
\end{aligned}\right\} \qquad (10-25)$$

式中：$Z_{11}$、$Z_{22}$、$Z_{33}$ 为三个电源点的输入阻抗；$Z_{12}$、$Z_{13}$、$Z_{23}$ 为三个电源点相互之间的转移电抗。

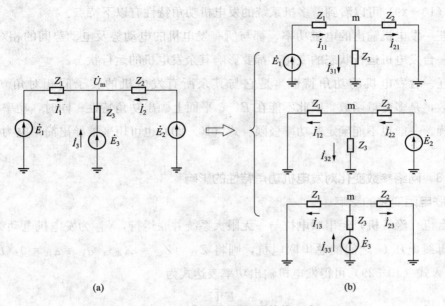

图 10 - 13　三机电力系统等值电路

(a) 等值电路；(b) 三个电源分别激励的电路

假设三个电源点发电机电动势 $\dot{E}_1$、$\dot{E}_2$、$\dot{E}_3$ 与 $\dot{U}_m$ 的夹角有图 10 - 14 所示的关系，则电源 G1 的输出功率可以写成

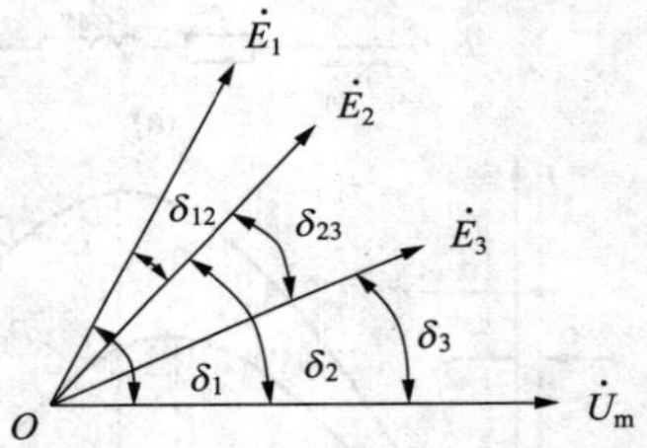

$$\widetilde{S}_1 = P_1 + jQ_1 = \dot{E}_1 \overset{*}{\dot{I}}_1$$

$$= \frac{\dot{E}_1 \overset{*}{\dot{E}}_1}{\overset{*}{Z}_{11}} - \frac{\dot{E}_1 \overset{*}{\dot{E}}_2}{\overset{*}{Z}_{12}} - \frac{\dot{E}_1 \overset{*}{\dot{E}}_3}{\overset{*}{Z}_{13}}$$

图 10 - 14　三电源的相位关系

$$= \frac{E_1^2}{|Z_{11}| \angle(-\theta_{11})} - \frac{E_1 E_2 \angle(\delta_1 - \delta_2)}{|Z_{12}| \angle(-\theta_{12})} - \frac{E_1 E_3 \angle(\delta_1 - \delta_3)}{|Z_{13}| \angle(-\theta_{13})} \tag{10-26}$$

式中：$\theta_{11}$、$\theta_{12}$、$\theta_{13}$ 为阻抗 $Z_{11}$、$Z_{12}$、$Z_{13}$ 的阻抗角。

将式（10-26）展开，实部和虚部分开，即可得

$$P_1 = \frac{E_1^2}{|Z_{11}|}\cos\theta_{11} - \frac{E_1 E_2}{|Z_{12}|}\cos(\delta_{12} + \theta_{12}) - \frac{E_1 E_3}{|Z_{13}|}\cos(\delta_{13} + \theta_{13}) \tag{10-27}$$

假设 $\theta$ 角的余角为 $\alpha = 90° - \theta$，则式（10-27）还可写为

$$P_1 = \frac{E_1^2}{|Z_{11}|}\sin\alpha_{11} + \frac{E_1 E_2}{|Z_{12}|}\sin(\delta_{12} - \alpha_{12}) + \frac{E_1 E_3}{|Z_{13}|}\sin(\delta_{13} - \alpha_{13}) \tag{10-28}$$

式（10-28）即为该三机电力系统电源 G1 的功角特性。同理，可求分别求得电源 G2、G3 的功角特性。

根据以上分析，推广到 $n$ 台机的电力系统，其 $i$ 台机的功角特性为

$$P_{Gi} = \frac{E_{Gi}^2}{|Z_{ii}|}\sin\alpha_{ii} + \sum_{j=1, j \neq i}^{n} \frac{E_{Gi}E_{Gj}}{|Z_{ij}|}\sin(\delta_{ij} - \alpha_{ij}) \tag{10-29}$$

由式（10-29）可以看到，多机系统的发电机功角特性有以下特点：

（1）任一发电机输出的电磁功率，都与所有发电机的电动势及电动势间的相对角有关，因而任何一台发电机运行状态的变化，都要影响其余发电机的运行状态。

（2）任一台发电机的功角特性，是它与其余所有发电机的转子间相对角（共 $n-1$ 个）的函数，是多变量函数，因此不能在 $P-\delta$ 平面上画出功角特性。同时，功率极限的概念也不明确，一般也不能确定其功率极限。式（10-29）也可用来推导出简单电力系统的功率表达式。

### 10.3.3 网络参数变化对发电机功角特性的影响

#### 1. 串联电阻变化的影响

当一台机（隐极机）经串联电抗与一无限大系统并联运行，$X_{d\Sigma}$ 为发电机电动势 $E_q$ 与无限大系统母线电压 $U$ 之间的总串联电抗，则将 $Z_{11}=Z_{12}=X_{d\Sigma}$，$\alpha_{11}=\alpha_{12}=0$，$E_{G1}=E_q$，$\delta_{12}=\delta_0$ 代入式（10-29）可得发电机输出功率表达式为

$$P_E=\frac{E_q U}{X_{d\Sigma}}\sin\delta$$

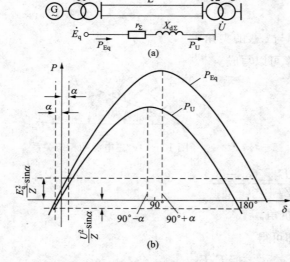

图 10-15 计及电阻时的等值电路及功率特性

与式（10-16）相同。

若计及回路中的电阻 $r_\Sigma$，如图 10-15 所示，则

$$Z_{11}=Z_{12}=Z_{22}=Z=r_\Sigma+\mathrm{j}x_{d\Sigma}$$

$$\alpha_{11}=\alpha_{12}=\alpha_{22}=90°-\tan^{-1}\frac{x_\Sigma}{r_\Sigma}=\alpha$$

由式（10-29）可得发电机电动势处的功率为

$$P_{Eq}=\frac{E_q^2}{|Z|}\sin\alpha+\frac{E_q U}{|Z|}\sin(\delta-\alpha)$$

计及图 10-15（a）中等值电路的正方向，发电机向无限大系统输送的功率为

$$P_U=-\frac{U^2}{|Z|}\sin\alpha+\frac{E_q U}{|Z|}\sin(\delta+\alpha)$$

$P_{Eq}$ 与 $P_U$ 的曲线示于图 10-15（b），二者之差，即为电阻 $r_\Sigma$ 消耗的功率。

#### 2. 并联电抗变化的影响

如果并联接入的是电抗，如图 10-16 所示，则接入电抗后

$$Z_{11}=\mathrm{j}X_1+\mathrm{j}X_k/\!/\mathrm{j}X_2=\mathrm{j}X_{11}，\qquad \psi_{11}=90°，\qquad \alpha_{11}=0°$$

$$Z_{22}=\mathrm{j}X_2+\mathrm{j}X_k/\!/\mathrm{j}X_1=\mathrm{j}X_{22}，\qquad \psi_{22}=90°，\qquad \alpha_{22}=0°$$

$$Z_{12}=\mathrm{j}X_1+\mathrm{j}X_2+\frac{\mathrm{j}X_1\mathrm{j}X_2}{\mathrm{j}X_k}=\mathrm{j}X_{d\Sigma}+\mathrm{j}\frac{X_1 X_2}{X_k}=\mathrm{j}X_{12}，\qquad \psi_{12}=90°，\qquad \alpha_{12}=0°$$

$Z_{12}$ 为电源点到电网母线 $U$ 处的转移电抗，通过 Y→△ 变换求得。

发电机的功率特性为

$$P_{Eq} = \frac{E_q U}{X_{12}} \sin\delta = P_U$$

功率与功角 $\delta$ 仍为正弦关系，功率极限为

$$P_{Eqm} = \frac{E_q U}{X_{12}}$$

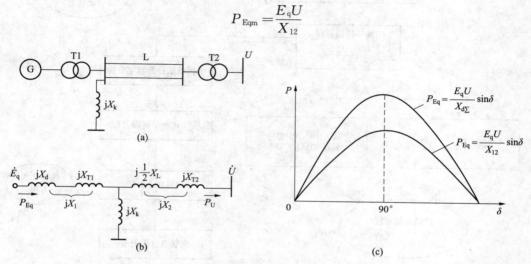

图 10-16　并联电抗对功率特性的影响

(a) 电路图；(b) 等值电路；(c) 功角特性

与未接电抗器时的极限 $P_{Eqm} = \dfrac{E_q U}{X_{d\Sigma}}$ 相比，由于 $X_{12} > X_{d\Sigma}$，所以当电动势 $E_q$ 和电压 $U$ 与并联电抗接入前相同时，接入并联电抗使功率极限减小。减小的程度与转移电抗增大的程度成比例。转移电抗增加部分为 $\dfrac{X_1 X_2}{X_k}$，$X_k$ 越小，$X_{12}$ 增加越大，功率极限也就越小。极限情况 $X_k = 0$，相当于三相短路，$X_{12} = \infty$，发电机输出功率为零，因而发电机转子上将产生很大的不平衡转矩，这就是短路引起系统稳定破坏的主要原因。

# 第 10.4 节　简单电力系统的静态稳定性

电力系统静态稳定性是指电力系统正常运行时受到短时性小干扰后，系统恢复到原始运行状态的能力。能恢复到原始运行状态，系统静态是稳定的，否则就是静态不稳定的。图 10-17 给出了静态稳定性分析流程图。

## 10.4.1　静态稳定性的基本概念

设某简单电力系统如图 10-18 (a) 所示，图中受端为无限大容量电力系统母线，送端为隐极式同步发电机，并略去了所有元件的电阻和导纳。该系统的等值网络如图 10-18 (b) 所

示。如果发电机的励磁不可调，即它的空载电动势 $E_q$ 为恒定值，则可得出其功角特性关系为

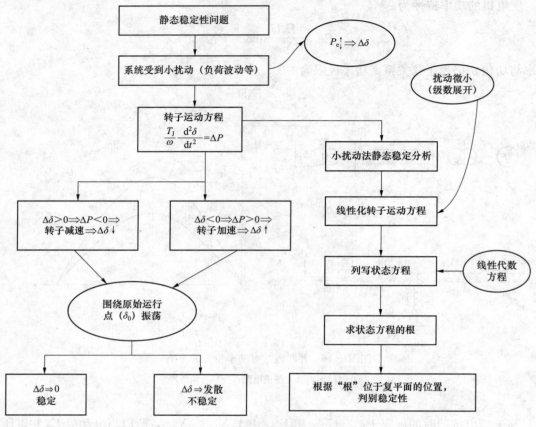

图 10-17　静态稳定性分析流程图

$$P_{Eq} = \frac{E_q U}{X_{d\Sigma}} \sin\delta \qquad (10-30)$$

其中　　　　　　　　　$X_{d\Sigma} = X_d + X_{T1} + \frac{1}{2}X_L + X_{T2}$

　　由此可绘制这个系统发电机功角特性曲线如图 10-18（c）所示。

　　假设不调节原动机输出的机械功率 $P_T$，并略去摩擦、风阻等损耗。若按输入发电机的机械功率与发电机输出的电磁功率相平衡 $P_T = P_{Eq|0|}$ 的条件，在功角特性曲线上将有两个运行点 $a$、$b$ 与其相对应的功角 $\delta_a$ 和 $\delta_b$，下面分析电力系统在这两点运行时，受到微小干扰后的情况，以及静态稳定实用判据和静态稳定储备系数的概念。

　　1. 静态稳定性的分析

　　先分析在 $a$ 点的运行情况。在 $a$ 点，当系统出现一个瞬时的小干扰，使功角 $\delta$ 增加一个微量 $\Delta\delta$ 时，输出的电磁功率将从 $a$ 点相对应的值 $P_{Eq|0|}$ 增加到与 $a'$ 点相对应的 $P_{Eqa'}$。但因输入的机械功率 $P_T$ 不调节，仍为 $P_T = P_{Eq|0|}$，在 $a'$ 点输出的电磁功率 $P_{Eqa'}$ 将大于输入

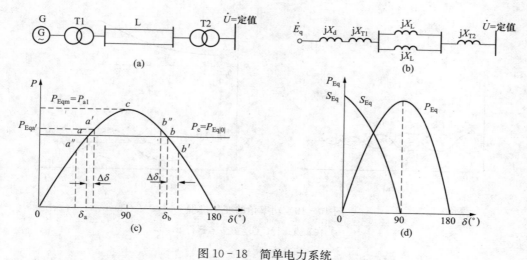

图 10 - 18　简单电力系统

（a）接线图；（b）等值网络图；（c）发电机功角特性曲线；（d）整步功率系数〔（见式 10 - 31）〕

的机械功率 $P_T$。因此作用在转子上的过剩功率 $\Delta P = P_T - P_{Eqa'} < 0$，根据转子运动方程的基本关系，在此过剩功率的作用下，发电机组将减速，功角 $\delta$ 将减小，运行点将渐渐回到 $a$ 点，如图 10 - 19（a）中实线所示。当一个小干扰使功角 $\delta$ 减小一个微量 $\Delta\delta$ 时，情况相反，输出的电磁功率将减小到与 $a''$ 对应的值 $P_{Eqa''}$，此时作用在转子上的过剩功率 $\Delta P = P_T - P_{Eqa''} > 0$，在此过剩功率的作用下，发电机组将加速，使功角 $\delta$ 增大，运行点将渐渐地回到 $a$ 点，如图 10 - 19（a）中虚线所示。所以 $a$ 点是静态稳定运行点。据此分析可得在图 10 - 19（c）中 $c$ 点以前，即 $0° < \delta < 90°$ 时，皆为静态稳定运行点。

类似于 $a$ 点的分析，再来看 $b$ 点的运行情况，在 $b$ 点也是一个平衡点，当系统中出现一个瞬时的小干扰，而使功角 $\delta$ 增加一个微量 $\Delta\delta$ 时，过剩功率 $\Delta P > 0$，在 $\Delta P$ 的作用下发电机转子将加速，功角 $\delta$ 将进一步增大，而随着功角的增大，与之对应的电磁功率将进一步减小。这样继续下去，运行点不可能再回到 $b$ 点，如图 10 - 19（b）中实线所示。功角 $\delta$ 不断增大，标志着两个电源之间将失去同步，电力系统将不能并列运行而瓦解。如果瞬时出现的小干扰使功角减小一个微量 $\Delta\delta$，情况又不同，此时 $\Delta P < 0$，在此过剩功率的作用下，发电机将减速，功角将继续减小，一直减小到 $\delta_a$，渐渐稳定在 $a$ 点运行，如图 10 - 19（b）中虚线所示。所以 $b$ 点不是静态稳定运行点。同理，在 $c$ 点以后（$\delta > 90°$），都不是静态稳步定运行点。

**2. 电力系统静态稳定实用判据**

根据以上分析可见，对上述简单电力系统，当功角 $\delta$ 为 $0° \sim 90°$ 时，$dP_{Eq}/d\delta > 0$，电力系统可以保持静态稳定运行；而 $\delta > 90°$ 时，$dP_{Eq}/d\delta < 0$，电力系统不能保持静态稳定运行。由此，可以得出电力系统静态稳定的实用判据为

$$S_{Eq} = \frac{dP_{Eq}}{d\delta} > 0 \qquad (10 - 31)$$

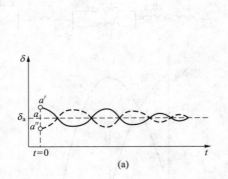 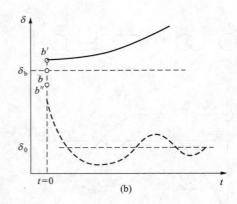

图 10 - 19  功率角的变化过程

(a) 在 $a$ 点运行；(b) 在 $b$ 点运行

式中：$S_{Eq}$ 称为整步功率系数，如图 10 - 18（d）所示。

可根据 $S_{Eq} > 0$ 判定电力系统中的同步发电机并列运行静态是稳定的，它是最常用的一个静态稳定判据。虽然，严格的数学分析表明，仅根据这个判据不足以最后判定电力系统的静态稳定性，因而它只能是一种实用判据。理论上还有其他稳定性判据，此处不介绍。根据 $S_{Eq} > 0$ 判据，图 10 - 18（c）中功角特性曲线上所有与 $\delta < 90°$ 对应的运行点，是静态稳定的；所有与 $\delta > 90°$ 对应的运行点是静态不稳定的。而与 $\delta = 90°$ 对应的 $c$ 点则是静态稳定的临界点，在 $c$ 点 $S_{Eq} = 0$，严格地说，在该点是不能保持系统静态稳定运行的。

以上的分析没有考虑自动调节励磁装置对电力系统静态稳定的影响。若按第 10.3 节分析的自动调节励磁装置对功角特性的影响，维持发电机暂态电动势 $E'_q$ 为常数得到功角特性为 $P_{Eq'}$（见图 10 - 10），这时按静态稳定的实用判据，系统静态稳定的条件应为

$$S_{E'q} = \frac{dP_{E'q}}{d\delta} > 0 \tag{10 - 32}$$

系统静态不稳定的条件应为

$$S_{E'q} = \frac{dP_{E'q}}{d\delta} < 0 \tag{10 - 33}$$

当 $dP_{E'q}/d\delta = 0$ 时，对应的点为临界点，功角为 $\delta_{E'qm} > 90°$。

因此，一般认为计及自动调节励磁装置的作用后，电力系统静态稳定的功能范围扩大了。

### 3. 静态稳定储备系数

从电力系统运行可靠性要求出发，一般不允许电力系统运行在稳定的极限附近，否则，运行情况稍有变化或者受到干扰，系统便会失去稳定。为此，要求运行点离稳定极限有一定的距离，即保持一定的稳定储备。电力系统静态稳定储备的大小通常用静态稳定储备系数 $K_P$ 来表示，即

$$K_{P} = \frac{P_{Eqm} - P_{|0|}}{P_{|0|}} \times 100\%$$ (10-34)

式中：$P_{Eqm}$ 为静态稳定的极限功率（即功角特性曲线的顶点）；$P_{|0|}$ 为正常运行时的输送功率（$P_{|0|} = P_{T}$）。

静态稳定储备系数 $K_{P}$ 的大小表示电力系统由功角特性所确定的静态稳定程度。$K_{P}$ 越大，稳定程度越高，但系统输送功率受到限制。反之，$K_{P}$ 过小，则稳定程度太低，降低了系统运行的可靠性。目前我国规定，正常运行时 $K_{P}$ 一般为 $15\% \sim 20\%$；当系统发生故障后，由于部分设备（包括发电机、变压器、线路等）退出运行，为了尽量不间断对用户的供电，允许 $K_{P}$ 短时降低，但不应小于 $10\%$，并应尽快地采取措施恢复系统的正常运行。

**【例 10-2】** 系统接线和参数见［例 10-1］。试计算：（1）发电机无自动调节励磁 $E_{q} =$ 常数时静态稳定储备系数 $K_{P}$；（2）计及发电机的自动调节励磁 $E'_{q} =$ 常数时的 $K_{P}$。

**解：**（1）无自动调节励磁时。

根据［例 10-1］的计算结果 $P_{Eqm} = 1.429$，$P_{|0|} = 1$，得

$$K_{P} = \frac{P_{Eqm} - P_{|0|}}{P_{|0|}} \times 100\% = \frac{1.429 - 1}{1} \times 100\% = 42.9\%$$

（2）计及自动调节励磁时。

根据［例 10-1］的计算结果 $P_{E'qm} = 1.912$，得

$$K_{P} = \frac{P_{E'qm} - P_{|0|}}{P_{|0|}} \times 100\% = \frac{1.935 - 1}{1} \times 100\% = 93.5\%$$

**【例 10-3】** 某简单电力系统，发电机为隐极机，$X_{d} = 1.0$，$X_{TL} = 0.3$（均以发电机额定功率为基准值），无限大系统母线电压为 $U = 1$。其等值电路如图 10-20 所示。如果在发电机端电压 $U_{G}$ 为

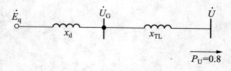

图 10-20 等值电路

1.05 时，发电机向系统输送的功率 $P_{U}$ 为 0.8，没有进行励磁调节。试计算此时系统的静态稳定储备系数。

**解：** 设无限大系统处电压 $U$ 相位为 0，此时发电机端电压 $U_{G}$ 与无限大系统电压 $U$ 之间的夹角为 $\delta_{G0}$。

（1）求 $\delta_{G0}$。根据

$$P_{U} = \frac{U_{G}U}{X_{TL}}\sin\delta_{G}$$

得

$$0.8 = \frac{1.05 \times 1}{0.3}\sin\delta_{G0}$$

即

$$\delta_{G0} = 13.21°$$

（2）求系统通过的电流 $I$

$$\dot{I} = \frac{\dot{U}_{\text{G}} - \dot{U}}{\text{j}X_{\text{TL}}} = \frac{1.05\angle(-13.21°) - 1\angle(-0°)}{\text{j}0.3} = 0.803\angle(-5.29°)$$

（3）计算 $\dot{E}_{\text{q}}$。因为

$$x_{\text{d}\Sigma} = x_{\text{d}} + x_{\text{TL}} = 1.0 + 0.3 = 1.3$$

$$\dot{E}_{\text{q}} = \dot{U} + \text{j}\dot{I}x_{\text{d}\Sigma} = 1.0\angle0° + \text{j}0.803\angle(-5.29°) \times 1.3 = 1.51\angle(-5.29°)$$

所以

$$P_{\text{Eqm}} = \frac{E_{\text{q}}U}{X_{\text{d}\Sigma}} = \frac{1.51 \times 1.0}{1.3} = 1.16$$

则

$$K_{\text{P}} = \frac{P_{\text{Eqm}} - P_0}{P_0} \times 100\% = \frac{1.16 - 0.8}{0.8} \times 100\% = 45\%$$

### 10.4.2 小干扰法分析电力系统静态稳定性

#### 1. 小干扰法

研究电力系统遭受小干扰后的暂态过程及其稳定性的理论，主要有李雅普诺夫理论。该理论认为任何一个动力学系统都可以用多元函数 $\phi(X_1, X_2, X_3, \cdots, X_n)$ 来表示。当系统因受到某种微小干扰其参数发生变化时，则函数变为 $\phi(X_1 + \Delta X_1, X_2 + \Delta X_2, X_3 + \Delta X_3, \cdots, X_n + \Delta X_n)$。若所有参数的微小增量在微小干扰消失后能趋近于零，即

$$\lim_{t \to \infty} \Delta X_1 \to 0$$

$$\lim_{t \to \infty} \Delta X_2 \to 0$$

$$\vdots$$

$$\lim_{t \to \infty} \Delta X_n \to 0$$

则该系统可以认为是稳定的。根据这一理论来研究电力系统遭受小干扰后过渡过程的方法，称为小干扰法。利用该方法的判断步骤是：

（1）列出电力系统遭受小干扰后的运动方程，这个运动方程包含各参数的微小增量。

（2）将所列的非线性微分方程线性化（因干扰微小，可在原始运行点附近将其线性化）。

（3）求解线性化的微分方程或用其他的方法来研究各参数微小增量随时间变化的规律，从而确定这一过渡过程的性质，并判断系统是否稳定。

以下简要说明根据线性化微分方程的特征方程的根，来判别系统稳定与否的一般方法。

假设受扰动的线性化微分方程组的解可以写成

$$\Delta X_{\text{s}} = C_{1\text{s}}e^{p_1 t} + C_{2\text{s}}e^{p_2 t} + C_{3\text{s}}e^{p_3 t} + \cdots + C_{n\text{s}}e^{p_n t} \tag{10-35}$$

式中：$p_1, p_2, \cdots, p_n$ 为特征方程式的根；$C_{1\text{s}}, C_{2\text{s}}, \cdots, C_{n\text{s}}$ 为积分常数。

显然，由 $p_1, p_2, \cdots, p_n$ 在复数平面上的位置，就决定了 $\Delta X_{\text{s}}$ 变量的性质。

（1）若特征方程有正实根时（只要有一个正实根），微分方程的解中必定有某个分

量或某些分量随时间的增长而按指数规律不断增大。就电力系统而言，就是功角的变量 $\Delta\delta$ 随时间的增长而不断增大，系统便不稳定，而且丧失稳定的过程是非周期性的，如图 10 - 21 （a）所示。

（2）若特征方程只有负实根时，微分方程的解中所有分量都将随时间的增长按指数规律不断减小。就电力系统而言，就是功角的变量 $\Delta\delta$ 随时间的增长而不断减小，系统静态则是稳定的，如图 10 - 21 （b）所示。

（3）若特征方程式只有共轭虚根时，微分方程的解中所有分量都将随时间的增长而不断等幅地交变。就电力系统而言，就是功率角的变量 $\Delta\delta$ 将随时间的增长而不断等幅地交变，即等幅振荡。这是一种临界情况，如图 10 - 21 （c）所示。

（4）若特征方程式有实部为正值的共轭复根（只要有一对这样的共轭复根）时，微分方程的解中必定有某个分量或某些分量随时间的增长而不断交变，且交变的幅值又按指数规律不断增大。就电力系统而言，就是功角的变量 $\Delta\delta$ 将随时间的增长而不断交变，且交变的幅值将不断增大，即发生"自发振荡"现象，系统静态是不稳定的，而且丧失稳定的过程将是周期性的，如图 10 - 21 （d）所示。

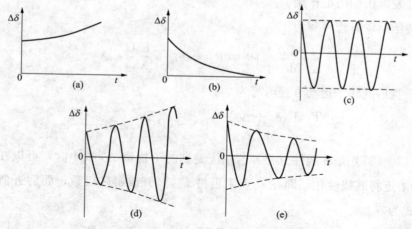

图 10 - 21　特征方程式的根和微分方程式的解之间的关系

（a）特征方程式有正实根时；（b）特征方程式只有负实根时；（c）特征方程式只有共轭虚根时；

（d）特征方程式有实数部分为正值的共轭复根时；（e）特征方程式只有实数部分为负值的共轭复根时

（5）若特征方程式只有实部为负值的共轭复根时，微分方程式的解中所有分量都将随时间的增长而不断交变，且交变的幅值又按指数规律不断减小。就电力系统而言，就是功角的变量 $\Delta\delta$ 将随时间的增长而不断交变，且交变的幅值将不断减小，即发生衰减振荡，系统静态是稳定的，如图 10 - 21 （e）所示。

综上所述，图 10 - 22 所示，对于线性化微分方程的特征方程，只要有一个根位于复数平面上虚轴的右侧，系统就不能保持静态稳定。特征方程式有正实根时，系统非周期性地丧

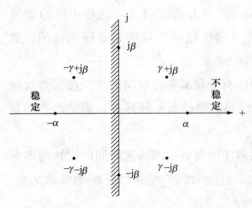

图 10-22 复数平面上的稳定区

失稳定；特征方程式有实部为正值的共轭复根时，系统周期性地丧失稳定。

**2. 小干扰法分析简单电力系统的静态稳定性**

对于图 10-23 所示的简单电力系统（单机—无限大系统），若假设原动机输出的功率 $P_T$＝常数，发电机为隐极式，不计自动调节励磁装置的作用的及各绕组的电磁暂态过程，即 $E_q$＝常数。原始运行点的情况为 $P_T = P_{Eq|0|}$，$\delta = \delta_0$，$\omega = \omega_0$。以下介绍利用小干扰法进行电力系统的静态稳定性分析。

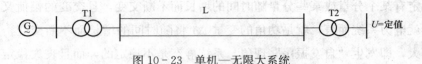

图 10-23 单机—无限大系统

（1）不计发电机的阻尼作用。

发电机转子运动方程可写为

$$\frac{T_J}{\omega_0}\frac{d^2\delta}{dt^2} = P_T - P_{Eq} = P_T - \frac{E_q U}{X_{d\Sigma}}\sin\delta \tag{10-36}$$

受到小干扰后的转子运动方程可写为

$$\frac{T_J}{\omega_0}\frac{d^2(\delta_0 + \Delta\delta)}{dt^2} = P_T - (P_{Eq})_{(\delta=\delta_0+\Delta\delta)} \tag{10-37}$$

方程式（10-37）是非线性方程，若系统受到的干扰量 $\Delta\delta$ 很小时，可以在原始运行点（平衡点）$\delta_0$ 附近将其线性化，即在 $\delta_0$ 点附近将 $P_{Eq}$ 展开成泰勒级数，而后近似地取其线性部分。展开式为

$$(P_{Eq})_{(\delta=\delta_0+\Delta\delta)} = (P_{Eq})_{(\delta=\delta_0)} + \left[\frac{dP_{Eq}}{d\delta}\right]_{\delta=\delta_0}\Delta\delta + \frac{1}{2}\left[\frac{d^2P_{Eq}}{d\delta^2}\right]_{\delta=\delta_0}\Delta\delta^2 + \cdots$$

$$\approx P_{Eq|0|} + \left[\frac{dP_{Eq}}{d\delta}\right]_{\delta=\delta_0}\Delta\delta$$

则式（10-37）的转子运动方程经线性化后为

$$\frac{T_J}{\omega_0}\frac{d^2(\delta_0+\Delta\delta)}{dt^2} = P_T - P_{Eq|0|} - \left[\frac{dP_{Eq}}{d\delta^2}\right]_{\delta=\delta_0}\Delta\delta$$

考虑到 $\frac{d^2\delta_0}{dt^2}=0$，$P_T = P_{Eq|0|}$，上式可以写为

$$\frac{T_J}{\omega_0}\frac{d^2\Delta\delta}{dt^2} + \left[\frac{dP_{Eq}}{d\delta}\right]_{\delta=\delta_0}\Delta\delta = 0 \tag{10-38}$$

方程式（10-38）的特征方程为

$$\frac{T_J}{\omega_0}p^2 + S_{Eq} = 0 \tag{10-39}$$

其中 $S_{Eq} = \left[\dfrac{dP_{Eq}}{d\delta}\right]_{\delta=\delta_0}$，称 $E_q$ 为定值时，在 $\delta=\delta_0$ 点的整步功率。

解得方程式（10-39）的两个根为

$$p_{1,2} = \pm\sqrt{\frac{-\omega_0 S_{Eq}}{T_J}} = \pm j\sqrt{\frac{\omega_0 S_{Eq}}{T_J}} = \pm j\beta \tag{10-40}$$

通过分析根的性质，可以判断系统在给定运行方式下是否静态稳定。

式（10-40）中系统的同步频率 $\omega_0$ 和发电机组的惯性时间常数均为正值，而 $S_{Eq}$ 可以是正值，也可能是负值。

当 $S_{Eq} < 0$ 时，$p_1$、$p_2$ 为一正一负两个实根，系统将非周期性地丧失稳定。

当 $S_{Eq} > 0$ 时，$p_1$、$p_2$ 为一对共轭虚根，系统将在 $\delta_0$ 附近作等幅振荡。自由振荡的角频率为 $\beta$，相应的自由振荡的频率 $f_e = \beta/2\pi$。在实际情况下，考虑到系统的正值阻尼作用，振荡是衰减的，所以系统是静态稳定的。

当 $S_{Eq} = 0$ 时，系统处于临界状态。

（2）计及发电机的阻尼作用。

发电机的阻尼作用包括机械阻尼作用和电气阻尼作用两个方面。机械阻尼主要是由轴承摩擦及转子转动对与气体摩擦产生的。电气阻尼的产生是在系统发生振荡时，定子旋转磁场对于发电机转子有相对运动，从而在转子的励磁绕组和阻尼绕组中感应电流而形成阻尼转矩（功率）。常用阻尼功率系数 $D_\Sigma$ 乘以角速度增量 $\Delta\omega$ 表示阻尼功率，即 $P_D = D_\Sigma \Delta\omega$。因此计及阻尼作用后，转子运动方程为

$$\frac{T_J}{\omega_0}\frac{d^2\delta}{dt^2} + D_\Sigma \frac{d\delta}{dt} = P_T - P_{Eq} \tag{10-41}$$

将方程式（10-41）线性化后的微分方程为

$$\frac{T_J}{\omega_0}\frac{d^2\Delta\delta}{dt^2} + D_\Sigma \frac{d\Delta\delta}{dt} + S_{Eq}\Delta\delta = 0 \tag{10-42}$$

其特征方程为

$$\frac{T_J}{\omega_0}p^2 + D_\Sigma p + S_{Eq} = 0 \tag{10-43}$$

解得两个特征根为

$$p_{1,2} = -\frac{\omega_0 D_\Sigma}{2T_J} \pm \frac{\omega_0}{2T_J}\sqrt{D_\Sigma^2 - \frac{4S_{Eq}T_J}{\omega_0}} \tag{10-44}$$

分析式（10-44）可得出如下结论：

1）发电机阻尼为正值（$D_\Sigma > 0$）。

当 $S_{Eq}>0$，且 $D_\Sigma^2 > \dfrac{4 S_{Eq} T_J}{\omega_0}$ 时，特征根为两个负的实数，$\Delta\delta(t)$ 将单调地衰减到零，系统是静态稳定的。

当 $S_{Eq}>0$，且 $D_\Sigma^2 < \dfrac{4 S_{Eq} T_J}{\omega_0}$ 时，特征根是一对具有负实部的共轭复数，$\Delta\delta(t)$ 将衰减振荡，系统是静态稳定的。

当 $S_{Eq}<0$，且 $\sqrt{D_\Sigma^2 - \dfrac{4 S_{Eq} T_J}{\omega_0}} > D_\Sigma$ 时，特征根中有一个为正实数，$\Delta\delta(t)$ 将随时间单调增加，系统是静态不稳定的。

2）发电机阻尼为负值（$D_\Sigma<0$）。

此时，根据式（10-44），不论 $S_{Eq}$ 为何值，特征根的实部至少有一个为正数，系统将是不稳定的。

综上所述，考虑发电机阻尼作用时，简单电力系统的静态稳定条件为

$$D_\Sigma>0 \quad 和 \quad S_{Eq}>0$$

因此，对于实际的电力系统，为使它保持静态稳定性，综合的阻尼系数 $D_\Sigma$ 必须大于零，此时阻尼的作用是阻止系统振荡。若 $D_\Sigma$ 小于零，则阻尼的作用将使系统的振荡越来越大，就不可能保持静态稳定性。

### 10.4.3 调节励磁对电力系统静态稳定性的影响

计及自动调节励磁系统作用时电力系统的过渡过程比较复杂，本节仅简要的定性分析不连续调节励磁系统的主要作用，随后再概要性综述自动励磁调节装置对电力系统静态稳定性的影响。（针对简单电力系统中的隐极式发电机）。

由图 10-24 可见，不连续调节励磁（手动调节或机械调节器）的主要作用是随着传输功率 $P$ 的增大，功率角 $\delta$ 将增大，发电机端电压 $U_G$ 将下降。但由于这类调节器有一定的失灵区，只有在端电压 $U_G$ 的下降超出一定范围时，才增大发电机的励磁，从而增大它的空载电动势 $E_q$，运行点才从一条功角特性曲线过渡到另一条，如图 10-24（a）中 $a-a'-b$ 段。传输功率继续增大，功率角继续增大，发电机端电压又下降。当电压下降又一次超出给定的范围时，将再一次增大发电机的励磁，从而增大它的空载电动势 $E_q$，运行点又从第二根功角特性曲线过渡到第三根，如图 10-24（a）中 $b-b'-c$ 段；依此类推。可见采用这类调节励磁方式时，运行点的转移，发电机端电压和空载电动势的变化将分别如图 10-24（a）、（b）中的折线 $a-a'-b-b'-c-c'-d-d'-e$。

当传输功率增大到 $P_{sl}$ 静稳定极限功率，功率角 $\delta=90°$ 对应 $m$ 点时，这个传输功率不能再继续增大了。因为 $\delta>90°$ 时，所有按 "$E_q=$ 定值" 条件绘制的功角特性曲线 $A$、$B$、$C$、$D$、$E$、$F$、$G$ 等都有下降的趋势，从而在 $m$ 点运行时，功率角的微增将使发电机组的机械功率大于电磁功率，发电机组将加速。虽然与之同时，发电机端电压下降，但在还没有来得

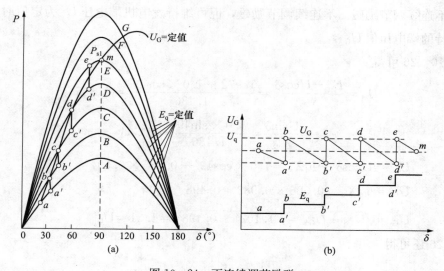

图 10-24　不连续调节励磁

（a）功角特性曲线；（b）发电机端电压和空载电动势的变化

及采取措施增大发电机的励磁之前，系统已丧失了稳定。换言之，采用这一类不连续调节的、有失灵区的调节励磁方式时，静稳定的极限就是图中的 $P_{sl}$，与这个稳定极限相对应的功率角 $\delta_{sl}=90°$。

应该指出，这类目前已不多见的调节励磁方式虽不能使稳定运行大于 $\delta=90°$ 范围，但就提高稳定极限的数值而言，作用仍很显著。

【例 10-4】简单电力系统如图 10-23 所示，参变量如下：$X_d=X_q=0.982$，$X'_d=0.344$，$X_c=0.504$；$X_{q\Sigma}=X_{d\Sigma}=1.486$，$X'_{d\Sigma}=0.848$；$T_J=7.5s$，$T'_d=0.85s$，$T_e=2s$；$P_{Eq|0|}=1.0$，$E_{q|0|}=1.972$，$\delta_0=49$，$U=1.0$。试计算：（1）励磁不可调时的静态稳定极限和静态稳定储备系数；（2）不连续调节励磁时的静态稳定极限和静态稳定储备系数。

解：（1）励磁不可调。由已知 $E_q=E_{q|0|}=1.972$，$U=1.0$，$X_{d\Sigma}=1.486$，可得

$$P_{Eq}=\frac{E_q U}{X_{d\Sigma}}\sin\delta=\frac{1.972\times1.0}{1.486}\sin\delta=1.325\sin\delta$$

按上式可作图 10-25 中的功角特性曲线 I。当 $\delta=\delta_{sl}=90°$ 时，静态稳定极限 $P_{sl}=1.325$。

静态稳定的储备系数为

$$K_P=\frac{P_{sl}-P_{Eq|0|}}{P_{Eq|0|}}\times100\%$$

$$=\frac{1.325-1.0}{1.0}\times100\%=32.5\%$$

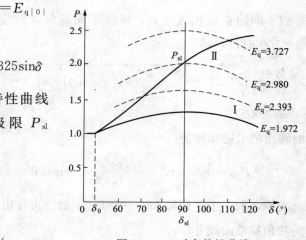

图 10-25　功角特性曲线

（2）不连续调节励磁。不连续调节励磁，但可维持发电机端电压 $U_G$ 为定值时，首先需求取可维持的端电压值 $U_{G|0|}$。

由图 10-26 可得

$$I_d = \frac{E_q - U\cos\delta}{X_{d\Sigma}} = \frac{1.972 - 1.0 \times \cos49°}{1.486} = 0.885$$

$$I_q = \frac{U\sin\delta}{X_{q\Sigma}} = \frac{1.0 \times \sin49°}{1.486} = 0.506$$

$$U_{Gq} = U\cos\delta + I_d X_c = 1.0 \times \cos49° + 0.885 \times 0.504 = 1.102$$

$$U_{Gd} = I_q X_d = 0.506 \times 0.982 = 0.498$$

$$U_G = \sqrt{U_{Gq}^2 + U_{Gd}^2} = \sqrt{1.102^2 + 0.498^2} = 1.21 = U_{G|0|}$$

由图 10-26 还可得

$$U_{Gq} = E_q - I_d X_d = E_q - \frac{X_d}{X_{d\Sigma}}(E_q - U\cos\delta)$$

$$U_{Gd} = I_q X_q = \frac{X_d}{X_{q\Sigma}}U\sin\delta$$

从而，由 $U_G^2 = U_{Gq}^2 + U_{Gd}^2$ 可列出

$$\left[E_q - \frac{X_d}{X_{d\Sigma}}(E_q - U\cos\delta)\right]^2 + \left(\frac{X_d}{X_{q\Sigma}}U\sin\delta\right)^2 = U_G^2 = U_{G|0|}^2$$

于是有

$$E_q\left(1 - \frac{X_d}{X_{d\Sigma}}\right) = \sqrt{U_{G|0|}^2 - \left(\frac{X_d}{X_{d\Sigma}}U\sin\delta\right)^2} - \left(\frac{X_d}{X_{d\Sigma}}U\cos\delta\right)$$

得

$$E_q = \frac{X_{d\Sigma}}{X_c}\sqrt{U_{G|0|}^2 - \left(\frac{X_d}{X_{q\Sigma}}U\sin\delta\right)^2} - \frac{X_d}{X_c}U\cos\delta$$

以不同的 $\delta$ 值代入上式，可得不同的与之对应的 $E_q$。例如，当 $\delta=100°$ 时，可得

$$E_q = \frac{1.486}{0.504}\sqrt{1.21^2 - \left(\frac{0.982}{1.486} \times 1.0 \times \sin100°\right)^2} - \frac{0.982}{0.504}U\cos100°$$

$$= 3.338$$

此时输出的电磁功率为

$$P_{Eq} = \frac{E_q U}{X_{d\Sigma}}\sin\delta = \frac{3.338 \times 1.0}{1.486}\sin100° = 2.21$$

依此类推，取一个 $\delta$ 便可求出一个 $P_{Eq}$，最终可作出如图 10-25 所示的功角特性曲线 II。

由图 10-25 可得，$\delta_{s1}=90°$ 时，$P_{s1}=2.01$（静态稳定的极限

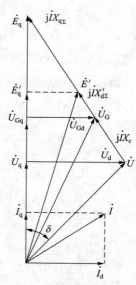

图 10-26 简单电力系统相量图

值)。那么，静态稳定的储备系数为

$$K_P = \frac{P_{sl} - P_{Eq|0|}}{P_{Eq|0|}} \times 100\% = \frac{2.01 - 1.0}{1.0} \times 100\% = 101\%$$

由本例可见，不连续调节励磁对提高电力系统静态稳定性的作用仍相当显著。它可使稳定极限由图 10-25 中曲线 I 上的最大值 1.325 提高为曲线 II 上的 2.01。

综上所述，自动调节励磁能够提高电力系统的静态稳定性。当电力系统中的同步发电机装设有自动调节励磁装置时，电力系统的静态稳定性与无自动调节励磁装置时是不同的，简单总结如下。

(1) 励磁不调节。无自动调节励磁装置的发电机，在运行情况缓慢变化时，发电机的励磁电流保持不变，发电机的空载电动势 $E_q$ 为常数，即 $E_q = E_{q(0)} =$ 常数。当发电机输送的功率，从原始运行条件 $P_{(0)}$ 慢慢增加，功率角 $\delta$ 逐渐增大时，发电机工作点将沿 $E_q =$ 定值的功角曲线 ($S_{Eq} > 0$) 变化。电力系统静态稳定的极限，将由 $S_{Eq} = 0$ 确定，它与功率极限 $P_{Eqm}$ 相等，即由图 10-27 中的 $a$ 点确定。电力系统失去静态稳定的形式为非周期性的，即功率角 $\delta$ 将随时间 $t$ 单调地增大，如图 10-27 中 $\delta(t)$ 曲线所示。功率角从 $\delta_0$ 开始，随着 $P$ 慢慢增加而增大，当达 $S_{Eq} = 0$ 时，对应的功率角为 $\delta_{Eqm}$ (隐极式发电机的简单电力系统为 90°)，图中的 $i$ 点，电力系统将非周期性失去静态稳定性，功率解将沿 $i-j-k$ 单调增大。

(2) 励磁不连续调节。发电机装有不连续调节励磁装置时，静态稳定极限仍与 $S_{Eq} = 0$ 的条件相对应。但如励磁的调节可维持端电压恒定，则静态稳定极限是设端电压 $U_G$ 为定值时所作功角特性曲线上与 $S_{Eq} = 0$ 相对应的功率，如图 10-27 中曲线 III 上的 $b$ 点 (也即图 10-24 的 $m$ 点)。

(3) 励磁按某一个变量偏移调节。按偏移调节励磁时，如按 $U_G$、$I_G$、$\delta$ 三个变量中任意一个变量的偏移调节励磁电流时，静态稳定极限一般与 $S_{E'q} = 0$ 的条件相对应。其值为设交轴暂态电动势 $E'_q$ 为定值时所作功角特性曲线上的最大值 $S_{E'qm}$，如图 10-27 中曲线 II 上的 $c$ 点。在简化计算中发电机均采用 $S_{E'} =$ 定值的模型。

(4) 励磁按变量偏移复合调节。按几个变量的偏移复合调节时，静态稳定极限仍与 $S_{E'q} = 0$ 的条件相对应。但如按电压偏移调节的单元可维持端电压恒定，则静态稳定性限为设端电压 $U_G$ 为定值时所作功角特性曲线上与 $S_{E'q} = 0$ 相对应的功率值，

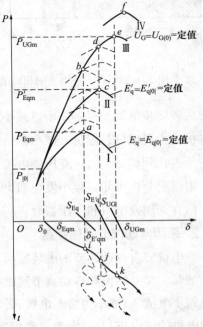

图 10-27　调节励磁对静态稳定的影响

如图 10-27 中曲线Ⅲ上的 $d$ 点。

因此，自动调节励磁装置可以等效地减少发电机的电抗。当无调节励磁时，对于隐极式同步发电机的空载电动势 $E_q =$ 常数，其等值电抗为 $X_d$。当按变量的偏移调节励磁时，可使发电机的暂态电动势 $E'_q =$ 常数，其等值电抗为 $X'_d$。如按导数调节励磁时，且可维持发电机端电压 $U_G =$ 常数，则发电机的等值电抗变为零。如最后可调至 $f$ 点，电压为常数，此时相当于发电机的等值电抗为负值。如果 $f$ 为变压器高压母线上一点，则此时相当于把发电机和变压器的电抗都调为零。

最后指出，发电机的自动调节励磁不仅在提高发电机并列运行的稳定性方面有显著作用，在提高系统电压稳定性方面同样有显著的作用。

### 10.4.4 提高电力系统静态稳定性的措施

电力系统具有静态稳定性是保证系统正常运行的必要条件。保证和提高系统静态稳定性，从有功功率来看，主要是提高功率极限值 $P_m = EU/X_\Sigma$，因此可以从减小系统中各元件的电抗 $X_\Sigma$，提高发电机的电动势 $E$ 和提高系统电压 $U$ 这三个方面着手，而根本性的措施是减小电抗 $X_\Sigma$。下面介绍提高电力系统静态稳定性的具体措施。

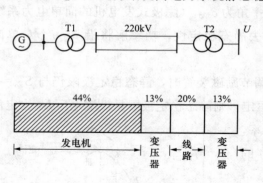

图 10-28　各元件电抗的相对值

#### 1. 减小发电机或变压器的电抗

从图 10-28 所示各元件电抗在电力系统电抗 $X_\Sigma$ 中的相对比例可见，发电机的同步电抗 $X_d$ 所占比重较大。但减小这个电抗将增加发电机的投资，因为同步电抗 $X_d = X_a + X_{ad}$，要减小 $X_d$，主要在于减小电枢反应电抗 $X_{ad}$，这需要增大发电机定子和转子间的空气间隙，这将使发电机尺寸增大，即发电机价格要增大。而发电机的暂态电抗 $X'_d$ 在系统电抗中所占比重较同步电抗小得多，所以减小发电机暂态电抗对静态稳定的影响不大。另外，由于暂态电抗的主要成分是漏抗，减小漏抗更困难，而且增加的投资更多。变压器的电抗在电力系统中所占比例相对不大，变压器电抗是漏抗，因此减小很困难，在经济上也不合算。

由以上分析可知，减小发电机和变压器的电抗不应作为提高系统静态稳定性的主要措施。但在选用发电机和变压器时，应注意选用具有较小电抗的设备，以利于静态稳定。

#### 2. 采用自动调节励磁装置

发电机装有自动调节励磁装置后，可以大大提高功率极限。若按同步发电机运行状态变量（如 $U_G$、$\delta$）的偏移自动调节励磁时，可使 $E'_q =$ 常数，这时相当于使发电机所呈现的电抗由同步电抗 $X_d$ 减小为暂态电抗 $X'_d$。若按运行状态变量的导数自动调节励磁时，则可以维持发电机的端电压 $U_G =$ 常数，这相当于发电机的电抗减小为零。其功角特性由图 10-27 可见，因为自动调节励磁装置在总投资中所占的比重很小，所以在各种提高静态稳定性的措施中，总是优先考虑这一措施。

### 3. 减小线路电抗

线路电抗在系统总电抗中所占的比重也较大，因此减小输电线路电抗是提高系统静态稳定的有效措施。目前常采用的措施有以下两种：

（1）提高输电线路的电压等级。线路电抗的标幺值与线路额定电压的平方成反比，提高线路电压等级就相当于减小线路电抗，从而提高线路的输送功率极限。我国已有不少地区成功地采用了提高线路电压等级的措施，来提高输电线路的输送能力。

（2）采用分裂导线。将一相导线用完全相同的、位置对称布置的 2～8 根导线来代替，如果有效截面不变，则其电阻也不变，但其电抗将减小，电容增大，从而提高了线路的输送功率极限，采用分裂导线还能减少电量损耗。采用分裂导线的线路投资大、施工复杂，一般用于 330kV 及以上电压等级的输电线路。

### 4. 采用串联电容器补偿

在线路中间串联接入电容器以后，线路的总电抗就由原来线路的电抗 $X_L$ 减小到 $X_L - X_C$，从而可提高输电线路输送功率的极限。采用串联电容器补偿不仅可以提高系统的稳定性，还可以用于调压（见第 6.3.6 节）。但由于这两种补偿的目的不同，使用场合不同，所以考虑问题的角度也不相同。采用串联电容器补偿提高稳定性时，首先要解决的是补偿度问题。所谓补偿度是指串联电容器的容抗与线路本身电抗之比的百分数。补偿度用 $K_C$ 表示，即

$$K_C = \frac{X_C}{X_L} \times 100\% \tag{10-45}$$

采用多大的补偿度，是线路采用串联电容器补偿时要考虑的一个很关键的问题。对于一条具体的输电线路输送一定的功率时，有一个最经济的补偿度，通常经济补偿度为 20%～50%。

在采用串联电容器补偿措施时，除需要考虑补偿度以外，还需要考虑补偿设备的合理分布，以及由于串联电容器的存在而引起运行方面的一系列技术问题。例如，短路时在电容器上引起的过电压问题，接入串联电容器后使继电保护工作条件变复杂的问题，接入串联电容器后使发电机自励磁区域扩大的问题等。

### 5. 提高系统运行电压水平

电力系统的运行电压水平，不仅是电能质量的一个重要指标，而且对系统运行的静态稳定性也有重大的影响。提高系统运行电压水平的最基本的措施，是在电力系统中装设充足的无功功率电源，并能随时保证系统在额定电压水平下的无功功率平衡。为此，首先要充分利用已有无功功率电源的潜力。例如，在发电机转子绕组不过载的条件下降低功率因数，让发电机多发无功功率；令处于备用状态的发电机作调相机运行，向系统送出无功功率；动员用户的同步电动机过励磁运行等。其次，根据系统安全、经济运行的要求，装设必要的无功功率补偿装置，并在运行中使中枢点电压不低于某一容许值，并且留有一定的裕度。

# 第 10.5 节　简单电力系统的暂态稳定性

电力系统遭受大干扰后，由于发电机转子上机械转矩与电磁转矩不平衡，使各同步发电机转子间相对位置发生变化，即各发电机电动势间相对相位角发生变化，从而引起系统中电流、电压和电磁功率的变化。电力系统暂态稳定就是研究电力系统在某一运行方式下，遭受大干扰后，并联运行的同步发电机间是否仍能保持同步运行的问题。在各种大干扰中以短路故障最为严重，所以通常都以此来检验系统的暂态稳定性。

为了简化电力系统暂态稳定的分析计算，一般的基本假设如下：

（1）电力系统机电暂态过程在很大程度上取决于系统的机械状态，而机械过程的进行速度要比电磁过程的进行速度缓慢得多，因此在机电暂态过程分析中，可以把电磁参量（电压、电流、磁链和功率等）看作是突变的。

（2）不计定子电流的直流和谐波分量以及转子电流的周期分量，也意味着忽略由于定子直流和谐波分量以及转子直流电流所产生的磁场间的脉动转矩。因为这个转矩的平均值接近于零，对转子运动的影响可以忽略。

（3）在具有阻尼绕组的电机中，由于次暂态分量衰减得很快，一般可以不考虑其影响。

（4）在高压电网中发生不对称短路故障时，不计零序分量电流对于转子机械运动的影响。负序电流在空间产生与转子旋转方向相反的旋转磁场，它与转子磁场相互作用所产生的 2 倍基本频率脉动转矩的平均值为零，所以也可以不考虑负序电流的影响。

（5）电力系统受到大干扰后的第一、二个摇摆周期内，各发电机转速偏离同步速不多，可以不考虑频率变化对参数的影响，各元件参数均按额定频率计算。同时由于调速器惯性大，可以近似地认为调速器不动作，从而可假定机械转矩（功率）保持不变。

（6）由于受到大干扰时发电机励磁绕组的磁链不会突变，大干扰后在强行励磁作用下，可使 $E'_q$ 更接近于常数，发电机可采用 $E'_q$＝常数的模型。由于 $E'$ 与 $E'_q$ 差别不大，且变化规律相近，在实用计算中，进一步可假定 $E'$＝常数。这样，不论凸极或隐极发电机模型均可简化为用 $E'$ 和 $X'_d$ 模型表示。

暂态稳定性分析流程如图 10 - 29 所示。

## 10.5.1　简单电力系统暂态稳定性的基本概念

如图 10 - 30（a）所示的简单电力系统，在输电线路始端发生短路故障，以此分析暂态稳定的基本概念。

### 1. 简单电力系统在各种运行情况下的功角特性

（1）正常运行情况（Ⅰ）。如图 10 - 30（a）简单电力系统受到大干扰（短路）之前，其等值电路如图 10 - 30（b）所示。送端电源到受端系统的转移电抗为

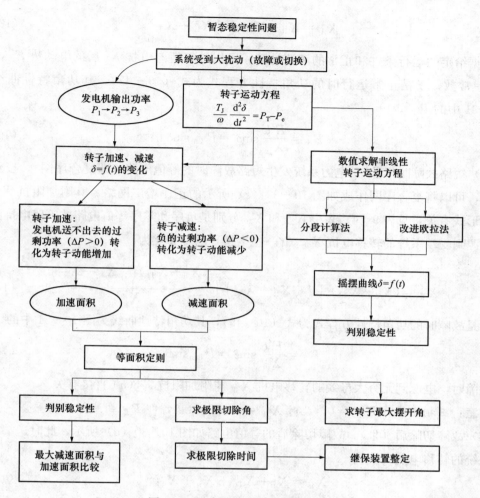

图 10 - 29　暂态稳定性分析流程图

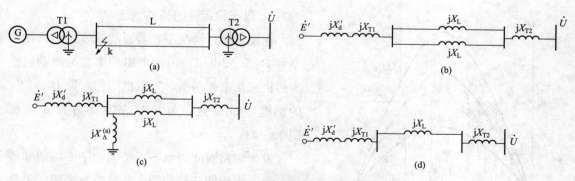

图 10 - 30　简单电力系统及其等值网络

（a）系统图；（b）正常运行时的等值电路；（c）短路故障时的等值电路；（d）故障切除后的等值电路

$$X_{\text{I}} = X'_{\text{d}} + X_{\text{T1}} + \frac{1}{2}X_{\text{L}} + X_{\text{T2}} \tag{10-46}$$

根据给定的运行条件和正常的潮流计算，可以计算暂态电抗 $X'_{\text{d}}$ 后的电动势 $E'$，并假定 $E' =$ 常数，于是正常运行时的功角特性方程式为式（10-47），其功角特性曲线，如图 10-31 中的 $P_{\text{I}}$。

$$P_{\text{I}} = \frac{E'U}{X_{\text{I}}}\sin\delta = P_{\text{I m}}\sin\delta \tag{10-47}$$

（2）短路故障时（Ⅱ）。电力系统发生短路故障时的等值电路（即复合序网），按正序等效定则，可以将复合序网作成如图 10-30（c）所示的正序增广网络。其附加阻抗 $X_{\Delta}^{(n)}$ 与故障的形式有关，见表 9-4。表中 $X_{\Sigma2}$ 和 $X_{\Sigma0}$ 分别是负序和零序等值电路的等值电抗。这时送端电源到受端系统的转移电抗 $X_{\text{II}}$（丫→△变换）的计算式为

$$X_{\text{II}} = (X'_{\text{d}} + X_{\text{T1}}) + \left(\frac{1}{2}X_{\text{L}} + X_{\text{T2}}\right) + \frac{(X'_{\text{d}} + X_{\text{T1}})\left(\frac{1}{2}X_{\text{L}} + X_{\text{T2}}\right)}{X_{\triangle}^{(n)}} \tag{10-48}$$

于是故障时的功角特性方程式为式（10-49），其功角特性曲线为图 10-31 中的 $P_{\text{II}}$。

$$P_{\text{II}} = \frac{E'U}{X_{\text{II}}}\sin\delta = P_{\text{II m}}\sin\delta \tag{10-49}$$

故障时，电源到无穷大母线的转移电抗 $X_{\text{II}}$ 与附加阻抗 $X_{\Delta}(n)$ 直接有关。

**注意：** 三相短路时 $X_{\Delta}^{(n)} = 0$，此时 $X_{\text{II}} = \infty$，$P_{\text{II}} = 0$，即 $P_{\text{II}}$ 曲线与横轴重叠。

（3）故障切除后（Ⅲ）。故障切除后的等值电路如图 10-30（d）所示，此时送端电源到受端系统的转移电抗 $X_{\text{III}}$ 为

$$X_{\text{III}} = X'_{\text{d}} + X_{\text{T1}} + X_{\text{L}} + X_{\text{T2}} \tag{10-50}$$

故障切除后的功角特性方程为式（10-51），其功角特性曲线如图 10-31 中的 $P_{\text{III}}$。

$$P_{\text{III}} = \frac{E'U}{X_{\text{III}}}\sin\delta = P_{\text{III m}}\sin\delta \tag{10-51}$$

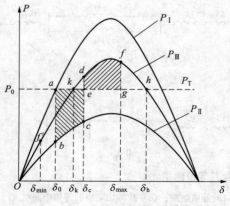

图 10-31　功角特性及面积定则

### 2. 暂态稳定性的基本概念

在正常运行情况下，若原动机输入的机械功率为 $P_{\text{T}}$，发电机输出的电磁功率应与原动机输入的机械功率相平衡，发电机工作点为 $P_{\text{I}}$ 和 $P_{\text{T}}$ 的交点，即 $a$ 点，与此对应的功角为 $\delta_0$，见图 10-31。

发生短路瞬间，由于不考虑定子回路的非周期分量，则周期分量的功率是可以突变的，于是发电机运行点由 $P_{\text{I}}$ 突然降为 $P_{\text{II}}$，又由于发电机组转子机械运动的惯性所致，功角 $\delta$ 不可能突

变，仍为 $\delta_0$，那么运行点将由 $a$ 点跃降到短路时功角特性曲线 $P_{\text{II}}$ 上的 $b$ 点。到达 $b$ 点后，由于输入的机械功率 $P_T$ 大于输出的电磁功率 $P_{\text{II}b}$，过剩功率（$\Delta P = P_T - P_{\text{II}b}$）大于零。由转子运动方程可知，转子开始加速，即 $\Delta\omega > 0$，功角 $\delta$ 开始增大，此时运行点将沿着功角特性曲线 $P_{\text{II}}$ 移动。经过一段时间，假设功角增大至 $\delta_c$，运行点达到 $c$ 点时（运行点从 $b$ 点运行到 $c$ 点的过程是转子由同步转速开始逐渐加速的过程），故障线路两端的继电保护装置动作，切除了故障线路。在此瞬间，运行点从 $P_{\text{II}}$ 上的 $c$ 点跃升到 $P_{\text{III}}$ 上的 $d$ 点，此时转子的速度 $\omega_d = \omega_c = \omega_{\max}$。

达到 $d$ 点后，过剩功率（$\Delta P = P_T - P_{\text{III}d}$）小于零，根据转子运动方程，转子将开始减速。由于此时 $\omega_d > \omega_0$ 及机组转子惯性的作用，则功角 $\delta$ 还将增大，运行点沿 $P_{\text{III}}$ 曲线由 $d$ 点向 $f$ 点移动，当转速降到同步速时，运行点达到 $f$ 点（即 $\omega_f = \omega_0$）。由于此时过剩功率（$\Delta P = P_T - P_{\text{III}f}$）仍然小于零，根据转子运动方程，转子仍将继续减速，功角则不再继续增大，而开始减小（运行点从 $d$ 点，运动到 $f$ 点的过程是转子减速的过程，到达 $f$ 点时，转速减到同步速 $\omega_0$，此时的功角 $\delta_f = \delta_{\max}$ 达到最大）。这样一来，运行点仍将沿着功角特性曲线 $P_{\text{III}}$ 从 $f$ 点向 $d$、$k$ 点移动。

在 $k$ 点时有 $P_T = P_{\text{III}k}$，过剩功率等于零，减速停止，则转子速度达到最小 $\omega_k = \omega_{\min}$（运行点从 $f$ 点到 $k$ 点的过程是转子减速的过程）。但由于机械惯性的作用，功角 $\delta$ 将继续减小，当过 $k$ 点后，过剩功率又将大于零，转子又开始加速。加速到同步速 $\omega_0$ 时，运行点到达 $f'$ 点（$\omega_f = \omega_0$），此时的功角 $\delta_f' = \delta_{\min}$ 达到最小。随后功角 $\delta$ 又将开始增大，即开始第二次振荡。

如果振荡过程中不计阻尼的作用，则将是一个等幅振荡，不能稳定下来，但实际振荡过程中总有一定的阻尼作用，因此这样的振荡将逐步衰减，系统最后停留在一个新的运行点 $k$ 上继续同步运行。

上述过程表明系统在受到大干扰后，可以保持暂态稳定。

如果短路故障的时间较长，即故障切除迟一些，$\delta_c$ 将更大。这样故障切除后，运行点沿曲线 $P_{\text{III}}$ 向功角增大的方向移动的过程中，虽然转子也在逐渐地减速，但运行点到达曲线 $P_{\text{III}}$ 上的 $h$ 点时，若发电机的转子还没有减速到同步速，则过了 $h$ 点后，情况将发生变化。由于这时过剩功率又将大于零，发电机转子又开始加速（还没有减速到同步转速又开始加速），而且加速越来越快，功角 $\delta$ 不断增大，发电机与系统之间将失去同步（原动机输入的机械功率与发电机输出的电磁功率不可能平衡）。这样的过程表明系统在受到大干扰后暂态不稳定。

### 3. 等面积定则

当不考虑振荡中的能量损耗时，可以根据等面积定则确定最大摇摆角 $\delta_{\max}$（或最小角度 $\delta_{\min}$），并判断系统的暂态稳定性。从前述的分析可知，功角由 $\delta_0$ 变化到 $\delta_c$ 的过程中，$P_T$ 大于电磁功率（即过剩功率大于零），使转子加速，过剩的能量转变成转子的动能而储存在转子中。但在功角由 $\delta_c$ 向 $\delta_{max}$ 增大过程中，发电机的电磁功率大于 $P_T$（过剩功率小于零），使转子减速，并释放转子储存的动能。

转子由 $\delta_0$ 到 $\delta_c$ 变动时，过剩转矩所做的功为

$$W_a = \int_{\delta 0}^{\delta c} \Delta M \mathrm{d}\delta = \int_{\delta 0}^{\delta c} \frac{\Delta P}{\omega} \mathrm{d}\delta$$

用标幺值计算时，因发电机转速偏离同步转速不大，$\omega = 1$，于是

$$W_a \approx \int_{\delta 0}^{\delta c} \Delta P \mathrm{d}\delta = \int_{\delta 0}^{\delta c} (P_T - P_{II}) \mathrm{d}\delta = A_{abcea} \tag{10-52}$$

式中，$A_{abcea}$ 称为加速面积，即为转子动能的增量。

当转子由 $\delta_c$ 变动到 $\delta_{max}$ 时，转子过剩转矩对应的功率为

$$W_b = \int_{\delta c}^{\delta \max} \Delta M \mathrm{d}\delta = \int_{\delta c}^{\delta \max} \Delta P \mathrm{d}\delta = \int_{\delta c}^{\delta \max} (P_T - P_{III}) \mathrm{d}\delta = A_{edfge} \tag{10-53}$$

式中，$P_T - P_{III} < 0$，所以 $A_{edfge}$ 称为减速面积，即动能的增量为负值，说明转子动能减少，转速下降。

当功角达到 $\delta_{max}$ 时，转子转速重新达到同步转速（$\omega = \omega_0$），说明在加速期间积蓄的动能增量全部耗尽，即加速面积和减速面积的大小相等，这就是等面积定则，即

$$W_a + W_b = \int_{\delta 0}^{\delta c} (P_T - P_{II}) \mathrm{d}\delta + \int_{\delta c}^{\delta \max} (P_T - P_{III}) \mathrm{d}\delta = 0 \tag{10-54}$$

也可以写成

$$|A_{abcea}| = |A_{edfge}| \tag{10-55}$$

以下介绍等面积定则的几个主要应用：

（1）计算极限切除角（$\delta_{cm}$）。从图 10-31 可以看出，最大减速面积为 $A_{edfhe}$。如果该面积小于加速面积 $A_{abcea}$ 时，系统就将失去稳定。减速面积的大小与故障切除角 $\delta_c$ 有直接的关系，$\delta_c$ 越小，减速面积就越大。

当在某个角度 $\delta_{cm}$ 切除故障时，可使最大可能的减速面积刚好等于加速面积，则 $\delta_{cm}$ 称为极限切除角。根据等面积定则的原理，由式（10-56）很容易求出极限切除角 $\delta_{cm}$。

$$\int_{\delta 0}^{\delta cm} (P_T - P_{II}) \mathrm{d}\delta + \int_{\delta cm}^{\delta h} (P_T - P_{III}) \mathrm{d}\delta = 0 \tag{10-56}$$

式中

$$\delta_h = \pi - \sin^{-1} \frac{P_T}{P_{IIIm}}$$

将式（10-56）的积分展开，经整理后，可得

$$\delta_{cm} = \cos^{-1} \frac{P_T(\delta_h - \delta_0) + P_{IIIm}\cos\delta_h - P_{IIm}\cos\delta_0}{P_{IIIm} - P_{IIm}} \tag{10-57}$$

为保证系统稳定，要求实际切除角 $\delta_c < \delta_{cm}$。在继电保护装置整定时需知道与 $\delta_{cm}$ 对应的切除时间 $t_{cm}$，要确定 $t_{cm}$，必须知道功角随时间的变化规律 $\delta = f(t)$，此曲线称为摇摆曲线，必须通过求解转子运动方程才能得到。因转子运动方程是非线性微分方程，一般不能求

得解析解，只能用数值计算方法求它的近似解，这将在后面介绍。

（2）判别系统是否暂态稳定。若已知 $P_{\mathrm{II}}$、$P_{\mathrm{III}}$、$P_{\mathrm{T}}=P_{|0|}$、$\delta_0$、$\delta_c$，则可根据等面积定则分别求出加速面积 $A_{abcea}$ 和最大减速面积 $A_{edfhe}$，即可判别系统是否暂态稳定。当最大减速面积 $A_{edfhe}$ ＞加速面积 $A_{abcea}$，即

$$\int_{\delta_0}^{\delta_c}(P_{\mathrm{T}}-P_{\mathrm{II}})\mathrm{d}\delta+\int_{\delta_{cm}}^{\delta_{\mathrm{h}}}(P_{\mathrm{T}}-P_{\mathrm{II}})\mathrm{d}\delta<0 \tag{10-58}$$

系统暂态稳定，否则系统暂态不稳定。

（3）计算最大摆开角（$\delta_{\max}$）。若已知 $\delta_0$、$\delta_c$、$P_{\mathrm{T}}=P_{|0|}$、$P_{\mathrm{II}}$、$P_{\mathrm{III}}$，便可按等面积定则的原理式（10-54），将积分展开后，即可求得保证暂态稳定下的最大摆开角 $\delta_{\max}$。

（4）计算最小摆开角（$\delta_{\min}$）。若已知 $\delta_k$、$\delta_{\max}$、$P_{\mathrm{II}}$、$P_{\mathrm{III}}$、$P_{\mathrm{T}}=P_{|0|}$，则按等面积定则的原理，有

$$\int_{\delta_{\max}}^{\delta_k}(P_{\mathrm{T}}-P_{\mathrm{II}})\mathrm{d}\delta+\int_{\delta_k}^{\delta_{\min}}(P_{\mathrm{T}}-P_{\mathrm{III}})\mathrm{d}\delta=0 \tag{10-59}$$

将式（10-59）中的积分展开，经整理即可求得 $\delta_{\min}$。

**注意**：除了故障之外，主要设备的切除（或电网结构的较大变动）都属于大扰动。例如图 10-30（a）所示的系统，正常运行状态（Ⅰ），突然切除一条线路后的状态（Ⅱ），这样大扰动的过程就只有两种状态，如图 10-32 所示，同样可以按照等面积定则来分析暂态稳定性。

面积 $A_{abca}$ 即为加速面积，面积 $A_{cdfc}$ 即为减速面积，按照等面积定则有

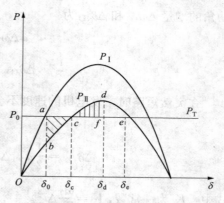

图 10-32　两种状态暂稳分析

$$\int_{\delta_0}^{\delta_c}(P_{\mathrm{T}}-P_{\mathrm{II}})\mathrm{d}\delta+\int_{\delta_c}^{\delta_d}(P_{\mathrm{T}}-P_{\mathrm{III}})\mathrm{d}\delta=0$$

若最大减速面积 $A_{cdec}$ ＜加速面积 $A_{abca}$，则系统不能保持暂态稳定性。

### 10.5.2　发电机转子运动方程的数值计算

发电机转子运动方程是非线性微分方程。由于所研究的暂态稳定性是指电力系统在受到大干扰的情况下是否保持稳定的问题，因此不能按照静态稳定分析方法那样将受到小干扰的转子运动方程在运行点附近线性化。也就是说不能求得它的解析解，而只能采用数值计算方法求得它的近似解，即摇摆曲线 $\delta=f(t)$。摇摆曲线描述了电力系统受到大干扰后，发电机转子功角摇摆随时间的变化规律。根据它的变化情况就可以判断系统的暂态稳定性，也可以按时间 $t$ 与功角 $\delta$ 的对应关系，确定极限切除时间 $t_{cm}$。

非线性微分方程的数值计算方法有多种，下面仅介绍其中的两种方法，即分段计算法、改进欧拉法。

### 1. 分段计算法

对于简单电力系统，转子运动方程式为

$$\frac{T_J}{\omega_0}\frac{d^2\delta}{dt^2}=P_T-P_e \quad 或 \quad \frac{d^2\delta}{dt^2}=\frac{\omega_0}{T_J}(P_T-P_m\sin\delta) \tag{10-60}$$

式中：$\frac{d^2\delta}{dt^2}=\alpha$ 为角加速度；$P_m$ 的大小在正常、短路和故障切除后是不同的，即分别为

$P_{Im}$、$P_{IIm}$、$P_{IIIm}$。

应用分段计算法时，先将发电机摇摆过程分成一系列时间小段 $\Delta t$，再逐一计算每段时间内角度增量 $\Delta\delta$。

在刚短路时，发电机产生了过剩功率 $P_{(0)}=P_T-P_{IIm}\sin\delta_{(0)}$，在时间段取得较小时，可以假设在一个时间段内过剩功率 $\Delta P_{(0)}$ 恒定不变，因而该段内的角加速度 $a_{(0)}=\frac{\omega_0}{T_J}\Delta P_{(0)}$ 也认为是恒定不变。依照等加速运动的算式，可以求得第一时间段末发电机的角速度的增量和功角的增量 $\Delta\omega_{(1)}$ 和 $\Delta\delta_{(1)}$ 为

$$\Delta\omega_{(1)}=\Delta\omega_{(0)}+a_{(0)}\Delta t$$

$$\Delta\delta_{(1)}=\Delta\omega_{(0)}\Delta t+\frac{1}{2}a_{(0)}\Delta t^2$$

在突然短路时，发电机的速度不会突变，所以 $\Delta\omega_{(0)}=0$，于是

$$\Delta\omega_{(1)}=a_{(0)}\Delta t \tag{10-61}$$

$$\Delta\delta_{(1)}=\frac{1}{2}a_{(0)}\Delta t^2=\frac{1}{2}\frac{\omega_0}{T_J}\Delta P_{(0)}\Delta t^2=\frac{1}{2}K\Delta P_{(0)} \tag{10-62}$$

式中：$K$ 为一常数，$K=\frac{\omega_0}{T_J}\Delta t^2$。

确定了第一个时间段内的功角增量，即可求得第一个时间段末和第二个时间段开始瞬间的功角值

$$\delta_{(1)}=\delta_{(0)}+\Delta\delta_{(1)} \tag{10-63}$$

有了功角新值 $\delta_{(1)}$ 后，便能确定第二个时间段开始瞬间的过剩功率和发电机的加速度分别为

$$\Delta P_{(1)}=P_T-P_{IIm}\sin\delta_{(1)}, \quad a_{(1)}=\frac{\omega_0}{T_J}\Delta P_{(1)}$$

同样假定在第二个时间段内加速度为恒定值 $a_{(1)}$，则第二个时间段内功角增量为

$$\Delta\delta_{(2)}=\Delta\omega_{(1)}\Delta t+\frac{1}{2}a_{(1)}\Delta t^2 \tag{10-64}$$

式（10-64）中的相对速度 $\Delta\omega_{(1)}$ 如果按式（10-61）计算，结果并不十分准确。因为在第一个时间段内，加速度毕竟还是变化的。为了提高计算精度，可取时间段初和时间段末的加速度的平均值 $a_{(0)av}$ 来求第一时间段末的速度，即

$$\Delta\omega_{(1)} = a_{(0)\mathrm{av}}\Delta t = \frac{a_{(0)} + a_{(1)}}{2}\Delta t \tag{10-65}$$

将式（10-65）代入式（10-64），可得

$$\Delta\delta_{(2)} = \frac{a_{(0)} + a_{(1)}}{2}\Delta t^2 + \frac{1}{2}a_{(1)}\Delta t^2 = \Delta\delta_{(1)} + K\Delta P_{(1)} \tag{10-66}$$

第二个时间段末的功角为

$$\delta_{(2)} = \delta_{(1)} + \Delta\delta_{(2)}$$

同理，可以得到第 $k$ 个时间段的递推公式

$$\left.\begin{array}{c} \Delta P_{(k-1)} = P_\mathrm{T} - P_{\mathrm{II}\,\mathrm{m}}\sin\delta_{(k-1)} \\ \Delta\delta_{(k)} = \Delta\delta_{(k-1)} + K\Delta P_{(k-1)} \\ \delta_{(k)} = \delta_{(k-1)} + \Delta\delta_{(k)} \end{array}\right\} \tag{10-67}$$

如果故障在第 $k$ 个时间段开始时（即第 $k-1$ 个时间段末）被切除，此时电磁功率曲线由 $P_\mathrm{II}$ 突然变为 $P_\mathrm{III}$，因此，过剩功率由 $\Delta P'_{(k-1)} = P_\mathrm{T} - P_{\mathrm{II}\,\mathrm{m}}\sin\delta_{(k-1)}$ 突然变为 $\Delta P''_{(k-1)} = P_\mathrm{T} - P_{\mathrm{III}\,\mathrm{m}}\sin\delta_{(k-1)}$，如图 10-33 所示。此时，可取过剩功率的平均值作为计算第 $k$ 个时间段的功角增量，即

$$\delta_{(k)} = \delta_{(k-1)} + K\frac{\Delta P'_{(k-1)} + \Delta P''_{(k-1)}}{2} \tag{10-68}$$

根据上述计算方法可作出角度随时间变化曲线，如图 10-34 所示。再由极限切除角 $\delta_\mathrm{cm}$，即可确定极限切除时间 $t_\mathrm{cm}$。

为使电力系统保持暂态稳定，故障切除时间必须小于 $t_\mathrm{cm}$。

分段计算方法的计算精度与所选时间段的长短（即步长）有关，$\Delta t$ 过大将使精度下降，但 $\Delta t$ 过小，除增加计算量外，也会增加计算过程中的累计误差。$\Delta t$ 选择应与所研究对象的时间常数相配合，一般约为 0.05s。

实际电力系统暂态稳定的分析和判别，可以通过求得的各台发电机组的摇摆曲线来进行。如图 10-34 所示，若功角随时间不断增大（单调变化），则系统在所给定的状态下不能保持暂态稳定，如曲线 2 所示；若功角增大到某一最大值后便开始减小，随后振荡并逐渐衰减，则系统能保持暂态稳定，如曲线 1 所示。

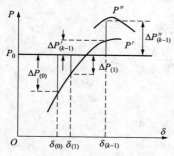

图 10-33　电磁功率突变图

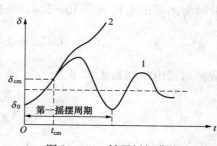

图 10-34　转子摇摆曲线

**【例 10 - 5】** 某简单电力系统接线如图 10 - 35 所示。设输电线路某一回线的首端发生两相接地短路，折算到统一基准下的各元件标幺值参数示于图 10 - 35 中。试计算：（1）为保持系统暂态稳定而要求的极限切除角度 $\delta_{cm}$；（2）求极限切除时间 $t_{cm}$。

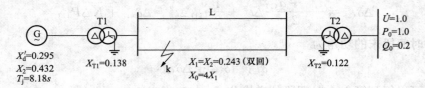

图 10 - 35 ［例 10 - 5］图

**解：**

（1）计算极限切除角 $\delta_{cm}$。

1）正常运行时功率特性

$$X_I = X'_d + X_{T1} + X_1 + X_{T2} = 0.295 + 0.138 + 0.243 + 0.122 = 0.798$$

发电机的暂态电动势为

$$E' = \sqrt{\left(U + \frac{Q_0 X_I}{U}\right)^2 + \left(\frac{P_0 X_I}{U}\right)^2} = 1.41$$

$$\delta_0 = \tan^{-1}\frac{0.798}{1 + 0.2 \times 0.798} = 34.53°$$

$$P_{Im} = \frac{E'U}{X_I} = \frac{1.41 \times 1}{0.798} = 1.77$$

2）故障时功率特性。

由图 10 - 36（b）可得故障点的负序、零序电抗分别为

$$X_{2\Sigma} = \frac{(0.432 + 0.138) \times (0.243 + 0.122)}{0.432 + 0.138 + 0.243 + 0.122} = 0.222$$

$$X_{0\Sigma} = \frac{0.138 \times (0.972 + 0.122)}{0.138 + 0.972 + 0.122} = 0.123$$

所以，加在正序网络故障点的附加电抗为

$$X_\Delta = \frac{X_{2\Sigma} X_{0\Sigma}}{X_{0\Sigma} + X_{2\Sigma}} = 0.079$$

故障时的等值电路如图 10 - 36（c）所示，等值电抗为

$$X_{II} = 0.433 + 0.365 + \frac{0.433 \times 0.365}{0.079} = 2.8$$

所以故障时发电机的最大功率为

$$P_{IIm} = \frac{E'U}{X_{II}} = \frac{1.41 \times 1}{2.8} = 0.504$$

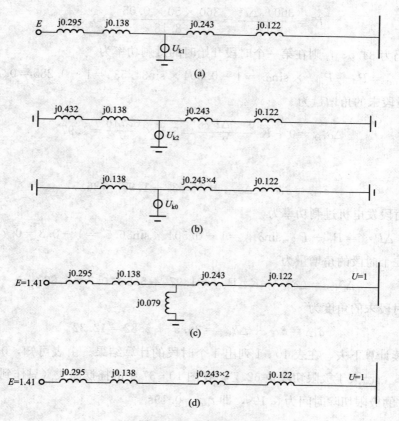

图 10 - 36　等值电路

（a）正序网；（b）负序、零序网；（c）故障时等值电路（复合序网）；（d）故障切除后等值电路

3）故障切除后功率特性。

故障切除后的等值电路如图 10 - 36（d）所示，其等值电抗为

$$X_{\text{III}} = 0.295 + 0.138 + 2 \times 0.243 + 0.122 = 1.041$$

此时最大功率为

$$P_{\text{III}m} = \frac{E'U}{X_{\text{III}}} = \frac{1.41}{1.041} = 1.35$$

$$\delta_{\text{h}} = 180 - \sin^{-1} \frac{P_0}{P_{\text{III}m}} = 180° - \sin^{-1} \frac{1}{1.35} = 132.2°$$

计算极限切除角：

由等面积定则有　$$\int_{\delta_0}^{\delta_c} (P_{\text{T}} - P_{\text{II}}) d\delta + \int_{\delta_c}^{\delta_{cm}} (P_{\text{T}} - P_{\text{III}}) d\delta = 0$$

综合以上可以解得 $\delta_{cm} = 62.7°$，$\delta_{\text{h}} = 132.2°$。

（2）计算极限切除时间 $t_{cm}$。

先计算故障期间的摇摆曲线。取时间段 $\Delta t = 0.05\text{s}$，则

$$K = \frac{360 f_0 \Delta t^2}{T_j} = \frac{360 \times 50 \times 0.05^2}{8.18} = 5.5$$

刚短路时 $\delta_0$ 仍为 $34.53°$，则在第一个时段开始时的过剩功率为

$$\Delta P_{(0)} = P_0 - P_{\text{IIm}} \times \sin\delta_0 = 1 - 0.504 \times \sin 34.53° = 1 - 0.285 = 0.716$$

所以第一个时段末的角增量为

$$\Delta\delta_{(1)} = 0 + K\frac{0 + \Delta P_{(0)}}{2} = 5.5 \times \frac{0.716}{2} = 1.97°$$

$\delta_{(1)}$ 为

$$\delta_{(1)} = \delta_{(0)} + \Delta\delta_{(1)} = 34.53° + 1.97° = 36.5°$$

第二个时段发电机过剩功率为

$$\Delta P_{(1)} = P_0 - P_{\text{IIm}}\sin\delta_{(1)} = 1 - 0.504 \times \sin 36.5° = 1 - 0.3 = 0.7$$

经过第二个时段的角增量为

$$\Delta\delta_{(2)} = \Delta\delta_{(1)} + K\Delta P_{(1)} = 1.97° + 5.5 \times 0.7 = 5.82°$$

第二个时段末的角度为

$$\delta_{(2)} = \delta_{(1)} + \Delta\delta_{(2)} = 36.5° + 5.82° = 42.32°$$

如此继续计算下去，在表 10-1 列出 4 个时段的计算结果。由表可知，$0.20\text{s}$ 时对应的角度为 $64.56°$，已大于极限切除角 $62.7°$。在图 10-37 中的摇摆曲线（只作到 $0.2\text{s}$）段上查得对应 $62.7°$ 的极限切除时间为 $0.19\text{s}$，即 $t_{cm} = 0.19\text{s}$。

表 10-1 　　　　　　　　　　四个时段的计算结果

| $t$（s） | $k$ | $\delta_{(k)}$ | $\sin\delta_{(k)}$ | $P_{(k)} = P_{\text{IIm}}\sin\delta_{(k)}$ | $\Delta P_{(k)} = P_0 - P_{(k)}$ | $\Delta\delta_{(k+1)} = \Delta\delta_{(k)} + K\Delta P_{(k)}$ |
|---|---|---|---|---|---|---|
| | 0 | $34.53°$ | 0.566 | 0.285 | 0.715/2 | $1.97°$ |
| 0.05 | 1 | $36.50°$ | 0.595 | 0.300 | 0.700 | $5.82°$ |
| 0.10 | 2 | $42.32°$ | 0.673 | 0.339 | 0.661 | $9.46°$ |
| 0.15 | 3 | $51.78°$ | 0.786 | 0.396 | 0.604 | $12.78°$ |
| 0.20 | 4 | $64.56°$ | 0.903 | 0.455 | 0.545 | $15.78°$ |

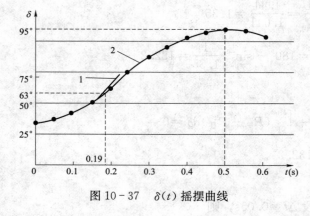

图 10-37　$\delta(t)$ 摇摆曲线

当故障切除时间为 $0.15\text{s}$ 时，计算摇摆曲线。

前面计算得到 $0.15\text{s}$ 的结果继续有效。从第三个时间段末开始，发电机的功率特性变为 $P_{\text{III}}$，即 $P_{(3)}$ 由表中的 0.396 突变为

$$P_{(3)} = 1.35\sin \times 51.78° = 1.06$$

其对应的过剩功率为

$$\Delta P_{(3)} = 1 - 1.06 = -0.06$$

因此，0.15s 时的过剩功率的平均值为

$$\Delta P_{(3)} = \frac{0.604 - 0.06}{2} = 0.272$$

故

$$\Delta \delta_{(4)} = \Delta \delta_{(3)} + K \Delta P_{(3)} = 9.46 + 5.5 \times 0.272 = 10.96°$$

$$\delta_{(4)} = \delta_{(3)} + \Delta \delta_{(4)} = 51.78° + 10.96° = 62.74°$$

第五时段开始，发电机的过剩功率为

$$\Delta P_{(4)} = P_0 - P_{\text{III}m} \sin \delta_{(4)} = 1 - 1.35 \times \sin 62.74° = 1 - 1.2 = -0.2$$

$$\Delta \delta_{(5)} = \Delta \delta_{(4)} + K \Delta P_{(4)} = 10.96 + 5.5 \times (-0.2) = 9.86°$$

$$\delta_{(5)} = \delta_{(4)} + \Delta \delta_{(5)} = 62.74° + 9.86° = 72.6°$$

如此计算下去，计算结果列于表 10-2 中。

**表 10-2**　　　　　　　　　　　　　　　　**0.15s 切除故障后的计算结果**

| $t$ (s) | $k$ | $\delta_{(k)}$ | $\sin \delta_{(k)}$ | $P_{(k)} = P_{\text{III}m} \sin \delta_{(k)}$ | $\Delta P_{(k)} = P_0 - P_{(k)}$ | $\Delta \delta_{(k+1)} = \Delta \delta_{(k)} + K \Delta P_{(k)}$ |
|---|---|---|---|---|---|---|
| 0.15 | 3 | 51.78° | 0.786 | 0.396 | 0.604 | 12.78° |
| 0.20 | 4 | 62.74° | 0.889 | 1.2 | -0.2 | 9.86° |
| 0.25 | 5 | 72.6° | 0.954 | 1.288 | -0.288 | 8.28° |
| 0.30 | 6 | 80.88° | 0.987 | 1.333 | -0.333 | 6.45° |
| 0.35 | 7 | 87.33° | 0.999 | 1.348 | -0.348 | 4.54° |
| 0.40 | 8 | 91.87° | 0.999 | 1.348 | -0.348 | 2.63° |
| 0.45 | 9 | 94.5° | 0.997 | 1.346 | -0.346 | 0.73° |
| 0.50 | 10 | 95.23° | 0.996 | 1.344 | -0.344 | -1.16° |
| 0.55 | 11 | 94.07° | 0.997 | 1.346 | -0.346 | -3.06° |
| 0.60 | 12 | 91.01° | | | | |

由表 10-2 或图 10-37 摇摆曲线 2 可以看出，在大约 0.5s 时 δ 角达到了最大值，约 95°，此后 δ 角开始减小，表明系统是稳定的。

### 2. 改进欧拉法

设一阶线性微分方程为 $\dfrac{\mathrm{d}x(t)}{\mathrm{d}t} = f[x(t), t]$，且已知 $t = t_0$ 时刻的初始值 $x(t_0) = x_0$，现在求出 $t > t_0$ 以后满足上述方程的 $x(t)$。暂态稳定计算就是给定了扰动时刻的初值，求扰动转子运动规律 $\delta(t)$ 的过程，但是在等号右边的非线性函数中，不显示时间变量 $t$，所以只需求解方程 $\dfrac{\mathrm{d}x(t)}{\mathrm{d}t} = f[x(t)]$ 即可。

在 $t = 0$ 瞬刻，已给定初值 $x(0) = x_0$，于是可以求得此瞬间非线性函数值 $f(x_0)$ 及 $x$ 的变化速度

$$\frac{\mathrm{d}x}{\mathrm{d}t}\bigg|_{(0)} = f(x_0)$$

在一个很小的时间段 $\Delta t$ 内，假设 $x$ 的变化速度不变，并等于 $\dfrac{\mathrm{d}x}{\mathrm{d}t}\bigg|_0$，则第一个时间段内 $x$ 的增量 $\Delta x_1$ 为

$$\Delta x_1 = \frac{\mathrm{d}x}{\mathrm{d}t}\bigg|_{(0)} \Delta t$$

第一个时间段末（即 $t_1 = \Delta t$ ）的 $x_{(1)}$ 值为

$$x_{(1)} = x_0 + \Delta x_{(1)} = x_0 + \frac{\mathrm{d}x}{\mathrm{d}t}\bigg|_{(0)} \Delta t \tag{10-69}$$

确定了 $x_{(1)}$ 的值后，便可求得 $f(x_{(1)})$ 的值以及 $\dfrac{\mathrm{d}x}{\mathrm{d}t}\bigg|_{(1)} = f[x_{(1)}]$，从而求得第二个时间段末（即 $t = 2\Delta t$ ）$x_{(2)}$ 的值为

$$x_{(2)} = x_{(1)} + \Delta x_{(2)} = x_{(1)} + \frac{\mathrm{d}x}{\mathrm{d}t}\bigg|_{(1)} \Delta t \tag{10-70}$$

以后时间段的递推公式为

$$x_{(t)} = x_{(k-1)} + \frac{\mathrm{d}x}{\mathrm{d}t}\bigg|_{(k-1)} \Delta t \tag{10-71}$$

上述算法的特点是算式简单、计算量小，但不够精确，一般不能满足工程计算的精度要求，必须加以改进。

对于任一时间段，先计算时间段初 $x$ 的变化速度（例如第一个时间段）

$$\frac{\mathrm{d}x}{\mathrm{d}t}\bigg|_0 = f(x_0)$$

于是可以求得时间段末 $x$ 的近似值

$$x_{(1)}^{(0)} = x_{(0)} + \frac{\mathrm{d}x}{\mathrm{d}t}\bigg|_{(0)} \Delta t \tag{10-72}$$

然后再计算时间段末 $x$ 的近似速度

$$\frac{\mathrm{d}x}{\mathrm{d}t}\bigg|_{(1)}^{(0)} = f[x_{(1)}^{(0)}] \tag{10-73}$$

最后，以时间段初的初始速度和时间段末的近似速度的平均值，作为这个时间段的不变速度来求 $x$ 的增量，即

$$\Delta x_{(1)} = \frac{1}{2}\left[+\frac{\mathrm{d}x}{\mathrm{d}t}\bigg|_{(0)} + \frac{\mathrm{d}x}{\mathrm{d}t}\bigg|_{(1)}^{(0)}\right] \Delta t \tag{10-74}$$

从而求得时间段末 $x$ 的修正值

$$x_{(1)} = x_0 + \Delta x_{(1)} = x_0 + \frac{1}{2}\left[+\frac{\mathrm{d}x}{\mathrm{d}t}\bigg|_{(0)} + \frac{\mathrm{d}x}{\mathrm{d}t}\bigg|_{(1)}^{(0)}\right] \Delta t \tag{10-75}$$

这种算法称为改进欧拉法。它的递推公式为

$$
\left.
\begin{aligned}
\frac{\mathrm{d}x}{\mathrm{d}t}\bigg|_{(k-1)} &= f[x_{(k-1)}] \\[6pt]
x_{x(k)}^{x(0)} &= x_{(k-1)} + \frac{\mathrm{d}x}{\mathrm{d}t}\bigg|_{(k-1)}\Delta t \\[6pt]
\frac{\mathrm{d}x}{\mathrm{d}t}\bigg|_{k}^{(0)} &= f[x_{(k)}^{(0)}] \\[6pt]
x_{(k)} &= x_{(k-1)} + \frac{1}{2}\left[\frac{\mathrm{d}x}{\mathrm{d}t}\bigg|_{(k-1)} + \frac{\mathrm{d}x}{\mathrm{d}t}\bigg|_{(k)}^{(0)}\right]\Delta t
\end{aligned}
\right\}
\tag{10-76}
$$

对于一阶微分方程组，递推算式的形式和式（10-76）相同，只是式中的 $x$、$f(x)$ 等要换成列相量或列相量函数。

下面，以简单电力系统为例来说明改进欧拉法在暂态稳定计算中的应用。对于转子运动方程

$$
\left.
\begin{aligned}
\frac{\mathrm{d}\delta}{\mathrm{d}t} &= \omega - \omega_{\mathrm{N}} = \Delta\omega \\[6pt]
\frac{\mathrm{d}\Delta\omega}{\mathrm{d}t} &= \frac{\omega_{\mathrm{N}}}{T_{\mathrm{J}}}(P_{\mathrm{T}} - P_{\mathrm{e}})
\end{aligned}
\right\}
\tag{10-77}
$$

假定计算已进行到第 $k$ 个时间段。计算步骤及递推公式如下：

确定时间段初的电磁功率

$$
P_{\mathrm{e}(k-1)} = P_{\mathrm{II m}}\sin\delta_{(k-1)}
$$

解微分方程求时间段末功角等的近似值（设 $P_{\mathrm{T}} = P_0 = $ 常数）分别为

$$
\left.
\begin{aligned}
\frac{\mathrm{d}\delta}{\mathrm{d}t}\bigg|_{(k-1)} &= \Delta\omega_{(k-1)} \\[6pt]
\frac{\mathrm{d}\Delta\omega}{\mathrm{d}t}\bigg|_{(k-1)} &= \frac{\omega_{\mathrm{N}}}{T_{\mathrm{J}}}[P_0 - P_{\mathrm{e}(k-1)}] \\[6pt]
\delta_{(k)}^{(0)} &= \delta_{(k-1)} + \frac{\mathrm{d}x}{\mathrm{d}t}\bigg|_{(k-1)}\Delta t \\[6pt]
\Delta\omega_{(k)}^{(0)} &= \Delta\omega_{(k-1)} + \frac{\mathrm{d}\Delta\omega}{\mathrm{d}t}\bigg|_{(k-1)}\Delta t
\end{aligned}
\right\}
\tag{10-78}
$$

计算时间段末电磁功率的近似值

$$
P_{\mathrm{e}(k)}^{0} = P_{\mathrm{II m}}\sin\delta_{(k)}^{(0)}
\tag{10-79}
$$

解微分方程分别求时间段末功角的修正值

$$\left.\frac{\mathrm{d}\delta}{\mathrm{d}t}\right|_{(k)}^{(0)} = \Delta\omega_{(k)}^{(0)}$$

$$\left.\frac{\mathrm{d}\Delta\omega}{\mathrm{d}t}\right|_{(k)}^{(0)} = \frac{\omega_N}{T_J}\left[P_0 - P_{e(k)}^{(0)}\right]$$

$$\delta_{(k)} = \delta_{(k-1)} + \frac{1}{2}\left[\left.\frac{\mathrm{d}\delta}{\mathrm{d}t}\right|_{(k-1)} + \left.\frac{\mathrm{d}\delta}{\mathrm{d}t}\right|_{(k)}^{(0)}\right]\Delta t$$

$$\Delta\omega_{(k)} = \Delta\omega_{(k-1)} + \frac{1}{2}\left[\left.\frac{\mathrm{d}\Delta\omega}{\mathrm{d}t}\right|_{(k-1)} + \left.\frac{\mathrm{d}\Delta\omega}{\mathrm{d}t}\right|_{(k)}^{(0)}\right]\Delta t$$

$$(10-80)$$

从递推公式可以看到，用改进欧拉法计算暂态稳定，也是把时间分成小段，在每一小段内按等速运动进行微分方程求解，从而求得发电机的转子摇摆曲线。应该着重指出，用改进欧拉法对故障切除后的第一个时间段的计算，与用分段计算法不同，电磁功率只用故障切除后的网络方程来求得而不必用故障切除前后的平均值。这是因为改进欧拉法的递推公式中实际已计及了故障切除前瞬间的电磁功率的影响。

改进欧拉法和分段计算法的计算精度是相同的。对于简单电力系统（包括某些多机系统的简化计算）来说，分段计算法的计算量比改进欧拉法少一些。

### 10.5.3　提高电力系统暂态稳定性的措施

维持电力系统在受到大干扰时的暂态稳定性比在受到小干扰时保持静态稳定性更为困难。因此，提高电力系统暂态稳定性的措施和提高静态稳定性不同，不是首先考虑带有根本性的措施——缩短电气距离（减小电抗），而是首先考虑减小功率（即能量）差额的临时性措施。下面介绍常用的提高暂态稳定的措施。

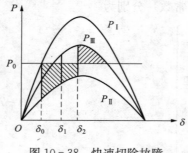

图 10-38　快速切除故障对暂态稳定性影响

#### 1. 快速切除故障

快速切除故障在提高暂态稳定性方面起着首要的、决定性的作用。根据等面积定则的原理，由于快速切除故障，减小了加速面积（抑制了转子动能的增加），扩大了可能的最大减速面积，从而提高了发电机组并列运行的稳定性。如图 10-38 所示，若在 $\delta_2$ 切除故障，由于加速面积大于减速面积，系统要失去稳定；而若能在 $\delta_1$ 切除故障，则不仅加速面积减小，最大可能的减速面积也大为增加，如此时最大减速面积大于加速面积，则系统便能保持暂态稳定。

要求在 $\delta_1$ 切除故障，就是要求缩短切除故障的时间，这包括应减少继电保护的动作时间和断路器的动作时间。因此，为了实现快速切除故障，人们不断研制和应用新型的快速继电保护装置和快速动作的断路器。

#### 2. 采用自动重合闸

电力系统的短路故障大多数是暂时性的，当切断故障线路，经过一段时间使电弧熄灭和

去游离之后，短路故障便消除了。此时再将线路投入运
行，它便能继续工作，这对提高系统暂态稳定性和事故后
系统的静态稳定性有很大的作用。

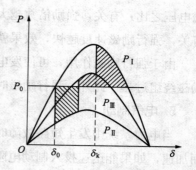

图 10 - 39 示出一个有双回输电线路的电力系统，由
于自动重合闸（在功角 $\delta_k$）动作成功，使功角特性 $P_{\mathrm{III}}$ 上
的运行点，升到正常运行时的功角特性 $P_{\mathrm{I}}$ 上。增加了最
大减速面积，使原本可能不稳定的电力系统变为能够保持
暂态稳定。

图 10 - 39　自动重合闸对暂态
稳定性影响

在超高压输电线路发生的短路故障中，以单相短路占
多数，发生单相短路时，使用按相断开和按相重合的单相重合闸，这种自动重合闸装置可以
自动选择出故障相、切除故障并完成自动重合闸。由于只是切除了故障相而非三相，另外两
相继续送电，如果短路是暂时性的，重合闸动作后，系统就恢复了正常运行，这对于提高稳
定性有显著作用。特别是对于单回输电线的系统尤其有重要意义。因而采用了按相自动重合
闸后，使系统在大多数的短路故障时，避免了远方发电厂和受端系统之间的联系被切断。

### 3. 快速关闭汽门

电力系统受到干扰后，发电机的输出功率突然变化，而原动机输出功率因机械惯性几乎
不变化，因而在发电机轴上出现过剩功率，危及系统稳定性。如果原动机的调节十分灵敏、
快速和准确，其功率及时随发电机输出功率的变化而变化，就能大大减小过剩功率，从而防
止暂态稳定的破坏。可是，现有的原动机调节装置都具有一定的机械惯性和失灵区，加上原
动机调节装置改变输入工质（如蒸汽）的数量到其轴上输出转矩发生相应的变化需要一定的
时间，所以很难满足要求。因此，提出了原动机的故障调节设想，研制了快速动作汽门装
置。这一装置能在系统故障时，根据故障情况快速关闭汽门，以增大可能的减速面积，保持

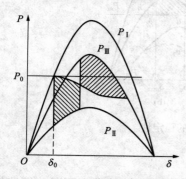

系统的暂态稳定性。然后逐步重新开启汽门，以减小转子
振荡幅度。快速动作汽门的作用如图 10 - 40 所示，图上
原动机的输出功率为一曲线，因而相应的减速面积大为
增加。

图 10 - 40　快速关闭汽门的作用

### 4. 装设强行励磁装置

发电机都装备有强行励磁装置，以保证系统发生故障
而使发电机端电压 $U_G$ 低于 85% 的额定电压时，迅速大幅
度地增加发电机的励磁电流 $i_f$，从而使发电机空载电动势
$E_q$、发电机的端电压 $U_G$ 增加，一般可保持发电机端电压
$U_G$ 为恒定值，这样也增加了发电机输出的电磁功率。因此强行励磁对提高发电机并列运行
的暂态稳定性是很有利的。

强行励磁的效果与强励的倍数（最大可能的励磁电压与发电机在额定条件下运行时的励

磁电压之比）有关，强励倍数越大，效果越好。此外，强行励磁的效果还与强行励磁的速度有关，强行励磁速度越快，效果就越好。

由于强行励磁作用，可使发电机的励磁电流 $i_f$ 增大 3～5 倍，时间长了会使发电机转子励磁绕组过热。此外，强行励磁时还增大了短路电流。这些影响都应给予足够的重视。

5. 电气制动

当电力系统中发生短路故障时，发电机输出的有功功率急剧减少，发电机组因功率过剩而加速，如果能迅速投入制动电阻，消耗发电机的有功功率，制动发电机的加速，使发电机不失步，仍保持同步运行，从而提高电力系统的暂态稳定性。

电气制动的接线如图 10-41（a）所示。正常运行时断路器 QF 处于断开状态。当短路故障发生后，立即闭合 QF 而投入制动电阻 $R$。这样就可以消耗掉发电机组中过剩的有功功率，从而限制发电机组的加速，使其能同步运行，提高发电机组并列运行的暂态稳定性。电气制动的作用也可用等面积定则的基本原理来解释。由图 10-41（b）可见，在切除故障角 $\delta_c$ 不变时，由于有了电气制动，减少了加速面积 $bb_1c_1cb$，使原来可能的不能保持暂态稳定性，变为可以保持暂态稳定性。在图 10-41（b）中，$P'_{\mathrm{II}}$ 是无制动时的故障后功角特性曲线，$P_{\mathrm{II}}$ 是有电气制动时故障后功角特性曲线。$P_{\mathrm{II}}$ 也相当于简单电力系统并联电阻后的功角特性曲线，是将 $P'_{\mathrm{II}}$ 向上移动一个距离，向左移动一个相位角的结果。运用电气制动提高暂态稳定性时，制动电阻的大小及其投切时间要选择得恰当。否则，可能会发生所谓欠制动，即制动作用过小，发电机仍要失步；或者会发生过制动，即制动过大，发电机虽在第一次振荡中没有失步，却在切除故障和切除制动电阻后的第二次振荡中或以后失步。

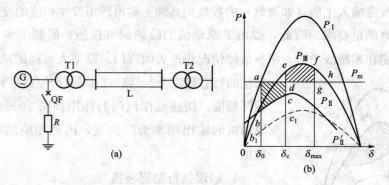

图 10-41 电气制动提高发电机并列运行的稳定性
(a) 系统接线；(b) 功角特性

另外，在输电线路送端的变压器中性点经小电阻接地，当线路送端处发生不对称短路接地时［如 $k^{(1)}$、$k^{(1,1)}$］，零序电流通过该电阻将消耗一部分有功功率，这部分功率主要由送端的发电机供给，这样短路时它们的加速就要减缓，或者说这些电阻中的功率损耗起了制动作用，因而能提高系统的暂态稳定性。这一措施也可以看作是对接地性短路故障的电气制动。

以上所举电气制动的措施都是用消耗能量的办法减少能量的不平衡，以提高电力系统暂态稳定性的措施。采用这些措施要增加消耗能量的设施，从而要增加投资。

### 6. 采用单元接线方式

这是不增加设备投资来提高电力系统暂态稳定性的措施。这种措施运用的范围有很大的局限性，但在提高系统暂态稳定性方面有一定的效果。

单元接线和并联接线方式如图 10-42 所示。由图可见，它们的差别在于母联断路器 QF 的闭合和断开。采用单元接线方式时，在某一回线路的始端发生短路时，与这一回线同一单元的发电机要受很大的干扰，但另一单元的发电机却因距短路点的电气距离相当远，基本上不受干扰。故障线路切除后，与故障线路同一单元的、故障时受很大干扰的发电机与系统解列，因此不存在着暂态稳定问题。另一单元的发电机因在故障时基本上没有受干扰，也几乎不存在丧失暂态稳定的问题。所以可以认为采用单元接线方式时，基本上避免了发电厂之间并列运行暂态稳定的破坏。

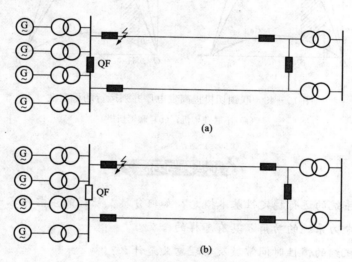

图 10-42　并联接线和单元接线方式

（a）并联接线；（b）单元接线

■——闭合 QF　　□——断开状态 QF

但采用单元接线方式时，故障线路切除后，电力系统失去了连接在故障单元上的所有发电机容量。如果整个系统有功备用容量不足，这将导致故障后系统频率的下降，严重时会引起系统频率的崩溃，同样使系统稳定破坏。

### 7. 联锁切机

联锁切机是由单元接线方式派生的，介于并联接线和单元接线之间的一种提高暂态稳定的措施。当电力系统中备用容量不足，难以采用单元接线方式而必须采用并联接线方式时，为了提高系统的暂态稳定性，可以采用联锁切机。

所谓联锁切机，就是在某一回线路发生故障而切除这回线路的同时，联锁切除送端发电厂的部分发电机。例如在图 10-42（a）中，切除送端发电厂的一台发电机。采用联锁切机后，切除故障后的系统总阻抗虽然较不采用联锁切机时略大，致使功角特性曲线的最大值略小 [图 10-43（b）中的 $P'_{\text{III}}$]，但故障切除后原动机的机械功率却因联锁切机而大幅度地减小。由图 10-43（b）可见，若切除一台发电机，原动机的机械功率将减小 1/4。从而，采用联锁切机后，暂态过程中的减速面积将大大增加，致使原来不能保持暂态稳定的电力系统变为可以保持暂态稳定了。

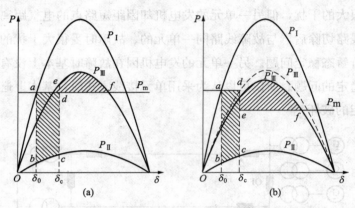

图 10-43　联锁切机提高发电厂并列运行的稳定性

（a）不联锁切机；（b）联锁切机

**？ 思考题与习题**

10-1　电力系统的运行稳定性基本概念？如何分类？研究的主要内容是什么？

10-2　简单电力系统的功角 $\delta$ 具有怎样的含义？

10-3　发电机组的惯性时间常数及物理意义是什么？

10-4　发电机转子运动方程的基本形式如何？

10-5　$E_q$ 为常数时功角特性方程的基本形式如何（隐极机和凸极机）？

10-6　自动调节励磁装置对功角特性的影响如何？$E'_q$ 为常数时的功角特性与 $E'$ 为常数时的功角特性有什么区别？

10-7　复杂电力系统的功角特性有何特点？

10-8　简单电力系统的静态稳定性的基本概念？

10-9　简单电力系统静态稳定的实用判据是什么？

10-10　简单电力系统静态稳定的储备系数和整步功率系数分别是指什么？

10-11　如何用小干扰法分析简单电力系统的静态稳定性？

10-12　提高电力系统静态稳定性的措施主要有哪些？

10-13　自动调节励磁装置对电力系统静态稳定性有何影响？

10-14　简单电力系统暂态稳定性的基本概念？

10-15　试述等面积定则的基本含义。

10-16　什么叫同步发电机组转子的摇摆曲线？有何用处？

10-17　如何应用分段计算法求极限切除时间？

10-18　提高电力系统暂态稳定性的措施主要有哪些？并说明其道理。

10-19　如何应用改进欧拉法求极限切除时间？

10-20　某水电站甲有 4 台 60MVA 机组，每台惯性时间常数为 6s，电站乙有 5 台 200MVA 机组，每台惯性时间常数为 4s，如果两个电站均在一远距离输电线的一端，可看作一等值机。试求等值机以 100MVA 为基准容量的惯性时间常数。

10-21　如图 10-44 所示，已知 $X_d=1.21$，$X_q=0.725$，$X_{T1}=0.169$，$X_{T2}=0.14$，$X_L/2=0.37$，$P=0.8$，$Q=0.059$，$U=1.0$，试绘制此系统的电压相量图，并作出下列两种情况下输送到无限大系统有功功率的功角特性：（1）用空载电动势 $E_q$ 表达的凸极机有功功率的功角特性；（2）用等值隐极机 $E_Q$（$X_q$）及 $E_f$（$X_f=0.85X_d$）表示的有功功率功角特性。

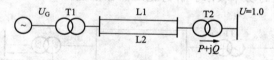

图 10-44　题 10-21 图

10-22　简单电力系统接线如图 10-45 所示，试计算下列两种情况下的静态稳定的功率极限：（1）同步电抗 $X_d$ 后的电动势 $E=1.6$（标幺值）保持不变；（2）手调励磁维持发电机端电压 $U_G$ 不变（$U_G=1$）（所有数据均为统一基准值的标幺值）。

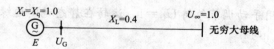

图 10-45　题 10-22 图

10-23　简单电力系统如图 10-46 所示，各元件参数如下：发电机 G，$P_N=250MW$，$\cos\varphi_N=0.85$，$U_N=10.5kV$，$X_d=1.0$，$X_q=0.65$，$X_d'=0.23$；变压器 T1，$S_N=300MVA$，$U_k\%=15$，$k_{T1}=10.5/242$。变压器 T2，$S_N=300MVA$，$U_k\%=15$，$k_{T2}=220/121$。线路 L，$l=250km$，$U_N=220kV$，$x_1=0.42\Omega/km$。运行初始状态为 $U_0=115kV$，$P_{(0)}=220MW$，$\cos\varphi_{(0)}=0.98$。试求：（1）如发电机无励磁调节，$E_q=E_{q(0)}=$ 常数时的功角特性 $P_{Eq}(\delta)$、功率极限 $P_{Eqm}$、$\delta_{Eqm}$，并求此时的静态稳定储备系数 $K_p$；（2）如计及发电机励磁调节，$E_q'=E_{q(0)}'=$ 常数，试做同样内容计算。

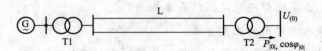

图 10-46　题 10-23 图

10-24　如图 10-47 所示的电力系统，参数标幺值如下：网络参数 $X_d=1.21$，$X_d'=0.4$，$X_{T1}=0.169$，$X_{T2}=0.14$，$X_L/2=0.373$；运行参数 $U_C=1$，发电机向受端输送功率 $P_0=0.8$，$\cos\varphi_0=0.98$。试分别计算当 $E_q$、$E'$ 及 $U_G$ 为常数时，此系统的静态稳定功率极限及静态稳定储备系数 $K_p$。

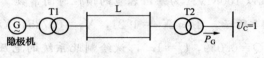

图 10-47　题 10-24 图

10-25　如图 10-48 所示电力系统，各元件参数已标示图中。正常运行情况下，输送到受端的功率为 200MW，功率因数为 0.99，受端母线电压为 115kV。试分别计算当 $E_q$、$E'$ 及 $U_G$ 为恒定时，系统的功率极限和静态稳定储备系数。

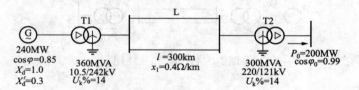

图 10-48　题 10-25 图

10-26　某一台同步发电机经输电线连接到无限大功率母线上运行。其接线图和参数如图 10-49 所示，若用手动调节励磁维持机端电压不变。试问：（1）用什么判据判断同步电机的静态稳定？（2）若用手动调节维持 $U_G=1$，运转在静态稳定边缘时，发电机的空载电动势 $E_q$ 有多大？功率有多少？

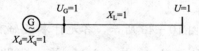

图 10-49　题 10-26 图

10-27　如图 10-50 所示简单电力系统，当在输电线路送端发生单相接地故障时，为保证系统瞬态稳定，试求其极限切除角 $\delta_{cr}$。

10-28　如图 10-51 所示简单电力系统，当输电线路一回送端发生三相短路故障时，试计算为保证暂态稳定而要求的极限切除角。

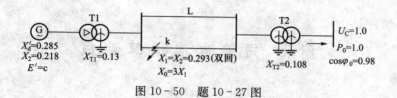

图 10-50　题 10-27 图

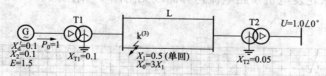

图 10-51　题 10-28 图

10-29　简单电力系统如图 10-52 所示，已知在统一基准值下各元件的标幺值为：发电机 $X'_d=0.29$，$X_2=0.23$。变压器 $X_{T1}=0.13$，变压器 $X_{T2}=0.11$。线路 L：双回线，$X_1=0.29$，$X_0=3X_1$。运行初始状态：$U_{(0)}=1.0$，$P_{(0)}=1.0$，$Q_{(0)}=0.2$。若在输电线路首端 $k_1$ 点发生两相短路接地故障，试用等面积定则的基本原理，判别故障切除角 $\delta_{cr}=40°$ 时，该简单系统能否保持暂态稳定。

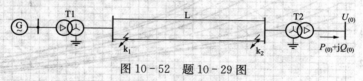

图 10-52　题 10-29 图

10-30　如图 10-53 所示简单电力系统，当在输电线路送端发生单相接地故障时，为保证系统瞬态稳定，试求其极限切除时间（计算时，取 $S_B=250\text{MVA}$，$U_B=209\text{kV}$）。

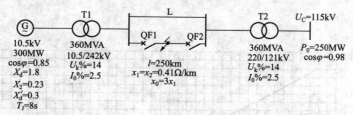

图 10-53　题 10-30 图

10-31　如图 10-54 所示输电系统，归算到同一基准值的各元件参数标幺值已标注图中，输电线零序电抗为正序电抗的 3 倍。在线路一回路的首端发生单相接地短路，用改进欧拉法确定极限切除时间。

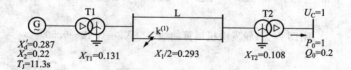

图 10-54　题 10-31 图

# 附录　短路电流运算曲线

汽轮发电机及水轮发电机短路电流运算曲线见附图1～附图9。

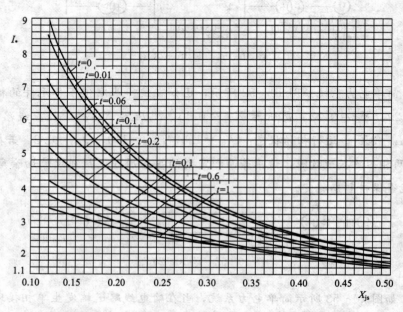

附图1　汽轮发电机运算曲线一（$X_{js}=0.12\sim0.50$）

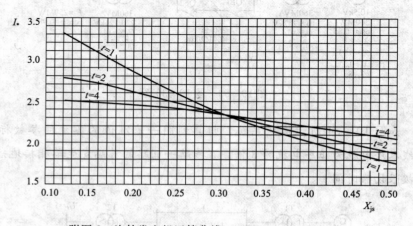

附图2　汽轮发电机运算曲线二（$X_{js}=0.12\sim0.50$）

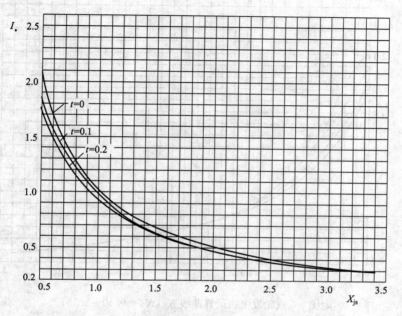

附图 3  汽轮发电机运算曲线三（$X_{js}=0.50\sim3.45$）

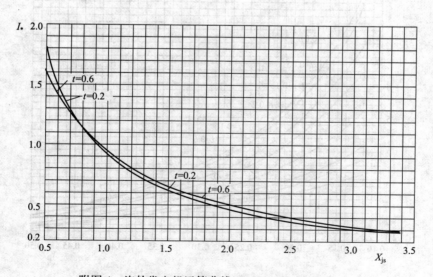

附图 4  汽轮发电机运算曲线四（$X_{js}=0.50\sim3.45$）

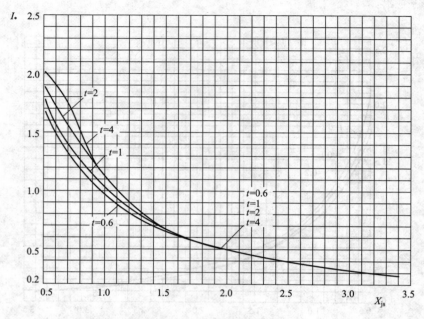

附图 5　汽轮发电机运算曲线五（$X_{js}=0.50\sim3.45$）

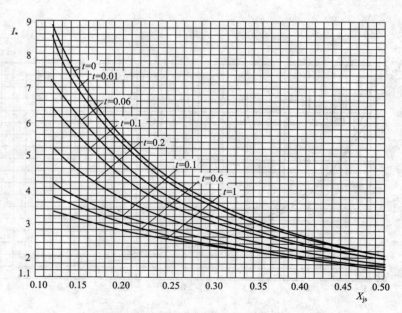

附图 6　水轮发电机运算曲线一（$X_{js}=0.18\sim0.56$）

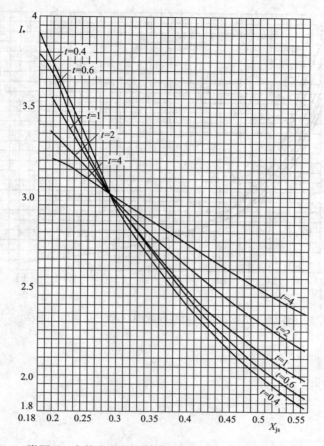

附图 7　水轮发电机运算曲线二（$X_{js} = 0.18 \sim 0.56$）

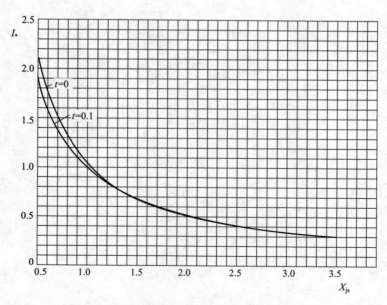

附图 8　水轮发电机运算曲线三（$X_{js} = 0.50 \sim 3.50$）

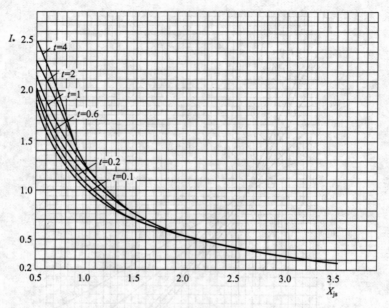

附图 9　水轮发电机运算曲线四（$X_{js} = 0.50 \sim 3.50$）

# 参 考 文 献

[1] 何仰赞,温增银. 电力系统分析(上、下册). 4 版. 武汉:华中理工大学出版社,2016.

[2] 陈珩. 电力系统稳态分析. 4 版. 北京:中国电力出版社,2015.

[3] 方万良,李建华,王建学. 电力系统暂态分析. 4 版. 北京:中国电力出版社,2017.

[4] 韩祯祥. 电力系统分析. 杭州:浙江大学出版社,2013.

[5] 韦钢. 电力系统基础. 北京:中国电力出版社,2006.

[6] 张凤鸽,杨德先,葛长松. 电力系统动态模拟技术. 北京:机械工业出版社,2014.

[7] 韦钢,符杨,曹炜,等. 电力系统分析要点与习题. 2 版. 北京:中国电力出版社,2008.

[8] 于永源,杨琦雯. 电力系统分析. 3 版. 北京:中国电力出版社,2007.

[9] 杨以涵. 电力系统基础. 2 版. 北京:中国电力出版社,2007.

[10] 杜文学. 电力系统. 2 版. 北京:中国电力出版社,2017.

[11] 程浩忠,吴浩. 电力系统无功与电压稳定性. 北京:中国电力出版社,2004.

[12] 华智明,杨期余. 电力系统. 重庆:重庆大学出版社,2005.

[13] 杨耿杰,郭谋发. 电力系统分析. 北京:中国电力出版社,2013.

[14] 韩学山,张文. 电力系统工程基础. 北京:机械工业出版社,2008.